国家重点研发计划项目（2016YFC0501106）
国家自然科学基金项目（51974326）　　　　联合资助
首都科技领军人才培养工程（Z1811006318021）

草原露天煤矿区生态修复

毕银丽　等　著

科学出版社

北　京

内 容 简 介

本书面向我国高寒草原煤矿区煤炭资源绿色开发与生态修复，在总结以往研究与实践成果的基础上，重点以大型煤电基地的草原生态系统植被、土壤、微生物为研究对象，针对草原矿区气候酷寒、春秋干旱、土壤瘠薄、露采扰动等脆弱生态环境特点，采用区域遥感大尺度监测、野外定位动态监测、室内机理分析相结合，系统研究草原矿区生态动态演变的监测方法、露天开采对环境扰动的影响规律、露天排土场生态重建与土壤改良关键技术，使用遥感数据追溯煤电基地建设发展过程中的生态变迁；分析煤炭开发对草原生态植被多样性和微生物多样性的影响规律，优选并培养本地微生物菌剂，揭示微生物可增强抗酷寒、干旱、压实逆境的机理；开发草原煤矿区地质层生黏土有机生物资源化利用作为表土替代材料的关键技术与利用方法，并以国能宝日希勒和北电胜利两个露天矿为例，形成草原矿区生物修复典型示范区，构建草原煤矿区生态修复关键技术和模式。

本书可作为矿业、生态、林业、微生物等学科的科研人员、高校教师和相关专业的高年级本科生与研究生，以及从事矿区环境监测、植物修复、环境工程和煤炭开采生态保护工程技术人员的参考书籍，尤其是对酷寒草原矿区的生态修复具有参考价值。

图书在版编目(CIP)数据

草原露天煤矿区生态修复／毕银丽等著. —北京：科学出版社，2023.2
ISBN 978-7-03-069960-2

Ⅰ.①草… Ⅱ.①毕… Ⅲ.①煤矿开采–露天开采–影响–草原生态系统–生态恢复–研究–中国 Ⅳ.①S812.29

中国版本图书馆 CIP 数据核字（2021）第 196711 号

责任编辑：焦 健 韩 鹏 李 洁／责任校对：何艳萍
责任印制：吴兆东／封面设计：北京图阅盛世

科 学 出 版 社 出版
北京东黄城根北街 16 号
邮政编码：100717
http://www.sciencep.com
北京中科印刷有限公司 印刷
科学出版社发行 各地新华书店经销

*

2023 年 2 月第 一 版 开本：787×1092 1/16
2023 年 2 月第一次印刷 印张：17
字数：403 000

定价：228.00 元
（如有印装质量问题，我社负责调换）

序

    草原区大多位于我国生态安全"三区四带"的北方防沙带,具有酷寒、半干旱、土壤瘠薄等生态脆弱特征,是我国以露天开采为主的重要大型煤电基地。煤炭资源高强度开采与煤电开发引起的生态环境问题直接影响着能源可持续开发与区域生态安全。近年来,煤炭开发对环境的干扰和损伤在社会上引起了很多反响,也有很多负面的新闻报道,尤其是一些小煤窑滥采乱挖,留下一堆烂摊子,造成了很大的生态环境问题,产生很多不良社会影响。随着科技发展,矿区生态修复工作有了很大的进步。近年来,随着国家对生态环境越来越重视,尤其是十八大提出加大生态文明建设力度以来,矿区生态环境治理和修复工作得到了国家、社会和企业的高度关注和积极推进。

    煤炭开发不可避免会对环境造成一定的干扰和损伤,但是受损生态系统经过人工修复后可能比原来生态系统更好。人工修复如何与自然生态系统和谐共处,如何用最低人工干预成本实现人工与自然生态的和谐共赢,是矿山生态修复需要思考和提升的共性问题。适度开采扰动对于原本退化或脆弱的生态不一定是坏事,需要考虑生态阈值、开采强度和扰动范围。在揭示矿区生态演变规律的基础上,开发相适宜的生态修复技术是可行的、科学的,也可与自然规律更加协调。本书对煤炭开发造成的草原生态演变过程进行探究,揭示开采对草原生态的影响程度和范围,再利用微生物技术进行排土场修复,技术和方法可行,对于草原生态修复具有指导意义。

    我和毕银丽教授认识有20余年。她是从中国农业大学博士毕业后来到中国矿业大学(北京),从土壤学背景转到矿山生态修复。进入矿业行业后,敏锐地发现了矿山土地复垦存在的共性问题,即复垦土壤贫瘠、水肥不协调、逆境胁迫明显,与她的土壤学、植物营养学和微生物学背景有许多交叉,可以从土壤改良入手,采用微生物技术作为突破口进行系统研究。一坚持就是20余年,不仅在西部干旱半干旱区做了长期的研究,也关注到草原煤矿区生态修复,开辟了生态修复的新模式。草原矿区主要存在的问题就是草地土层瘠薄,露天开采剥离表土,植被损毁严重,土层受到扰动大,重构土层表土严重不足。在利用快速熟化开采过程中的黑黏土来缓解表土稀缺,解决土层重构问题并快速促进植物成活与生长方面,毕银丽教授看到了突破口,她将采矿伴生黏土利用起来,通过不同的物理配比,同时加上微生物和植物的组合,解决了当地缺少表土这个大难题,对当地的矿区生态修复有较大的促进作用。她依靠微生物的修复作用,促使植物更好更快地生长,生态效应明显。呼伦贝尔煤矿区和锡林浩特煤矿区生态修复示范基地我都去看过,生态恢复效果很好。该书对草原露天矿区的一系列工作进行了系统的梳理,工作量很大,也很翔实丰富,是很好的工作总结,相信这些工作可以给读者很大的启发和思考。

    钱鸣高院士提出绿色开采理念,煤炭开发要想实现可持续发展,必须关注矿区生态保护,走绿色开采的路。而这些年,毕银丽教授就是一直在从事这项有意义的事,她时时关注矿区生态环境问题,对准问题找技术突破口。作为一个女科学家,她常年带领学生深入到矿区野外一线，吃苦耐劳，获取大量的现场一手数据和资料，在矿区生态治理和微生物复垦方面做出了许多成绩，对社会发展做出了较大贡献，这种精神值得学习。

感谢能有此机会为此书作序，也是对她工作的支持与鼓励，希望在未来能为我国煤矿生态修复工作做出更多贡献，让矿区更美丽。

以此为序，祝贺研究成果专著出版。

中国工程院院士

2022 年 12 月 24 日于北京

前　言

　　煤炭是我国主要的能源，草原煤矿区是我国重要的煤电基地，对我国能源供给来说具有重要的战略地位。该区域主要为草原生态系统，为我国“三区四带”的重要区域，自然生态脆弱，煤炭开采尤其是露天开采对草原生态造成干扰和损伤。随着煤炭资源的开发利用，加强草原煤矿区脆弱生态保护、恢复区域植被、维持草原生态系统的稳定性和功能完整性，成为我国草原煤炭绿色开发的重要工作和核心内容，是区域可持续发展的基础。

　　草原生态保护和修复是煤炭绿色开采中需要解决的重大理论与实践问题。党的十八大以来，国家将生态文明建设提到了一个新的高度，草原矿区生态保护、退化矿区生态恢复等也都被列为重要的优先主题，重点解决草原煤矿区脆弱生态修复关键技术。近年来，我国众多专家就退化草原生态系统保护进行了大量的研究与实践，针对煤矿区提出了绿色开采技术体系，积累了煤炭区绿色开发的众多思想和成果。然而，矿区生态修复是一个复杂的系统工程，综合了多个学科体系，涉及煤炭资源开发、地质环境、植被保护与恢复、生态系统结构功能稳定等诸多内容，尤其是在生态脆弱的草原煤矿区，生态修复的问题尤为突出。在该区域进行生态修复需综合考虑采矿环境影响、地层构造、开采工艺、水资源利用、修复材料和方法、土壤基质构建、环境适应的植物种配置、良好植物–土壤–微生物体系构建等诸多方面，通过多学科知识体系，探索矿区植物、微生物体系与采矿等环境压力响应机制，结合区域环境特点和开采工艺，采取适宜技术修复模式是提升生态修复效率的重要途径和方法。

　　本书以我国草原露天煤矿区为研究对象，依托国家典型大型草原（草甸草原和典型草原）煤电基地，针对煤炭资源大规模开采所产生的地表生态损伤和扰动问题，系统研究煤炭开采对地表生态的影响规律，探索矿坑外围和露天排土场的生态演变规律、露天矿区生态保护修复方法，开发草原煤矿区生态修复模式和关键技术，形成适用于草原煤炭现代开采的生态修复技术体系与模式，对于草原煤矿区大型煤电基地植被恢复水平具有参考和借鉴意义。本书系统论述我国草原煤矿区大型煤电基地植被恢复的研究成果，其创新性体现在：一是系统阐述草原露天煤矿区对生态演变的调查方法，采用同心圆向外辐射的布点方式，研究露天开采对周边生态的影响范围和程度，结合大尺度遥感生态监测方法，揭示草原区生态演替规律；二是针对典型草原和草甸草原区进行多尺度研究，以草原植被、土壤、微生物等多种因素为研究对象，开展煤炭开采区周边土壤、植物及根际环境的多层次同步监测研究，揭示草原煤矿区露天开采对地表植被、土壤、微生物等的影响规律，获得煤炭开采对草原区生态影响的系统认识，建立草原煤矿区露天煤炭开采与地表生态响应的基本关系；三是针对性地对草原煤矿区微生物资源进行了培养和优选，提出草原煤矿区微生物菌剂优选与生产方法，其具有有效促进植物快速生长和改良土壤的作用与效应；四是针对性地提出草原煤矿区开采伴生黏土的资源化综合利用，采用黏土物理改良、植物–微生物复合生物改良等技术手段有效地促进矿区植被恢复和土壤改良，提质增容，加速矿区生态修复速度；五是针对草原煤矿区环境特点，系统揭示微生物促进草原露天煤矿区植被抗干旱、寒冷、贫瘠和压实等逆境的机理，并以国能宝日希勒矿区和北电胜利矿区为例形成草原露天煤矿区生态修复典型示范区，构建草原露天煤矿区地表生态修复模式与关键技术。本书研究成果进一步完善草原区大型煤电基地生态修复方法，对大型煤电基地提高植被恢复效率，提升生态修复功能，并推进大型煤电基地绿色开发具有重要指导作用。

本书是中国矿业大学（北京）依托国家重点研发计划项目"大型煤电基地植被恢复关键技术"（2016YFC0501106）、国家自然科学基金项目（51974326）和首都科技领军人才培养工程（Z1811006318021）成果的系统总结，是集体智慧的结晶。成果包含指导团队的博士后和硕、博研究生的研究成果，如张延旭、解琳琳、郭楠、王志刚、刘涛、李梦琪、宋子恒、胡钦程、杨惠惠、殷齐琪、李向磊、薛子可、龚云丽、孙欢、江彬等的研究成果。课题实施过程中参考、引用和借鉴了众多学者的研究与实践成果，项目研究成果离不开中国矿业大学（北京）彭苏萍院士长期的指点与帮助。研究还得到了国家能源集团科技发展部李全生主任、内蒙古大学包玉英教授、内蒙古农业大学徐军博士的帮助，国能宝日希勒能源有限公司、神华北电胜利能源有限公司等单位提供了示范基地建设方面的大力支持，在此一并表示衷心感谢。

由于时间仓促，本书难免存在疏漏或不足，恳请广大读者提供宝贵意见，不妥之处敬请读者批评指正。

作　者

2022 年 3 月

目　　录

第1章 绪 论

1.1 我国草原现状

草地是陆地生态系统的重要组成部分,具有水源涵养、防风固沙、保持水土、维持生物多样性、固碳等功能,在维持生态平衡方面具有重要作用(郭二果等,2021)。我国是草地资源大国,各类草地面积约 3.93 亿 hm²,占全球草地面积的 12%,在发挥草原生态系统服务功能、维护社会和谐稳定等方面均发挥重要的作用(李通等,2021)。我国草原主要分布在内蒙古、新疆、青海、西藏、四川、甘肃等地,其面积约占我国草原总面积的 75%,是我国重要的生态安全屏障。草原区位于欧亚大陆东岸温带地区,地域广阔,纬度在 35°N ~ 50°N,东西经跨度 20°以上,处于森林带与荒漠带的中间地带,其区位生态功能十分重要,是我国"三区四带"生态安全战略格局的重要组成部分(孙醒东和祝廷成,1964)。草原煤矿区聚集了我国蒙东煤炭基地和呼盟锡盟煤电基地,该区煤田赋存条件好、煤层厚、埋藏浅、地质构造简单,适合煤炭集中开发。近年来,随着煤炭资源与草原畜牧业持续开发,矿区周边优质草地面积下降了一半,部分地带地表直接裸露,草场沙化程度较重(李全生,2016)。同时,全球气候变化和人类不合理的开发利用使得大面积优质天然草地发生不同程度的退化,其中严重退化面积占 60%以上,严重制约了区域生态、社会、经济可持续发展。

随着社会发展和人类对生态环境保护意识的提高,草原保护工作也得到逐步加强。2021 年,《国务院办公厅关于加强草原保护修复的若干意见》(国办发〔2021〕7 号)指出:"党的十八大以来,草原保护修复工作取得显著成效,草原生态持续恶化的状况得到初步遏制,部分地区草原生态明显恢复。但当前我国草原生态系统整体仍较脆弱,保护修复力度不够、利用管理水平不高、科技支撑能力不足、草原资源底数不清等问题依然突出,草原生态形势依然严峻。"因此,仍应加强对草原的保护修复,进一步加快推进生态文明建设。

1.2 草原退化的驱动因子分析

气候因子是驱动草原退化的重要因子,水热条件等对草原的正常功能发挥具有重要作用。赵水霞等(2021)的研究表明,过去 59 年,锡林郭勒草原气温显著增加,而降雨则有减少趋势,气候趋于暖干化,对植物生长和生态环境造成不利影响。人类大规模过度放牧对草原也造成了较为严重的影响。载畜量严重超过了草原最大负荷,导致草原无法休养生息,草原生态平衡破坏。人类活动如草原旅游业造成希拉穆仁草原景观破碎度增加,草原退化程度加剧(白一杰等,2021)。

煤炭开采是草原露天矿区地表生态影响最直接因子（Fang et al.，2021）。露天开采通过直接剥离表土及煤层上覆岩层，直接造成草原植被大面积的破坏，而地层开挖和排弃改变原有土壤层结构，导致重构土层中微生物群落急剧减少、土壤肥力和酶活性降低，土壤质量下降，土地生产力低下，矿区地表植被的生长与恢复受到严重制约（Domínguez-Haydar et al.，2019）。采取有效途径在退化草原区进行高效、快速植被恢复与生态重建，是退化草原区修复的最紧要任务（李全生，2016）。

1.3 露天开采对环境的影响与生态重建

1.3.1 露天矿开采对环境的影响

我国煤炭储量可观，能源开发对经济建设起着重要作用的同时，会引发矿区生态环境问题（彭苏萍，2020）。近年来，随着我国煤矿露天开采的发展，露天煤矿的产量从以前的不到 10% 提高到 16.9%，而且这一比例还在进一步扩大。煤矿露天开采压占损毁大量土地、容易发生生态退化、引起地下水污染（Ahirwal and Maiti，2016）、降低生物多样性（Wang et al.，2014）等。开展矿区土地复垦和生态重建工作对推进国家经济发展和生态文明建设具有重大意义。

我国西部露天矿区水资源严重缺乏（水资源总量仅占全国的 3.9%），制约了该区生态重建效率。而该区是我国乃至世界水土流失最严重的地区之一，水土流失面积占到92.5%。露天煤矿开发进一步加剧了矿区水资源的匮乏，特别是露天开采过程对矿区上覆地层高强度的剥离，破坏了原有矿藏的上覆岩层结构，风蚀沙化更为严重，土壤侵蚀模数最高可达 18000 t/（$km^2 \cdot a$），使原生地表更加支离破碎、沟壑纵横，生态环境更加脆弱，抵御自然灾害的能力进一步减弱。剥离后的岩土搬运倒堆形成新的松散堆积排土场，使露天矿区的地表地形地貌和生态环境发生了根本的变化。重构排土场时一般底层为破碎岩石，仅在表层上覆 40cm 以上土壤层，这种堆放结构在干旱半干旱露天矿区进一步造成水资源流失、土地生产力下降，植被生长难，难以保证生态重建的高效性。

植被变化是区域生态最直接的反映，对矿区植被群落变化进行研究十分重要。在露天采煤过程中，高效机械化采煤的同时会产生大量的废弃物，对植物赖以生存的环境造成污染。另外，随着废矿石、土方的堆积形成高坡度、大坡长的排土场新景观，导致矿区生境分割，限制生物种群交流范围，生物多样性逐渐降低。乌仁其其格等（2016）发现煤矿扰动 20 余年后植被群落与未干扰草原相比仍呈退化趋势，矿区植被群落建群种和亚优势种的重要值变化明显，植被群落高度、覆盖度、密度、物种丰富度、群落相似度均明显降低，呈逆向演替发展趋势。郝志远和李素清（2018）的研究发现复垦地植被群落多样性主要受植被类型、复垦年限、地形起伏影响，并且随着复垦年限的增加，植被群落向更加稳定、多样化的方向演替。春风等（2016）通过对内蒙古巴音华矿区的植物群落进行数量化分析，证实了物种丰富度、多样性随着采矿干扰影响的减弱而显著升高的变化趋势，并且随着矿区周边干扰程度不同，植被群落更替出现较大差异。有关矿区植被群落研究，国外多以植被复原技术和植被重建技术为主要研究方向，针对矸石山与露天矿区的植被群落展开，采用植树和种草或将复垦地改造成湿地的方式加以保护。

露天采矿会对煤层上方的表土和岩层进行剥离，不仅在采场损毁大量的土地，产生的排弃物也会占用大量的土地，对区域土壤造成破坏，导致水土流失。在矿山开采过程中造成的矿区水土流失、土壤盐碱化等问题已成为全世界研究的热点。土壤作为区域地质生态环境的重要组成部分，在资源开发过程中也首先被破坏，其作为各种生态系统的基质和载体，为生物的生长发育提供必要的水分和养分，一旦土壤遭到破坏或污染，必然会导致依附于其上生存的物种消失、生物多样性降低。尤其是对于处在生态脆弱区的干旱半干旱地区，煤炭开采导致的水土流失、土壤结构破坏对区域植被、动物、土壤微生物的生长、发育和恢复产生更为不利的影响（张鸿龄等，2012）。国内外针对采矿造成的污染研究有很多，国外学者 Teixeira（2001）对巴西煤矿区河流底部沉积物污染进行了研究，美国、意大利、印度等国也对矿区土壤污染及植物生长等情况进行了研究（Finkelman and Gross，1999；Dinelli et al.，2001）。国内学者朱玉高（2014）、袁新田（2011）等对我国部分煤矿区重金属污染进行了研究，结果表明煤矿区土壤均受到重金属不同程度的污染，进而对当地生态造成一定的影响。另外，还有一些学者研究发现，采煤会对土壤养分具有明显的负面效应，破坏了原土壤碳、氮等元素的平衡。韩煜等（2018）发现胜利煤田露天矿土壤养分含量与未干扰区相比明显降低，并且土壤含水量也明显下降。石占飞（2011）通过对陕北神木矿区凉水井煤矿和四道沟煤矿生态监测发现，煤矿区地下水位下降，受采矿影响土壤有碱化趋势。赵韵美等（2014）发现矿区不同植被恢复模式下土壤养分出现改善特征。刘孝阳等（2016）指出矿区排土场不同复垦类型土壤养分的变化及矿区微地形也会对土壤养分分布产生一定影响。此外，地面植被类型对保护和改善土壤环境有很大作用，应充分利用草本植物对矿区土壤质地进行改良。

1.3.2 露天煤矿区生态重建研究现状

露天煤矿排土场生态重建是土层结构重构、水分高效节药利用、表土改良及生态重建的综合生态效应。土层结构重构是生态重建的基础，水分在排土场土壤的高效节约利用是干旱半干旱露天矿区生态重建的关键，而排土场的表土改良提质是实现矿区生态系统可持续发展的核心，通过土–水–生态的协调获得较好的露天矿区生态效应（毕银丽等，2021）。

1. 露天排土场土层重构对生态效应的影响

排土场重构土壤是在人工改变地貌上新发育的土壤，矿区重构土壤的物理性质与自然土壤相比有明显的差距，重构土体生产力通常较低，堆积过程中大型机械的压实作用使得土壤容重较高（1.55～1.86g/cm³）、孔隙度较低（26%～45%）、持水量低、渗透率差、水力传导速率慢、生物多样性空间异质性增强（毕银丽等，2020；曹勇等，2021）。露天排土场复垦土壤理化性质与未扰动土壤相比，土壤结构性差、土壤质地、有效阳离子交换量、容重、持水性和相关化学性质都存在显著差异（赵艳玲等，2018）；李玉婷等（2020）研究了黄土露天矿区排土场重构土壤典型物理性质的空间差异，重构土壤在垂直方向上均属于弱变异，土壤容重和孔隙度在层间差异显著，土壤深度越大，土壤容重越大，土壤机械组成各土层间没有差异；黄雨晗等（2019）对比不同复垦年限排土场和原始地貌未损毁土壤的物理指标，复垦8年和4年的排土场土壤容重、土壤含水量与土壤砾石含量均高于未损毁的土壤，随复垦年限的增长，重构土壤容重、土壤砾石含量和砂粒含量呈下降趋势，随土层深度的增加，重构土壤容重、粉粒和黏粒含量呈增大趋势；侯湖平等（2017）研究了复垦1年、6年、15年土壤及其微生物群落变化，结果显示细菌群落是对重构土壤反应最敏感的一个指标，经过15年的复垦后，重构土壤的细菌群落多样性已经与天然土壤高度相似。

2. 排土场土壤改良对水土高效协同利用生态效应

排土场土壤由于是新构土壤，其土壤结构不良，降雨发生时不能有效地入渗，水分通过径流和渗漏的形式流失，而处于干旱半干旱地区的排土场在雨热同期的条件下，降雨之后往往伴随着高温天气，土壤的快速蒸发又使排土场土壤含水量进一步降低，更影响露天开采不同复垦年限土壤真菌群落多样性产生（Wang et al., 2021）。我国矿区废弃地研究主要集中在土壤微生物、土壤重构、排土场环境治理等技术方面。魏忠义等（2001）对露天矿排土场土壤重构进行了研究，发现在排土场构建过程中制作"堆状地面"能够有效地减少地表压实和水土流失。露天矿排土场治理的关键是水分的保蓄和植被的建植，植被可有效地控制排土场边坡的水土流失。

露天矿区表土的稀缺严重影响了排土场的复垦效果和土壤质量的提升，利用工业固体废弃物等材料制作表土替代材料，成为固废资源化利用的新方向（宋子恒，2020）。胡振琪等（2007）研究发现，将风化煤、粉煤灰等工业废渣以一定比例添加到土壤中，再辅以化学肥料，能够有效提高土壤肥力，促进复垦区的苜蓿生长。采矿伴生的岩板粉末、粉煤灰及被风化的土壤基质都有成为表土替代材料的潜力（况欣宇等，2019）。有研究报道，在固体废弃物和矿区土壤中添加草炭、秸秆、矿物肥料、紫花苜蓿等改良剂也能够有效促进矿区的生态复垦。目前国内外学者主要是将工业生产的固体废弃物作为表土的替代材料，或者将其制作成土壤改良剂添加到土壤中，但是由于各矿区地质条件及周围工业设施的不同，产生的固体废弃物种类也不同，因此土壤改良剂的应用具有较强的局限性。应该因地制宜、结合当地实际情况选择复垦方式和适当的表土替代材料。露天矿排土场覆土方式往往以矸石、砂砾为基底，上覆表土，大量的采矿伴生土壤被堆积在排土场表面，这些土壤大多结构性差，有效养分含量低，不适合植物的生长。为解决这一难题，采用矿区伴生土壤与本地沙土、工业产物等混合重构的方式改善土壤结构。砒砂岩成岩程度低，颗粒胶结作用弱，其中蒙脱石含量较高，具有保水保肥的效果，且在我国西北地区分布广泛，能有效改造粗质的排土场覆土（韩霁昌等，2012）。研究表明，砒砂岩和沙土1:2~1:5配比条件下，具有良好的孔隙度特征，持水能力较强，土壤理化性质较好（李娟等，2018）；摄晓燕等（2014）研究发现，砒砂岩对降低入渗率和饱和导水率、增加含水量和持水能力效果显著，砒砂岩与沙土比例为1:3时，复配土的吸水性能和保水性能最佳；韩霁昌等（2012）以小麦、玉米、大豆、马铃薯4种作物为材料，分析不同砒砂岩和沙土的比例（1:1、1:2、1:5）下的作物产量，发现马铃薯在砒砂岩与沙土比例为1:5混合时产量最高，小麦、玉米、大豆在砒砂岩与沙土比例为 1:2 混合时产量最高；秸秆覆盖不仅可以增强土壤水分的下渗、降低土壤水分蒸发，还具有良好的蓄水保墒效果（Tolk et al., 1999）。研究表明，随着秸秆覆盖量的增加，相对蒸发量逐渐减小（李新举等，2000）。逄焕成（1999）在陕西部分地区设置试验田，冬小麦在夏闲期和生长期采用秸秆覆盖能有效使土壤保持湿润状态，覆盖量为 6000~7500kg/hm^2 最佳；同样对于玉米秸秆，覆盖量以 6500~7500kg/hm^2 最佳（杜守宇等，1994）。秸秆覆盖除蓄水保墒作用外，还可以改善土壤的养分状况。李娜娜等（2021）研究发现 2013~2015 年旱地玉米秸秆覆盖模式与传统耕作模式相比，土壤有机质含量增加 19.8%，全氮含量提高 8.4%，水分利用率提高 11.3%；侯贤清和李荣（2020）研究了覆盖措施对旱作马铃薯生长的影响，秸秆覆盖可以提高 15% 左右的储水量，且深松覆盖处理的土壤有机质、全氮、碱解氮、有效磷、速效钾的含量显著提高。秸秆覆盖在增加土壤养分的同时还能防止土壤养分流失，吕凯和吴伯志（2020）连续两年进行野外径流小区观测，其研究结果表明随着秸秆覆盖量的增加土壤养分流失量减少，相对于对照，泥沙中的有机质含量降低 83.97%~82.5%、全氮含量降低 61.49%~85.56%、全磷含量降低 44.69%~83.75%、全钾含量降低 52.52%~81.79%，并得出 7500kg/hm^2 小麦秸秆覆盖量综合效益最好。秸秆覆盖改善了土壤中碳氮比例，为土壤微生物的活动提供了丰富的碳源和氮源，提高了土壤微生物种群多样性，改善了土壤微生物群落结构（蔡晓布等，2004；宋子恒，2020）。韩新忠等（2012）通过大田试验研究了小麦秸秆覆盖对土壤微生物量及酶活性的影响，结果表明，秸秆还田覆盖显著提高土壤微生物量（碳、氮）、土壤脲酶活性、过氧化氢酶活性和蔗糖酶活性。

1.4 退化草原修复技术

草原生态系统受到人为或自然因素的干扰时，其平衡状态发生位移，导致其结构和功能的变化与障碍。退化草原生态系统的恢复通常有两种方式：一种是自然恢复，另一种是人工修复。对退化的生态系统，主流理论是强调自然恢复，即生态系统在适宜的外界条件下，通过自身调节能力逐步恢复生态平衡，使生态系统由恶性循环步入良性循环的发展过程。自然恢复速度往往很慢，适度地人工修复刺激与诱导原始生态正向发展。

澳大利亚等国家在草原资源开发和利用方面与我国相似，也走过从破坏到人工修复的弯路。为了恢复退化的草原，澳大利亚 1975~2000 年共颁布了 7 部与生态保护有关的法律法规，依法对生态环境进行保护和恢复，主要措施是将适宜自然恢复的荒草原及生态脆弱的区域划分为各种类型的保护地，全国划出各种类型的保护地 5950 处，其面积占全国国土总面积的 12%；在放牧草场，农场主既放牧又种草，时刻注意牛羊的饲养量与草产量的同步发展，避免过度放牧而使草原退化（朱显灵，1994；Meissner and Facelli, 1999）。新西兰十分重视天然草场的草畜平衡和草场的管理措施，在增加牲畜的同时，加强人工草场的建设（郑群英等，2005）管理草场时通过对动物施用改良饲料，用饲养动物的粪肥来增加草地土壤中的碳储量（David et al., 2018）。总之，澳大利亚、新西兰等国家都已经采用先进的科学技术，利用现代化手段，集约化经营草原和现代畜牧业，有着现代化草原的保护、建设和合理利用发展模式。这两个国家草原改良及建设起步较早，全国草原大部分已改良。

相反，草原保护和利用比较落后的国家有亚洲的蒙古国及非洲的部分国家。蒙古国为典型的草原国家。蒙古草原面积为1.3亿hm²，其中放牧地面积为1.15亿hm²，割草地面积为0.15亿hm²。由于忽视草畜平衡，自20世纪50年代以来，随着牲畜头数的增加和草场面积的减少，近70%的放牧场遭受不同程度的践踏而退化，草原的荒漠化主要分布于典型草原和荒漠草原地带，并处于斑点状荒漠化阶段（赵万羽等，2004；达林太，2003）。非洲的热带草原以前较好，过度放牧及人口增长致使部分草原被开垦成农田而种植谷物，部分热带草原退化成荒漠。

我国从20世纪80年代以来，各级政府相继出台了有关牧区、牧民及草场政策，极大地调动了农牧民的生产积极性，推动了草原畜牧业经济的迅速发展。随着牲畜数量的持续增加，草原普遍出现了超载过牧现象，北方大部分地区的草原出现退化和沙化现象。因此，人们对草原保护、建设和合理利用的研究才逐渐多起来。李福生等（2000）等对草原禁牧的研究发现，禁牧3年以上的草原植被平均覆盖度达到35%，比放牧草原提高25%；草层高度平均达7.9cm，而放牧草原平均草层高度仅为3.5cm；放牧草原土壤表土粒级比禁牧草原高9.25%~10.2%，有机质含量比禁牧草原低0.35%~1.28%；禁牧草原1~1.58hm²能养一头羊，放牧草原需2.11~3.23hm²才能养一头羊。因此，草原禁牧给牧草提供了一个良好的生长繁衍机会，对迅速恢复草原植被，有效遏止草原沙化和退化起到积极的作用。邓姝杰（2009）利用遥感解译技术，分析了锡林郭勒草原的退化情况，提出人工修复和自然恢复相结合的治理方式。刘晓媛（2013）以松嫩草甸草原为研究对象，适度放牧可在一定程度上提高植被的多样性，增加生态系统的稳定性。

草原退化的人工修复措施主要有农艺措施（草地施肥、清除杂草、草地翻耕、灌溉等）、生物措施（消除鼠虫害、围栏禁牧、牧草补播、施用菌剂及微生物制剂等）、化学措施（施用除草剂、杀虫剂、无机化肥等）。目前针对草原退化最为有效、最具可持续性的技术主要是生物修复（bioremediation）技术。

生物修复技术的研究始于20世纪80年代中期，到90年代开始有了成功应用的实例。生物修复分为微生物修复、植物修复和动物修复三种，并以微生物修复及植物修复的研究和应用最为广泛。

1.4.1　退化草原的动物修复技术

造成草原退化的动物因素主要为草原鼠虫害与超载过牧。鼠虫害是草原退化影响最为显著的自然因素。

1. 鼠虫害的防治研究

人类为获取野生动物的肉、皮、毛等而过度捕猎，使得狼、蛇、鸟类等物种的灭绝速度呈现加速趋势，导致危害草原的鼠害、虫害泛滥，草原遭到严重破坏。关于鼠虫害的治理，已经有部分学者进行了相关研究。主要分为三方面：一些学者侧重对鼠虫害监测的研究。例如，赵磊等（2015）在鼠虫害的防治中应用3S技术，对四川的草原鼠虫害进行分析预测，并根据预测结果对草原鼠虫害提出相应的防治对策。李金芳（2017）通过对甘肃省古浪县的草原鼠虫害进行研究，指出草原鼠虫害的治理可以从强化监测、推行绿色防治、加大宣传等方面进行改善。马涛等（2018）在鼠害防治中应用无人机低空遥感技术，对新疆荒漠林大沙鼠典型鼠害区进行两次无人机低空航拍，表明无人机低空遥感可以为大沙鼠鼠害调查提供准确度甚高的解译结果，在鼠害监测防治方面具有广阔的应用前景。还有一些学者侧重对鼠虫类天敌的研究。例如，苟存珑（2016）在青海省杂多县草原的调查发现，以草原毛虫为食的鸟类繁多，如角百灵、长嘴百灵、小云雀、地鸦、棕颈雪雀、白腰雪雀、树麻雀、大杜鹃、红嘴山鸦等。鸟类中以角百灵的作用最显著；一是其数量多，二是在 6 月至 7 月中旬恰是角百灵哺育雏鸟及幼鸟群飞觅食的时期，往往可见上百只鸟捕食幼虫。饲养观察，一只幼鸟每天可吃一百多条幼虫。人类对鸟类的保护，对毛虫害的抑制有着积极的促进作用。孙涛等（2010）提出在草原推广牧鸡来管理草地蝗虫。也有学者研究运用不同的放牧方式来抑制鼠虫害。叶丽娜等（2017）在 2013～2015 年，采用标志重捕法对内蒙古呼伦贝尔大针茅草原季节轮牧区、按月轮牧区、连续放牧区和过牧区 4 种不同放牧方式及禁牧区（对照区）情况下啮齿动物进行了专门调查，对啮齿动物群落结构、啮齿动物群落相似性和多样性特征进行了研究，研究发现，季节轮牧在控制啮齿动物个体数量的同时，可以降低啮齿动物群落多样性，在大针茅草原上，季节轮牧方式能够达到草原可持续利用目的，并且可抑制鼠害发生。

2. 超载过牧的防治研究

引起草原退化的重要因素之一就是严重超载过牧。当前，我国半牧区与牧区超载均值均超过 30%。正常情况下，一个草场的面积为 2.5 亿 hm^2，其理论载畜量可以达到 2.8 亿头羊，但事实上却承载 3.8 亿头羊，甚至更多。这一现象不仅会对羊成长质量产生影响，还会增加草原的负担，造成草原退化。现在牧区对于放牧的控制主要为禁牧、轮牧、休牧。胡振通等（2017）根据内蒙古阿拉善左旗、四子王旗和陈巴尔虎旗 3 个旗县的 320 户牧户样本数据，对家庭承包经营模式下草原超载过牧的牧户异质性进行了研究，发现中小型牧户是草原超载的主体，草场经营面积越小，载畜量的草地单位面积越低。李金亚（2014）也指出草原家庭承包的不彻底导致了草原的退化。王楚含等（2017）以新疆阿尔泰山两河源自然保护区为研究对象，研究库尔木图不同放牧情况下草地生态服务经济价值的变化过程，其结果表明超载会造成生态服务价值下降。Bi 等（2018）通过对中国中部干旱地区温带典型草原的放牧草地和封育草地进行调查研究，发现禁牧有效地提高植物的生产力、覆盖度、高度，以及植物和土壤 C、N 固存，但不利于维持植物的多样性，考虑到温带典型草原中生物量生产力与物种多样性之间的平衡，应考虑短期禁牧，并与其他适当的措施相结合。Abdalla 等（2018）对 83 个涉及不同国家和气候区的 164 个地点的大规模放牧研究进行了全球综述，发现在所有的气候区和放牧强度条件下，放牧对有机碳的影响与气候相关，轻度放牧（低于系统的承载能力）导致有机碳固存减少。对不同区域气候进行评估，发现所有放牧强度在湿暖气候下可增加土壤有机碳储量（7.6%），而在湿冷气候下其储量有所减少（19%）。在干暖和干冷气候下，只有低（5.8%）和低-中（16.1%）的放牧强度与土壤有机碳储量增加有关。与 C_3 植物主导的草地和 C_3 植物和 C_4

植物混合草地相比，高强度放牧显著增加 C_4 植物主导草地的有机碳含量，土壤全氮含量和容重也显著增加，但对土壤 pH 没有影响。为了保护草地土壤免受退化，建议根据气候区域和草地类型优化放牧强度和管理措施。

1.4.2　草原退化的植物修复技术

1. 牧草补播技术

补播相当于向退化草地中加入植物成分，通过增加物种数量，达到提高退化草地种群覆盖度及生物量的功效。张永超等（2012）等对青藏高原高寒草甸进行了草地恢复研究，补播区草地生产力较未补播区提高 1.31～1.44 倍，物种数和丰富度指数均有所增加。张云等（2009）等对甘肃玛曲高寒草甸进行了 3 年草地恢复研究，封育 3 年后的亚高山草甸和退化沼泽化草甸植被平均高度分别增加 49.57% 和 53.38%，覆盖度分别提高 24.73% 和 25.25%，地上生产力分别上升 16.40% 和 22.17%；而在封育基础上进行补播"高寒 1 号"生态组合草种（披碱草、细茎冰草、匍匐紫羊茅、扁穗冰草、无芒雀麦、高山雀麦等配比组合），进一步使两类退化草甸的植被高度分别增加 17.64% 和 15.78%，覆盖度分别提高 48.38% 和 50.50%，地上生产力分别上升 3.24% 和 9.39%，且草地物种数也有一定程度增加。

补播还可以从根本上改变草地群落的营养成分，增强草地群落抵抗杂草、毒草入侵的能力。高盛香（1995）研究表明，补播草地的一年生草本及毒害植物减少，草地生产力增加，单位面积群落的粗蛋白含量和粗脂肪含量也分别提高，补播从根本上提高草地群落的营养成分。Eastburn 等（2018）在美国加利福尼亚州纳帕县北部的一个草场内，调查了四种播种混合物（一年生牧草、本地多年生牧草、外来多年生牧草和外来本地多年生牧草），以评估这些处理如何抵抗再入侵并支持同时提供多种生态系统服务（抗入侵性、本地丰富度、固氮植物和传粉者食物来源、植物群落多样性、牧草品质和生产力）。闫志坚和杨持（2005）对内蒙古呼和浩特市和林格尔天然放牧场进行补播，补播第 2 年可使草场表层土壤（0～10cm）含水量提高 10%，土壤容重降低 2%，全氮含量提高 6.7%，全磷含量提高 2.1%，次表层（10～20cm）土壤含水量提高 11.5%，容重降低 4.2%，全氮含量增加 69.8%，全磷含量提高 17.3%，全钾含量降低 4.6%。Shang 等（2014）通过对祁连山北坡同一广域内原生高寒草原、40 年农田、退耕还草 10 年燕麦田、退耕还草 10 年农田的研究发现，通过重新播种恢复 10 年后，经过演替，农田恢复到多年生草原群落，土壤总碳和氮的含量恢复到原始草地的 70% 以上。Zhou 等（2017）在内蒙古呼伦贝尔草甸草原退化的草地上田间补播黄花苜蓿，提出在轻度放牧干扰导致的小间隙草地上重新种植黄花苜蓿比在高度退化的草地上更有效。Wu 等（2011a）为研究人工管理措施对青藏高原高寒草甸草原的影响，调查了东齐沙质草甸围栏封育+复种管理 5 年后表层土壤的水分、有机碳、氮和磷含量，结果表明围栏封育+复种管理措施显著提高土壤储水量及土壤有机碳、全氮、有效氮、全磷和有效磷的含量。围栏加播种比单独围栏对提高土壤 C、N 和 P 的含量更有效，说明退耕还林和围栏还林对退化沙质高寒草甸土壤性质有良好的影响，是恢复青藏高原退化草甸生态系统的有效途径。

2. 围栏封育技术

围栏封育（简称围封）是将退化草地封闭一定时期，排除家畜的采食、践踏及排泄等干扰，使牧草能够完成营养繁殖或结籽，营养物质得以储藏，草地生产力得以恢复，并促进草地群落自然更新。它是人类有意识地调节动植物之间相互关系的一种重要手段（闫玉春等，2009）。苏淑兰等（2014）通过对青藏高原高寒草甸、高寒草原、温性荒漠草原进行 5 年围封的研究发现，围封后 3 类草地的地上生物量分别比各自对照提高48.1%、10.8%、34.5%，地下生物量对围栏封育的响应与地上总生物量一致；围封显著增加高寒草甸和高寒草原禾本科植物的生物量比例，高寒草甸杂类草生物量显著降低。聂莹莹等（2016）等对内蒙古呼伦贝尔草甸草原进行 4 年的围封研究，其结果表明围栏封育措施显著提高草甸草原植被的地上生物量、高度、覆盖度及密度，显著提高羊草、贝加尔针茅的优势度。由于围封消除牲畜的采食、践踏等行为，牧草得到休养生息的机会，植被生长周期得以完成且长势相对茂盛，生态系统稳定性增强，使得草地生态环境得到很大改善。由于植被覆盖度增加，风蚀作用减弱，地表凋落物含量增加，有助于地表水分的保留，刘艳萍等（2007）在内蒙古希拉穆仁苏木南部低山丘陵草原区的水保措施研究中发现，围封区较放牧区的土壤含水量提高2.38%。由于封育后无放牧干扰，许多植物都能完成其生长周期，生物量增大，降落到表层土壤的凋落物和土壤中的根系数量也增多，在微生物的作用下，这些有机物形成腐殖质，使得土壤中有机质含量增高，进而直接或间接改善土壤理化性质及生物学特性。曹成有等（2011）通过对科尔沁退化草甸草原进行 7 年封育措施研究得出，围栏封育可明显提高重度退化草地的土壤养分含量，封育草地 0 ~ 10cm 土层的有机质、全氮、速效氮、全磷和速效磷的含量比退化区分别提高 1.8 倍、1.07 倍、1.14 倍、1.74 倍和 2.92 倍，10 ~ 30cm 土层分别提高 5.86 倍、1.14 倍、1.17 倍、2.03 倍和 3.28 倍；封育区 0 ~ 10cm 土壤微生物碳、氮、磷含量较退化区分别提高 2.96 倍、1.66 倍、3.27 倍，10 ~ 30cm 土层分别提高 3.76 倍、1.51 倍、4.48 倍；封育区的土壤蛋白酶、脲酶、脱氢酶及磷酸单酯酶的活性较放牧区均有显著提高。

1.4.3　草原退化微生物修复技术

1. 微生物对退化草地修复的作用

微生物菌种对植被恢复的作用主要包括两方面：一是改善植被生长的土壤环境，二是调节植被自身的生长发育。土壤微生物可以促进土壤团粒结构的形成，特别是在丝状菌、真菌及放线菌黏结土壤颗粒形成团聚体时作用更明显。Greene 等（1990）提供的微形态学证据表明，土壤微生物把非结晶黏胶状的有机物密切地黏结在一起，而有机物又将矿物细粒进一步黏结，形成球状表面团聚体，细菌可以产生胞外代谢物，通过胶结作用稳定团聚体。

丛枝菌根真菌可改善土壤理化性质，刺激微生物种群发育，改良土壤质量（Chen

et al., 2018）；产生的各种生长激素刺激植被的生长发育，提高植物的抗逆性，促进植物对各种营养元素的吸收，增强植物对各种逆境的适应能力；还能对植物种间关系起到一定的调节作用。McCain 等（2011）将丛枝菌根真菌应用于美国堪萨斯州退化草原植被恢复的长期研究中，发现植物叶片养分含量、植物群落中物种的组成比例、草本植物的物种多样性及草原生产力等都得到了很大的改善。石伟琦（2010）关于丛枝菌根真菌对内蒙古草原大针茅群落影响的研究表明，丛枝菌根真菌有利于植被的恢复与重建，可为内蒙古退化草原生态系统恢复和重建奠定研究基础。

2. 微生物代谢产物在退化草地修复中的应用

生物腐殖酸是作物秸秆碎渣经特殊微生物种群发酵后干燥粉碎而成的，它富含有机质、水溶性腐殖酸、氨基酸和大量有益的芽孢菌群，是一种混合物，有类似矿物黄腐酸的功效，对土壤改良作用突出。它集腐殖酸和微生物于一身，可在沙化和退化土壤修复中发挥重要作用，它将全面改善土壤的理化性质和生物学性质，为植物的存活和生长提供有力保障。

吴建国（2018）大力推广应用生物制剂、植物源农药，以及天敌控制、物理防控和生态治理等绿色防治措施，推行精准科学施药提高农药使用效率，确保化学农药用量零增长，在自然保护区、绿色农畜产品基地、中低密度发生区不得使用化学农药。积极开展新药剂筛选和新技术试验示范，开展微生物治蝗协作，推动草原牧区减灾增收。

综上所述，生物修复是目前国际上公认的最安全的方法，具有高效、安全、成本低、应用广泛的特点。围栏封育、补播牧草、轮牧等简单易行，成本费用相对较低，通过施用生物菌肥菌剂，既能达到恢复植物生长的需要，又不损害生态环境。在实际防治草原退化生态中多使用联合技术，防治鼠虫害的同时补播牧草，成为当前最主要的修复退化草原的方式。

微生物技术利用微生物接种优势，改善和恢复植被及微生物体系，促进受损生态系统正向发展，有效缩短修复周期，是高效、低成本人工生态修复的有效手段，具有传统工程复垦不可比拟的优势，对矿区生态环境的可持续发展具有深远的现实意义。

第 2 章　草原露天矿区生态调查与修复方法

2.1　矿坑周边生态调查方法

2.1.1　野外样点布设方法——同心圆布线

野外采样点布设与研究目的相关。为了研究露天开采对周边生态的影响范围和程度，揭示露天开采对生态多样性指数、生态演替规律，以露天矿坑为中心，在其周边考虑不同方位、不同地形起伏、不同放牧干扰强度等因子，采用同心圆布设样线，在不同方位的样线上，根据具体情况等距或不等距间隔布置固定样方，以便连续多年动态监测草原草场生物种群、土壤理化性状、草原质量演变等规律。在样线的固定样方周边设置 3 ~ 5 个重复样方，便于进行生物学统计。包括如下设置方法。

1）以露天矿坑为中心，同心圆方式确定测线布设长度

测线布设前进行实地考察，根据矿区周围植被群落的变幅、建筑物位置、交通道路走向和草场放牧强度、围栏数量等状况，确定草原露天矿开采对矿周边生态演变有密切影响的区域范围，矿区生态演变监测的重点区为距矿坑 2km 范围内的区域。

北电胜利露天矿区样线布设：矿区东北方向为华北油田区域，矿区东部紧邻锡林河，本着样线布设全面的原则，在古河道按照与矿区距离布设样点，但在后期观察中，发现河道内几乎没有植被，且与油田紧邻，所以虽有样点但在后期监测时舍弃了东北方向样线（图 2.1）。

矿区的南部为办公生活区，已成为建筑用地，地面均为水泥地面，与矿和生物多样性调查的主题不符，所以矿区正南侧并未设置样线。

矿区西北方向设置了 A 和 B 两条样线，矿区西北方向为排土场，布设样线时根据地形起伏与植被变化转折点，确定中心距离点，在此距离点的基础上，靠近矿区点位布局越密集，远离矿区较为稀疏。A 和 B 样线为两条相同方向的平行样线，均位于草原放牧区内。A 和 B 两条样线中样点均在距离矿区边界 100m、200m、400m、900m、1400m、1900m（水平距离）处进行布设。矿区正西方向设置了 C 样线，C 样线与排土场相邻且样线所在草场均有围栏封育，可以作为矿区周围不受放牧影响的草场生态监测对照区。C 样线也在距离矿坑边界 100m、200m、400m、900m、1400m、1900m（水平距离）处进行布设。矿区西南方向为露天矿坑采挖掘进方向，在西南掘进方向前方布设 D 样线，D 样线以与矿区边界 100m、200m、400m、900m、1400m、1900m 水平距离进行布设。选择锡林浩特市东北方向的锡林郭勒盟气象局观测站围封多年的草地作为不受采矿干扰的对照区域，距离北电胜利露天矿区 30km。

图 2.1　北电胜利露天矿区生物多样性样线布设图

北电胜利露天矿区的生态演变监测是以同心圆方式布设的，不同方向的测线监测点采用不等距布点，距离矿坑近的地方密集布点，间距分别为 100m、200m、500m 不等距布设的原则。超过 2000m 后不再作为重点监测区布点，选择矿坑 2km 以外的围封草地作为对照区，揭示采矿对生态环境演变的影响。

宝日希勒矿区样线布设：矿区开采方向为东向，外排土场已经建成 20 年，采区已经实现内排（图 2.2）。矿区正北方向布设 A 样线，既位于外排土场正北方，又位于牧户放牧草场内，在矿坑外围 50m 北边有一条硬化道路，为减少道路对生态调查的影响，A 样线第一个样点选取距离道路 50m 处即在距离矿坑边界 100m 处布置，在放牧区域 A 样线上由于放牧种类与矿区的影响，在距离矿区近且主要为放羊的区域（<500m），样点布设较密集，在 500m 处存在放马和放牛的轮牧区，且存在围栏，所以布设间距相对较大。总体上，A 样线上各样点在距离矿坑边界 100m、200m、300m、500m、1000m、1500m、2000m 处进行布设（图 2.2）。

矿坑正北方向布设 B 样线，B 样线位于 A 样线以东，露天矿区采坑区域正北方，布设在天然草地上，无放牧，有微地形起伏，在 450m 处存在植被变化与地形起伏拐点，在距离矿区 450m 内样点布设较密集。总体上，B 样线中各样点在距离矿区边界（水平距离）50m、150m、250m、450m、950m、1450m、1950m 处进行布设。

矿区北部天然草场布设 C 样线，C 样线位于露天采矿将要开采推进区域的正北方，布设在天然草地上，无放牧。C 样线的布设是开采推进进程中对生态动态演变影响监测的需要。C 样线在 250m 与 750m 之间存在一个较大的天然水冲沟，750m 处为植被群落变化的转折处。C 样线各样点在距离矿坑边界 50m、150m、250m、750m、1250m、1750m 处进行布设。

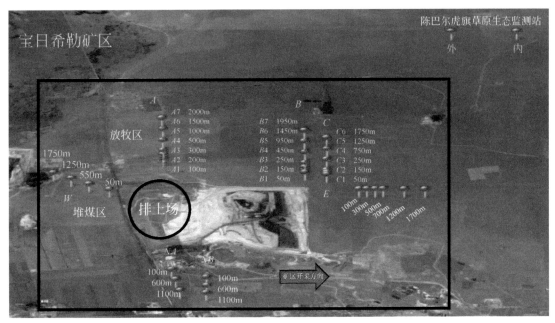

图 2.2　宝日希勒矿区生物多样性样线布设图

在矿坑正东方向，采矿推进方向的正前方布设 E 样线，因为布点的特殊性，E 样线样点随着采矿向前推进，监测后期部分点位会消失，这条测线与采矿对生态演变的影响相关。正东方向的 E 样线各样点分别在距离矿坑边界 100m、300m、500m、700m、1200m、1700m 处进行布设。

矿区正西方为国道和东明井工矿，矿区正西方国道与东明井工矿之间布设 W 样线，W 样线的整体植被群落变化不大，地形起伏不明显，且受两个矿区和国道影响，整体土壤退化严重，所以样线布设较为稀疏，各样点至国道边界的距离分别为 50m、550m、1250m、1750m。

矿区南部与国华电厂之间的距离不足 2000m，并且区域内存在传送带、铁塔等永久性建筑，加之建设过程对区域土壤和植被造成消极影响，情况较为复杂，故在传送带左右两侧分别布设了 NA、NB 两条测线，间距设置较稀疏，为 500m。南部样线各样点至宝日希勒矿坑边界的距离分别为 100m、600m、1100m。以距离矿坑 8km（直线水平距离）处的国家级草原站陈巴尔虎旗草原站围封多年的草地为非矿区干扰的对比区，草原站内为严格围栏封育、无任何采矿和放牧等人文干扰区，草原站外为天然草地。

2）布设样线的间距测定

使用可测距的 GPS 在布设样点时进行间距测定。手持式 GPS 是 Unistrong/集思宝手持 GPS 定位仪，对采集的数据无复杂属性要求，具有强大的数据应用和导航功能，可对点位坐标进行空间位置采集。

采取上述布设方法和测距，具有以下优点：①样线布设采取中心点向四周辐射状，布局全面，综合考虑了草地上普遍存在的建筑物、道路、放牧、围栏等对研究的影响后进行样线与样点布设，所布设的样线样点具有代表性。②使用 GPS 来定位样线，样线布设信息存入仪器中，不会对该地区的环境造成影响，并且可供长期监测使用。

草原草场放牧频繁，生态演变规律监测是一个长期监测，布线方法适用于揭示煤炭开采扰动区域生态环境演变规律的监测，特别是对于典型生态脆弱区更能体现出其便捷和综合的特点。本设计思路和方法有较好的推广性。GPS 工具的使用减少了永久样方设定，减少牲畜及人为因素对生物多样性监测样方的破坏，保护该地区的生物多样性。

2.1.2　野外根际土壤收集方法

草原生态系统中，露天煤矿开采剥离地表，严重破坏原始地貌并改变地上与地下水文情况，使植被覆盖度下降，植物群落结构发生变化，物种丰富度减少，从而导致草原生态系统的稳定性降低，土壤退化。土壤养分是草地植被生长的主要限制因子，对于草地生态系统中土壤质量的研究至关重要。草原露天矿区为典型生态脆弱区，寒冷干旱，土层较浅，草原上大量密集布点采集土样会诱发草原生态损毁，造成草原草场退化，所以为了保护典型生态脆弱区，需要采用损毁性最小的采样方法，以便保护和管理草原脆弱的生态环境。根际土样采集方法具体如下。

（1）以图 2.1、图 2.2 中所布设的样线上的样点为中心点，在与测线垂直方向，两侧水平对称以 10m 间隔布设 5 个样点，每个样点采用五点混合采样法采集样方（图 2.3）。

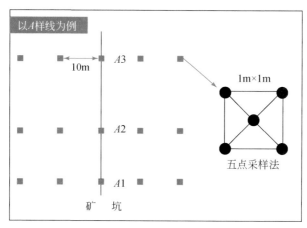

图 2.3　矿区土壤采样细节示意图

（2）每个土样采集时除去表层凋落物后进行取样，因草原草本植物根系大多分布在 0～10cm 处，取浅表层 0～10cm 的根际土壤，分为三份：一是用于土壤微生物多样性测定的植物根际土壤，装入用 75% 的酒精擦拭过的 10mL 离心管中，再放入冰盒中，带回实验室后放于 -80℃ 冰箱保存，用于土壤微生物多样性的分子生物学测序；二是植物根际鲜土，装入样品袋中，过 1mm 筛后放于 4℃ 冰箱保存，用于土壤酶活性等测定；三是植物根际土，装入样品袋中，放于阴凉处自然风干，过 1mm 筛后用于土壤理化性质测定。

2.1.3　野外植物多样性调查方法

生物多样性是生物及其环境形成的生态复合体及与此相关的各种生态过程的综合，包括动物、植物、微生物和它们所拥有的基因，以及它们与其生存环境形成的复杂的生态系统。生物多样性是人类社会赖以生存和发展的基础。人类的衣、食、住、行及物质文化生活的许多方面都与生物多样性的维持密切相关。近年来，物种灭绝的加剧、遗传多样性的减少，以及生态系统特别是热带森林的大规模破坏，引起了国际社会对生物多样性问题的极大关注。

生物多样性即生物资源，草原地区生态环境类型独特，野生动植物资源丰富，具有草原生物群落的基本特征，并能全面反映内蒙古高原典型草原生态系统的结构和生态过程。草原地区是世界著名的天然牧场，该地区放牧及采矿等人为活动很容易对生物多样性造成扰动，为了保护草原地区的生物多样性，需要对矿区周边草地植被多样性动态变化进行长期监测，以便对保护对象进行合理、明确的划分及全面的了解。

矿区周边采矿、放牧等不同程度干扰，造成草地植被群落结构、物种重要值、多样性及群落相似特征的差异。确定矿区周边 0 ~ 2000m 范围草地植被群落演替的范围和程度，揭示采矿及放牧等人工干扰对植被群落演替规律的影响，为进一步进行矿区草原生态修复奠定基础。长期监测矿区周边草地植被多样性动态变化的具体方法：①确定待调查的区域的范围和边界；②确定样方数量，选择样方的布置点；③样方的布置点选好后，确定样方的大小和形状；④样方确定好后，在各个样方四角处布设永久监测点，进行编号及相应坐标位置记录，并绘制图纸；⑤对样区内所设置的永久监测点进行监测，并记录各个监测点生物的种类、数量；⑥统计调查各样方内生物种类、数量的变化，从而计算出该样区内的生物统计指标，比较不同时段该样区植被多样性的动态变化规律。

综合考虑矿区实验样区的地形、地貌、原始植被和土质条件等影响因素，合理布设样点位置及数量，永久且定位设置样方，目的是能够长期监测样区内生物多样性变化，测定的变化也更加稳定有效，同时可以满足不同月份、不同季节、植物不同生长期、不同年份等动态比较，相比于常规样方法，其结果更加直观，可信度也更高，也可以在短期内监测到植被的变化，监测精度更准确。

根据矿区周边草地利用及草场围栏情况，围绕胜利矿坑外围的 4 个方向设置植被监测样线 ABCD（图 2.1）。于植被生长最茂盛时期进行野外植被调查。熟悉样区地形、地貌、植被等实际情况，利用海拔表、地质罗盘、GPS、大比例尺的地形图、望远镜、照相机等做记录和备注。规划并绘制出拟监测样点位置图，同时需要制作好植物采集记录本的表格、方格绘图纸等。根据规划图，找到设定样点，用照相机记录样点周围情况，再测出边长 1m 的样方，利用铁钉埋于地面或以下确定四个永久监测点，保证铁钉不会露出地面，以免遭到牲畜或人为的破坏，并拿标签标记。在每个样点左右水平距离各布设 2 个 1m×1m 大小的植被监测的重复样方，重复样方之间距离 50m，对照区内按照同样方法布设样方。

1m×1m 大小的样方装置由 4 根铁管和一条红色细线与一条黑色细线组成，4 根铁管长度均为 1m，其中两根铁管两端各有一段与铁管垂直的凸出部分，以便可以任意插入另外两根铁管中，红线与黑线长度均为 10m。首先将红线均匀剪成 9 段，将红线一端捆绑在一根铁管上，另一端捆绑在另外一根铁管上，照此方法将九条红线均匀地捆绑在两根铁管上，并且每条红线之间的相互距离为 10cm，将红线拉直后两根铁管之间的距离为 1m。照此方法，将黑线也均匀分成 9 段，将黑线两端分别固定在另外两根带凸出部分的铁管上，九条黑线之间的距离为 10cm，将黑线拉直后，保证两根铁管之间的距离为 1m。随后将带凸出部分的两根铁管插入另外两根铁管中，组成一个 1m×1m 的正方形可移动样方，其内部红线与黑线交叉，正好形成 100 个 10cm×10cm 的网格。

　　胜利露天矿内排土场生态修复区，根据研究目标及小区的大小，在修复区布置样方若干，采用 GPS 定点取样，草地小样方设置大小为 1m×1m，调查植物的种群多样性，包括植物种类组成及植被覆盖度、多度、高度等数量指标。每个样方划分 16 个 25cm×25cm 的取样方格，分别收集方格内的植物地上部、根系和根际土壤。收集地表 0～30cm 的根系，测定每个方格内的根系总长和根幅。

　　在宝日希勒矿区西北、正北、东北方向布设植被检测样带 ABEW（图 2.2），在各采样点及其左右两边水平距离 50m 处分别设置 2 个 1m×1m 样方的植被监测区，调查每个样方中总的植被物种数及各植物种的密度，当涉及羊草、寸草苔（Carex duriuscula）等根茎型难以记数的草种时可将调查面积缩小至 50cm×50cm 的小样方内进行调查。

　　植被多样性指数是丰富度和均匀性的综合指标，Sorensen 群落相似性指数可以反映不同群落结构特征的相似程度。根据每个样方中各物种的高度、覆盖度、频度计算每个物种的重要值（p_i），使用重要值对某个物种在群落中的地位和作用进行评价，然后根据每个样方内各物种重要值计算群落的多样性指数。

　　（1）重要值：$p_i =$（相对盖度+相对高度+相对多度）/3。

　　（2）多样性指数计算方法：

　　马加莱夫（Margalef）丰富度指数：$M = (S-1)/\ln N$；

　　香农–维纳（Shannon-Wiener）多样性指数：$H = -\sum p_i \ln(p_i)$；

　　辛普森（Simpson）优势度指数：$D = 1 - \sum (p_i)^2$；

　　Pielou 均匀度指数：$I = \sum p_i \ln(p_i)/\ln S$；

式中，S 为样方内物种数目；p_i 为单个物种的相对重要值；N 为所在群落的所有物种的个体数之和。

　　（3）索雷森（Sorensen）相似性指数：$CSI = 2C/(A+B)$，式中，C 为 A、B 两群落所共有的物种数；A 为 A 群落物种数；B 为 B 群落物种数。

2.2　矿区大尺度生态调查方法

2.2.1　野外气象获取方法

　　气象数据使用 1995 年 1 月 1 日～2020 年 12 月 31 日中国地面气候资料日值数据集，

来自国家气象科学数据中心（https：//data. cma. cn/）。分别检索海拉尔、锡林浩特两个气象台站的气象要素并下载。使用 R 和 RStudio 软件及 data. table 程序包对日值数据进行处理，分别合并气温、湿度、降水数据文件，提取关键列数据，将合并后的气温、湿度、降水数据文件进行链接，随后进行标准化处理，缺失值设为 NA，最终得到研究区 1995 ～ 2020 年的年累计降水量、年平均气温、年平均相对湿度三项气象数据。

2.2.2　遥感调查法获取土壤与植被数据

从美国地质勘探局网站（https：//earthexplorer. usgs. gov/）下载宝日希勒和锡林浩特两个区域的 Landsat 5 TM 和 Landsat 8 OLI/TIRS 影像，成像时间选择 1995～2020 年每年生物量高峰期即 6～9 月质量最佳的影像。使用 ENVI 软件对遥感影像进行辐射定标、大气校正等预处理，计算归一化植被指数（NDVI）与植被覆盖度。

土壤数据主要以中国 1：100 万土壤数据集和世界土壤数据库（HWSD）全球土壤数据为基准，对研究区土壤类型与土壤侵蚀类型进行鉴别。

结合《内蒙古植物志》、内蒙古自治区资源系列地图——植被类型图与野外调查样方数据，使用 eCognition 软件及 ArcGIS 平台对卫星遥感数据进行解译，获得研究区在 1995～ 2020 年植被空间变化情况，包括遥感图像处理、机助目视解译、矢量数据的编辑、结果输出等内容。

（1）几何校正和图像增强。利用 PCI 8.2 软件，以 1：5 万数字地形图为参照，对 7 个年份的 Landsat 数据进行几何精校正，误差控制在 1 个像元之内。采用标准假彩色合成方案，对校正后的图像实施增强处理，以便进行下一步的解译工作。

（2）利用 eCognition 软件对 OLI 数据进行自动分类：在 eCognition 软件下打开栅格文件 7 个年份的 Landsat 卫星图像，通过 eCognition 软件下的 Segmentation 命令建立一个新的具有地物边界的层文件，利用 eCognition 软件下的 Classification 命令，结合专题分类系统及解译标志确定其多边形的类型，然后通过 Export 命令将多边形文件以 Shapefile 格式导出。

（3）矢量数据的编辑：利用 ArcGIS 10.8 软件提供的 ArcInfo Workstation 模块，基于 Coverage 格式，完成空间拓扑、合并和多边形的边界光滑处理，然后输出为 Shapefile 格式，以便开展下一步的检查和修改工作。

（4）确定多边形的属性：利用 ArcMap 模块，以上一步输出的 Shapefile 文件为基础，添加"LC"（植被覆盖）、"LU"（植被利用）、"VEG"（植被类型）、"ERO"（土壤侵蚀类型）及"LS"（景观类型）等字段。并叠加相应的遥感图像，参照野外调查所采集的样点描述，逐一确定各多边形的专题属性并进行属性转换。

（5）根据评价区和保护区的边界，挖取各单元的专题数据。利用 ArcGIS 10.8 提供的 ArcMap 模块，完成全部区域和各单元的专题数据统计及制图工作。

草本样方包括样地位置（经度、纬度、海拔）、种名、土壤特征、群落总覆盖度，并且分种调查密度、频度、株丛数、高度（生殖高度、营养高度）、地上生物量等群落特征；并将样方内的植物分不同种齐地剪掉，称其鲜重带回实验室，在 65℃烘箱内烘干，获得样方生物量干重数据。

2.2.3 区域生产力本底分析方法

以自然植被净第一性生产力（NPP）来反映自然体系的生产力。根据水热平衡联系方程及生物生理生态特征建立自然植被净第一性生产力模型（周广胜和张新时，1995）。该模型表达式如下：

$$NPP = RDI^2 \cdot \frac{r \cdot (1+RDI+RDI^2)}{(1+RDI) \cdot (1+RDI^2)} \times \exp(-\sqrt{9.87+6.25RDI})$$

$$RDI = (0.629+0.237PER-0.00313PER^2)^2$$

$$PER = PET/r = BT \times 58.93/r$$

$$BT = \sum t/365 \text{ 或 } \sum T/12$$

式中，RDI 为辐射干燥度；r 为年降水量，mm；NPP 为自然植被净第一性生产力，$t/(hm^2 \cdot a)$；PER 为可能蒸散率；PET 为年可能蒸散量，mm；BT 为年平均生物温度，℃；t 为小于 30℃与大于 0℃的日均值；T 为小于 30℃与大于 0℃的月均值。

2.2.4 区域景观质量评价方法

根据本地区土地利用现状的解译图计算背景地域的优势度，进行区域景观的模地判别，综合评价区域景观生态质量。优势度及模地的计算判别方法参照《环境影响评价技术导则 生态影响》推荐的公式：

$$密度 Rd = (斑块 i 的数目/斑块总数) \times 100\%$$

$$频率 Rf = (斑块 i 出现的样方数/总样方数) \times 100\%$$

$$景观比例 Lp = (斑块 i 的面积/样地总面积) \times 100\%$$

$$优势度值 D_0 = [(Rd+Rf)/2+Lp]/2 \times 100\%$$

其中，样方规格为 1km×1km，对景观全覆盖取样，并用 Merrington. Maxine "t-分布点的百分比表"进行检验，根据各景观组分优势度的大小判断区域的模地。

2.3 露天排土场生态修复方法

露天开采条件下原生地表、地形、地貌被破坏，排出剥离物，形成大量废弃地，需要土地复垦与生态重建。植被恢复是退化生态系统恢复和重建的首要工作，几乎所有的自然生态系统恢复总是以植被恢复为前提。但矿区复垦存在土壤结构差、肥力瘠薄等诸多问题。国内外研究人员对矿区生态恢复进行了大量的研究：一方面，集中于矿山废弃地植被恢复过程中植物多样性、生态位研究及演替规律的研究（牛星等，2011）。例如，张晓薇（2006）分析了矿区复垦土壤与植被的演替规律及其交互影响，发现土壤和植被在矿区土地复垦中均发挥重要作用；李裕元和邵明安（2005）的研究结果表明，矿区植被自然恢复只有在种源或繁殖体充足的条件下才可能实现，且比人工恢复时间要长得多。另一方面，研究者就环境因子对矿区复垦及生态影响方面做了大量的工作。姚虹等（2012）以地处黄土高原丘陵沟壑区的黑岱沟露天煤矿复垦地为研究对象，揭示了修复地"植物群落–土壤–土壤微生物群落"生态系统的特征，并探讨了复垦区生态环境质量变化和生态修复效应，认为水分限制了植物的群落构成和生物量；姚敏娟等（2011）分析了不同植被配置类型对土壤养分、土壤含水量、土壤水分有效性和土壤储水量的影响，降雨丰沛的年份植被也很茂盛。可以得出，在西部干旱区水分是影响植被群落的重要因素之一。

矿区复垦过程中土壤理化性质的变化及与复垦植物的关联性也是研究的一大热点。陈洪祥等（2007）研究了黑岱沟露天煤矿复垦区不同植被恢复模式下的土壤特性；李莲华和高海英（2009）研究发现了限制矿区植被生长的因子有土壤养分和 pH；吴历勇（2012）提出植被群落动态演替受 N、P 和有机质等因素的影响；郭道宇等（2005）研究发现了采煤损毁土地植物演替受复垦方法的影响，当覆土厚度增大时植被演替受复垦时间和土壤 pH 的影响。由于草原露天矿区生态脆弱、气候酷寒、土层瘠薄、取土成本高，土壤改良难度大，退化生态修复更难。露天矿区生态修复主要是排土场生态重建，主要生态修复方法包括植被选择、就地土壤熟化改良及生物综合修复方法。

2.3.1 草原矿区植物种选择及配置模式

1）植物物种选择

由于露天矿区开采剥离及倒堆搬运对地表土壤造成严重的干扰，地表植被遭到破坏，加之区域自然环境极度恶劣，缺水、少土、冬季酷寒，生态恢复困难。针对区域的特有条件，进行矿区生态修复植物配置应遵循抗逆性原则、生态适应性原则、植物多样性原则、先锋持续稳定性原则、乡土植物和外来植物相结合的准则和场地的分区以及功能合理性的原则。① 因地制宜地配置布局：结合草原露天矿区自然气候条件、排土场地形地貌、水文地质、生态环境本底条件与开采环境损毁状况，严格遵循当地自然生态系统发展规律，选择本地适生植物品种、科学配置、优化布局，兼顾排土场生态效应、经济效应，因地制宜地提出植被重建关键技术和方法。② 可持续地引导生态自修复：遵循生态系统自我修复的功能原则，通过保护自然的原生植被、植物群落，来减少生物入侵危害；根据采动区的生态自修复规律，选择乡土、优良抗逆（耐干旱、贫瘠）植物，以草、灌、乔植物配置模式的人工生态工程；结合土壤微生物的恢复与土壤养分的改善等关键技术措施，加速矿区生态自修复功能，减少资金投入，力求最大的环境修复效果与利益，建立起持续稳定的人工生态系统。草原露天矿区排土场生态重建后最终实现生态可持续自我演替，避免人工生态重建后持续的人工管护和不断投入；根据当地良好稳定的生态系统演变特征，建立排土场草、灌结合与草本混播植物配置模式下的植物–微生物联合生态修复方法。

矿区及周边植物和微生物资源丰富，可用于露天矿区的生态恢复。宝日希勒矿区初步发现植物种约 64 种，分属 15 科 42 属，它们主要分布在禾本科、菊科等，可适应该区域干旱、严寒的环境特点，能良好生长。同时调研发现，该区域引种灌木包括华北驼绒藜、驼绒藜、小叶锦鸡儿、沙棘、二色胡枝子、羊柴、紫穗槐等，草本包括羊草、无芒雀麦、鹅观草、老芒麦、冰草、新麦草、高羊茅、紫羊茅、多年生黑麦草、黄花苜蓿、紫花苜蓿、扁蓿豆、草木樨、草木樨状黄芪等。

北电胜利矿区周边草原类型为典型草原，以克氏针茅和糙隐子草为优势群落，共调查到 23 个植物种类，分属 12 科 20 属，主要分布在禾本科、菊科。优势种克氏针茅、糙隐子草、大针茅、寸草苔、小画眉草、银灰旋花等均能很好地适应该区域生态气候特征。经调查，北电胜利矿区排土场引种植物有二裂委陵菜、糙隐子草、猪毛菜、平车前、冰草、羊草、老芒麦、细枝羊柴、狼针茅、柠条锦鸡儿、栉叶蒿、斜茎黄芪、狗尾草、小叶锦鸡儿、沙棘、胡枝子、羊柴、紫穗槐、无芒雀麦、鹅观草、紫花苜蓿等，均是较好的植物种资源。

2）植被配置模式

草原露天矿区排土场修复既要防止水土流失，又要加速人工植被重建，对于草原露天矿区排土场，多种牧草组合对新垦土地肥力状况提高有着较强的适应能力，可从不同层次土壤中吸收水分和吸取矿物质营养，加速植被恢复。近年来，为尽快恢复植被，改善矿区生态环境，需要通过工程和生态重构两方面进行配合：首先通过工程措施营造有利于植物生长的土层结构与地形；然后利用生物修复方法，即露天排土场平台以豆科牧草为先锋植物，快速改良新垦排土场土壤理化性质，排土场坡面以豆科牧草与禾本科牧草混播，并配合一定比例的乔木和灌木，以固坡、防风为目标进行综合修复，达到持久稳定的生态效应。

露天煤炭开采的草原废弃地重建是一项长期、艰巨的工程。采用人工生态修复方法促进矿区废弃地植被恢复，是矿区生态综合治理和环境保护的最佳途径，也是最常用、最有效的方法之一（韩煜等，2018）。Darina 和 Prach（2003）比较了煤矿区自然与人工两种植被恢复模式，发现植被的自然演替时间较长，而人工植被恢复所需要的时间明显较短。Burton 等（2010）认为，自然恢复的过程一般会长达几十年或几个世纪，合理的人工调节可加快生态恢复进程。李青丰等（1997）研究表明，矿区植被恢复不能被动地等待植被自然恢复，人工种草重构生态是实现矿区生态稳定、保护矿区环境、尽快践行绿色开采的重要手段。郭道宇等（2005）研究发现，矿区植被重建的主要方式是通过直接种植被来缩短植被演替周期，选择的物种符合当地环境条件且各物种间具有相容的生态特性，人工配置群落的物种多样性会影响到群落演替的进程。

植被的恢复与重建是人类治理退化生态系统的重要手段和内容，矿区生态修复需根据地域性、生态演替及生态位原理筛选适宜的先锋植物，营建种群和生态系统，为微生物、植被和动物提供一个原生态环境，使修复后的景观与周边相协调，最大限度地保蓄水土，修复后的生态系统能够自我修复、自我演替，生态结构与功能逐渐增强（张成梁和 Li，2011；杨勤学等，2015）。

2.3.2　土壤快速低成本改良方法

1）贫瘠土壤生物肥料改良方法

草原煤炭资源开采扰动了土壤结构，加剧了水土流失，使得土壤沙化加快和肥力下降，煤矿区土壤贫瘠，同时当地春、秋两季蒸发量大且寒冷，这严重阻碍煤矿区草原作物的正常生长。草原煤矿区气候干旱、酷寒、土层瘠薄、植被稀少，加之采煤扰动，严重破坏当地土壤结构和地表植被，引发植被死亡、土壤退化等环境问题，如何进行生态恢复已经成为该矿区亟须解决的问题。尤其是养分的损失，严重抑制了矿区植物生长和生态恢复。

目前关于丛枝菌根对矿区生态修复的影响已取得一定进展，丛枝菌根真菌对土壤磷敏感，在低磷状态下接菌能够发挥菌根菌丝的优势，促进植物的营养吸收，尤其是对氮的吸收利用。丛枝菌根真菌和氮协同可对玉米生长、抗逆性、矿质养分调节及土壤化学性状产生影响，丛枝菌根真菌作为生物肥料应用于草原干旱矿区，为提高植物抗逆性、熟化土壤、恢复生态环境提供了理论依据。氮元素是植物体内蛋白质、核酸、磷脂和某些生长激素的重要组分之一，适量增加氮营养可以影响植物光合作用、抗氧化系统、内源激素和植物水分吸收利用状况，从而促进植物生长发育，提高作物产量和品质，同时施氮也会改变土壤生化性质，影响土壤肥力。但是植物的氮吸收能力有限，如果施氮不当，不仅会造成氮素大量损失，还会抑制植物生长，导致作物减产，污染环境。因此，如何合理施用氮肥，提高植物的氮吸收能力，降低氮素损失，促进植物生长，恢复土壤，不仅是农业可持续发展的关键，也对草原煤矿区进行生态恢复有至关重要的作用。目前对采煤受损土地比较有效的治理是生物治理，适度辅以添加氮素，利用微生物本身特性逐步改善土壤质量，促进植物吸收养分，提高植物抗逆性，恢复生态环境，实现矿区可持续发展。

2）土壤快速熟化与改良方法

草原露天矿区排土场地势较高，覆土方式是以砂砾岩为基底，上覆表层土。由于表土不足，大量的砂砾岩、采矿伴生黏土堆积于排土场。砂砾岩颗粒较大，难以保存水分，容易导致水分入渗过快，对下层砂砾岩进行冲刷，影响排土场结构稳定，造成安全事故，而由于采矿伴生黏土物理结构差，有效养分含量低、土壤微生物活性差等问题，植被难以生长，当遇到雨水集中时，由于水分入渗过慢，黏土覆盖区域容易产生大量积水，甚至形成地表径流，同样会影响排土场的结构安全。当地表土数量不足导致排土场有大面积的裸露地带，严重影响矿区的生态复垦和植被恢复。如何解决土源的问题，合理高效改良、利用采矿伴生黏土，将是草原露天矿区生态重建的根本。采矿地质层中含有的伴生黑黏土保水能力强，对养分的吸附量大，但也具有黏粒含量过高，养分的有效性低等问题，可以开发利用采矿伴生黏土来解决露天矿区排土场表土土源不足的问题，促进水分、养分和谐利用，为植物生长发育提供良好的环境条件。考虑到当地实际情况，即粉煤灰等工业残渣运输成本高、利用率低等因素，利用粉煤灰或沙土对黏土改良成为最好的配比选择方法。近年来，国内外专家开展了一系列利用沙土改良土壤结构以改变土壤水分入渗和蒸发的研究，发现在土壤表层覆盖沙土可以增加水分的入渗能力，减少水土流失，同时由于沙粒直径大，在土壤表面容易形成大孔隙结构，能够切断土壤中毛细水的运输路线，从而减少蒸发损失。甘肃形成的"甘肃砂田"不仅可以保水保肥，还能够有效减轻土壤的盐碱化。也有学者利用黏土与沙土混合的方式对土壤基质进行改良，将黏土和沙土混合能够有效增加沙土的保水能力，同时增加黏土的通透性。利用物理改良配比方法，将保水能力强的黏土与当地易于取得的沙土或粉煤灰相结合，利用沙土或粉煤灰的沙质可以增加黏土的通气性、透水性，同时也成为一种有效地改良采矿伴生黏土的方式，沙土与采矿伴生黏土如何配比以及最佳的配比比例确定将是后续研究的重点内容之一。

2.3.3　本地土壤提质增容修复方法

针对草原气候酷寒、土壤瘠薄、植被重建困难等问题，研发土壤替代材料，使露天采矿过程中伴生黏土快速熟化，采用微生物–植物联合方法来激活黏土中的潜在养分活性，通过沙土的合适配比，将黏土作为表土的替代材料，经过生物改良，实现土地提质增容，加速矿区生态的自修复功能，建立起持续稳定的人工生态系统。

1）土壤提质增容修复方案

以采矿伴生黏土为改良材料，采用不同的生物改良措施与工艺，提升土壤的性状。在宝日希勒露天矿区选取典型的复垦区域，采用三种覆土工艺，即 A：黏土风化区；B：表土覆盖区；C：覆草翻耕区（图 2.4）。

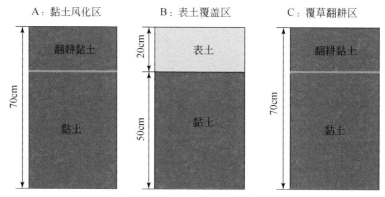

图2.4　不同覆土模式示意图

选择新形成未经土壤熟化的排土场，经过人工平整，种植柠条锦鸡儿、紫花苜蓿、沙棘及不同牧草等物种，包括接菌和对照两种处理。植物种植方式分别为草灌结合和草本混播模式，其中草灌结合种植模式为柠条锦鸡儿、紫花苜蓿、沙棘、柠条锦鸡儿+紫花苜蓿间作、沙棘+紫花苜蓿间作，草本混播种植为多年生禾本植物（无芒雀麦、冰草、高羊茅、羊草）和豆科植物（黄花苜蓿、扁蓿豆）按比例混合。

草灌结合区：柠条锦鸡儿和沙棘采用密植的方式栽植。草本混播区：禾本科植物无芒雀麦、冰草、高羊茅、羊草的种子以粒数比 1:1:1:1 混合，相当于无芒雀麦 $0.8\sim1\text{g/m}^2$、冰草 $0.4\sim0.5\text{g/m}^2$、高羊茅 $0.5\sim0.6\text{g/m}^2$、羊草 $0.6\sim0.7\text{g/m}^2$；豆科植物黄花苜蓿、扁蓿豆的种子以粒数比 1:1 混合，相当于黄花苜蓿 $1.7\sim1.8\text{g/m}^2$、扁蓿豆 $1.8\sim1.9\text{g/m}^2$。牧草种子与等质量的丛枝菌根真菌菌剂（作为播散剂）混合拌匀，丛枝菌根真菌菌剂的孢子密度为 $126\sim150$ 个/g 菌剂；将露天矿区排土场土壤开沟进行一次大水灌溉，使20cm深的土层含水量达到饱和；按牧草种子 $5.8\sim6.5\text{g/m}^2$ 将播散剂条播于排土场压实土壤区域，条播之后植物依靠自然降水生长。

覆土模式分为 3 种：表土覆盖区、黏土风化区、覆草翻耕区。其中：表土覆盖区在基底上覆盖 50cm 的黏土后再覆盖 20cm 厚的表土，然后栽种植被；黏土风化区在基底上覆盖 70cm 厚的黏土进行风化，按照实验图布设进行植物栽培。覆草翻耕区：第一年种毛苕子+燕麦，5 月播种，待生长成熟后翻耕，翻耕深度为 20cm，将毛苕子和燕麦当成绿肥，覆草厚度一般在 10~12cm，不仅可以加速新鲜绿肥腐解，而且显著降低土壤温度、疏松土壤、改善土壤效果更显著，第二年再栽种原筛选植物。这种方法能够明显提高覆盖效果，该技术为矿区生态重建、土壤修复以及提高植被成活率提供了一种有效的、快速的改善方法，尤其对环境条件较差的矿区来说更是一种可行的快速修复方法。

2）土壤提质增容工程方法

工程实施流程：测量放线→排土场整形工程→重构土运输和铺撒→径流场→宽浅沟→播种草籽→灌溉系统。测量要根据给定的高程和尺寸，采用水准仪和钢尺丈量的方法，在现场设置好高程桩，桩体要固定稳，同时保护好桩，避免设备及人为碰撞引起标高变动。

监测仪器按照设计要求布设，它由根管、呼吸环、水分监测器构成，在待监测区随机安装。

（1）根管埋设方式：以灌木为例，在造坑的边界向下倾斜 30°挖一个通道，将根管放置其中后，覆土覆盖。要求：根管长度为 1m，向下倾斜 30°埋于土中，漏出部分不超过 5cm；根管上部盖上保护帽，套上防水袋，保持根管干净。

（2）呼吸环埋设方式：这种方式是在灌木根际外侧偏离 5cm 的位置将呼吸环原地嵌入土壤，下限深度为 10cm，将呼吸环周边土壤与呼吸环贴合以防土壤二氧化碳侧漏，影响监测精度。

（3）水分监测器埋设方式：样区内随机安装 EM50 水分监测系统。水分监测探头埋在不同样区不同深度的土壤层，数控监测器可在样区里立一个杆子，露出部分为 30cm 即可，把监测器绑在上面，便于数据的随时导出。水分监测器上部盖上保护帽，再套上防水袋，避免仪器受损。

（4）灌溉工程布设：水源管道分别向喷灌区域铺设 PE 热熔主管道，一条主管道分别接通三个主要区域内支干管线，通过主管道分支铺设，完成整个区域的浇水管线布置；从水平铺设的 PE 管线上每隔 5m 分支出一条微喷带。

（5）排土场整形工程布设：分为土方整形、测量放样、整平土方。土方整形施工方法：采用挖掘机进行土方开挖。人工整形，多余土方用自卸汽车运料至指定地点。测量放样：施工测量时应注意整治线顺直。根据施工图纸及建设单位提供的测量控制点，布置施工用平面及高程控制网，控制点引测到不易被破坏的地方，并随时复测，以便能及时准确放样。整平土方：根据施工段不同进行整平，根据设计单位提供的轴线确定堤肩线和人工挂线。机械整平时测量人员随时对相应的高程进行测控，机械整平的误差控制在 -10~10cm。机械削坡后对坡面进行复测挂线，然后人工精削以达到设计要求。

（6）覆土工程施工工艺：确定覆土顺序→定位放线→自卸汽车运土至现场→推土机推平。

确定覆土顺序：根据现场施工道路及各区域位置确定覆土顺序。

定位放线：施工测量平面控制网的测投。①场区平面控制网布设原则；②高程控制网的布设。

自卸汽车运土至现场：利用挖掘机、10t 自卸汽车将建设方指定位置的腐殖土装运至施工现场覆土，按照自北向南的顺序一次性松铺 30cm 厚的土，利用 25m×25m 的高程网控制覆土量，用推土机按照覆土顺序将腐殖土推平并按照工程控制网的标高将松铺土料推平即可。

修路工程：按照设计位置定位放线，利用自卸汽车按照放线区域在原土层上松铺 10cm 厚砂砾石，松铺系数为 1.2，利用振动压路机压实，碾压遍数不超过 2 遍，以碾压至砂砾石无松动为度。道路施工分段进行，压实度达到 90%，砂砾石质量符合规范要求，级配良好，不得有超粒径的现象。

割草工序：定位、割草、清除牧草，采用机械割草，人工辅助作业。施工前首先要进行场地清理，消除工作区域内的石块、杂物等障碍物，避免机具碰触。场地平整，无障碍物、安全环境许可地方尽量使用机械割除牧草，无法使用机械的地方用人工割除。机械割草有遗漏或留茬高度过高的地方要用人工修整，尽量做到将牧草除尽。根据施工现场情况确定机械合理走向。剪完牧草后，集中堆放，及时清理现场。

菌剂施用：草种采用拌种法，将紫花苜蓿等作物种子浸湿后与菌剂拌匀，使种子表面沾满菌剂，稍晾干不沾手即可播种，亩用菌剂质量与草种质量相同，草种的播种量按设计要求进行配比。播种前 2h 拌种效果最佳。播后及时覆土，防止日晒与干燥。灌木采用穴施法，先往营养杯内装满配比好的种植土，然后按照灌木苗的大小挖坑，在根部周围加入 20g 菌剂，覆土回填。然后进行正常浇水养护阶段。

3）管护措施

灌溉设施为滴灌。一般人工养护 3 年，第 1 年管道浇水 6 次，第 2～第 3 年浇水 3～4 次，不施肥、不除草。在每年 6～9 月植物生长最旺盛的季节进行生长监测，每年 2～3 次定位与抽样监测。

2.3.4　本地植物–微生物综合修复方法

由于露天矿区开采剥离及倒堆搬运对地表土壤造成严重的干扰，地表植被及土壤微生物种群都遭到破坏，加之该区域自然环境极度恶劣，缺水、少土、冬季酷寒，生态恢复困难。恢复植被的植物多样性和健康稳定性是生态修复效果的重要标志。而利用微生物资源可有效地提高植物对水分的利用和养分的吸收，从而增强植物在恶劣环境条件下的抗逆性。在草原露天矿区排土场修复以微生物修复为切入点，促进植被恢复，改良土壤性状，对草原极端酷寒、土层瘠薄的露天矿区生态恢复奠定基础具有重要现实生态意义和价值。针对草原露天矿区排土场生态修复区的生态稳定性低、植物多样性差、群落结构单一等问题，急需结合草原草场植被生存环境特点，精心筛选培育抗逆性强的优势生物种，应用最佳生物配置模式与保育技术，推行快速、低成本、近自然的人工引导与自恢复相匹配的修复模式，促进恢复植被的良性循环与可持续发展。

1）植物–微生物综合修复方法

植物选择。选择北电胜利露天矿区已经刚覆完表土的排土场，经过人工平整，种植植被。植物选择本地适生的草本植物和灌木，可为草灌结合和草本混播模式，设置接菌和不接菌对照两种微生物处理。草灌结合植被类型为紫花苜蓿、柠条锦鸡儿、斜茎黄芪；草本混播植被类型为豆科（斜茎黄芪、紫花苜蓿）和禾本科（无芒雀麦、冰草、老芒麦、羊草）。

种植模式。草灌结合模式为 5 种：紫花苜蓿单作、柠条锦鸡儿单作、斜茎黄芪单作、紫花苜蓿+斜茎黄芪混作、柠条锦鸡儿+斜茎黄芪混作；不同草本混播有 4 种模式：豆科：禾本科＝1：1，豆科：禾本科＝1：2，豆科：禾本科＝2：1，豆科：禾本科＝1：3。

植被种植。草灌组合区：柠条锦鸡儿种植行间距 1m，株距 1m，每个小区 36 行。草本混播区：6 种草本的不同配比和接种丛枝菌根真菌的 6 种草本的 4 种不同配比，分别为豆科（斜茎黄芪、紫花苜蓿）：禾本科（羊草、冰草、老芒麦、无芒雀麦)＝1：1、1：2、1：3、2：1（图 2.5）。

图 2.5　灌木挖坑

菌肥施用。丛枝菌根真菌为摩西管柄囊霉（*Funneliformis mosseae*），由中国矿业大学（北京）微生物复垦实验室提供，有效成分为丛枝菌根真菌孢子、菌丝及被侵染的植物根段。草灌组合区，灌木柠条锦鸡儿栽植时每穴施入菌剂 50g，紫花苜蓿、斜茎黄芪草种播种时，将菌剂与草种混匀，随草种一同播撒，菌剂平均 20g/m^2；草本混播区，接菌时将菌剂与草籽混匀，随草籽一同播撒，按草籽：菌剂＝1：1 混播（图 2.6）。自然生长恢复区不施入菌剂。

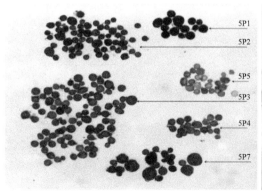

图 2.6　草籽与菌剂施播

土地整理。植被种植前，犁机翻耕处理，翻耕深度为 30~40cm，翻耕结束后使用旋耕机将土壤打松，旋耕深度为 20~30cm。根据小区布设情况，人工划分田垄。灌木（柠条锦鸡儿）种植行间距为 1m，株距为 1m，为保证成活率，柠条锦鸡儿为 2 株/穴（图 2.7）。

图 2.7　土地整理

2）现场监测与数据处理

示范基地建成后，通过水分监测系统、根系扫描系统、土壤呼吸监测系统等，对示范基地植物、土壤进行持续监测。草本种植完成一年后对不同处理土壤和植物采样。采用 GPS 定点取样法，每个小区设置若干 1m×1m 的小样方，在每个样方内收获地上植物并采集土壤样品。除去表面约 1cm 厚土壤后，采集 0~20cm 土壤约 500g。利用钢尺测量植物的株高、丛幅等，叶片叶绿素含量（SPAD 值）采用便携式叶绿素测定仪（型号 SPAD-502）进行测定。对各样方进行拍照处理，并记录样方内的植被覆盖度。

2.4　统计学分析方法

2.4.1　土壤物理特性的处理与数据分析

针对草原矿区土壤瘠薄，开发了采矿伴生黏土的提质增容改良方法。因土壤黏重，改良土壤的物理特性与数据分析是急需关注的。

（1）水分下渗速率：对自然状态下土壤柱添加去离子水，记录从开始加水至水分渗出所用时间。

$$v = L/T$$

式中，v 为土壤下渗速率；L 为土壤柱中土壤高度，cm；T 为下渗时间，min。

（2）钾元素的淋溶：用去离子水将土壤柱水分调节到最大持水量后，继续加入 100mL 去离子水，收集下方渗出液，测定渗出液内钾元素的含量。

$$r = m_D/m_0$$

式中，r 为淋出率；m_D 为淋溶试验时淋溶出的累积钾元素量；m_0 为最初添加的钾元素量。

（3）水分蒸发：每 8h 取出恒温箱中的 PVC 管进行称量，计算含水量。

$$\omega = (W_t - W_0)/(W_0 - W_{PVC}) \times 100\%$$

式中，ω 为含水量；W_t 为加水后每 8h 取出称重时的质量；W_0 为土壤干重；W_{PVC} 为 PVC 管的质量。

（4）土壤土粒比重和孔隙比：土粒比重 G_s 为单位土粒质量与 4℃下水的单位质量的比值。称量 100g 干土（W_s），将干土加入比重瓶中并加半满水，煮沸 10min，加满水后冷却至室温 25℃，称量比重瓶+干土+水（W_1）的质量，称量比重瓶+水（W_2）的质量。

$$G_s = [W_s/(W_s + W_2 - W_1)] \times G_w$$

式中，G_w 为 25℃时蒸馏水比重，为 1。

孔隙比（e）为土壤内所含空隙体积（V_v）与土粒体积（V_s）的比值。

$$e = (G_s \cdot \rho_w)/\rho_d - 1$$

式中，ρ_w 为水的密度，$1g/cm^3$；ρ_d 为土的干密度。

（5）土壤机械组成：利用比重计法测定土壤的机械组成。

（6）土壤 X 射线衍射（XRD）分析：使用背压法制作土壤样品，将样品粉末置于 20mm×18mm 空框内，小心均匀压实，连续扫描 3 次，使用日本 Rigaku D/max2500PC X 射线衍射仪，扫描速度为 2°/min，扫描范围为 2.5°～50°。

使用 AutoCAD 2010（欧特克公司，美国）和 PowerPoint 2016（微软公司，美国）进行土壤柱和试验示意图的绘制。使用 SPSS 19.0（IBM 公司，美国）软件和 EXCEL 2016（微软公司，美国）软件对试验数据进行统计分析。采用单因子方差分析方法进行土壤水分入渗和蒸发效果的差异显著性分析，显著性水平 $P<0.05$。用 Jade 5.0 软件进行黏土矿物 XRD 数据分析和成图。

2.4.2　土壤丛枝菌根真菌的 DNA 提取、PCR 扩增和高通量测序

采用丛枝菌根真菌来修复草原矿区生态系统是目前效果较好的方法，丛枝菌根真菌促进了生态的稳定性和多样性，导致微生物种群和植被种群多样性的演变，分子生物学方法成为研究微生物种群多样性的新方法。

1）土壤丛枝菌根真菌 DNA 提取与 PCR 扩增

取土壤鲜样 0.1g，使用 MoBio PowerSoil 试剂盒提取土壤总 DNA。DNA 样品溶于 50μL TE buffer［10mmol/L Tris-HCl（pH 8.0），1mmol/L EDTA］中，储存于–20℃直至使用。扩增区域为 SSU rDNA 区域，第一轮扩增使用对球囊菌门具有较好特异性的引物 GeoA2（5′-CCA GTA GTC ATA TGC TTG TCT C-3′）与 AML2（5′-GAA CCC AAA CAC TTT GGT TTC C-3′），目标片段长度为 1100bp。第一轮 PCR 反应条件：初始变性温度为 94℃，持续 1min，之后 94℃变性 30s，59℃复性 1min，72℃延伸 2.5min，循环 30 次，最后 72℃延伸 10min。第二轮扩增使用特异性引物 NS31（5′-TTG GAG GGC AAG TCT GGT GCC-3′）和带有条形码标记的 AMDGR（5′-CCC AAC TAT CCC TAT TAA TCA T-3′），目标片段长度为

270bp。第二轮 PCR 反应条件：初始变性温度为 98℃，持续 1min，之后 98℃ 变性 1s，50℃ 复性 30s，72℃ 延伸 30s，循环 30 次，最后 72℃ 延伸 5min。

2）文库构建与高通量测序

PCR 反应使用 Phusion® High-Fidelity PCR Master Mix ［纽英伦生物技术有限公司（New England Biolabs）］进行。混合相同体积的 1X 上样缓冲液（含 SYB 绿）与 PCR 产物进行 2% 琼脂糖凝胶电泳检测。选取条带在 250~290bp 并且条带明亮的样品进行进一步实验。使用 QIAGEN 试剂盒（Qiagen 公司，德国）纯化凝胶中的 PCR 产物。使用 TruSeq® DNA PCR-Free Sample Preparation Kit 建库试剂盒进行文库构建，构建好的文库经过 Qubit 和 Q-PCR 定量。文库合格后，使用 HiSeq2500 PE250 进行上机测序。

序列比对与统计分析如下。

根据 Barcode 序列和 PCR 扩增引物序列从下机数据中拆分出各样品数据，截去 Barcode 和引物序列后使用 FLASH（V1.2.7）对每个样品的 reads 进行拼接，得到的拼接序列为原始 Tags 数据（Raw Tags）；拼接得到的 Raw Tags，需要经过严格的过滤处理得到高质量的 Tags 数据（Clean Tags）。参照 Qiime（V1.7.0）的 Tags 质量控制流程，进行如下操作：①Tags 截取。将 Raw Tags 从连续低质量值（默认质量阈值为 ≤19）碱基数达到设定长度（默认长度值为 3）的第一个低质量碱基位点截断。②Tags 长度过滤。对于 Tags 经过截取后得到的 Tags 数据集，进一步过滤掉其中连续高质量碱基长度小于 Tags 长度 75% 的 Tags。

利用 Uparse 软件（Uparse v7.0.1001）对所有样品的全部 Effective Tags 进行聚类，默认以 97% 的一致性（identity）将序列聚类成 OTUs（operational taxonomic units），同时会选取 OTUs 的代表性序列，依据其算法原则，筛选 OTUs 中出现频数最高的序列作为 OTUs 的代表序列。对 OTUs 代表序列进行物种注释，用 MaarjAM 数据库（http://www.maarjam.botany.ut.ee/）进行物种注释分析，并分别在各个分类水平即界（kingdom）、门（phylum）、纲（class）、目（order）、科（family）、属（genus）、种（species）统计各样本的群落组成。使用 MUSCLE（Version 3.8.31）软件进行快速多序列比对，得到所有 OTUs 代表序列的系统发生关系，对各样品的数据进行标准化处理，后续多样性指数的计算与分析都是基于标准化处理后的数据。

使用 Qiime 软件（Version 1.7.0）计算种丰度、Chao 丰富度指数、Shannon-Wiener 多样性指数、基于丰度的覆盖估计值指数（ACE），使用 R-3.2.2 中 Phylocom 程序包计算系统发育多样性（phylogenetic diversity，PD）指数，利用 Vegan 程序包绘制物种累积曲线并进行多样性指数组间差异分析。

物种数据矩阵由在每个样品中每种 OTU 序列数目组成。物种矩阵利用 Bray-Curtis 相异度计算每个样品间距离。基于 Bray-Curtis 距离，利用 Vegan 程序包中 "MDS" 命令进行非度量多维标度（non-metric multidimensional scaling，NMDS）分析，用于说明不同样品间的丛枝菌根真菌群落结构差异。利用 Vegan 程序包中 "adonis" 命令进行置换多元方差分析（PERMANOVA），用于说明不同因子对丛枝菌根真菌群落结构的影响。利用 Vegan 程序包中 "mantel" 命令进行曼特尔检验（Mantel test），计算丛枝菌根真菌群落结构、多样性指数及不同影响因子间的相关性。根据曼特尔检验结果构建结构方程模型（structural equation modeling，SEM）。显著性检验使用 Tukey's 检验（Tukey's honest significant difference）（$P<0.05$）。

2.4.3 丛枝菌根真菌定殖率测定方法、菌丝密度和孢子密度测定及扩繁基质的改进方法

丛枝菌根真菌是自然界中普遍存在的一种土壤微生物，在维持农业生物肥力、促进植物生长、提高宿主植物抗逆性和改善退化土壤质量方面起着至关重要的作用。丛枝菌根真菌由菌根孢子（果）、丛枝体、泡囊、菌丝组成，它们都可以作为繁殖体。宿主植物根系作为丛枝菌根真菌繁殖体的储存地，它的定殖程度也作为菌剂质量评价的重要依据。因此，高效快速地检测菌根定殖程度对研究菌根真菌在土壤中的分布、存在数量和种类以及研究菌根在生态恢复的适应性具有重要的意义，真菌定殖率和菌丝密度测定也是菌根生物学研究中一项重要的基础性工作。

不但可以将丛枝菌根真菌孢子作为单一的菌源，而且也可以通过丛枝菌根真菌孢子的萌发来了解菌根真菌对外界条件的适应程度。因此，适生的菌根真菌孢子的筛选和分离对研究菌根真菌孢子在土壤中的分布、存在数量和种类以及研究菌根在煤矿区生态恢复的适应性具有重要的意义。目前孢子收集的方法主要有湿筛倾析法、柱析法、漂浮法和离心法，但是常用的方法仍是湿筛倾析法和离心法。这些方法的共同点是能够将菌根真菌孢子从生长基质中富集起来，但是孢子与基质的小颗粒特别是沙粒颜色相近，不易于辨别。目前，菌根在矿区生态重建、土壤修复及农业生物肥力等方面越来越广泛应用的情况下，很难达到大批量样品的菌根孢子密度快速测定。因此，通过改进孢子密度监测方法来加快大批量样品孢子密度的测定至关重要。

菌根生物技术在矿区生态恢复、土壤修复及农业生物肥料的应用越来越广，需要将大批量的菌剂推广应用到野外生态工程，而丛枝菌根真菌不能够纯培养，必须依赖宿主植物才能完成其生命周期。菌根菌剂的质量好坏主要取决于菌根效应，如菌根对植物的生长状况、菌根与宿主植物的共生能力即菌根侵染能力大小、菌丝长度及基质中孢子密度大小等。目前菌剂培养主要是借助沙土基质，其营养较贫、质地松散、价廉易得，实验室培养丛枝菌根主要用此基质。但是沙土比重较大，不便于菌根菌剂大批量运输，也是制约菌根菌剂大批量矿区生态修复应用的关键所在。选择质地较轻的培养基质更便于远距离运输，是丛枝菌根菌剂能够被成功地推广应用到矿区生态恢复的先决条件，所以改进菌剂培养基质，可提高丛枝菌根在矿区生态修复的效率。

1）丛枝菌根真菌定殖率测定方法

染色与观测方法：① 碱液软化。置有根段的三角瓶中加入质量分数为10%的 KOH 水溶液（15~20mL，以实现根段浸泡为准），在90℃的水浴锅中碱液软化45min 至根系达到相对透明，目的是去除根系的细胞质，便于染色。② 酸化。将置有碱液软化根段的三角瓶弃去碱液，用清水洗3~5次（晾至室温后再冲洗根段，用薄纱布封三角瓶口，防止细根段倒出，可浸泡2min 以确保冲洗干净），再加入体积分数为15%的乙酸溶液（15~20mL，以浸泡根段为准）在室温下酸化5min。③ 染色。将置有酸化后根段的三角瓶弃去

酸液，用清水洗 3 ~ 5 次根段；再加入质量分数为 0.05% 的曲利苯蓝（15 ~ 20mL，以浸没根段为准），在 90℃ 水浴锅中染色 15min。④ 脱色。将置有染色后根段的三角瓶去除曲利苯蓝，弃去溶液后用自来水冲洗（晾至室温后再冲洗，也可直接脱色），加水，室温下浸泡脱色 12h。⑤ 制片与镜检。用镊子将根段取出并截成 1cm 根段，整齐排列在干净的载玻片上，用洁净的盖玻片盖上，加压使根破碎。

计算方法：

$$定殖率(\%) = (侵染根段数/镜检的总根段数) \times 100\%$$

$$定殖强度(\%) = \sum (单根段被侵染长度/单根段总长度) \div 被侵染根段总数 \times 100\%$$

2）丛枝菌根真菌菌丝密度测定方法

取 2g 土置于 500mL 锥形瓶中，加入 250mL 自来水使土壤形成悬浊液，将 50mL 悬浊液通过 300 目筛子，用 100mL 自来水冲洗筛子于搅拌机中，搅拌 30s，放置 1min，分两次吸取 10mL（每次吸取 5mL）到微孔滤膜（直径 50mm、孔径 0.45μm）上真空抽滤，将滤膜均匀剪开两半分别置于载玻片上，再加 2 ~ 3 滴 0.05% 曲利苯蓝染色液（0.5g 曲利苯蓝溶于 1L 体积比为 1∶1∶1 的乳酸-甘油-蒸馏水混合液中，必须使用玻璃棒搅拌至全部溶解，放入棕色广口瓶存放），然后制片，在显微镜下观察，随机抽取 30 个视野记录交叉点（镜检中菌丝与显微镜网格目镜上网格的交叉点）。

菌丝密度计算公式：

$$菌丝长度 = 11/14 \times 交叉点数 \times 网格单元格长度 \times 膜的面积/网格面积 \times 稀释倍数$$
$$菌丝密度 = 菌丝长度/土壤质量(g)$$

3）丛枝菌根真菌孢子密度的快速测定方法

测定方法：① 称取一定质量（g）的土，放在容器内用水浸泡 20 ~ 30min，使土壤松散。如果土壤黏性很大，也可加入各种土壤分散剂。② 选用一套洁净的孔径为 0.034 ~ 0.5mm 的土壤筛，依次重叠起来。最底层用一物体垫着（如培养皿、木块等物），使筛面稍微倾斜。③ 用玻璃棒搅动浸泡的水溶液，停置几秒钟后，使大的石砾和杂物沉淀下去，即将悬浮的土壤溶液慢慢地倒在最上一层孔径最大的土壤筛上。倾倒时，最好集中倒在筛面的一个点上，不要使整个筛面都沾有土壤溶液。④ 用清水依次轻轻冲洗停留在筛面上的筛出物，以免在上层粗筛面的剩留物中夹藏菌根真菌孢子。⑤ 用洗瓶将停留在筛面上的筛出物轻轻冲洗到一个干净的试管内，滴加 0.05% 曲利苯蓝染色液（0.5g 曲利苯蓝溶于 1L 体积比为 1∶1∶1 的乳酸-甘油-蒸馏水混合液中，必须使用玻璃棒搅拌至全部溶解，放入棕色广口瓶存放），放在 90℃ 水浴锅或烘箱中加热半小时，进行染色。⑥ 将染色后的滤液通过细筛，并冲洗筛上的滤物，洗去染色剂；将筛出物放在干净的培养皿里，在冲洗下来的筛出物中，除有许多细的砂砾和杂质外，其余为不同直径的菌根真菌孢子。⑦ 将含有筛出物的培养皿于体视镜下进行观察计数。

4）丛枝菌根真菌扩繁基质的改进方法

改进基质由沙土、沸石和珍珠岩按 10∶10∶1 的比例混合组成，其中沙土的密度为 1.5g/mL，沸石的密度为 1.0g/mL，珍珠岩的密度为 0.1g/mL。具体实施方法：①挑选籽粒饱满、无破损、无虫咬的栽培用植物种子，分别先用体积分数为 10% 的 H_2O_2 溶液灭菌

10min，再用无菌水冲洗 5 次，置于湿润的培养皿中放置，在 28℃恒温培养箱中暗催芽 3d。②容器的消毒：用 75%的乙醇溶液擦拭盆栽花盆。每个花盆中先分别填充丛枝菌根真菌扩繁基质，采用条施法添加 50g 丛枝菌根真菌菌剂，每盆分别撒入催芽后的植物种子，盆中用剩余基质填充。培养 3 个月后，收集培养后的宿主植物根系及培养基质，即获得丛枝菌根真菌菌剂，实现扩繁。

2.4.4　区域生态完整性评价

生态完整性，即生态系统结构和功能的完整性，是生态系统维持各生态因子相互关系并达到最佳状态的自然特性。工程对生态完整性的影响，一般以生态系统结构变化的物理量来表征生态完整性，即生态系统的生产力或稳定性。植被净第一性生产力（NPP）能直接反映植物群落在自然环境条件下的生产能力，是生态系统完整性评价的重要参数。

1）区域自然系统本底稳定性评价

自然系统的稳定和不稳定是对立统一的。由于各种生态因素的变化，自然系统处于一种波动平衡状况。当这种波动平衡被打乱时，自然系统具有不稳定性。自然系统的稳定性包括两种特征，即阻抗和恢复，这是从系统对干扰反应的意义上定义的。阻抗是系统在环境变化或潜在干扰时反抗或阻止变化的能力，它是偏离值的倒数，大的偏离值意味着阻抗稳定性较差。而恢复（或回弹）是系统被改变后返回原来状态的能力。因此，对自然系统稳定状况的度量要从恢复稳定性和阻抗稳定性两个角度来度量。

自然系统的恢复稳定性取决于系统内生物量的高低。低等植物恢复能力虽然很强，但对系统的稳定性贡献不大，对自然系恢复稳定性起决定性作用的是具有高生物量的植物。阻抗稳定性是指景观在环境变化或潜在干扰下抵抗变化的能力。自然系统的阻抗稳定性是由系统中生物组分的异质性的高低（或异质化的程度）决定的。异质性是指一个区域里（景观或生态系统）对一个种或更高级的生物组织的存在起决定作用的资源（或某种性质）在空间或时间上的变异程度（或强度）。异质性组分具有不同的生态位，为动物物种和植物物种的栖息、移动及抵御内外干扰提供了复杂和微妙的相应利用关系。另外，对于异质化程度高的自然系统，当某一斑块形成干扰源时，相邻的异质性组分就成为干扰的阻断，从而有利于抵御外来干扰。

2）区域景观质量评价

在 ArcGIS 软件支持下，结合地形图采用交互式解译，初步得到景观分类图，对边界不清的斑块或难以确定的斑块进行实地调查。然后对得到的景观分类图进行分类精度评价，倘若分类精度过低，则对误差出现较多的区域进行重新分类。在达到分类精度要求后，得到该区域多年的土地利用现状图。利用每个年份的土地利用类型面积与斑块数进行区域景观质量评价。

3）区域景观稳定性评价

区域景观稳定性评价从恢复稳定性和阻抗稳定性两个角度对自然系统现状的稳定状况进行度量。恢复稳定性通过区域自然生态系统生产力现状值与本底值的比较和景观内高亚稳定性元素的比例进行定性分析来实现。阻抗稳定性是指景观在环境变化或潜在干扰下抵抗变化的能力，阻抗稳定性则通过结合遥感解译土地利用现状图进行景观格局分析来实现。恢复稳定性主要取决于自然系统中生物组分生物量的大小，这是由于只有生物才具备对受损的生态环境进行修复的能力。虽然低等动植物具备较强的自身恢复能力，但从系统为人类服务的生态功能来分析，低等生物的修复功能不足以使系统整体具备高亚稳定性，而高亚稳定性组分是由高生物量的生物组分尤其是乔木、灌木来决定的。

第3章 草原矿区露天开采条件下的生态演变规律

3.1 自然草原生态演变规律

3.1.1 区域气象状况时序变化

1. 宝日希勒矿区气象状况

区域气象变化特征：通过对宝日希勒矿区 1995～2020 年气象数据的统计分析，得到宝日希勒矿区各项气象数据的时序变化（图3.1～图3.3）。

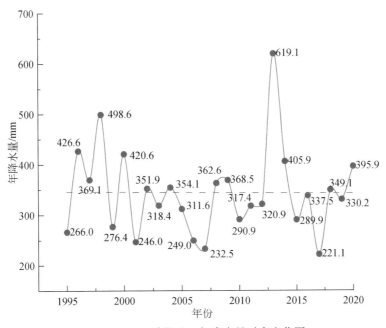

图 3.1 宝日希勒矿区年降水量时序变化图

宝日希勒矿区设计工作由内蒙古煤矿设计研究院有限责任公司完成，国家煤炭工业局批准，并于 1998 年下达了年度建设计划。1998 年 9 月 12 日宝日希勒矿区正式开工建设，2000 年 10 月 10 日转入试生产阶段，2001 年 4 月 28 日正式竣工移交。

自 1998 年宝日希勒矿区开工建设以来，矿区年降水量基本保持稳定，但在 2013 年出现峰值，为 619.1mm，且枯水年逐渐增多，2001 年、2007 年、2017 年降水量明显低于该

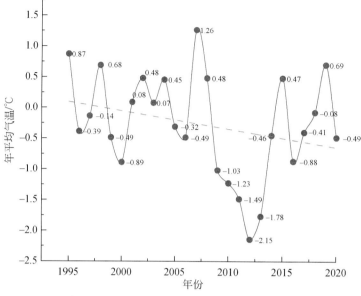

图 3.2　宝日希勒矿区年平均气温时序变化图

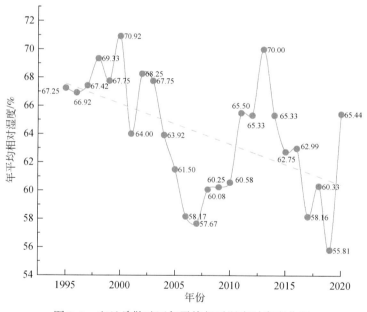

图 3.3　宝日希勒矿区年平均相对湿度时序变化图

区域多年平均降水量，而自 2019 年以来，降水量又呈现出缓慢上升的趋势；年平均气温和年平均相对湿度在整个时间范围内均呈现下降趋势，且年平均相对湿度随着年降水量的变化而变化，如 2013 年宝日希勒矿区降水量出现峰值，该区域年平均相对湿度也随之增大，且年平均相对湿度同样自 2019 年以来出现扭转，2020 年平均相对湿度较 2019 年增加了 17%。

　　根据上述对气象数据的分析，可以初步判定自宝日希勒矿区开工建设以来，年降水量保持平稳，年平均气温和年平均相对湿度保持下降趋势；而自 2019 年以来出现年降水量和年平均相对湿度增加这一现象则说明在近些年的矿区生态治理与复垦工程的实施后，区域生态环境质量得到改善，在降水量上升的同时，植被生长状况较好，空气湿度保持较高水平，后续若能保持生态治理的强度与规模，该区域环境质量将持续向好。

2. 北电胜利矿区气象状况

通过对北电胜利矿区 2000～2020 年气象数据的统计分析，得到北电胜利矿区各项气象数据的时序变化（图 3.4～图 3.6）。

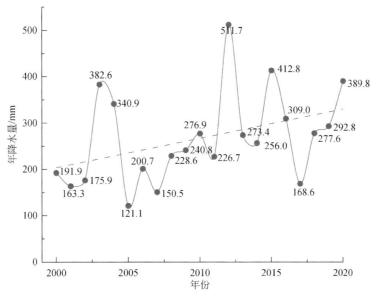

图 3.4　北电胜利矿区年降水量时序变化图

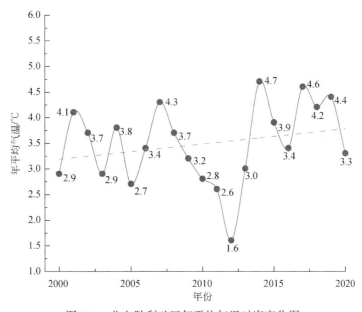

图 3.5　北电胜利矿区年平均气温时序变化图

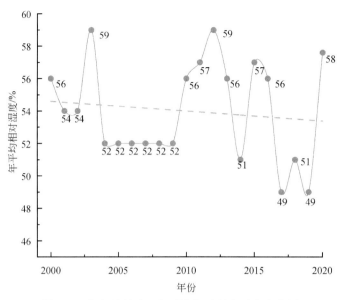

图 3.6　北电胜利矿区年平均相对湿度时序变化图

北电胜利矿区于 2003 年开工建设，2009 年露天矿一期 1000 万 t/a 项目计划通过国家能源局验收，移交生产；二期 2000 万 t/a 项目计划于 2011 年底验收移交，2011 年煤炭产量突破 2000 万 t。

自北电胜利矿区 2003 年开工建设以来，矿区年降水量呈现出缓慢上升的趋势，在 2005 年出现最低值，为 121.1mm，在 2012 年出现峰值，为 511.7mm，在 2000～2020 年，枯水年占比较多，而自 2017 年以来，年降水量又呈现出上升的趋势；年平均气温在整个时间范围内呈现出缓慢上升的趋势，且年平均相对湿度随着年降水量的变化而变化，如 2012 年北电胜利矿区年降水量出现峰值，该区域年平均相对湿度也出现峰值，而 2012 年的年平均气温降至 1.6℃，对比图 3.4 发现是由于该年降水充沛，未产生干旱的状况，因此年平均气温与年降水量关系密切，存在负相关关系。

根据上述对气象数据的分析，可以初步判定自北电胜利矿区开工建设以来，年降水量和年平均气温存在缓慢上升的趋势，年平均相对湿度保持下降的趋势；而自 2017 年以来出现年降水量和年平均相对湿度增加这一现象则说明北电胜利矿区自开工建设以来在发展的同时十分注重保护生态环境，各项生态恢复以及复垦工程的不断推进未对区域大环境造成破坏，反而使其向好的方向发展。

3.1.2　陆生生态调查

1. 植被现状

1）范围设定

野外调查使用 eCognition 及 ArcGIS 对 2019 年 8 月高分辨率的宝日希勒矿区卫星遥感

数据进行解译，利用 ArcGIS 软件进行植被视图和数据统计，以矿区外边界为标准，一定范围内勾勒评价区，总评价范围为 37370.65hm²。

2）调查方法

（1）样线设定。通过在矿区不同方向设定样线，在距离矿区边界不同距离设置样方，并对样方内的植物进行分种，同时进行性状测定，获得植被调查数据。

（2）在植物群落学研究中，样地生境描述是必不可少的，是植物群落研究特别是野外调查不可缺少的基础资料。野外调查记录应当既简要又规范，对选定样地做一个总体描述，描述内容主要包括植被类型、主要群落名称、郁闭度、群落高度、地形地貌、水分状况、人类活动、动物活动、演替特征、土壤剖面特征等。

（3）样方设计。采用样方法进行调查，每个取样样方中，草本群落的取样样方大小为 1m×1m。

（4）测定指标。草本样方包括样地位置（经度、纬度、海拔）、种名、土壤特征、群落总覆盖度，并且具有分种调查密度、频度、株丛数、高度（生殖高度、营养高度）、地上生物量等群落特征；并将样方内的植物分种齐地剪掉，用电子天平称其鲜重，带回实验室在 65℃ 烘箱内烘干，以便获得干重数据。

2. 植物种类及区系组成

1）区系特征

植被是由不同的植物种类组成的。在自然界的历史过程中，植物区系的演化是植物发生与发展的基础。因此，要研究植被的性质，就必须从植物区系的分析入手。

呼伦贝尔区域植被根据气候、土壤的特点进行划分，可分为大兴安岭山地泰加林、岭东森林草原和岭西呼伦贝尔草原三个植被区。本研究区在位置上属于岭西呼伦贝尔草原植被区，该区域自东向西分布着草甸草原和干草原，草甸草原由线叶菊、贝加尔针茅、羊草各自构成群系。除地带性植被外，还有较大面积的沙地植被、草甸和沼泽等隐域性植被。

2）主要植被类型

a. 草原植被

（1）贝加尔针茅+糙隐子草典型草原。贝加尔针茅–糙隐子草群丛组，是贝加尔针茅草原具代表性的一种草原类型，贝加尔针茅属于该区域的原生植被，其生境在该区域从始至终存在，所分布的地形主要为缓坡地和微起伏的平地，其次为丘陵坡地，见于河流之间的平坦地。土壤为典型栗钙土。该类草原在评价区内形成零散斑块状分布，多分布于丘陵地段人为活动干扰频繁地带，其分布面积较小。该类草原以贝加尔针茅为建群种，以糙隐子草为亚建群种。种类组成比较单一，草原中占优势的植被除冷蒿外，还有羊草。常见成分有小半灌木木地肤、禾草沙生冰草、无芒隐子草、杂类草阿尔泰狗娃花等，一年生常见成分有猪毛菜、线叶花旗杆、黄蒿等。覆盖度一般为 35%～40%，变动范围为 30%～45%，较贝加尔针茅–羊草草原略大，但物种饱和度较小。该类草原适宜马、牛、羊各种家畜的放牧利用。

（2）狗尾草。狗尾草，一年生草本植物，生于海拔 4000m 以下的荒野、道旁，为旱地作物常见的一种杂草，分布范围较广，适生性强，耐旱耐贫瘠，在酸性或碱性土壤均可生长。狗尾草在研究区乔木林下、灌木丛下等多地均有分布。

（3）糙隐子草。它是多年生密丛旱生小型禾草，直立或散纤细，高 10~40cm。典型的草原旱生种除在草原区除碱斑和沼泽地外，在各类土壤均能生长。因此，它又是适应性强的牧草，可成为各类草原植被第二层或下层优势成分，也可以成为次生性小型禾草草原的优势种或建群种。它常常是贝加尔针茅草原、羊草草原、大针茅草原、克氏针茅草原及浅叶菊草原群落中组成下层的小禾草层片。它产于黑龙江、吉林、辽宁、内蒙古、宁夏、甘肃、新疆、河北、山西、陕西、山东等省（区）；多生于干旱草原、丘陵坡地、沙地，以及固定或半固定沙丘、山坡等处。

（4）贝加尔针茅。贝加尔针茅为密丛型旱生植物，秆直立，高 50~100cm。贝加尔针茅是亚洲中部草原区特有的典型草原种类。在温带的典型草原地带，贝加尔针茅草原是主要的组成部分。贝加尔针茅常与羊草、根茎冰草、糙隐子草、寸草苔等伴生。

（5）寸草苔。寸草苔是旱生根茎型多年生草本，山地草原植物，生长于山地的阳坡、半阳坡，常与针茅、糙隐子草、冷蒿等一起组成典型草原或荒漠草原群落。寸草苔广布于世界各地，常为草甸、高寒草甸优势植物。它主要分布于东北、西北、华北和西南高山地区，南方种类较少。

（6）糙隐子草+大针茅。两者均是典型草原植被，耐寒耐旱性较好，生长环境类似，多伴生形成典型草原优势物种，也常常与贝加尔针茅、羊草、克氏针茅以及寸草苔等伴生，组成下层的小禾草层片。

b. 低湿地草甸植被

（1）羊草矮草低湿草甸。羊草矮草低湿草甸是由羊草与多种矮小的杂类草共同组成的草甸群落。在各河流的一些河漫滩、阶地上及其他低湿滩地上都能遇到这一类草甸。羊草矮草低湿草甸的地面平坦，土壤多为沙质或沙壤质草甸土，无盐渍化或轻微盐化，土壤水分充足，湿润度较高，地下水位为 1~2m，是土壤水分的主要补给来源。

这种草甸群落虽然是由低矮的草本植物组成的，但草群十分密集，外貌好似碧绿色的地毯。草层一般高度约 10cm，总覆盖度可达到 80% 以上，草群结构比较均匀，层片分化很不明显。组成这种矮草低湿草甸的植物种类也是比较稳定的，其中，羊草组成群落的建群层片。禾草层片很不发达，常见的伴生种只有早熟禾属和碱茅属的少数种。双子叶植物组成的杂类草层片一般比较发达，其中也有一些种是本群系的特征种或次优势种，如海乳草、长叶碱毛茛、碱毛茛就是主要特征植物，此外蕨麻、小花棘豆、蒲公英、石竹、星毛委陵菜、二裂委陵菜也多是恒有成分。此类型多分布于河流两侧，放牧等频繁的人为干扰导致湿地植被退化。

（2）芦苇+水葱沼泽。芦苇+水葱沼泽在河流沿岸及湖滨低地等地有面积大小不同的分布，其典型生境是常年或生长季积水的河滩与湖滨泛滥低地，积水深度为 20~80cm，土壤多是在冲积物上发育的腐殖质沼泽土，也有些是弱盐化沼泽土，一般呈中性或弱碱性。

芦苇是高大的根茎禾草，株高 1~2m，横生地下根茎十分发达，营养繁殖能力很强，在群落中成为很稳定的建群种。芦苇沼泽的群落类型分化不多，最常见的是单优势种芦苇沼泽群落。其结构较密，外貌整齐，抽穗前后形成显著不同的两种季相。组成群落的伴生植物各地有所不同，代表植物主要有水葱、海三棱藨草、狭叶香蒲、小香蒲、眼子菜、东北沼泽委陵、泽芹、水蓼等。芦苇沼泽群落的草群高度一般为 1.5～2.0m，最高可达 2.5m，覆盖度为 70%～90%，是一类生产力较高的草本沼泽群落。此类型分布于研究区地势较低的低湿地，地表常年有积水的地段。

3）植物生物量

植被生物量直接反映植被的生长状况以及当地自然环境的变化情况，水热条件的年际和季节性的显著变化是植被生物量不断变化的内在原因。草本群落生物量调查采用样方法进行，每个样地随机设计三个样方，在每个样方内齐地分种剪取地上部分，称取鲜重后，带回实验室，在 65℃下烘干 24h 至恒重，获得生物量干重。使用生物量干重对研究区各类型所有样地生物量进行统计。

4）植被演替特征

演替是一个群落为另一个群落所取代的过程，演替是一个连续的过程，但也有明显的阶段性。根据不同的分类原则可以划分出不同的演替类型，根据群落的发展方向可以分为进展演替和逆行演替。在原生裸地上开始的演替称为原生演替，而在次生裸地上开始的演替称为次生演替，人们普遍关注的是次生演替，即原生植被受到破坏后发生的演替。

生物群落演替是生物因子与外界环境中各种生态因子综合作用的结果。人对生物群落演替的影响远远超过其他所有自然因素的影响，因为人类生产活动通常是有意识、有目的地进行的，可以对自然环境中的生态关系起着促进、抑制、改造和重建作用。在气候、土壤条件等的自然因素影响下，人为地放牧、开垦农田、放火烧山、砍伐森林等对原生植被影响加大，都可使生物群落改变面貌。人为因素至关重要，森林经营可以对现有森林进行科学培育，人类抚育森林、管理草原、治理沙地，使群落演替按照不同于自然的道路进行，人甚至还可以建立人工群落，将演替的方向和速度置于人为控制之下。

植被在多种自然因素及人为因素下可能发生逆向演替，这将破坏生态系统功能与服务，但对其加以保护，可以发挥其更大的生态价值。植被是生物物质的创造者，所以在自然界里是十分活跃的能动因素，对能量和物质的转化有巨大作用，对各种生态因素也都经常发生各种影响。利用植被对某些环境要素进行制约和影响，就可以保护并改善环境，防止破坏和污染。例如，植被可以净化大气和水源，调节和改善气候条件；可以涵养水源、保持水土、防风固沙和改良土壤；并且可以保护农田、牧场、工矿、交通设施和人类的居住环境。因此，造林、绿化和保护植被是改善和保护环境的基本手段。

3.1.3　遥感调查

1. 数据来源

本项调查所使用的主要数据如下。

（1）遥感数字图像，即 1995～2020 年 7～8 月覆盖本区域的 Landsat 卫星数据（空间分辨率为 30m）。

（2）野外实地考察资料，主要为考察过程中用 GPS 定位并记录的样点，用于辅助专题的目视解译，并记录相关的植被信息。

（3）其他辅助数据，如数字地形图、行政界线等。

2. 软件介绍

本项工作所使用的软件：遥感数字图像处理软件 PCI 8.2 和 ERDAS 2015，用于进行几何校正和图像增强，以及辅助目视解译；面向对象的 eCognition 软件，用于图像自动分类；地理信息系统软件 ArcGIS 10.8，用于矢量数据的编辑、分析和制图。

3. 技术路线及分类系统

1）技术路线

具体技术路线及流程见图 3.7。

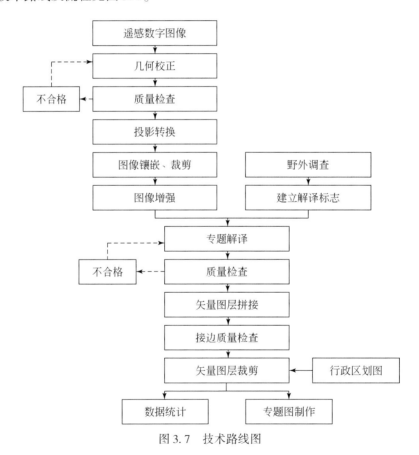

图 3.7　技术路线图

遥感解译方法包括遥感图像处理、机助目视解译、矢量数据的编辑、结果输出等内容。

（1）几何校正和图像增强。利用 PCI 8.2 软件，以 1∶5 万数字地形图为参照，对 7 个年份的 Landsat 数据做几何精校正，误差控制在 1 个像元之内。采用标准假彩色合成方案，对校正后的图像实施增强处理，以便进行下一步的解译工作。

（2）利用 eCognition 软件对 OLI 数据进行自动分类。在 eCognition 软件下打开栅格文件 7 个年份的 Landsat 卫星图像，通过 eCognition 软件下的 Segmentation 命令建立一个新的具有地物边界的层文件，利用 eCognition 软件下的 Classification 命令，结合专题分类系统及解译标志确定其多边形的类型，然后通过 Export 命令将多边形文件以 Shapefile 格式导出。

（3）矢量数据的编辑。利用 ArcGIS 10.8 软件提供的 ArcInfo Workstation 模块，基于 Coverage 格式，完成空间拓扑、合并和多边形的边界光滑处理。然后输出 Shapefile 文件，以便开展下一步的检查和修改工作。

（4）确定多边形的属性。利用 ArcMap 模块，以上一步输出的 Shapefile 文件为基础，添加"LC"（植被覆盖）、"LU"（植被利用）、"VEG"（植被类型）、"ERO"（土壤侵蚀类型）及"LS"（景观类型）等字段，并叠加相应的遥感图像，参照野外调查所采集的样点描述，逐一确定各多边形的专题属性并进行属性转换。

（5）根据评价区和保护区的边界，挖取各单元的专题数据。利用 ArcGIS 10.8 提供的 ArcMap 模块，完成全部区域和各单元的专题数据统计及制图工作。

2）分类系统

本工作分类系统有植被、土地利用、景观和土壤侵蚀四个类型，具体分类见表 3.1 ~ 表 3.4。

表 3.1　研究区植被分类系统

植被类型		特点
一级类型	二级类型	
草原	羊草+丛生禾草草原	分为禾草、杂类草草甸草、丛生禾草和根茎禾草典型草原等类型。以贝加尔针茅为主要类型的草原，以糙隐子草为亚建群种。伴生有各种旱生、中旱生杂类草
低湿地植被	禾草、寸草苔沼泽化草甸	其生境的特点是地形低洼、土壤水分丰富，土壤上层可溶性盐含量高。低湿地植被主要分布在河漫滩、宽谷底、丘间低地等，属于中生、湿生、沼生和盐生的植被类型。以羊草为主要类型，因退化生长有小禾草
人工植被	人工林农田	指人工种植的植被，主要以种植的人工杨树林、灌丛为主；种植农作物的土地包括熟地，新开发、复垦、整理地，休闲地
其他	水体	指河流、湖泊、坑塘、水库等水域
	裸地	指表层为土质，基本无植被覆盖的土地；或表层为岩石、石砾，其覆盖面积≥70% 的土地
	居民点	包括城镇和农村居民点
	工矿用地	包括采石厂、工厂、矿厂等地
	盐碱地	指表层盐碱聚集，生长天然耐盐植物的土地
	道路	各级道路，乡道、省道、国道等

表 3.2 研究区土地利用分类系统

土地利用类型		特点
一级类型	二级类型	
耕地	旱地	指无灌溉设施,主要靠天然降水种植旱生农作物的耕地,包括没有灌溉设施,仅靠引洪淤灌的耕地
林地	灌木林地	指灌木覆盖度≥40%的林地,本区为人工柠条锦鸡儿灌丛及河岸柳灌丛
草地	天然草地	指以天然草本植物为主,用于放牧或割草的草地
工矿仓储用地	工业用地	指工业生产及直接为工业生产服务的附属设施用地
	采矿用地	指采矿、采石、采砂(沙)场、砖瓦窑粉等地面生产用地,排土场及尾矿堆放地
住宅用地	城镇住宅用地	指城镇用于生活居住的各类房屋用地及其附属设施用地,不含配套的商业服务设施等用地
交通运输用地	公路用地	指各级道路,包括乡道、省道、国道等
水域及水利设施用地	坑塘水面	指人工开挖或天然形成的蓄水量<10 万 m³ 的坑塘常水位岸线所围成的水面
其他土地	盐碱地	指表层盐碱聚集,生长天然耐盐植物的土地
	裸地	指表层为土质,基本无植被覆盖的土地;或表层为岩石、石砾,其覆盖面积≥70%的土地

表 3.3 研究区景观分类系统

景观类型		特点
一级类型	二级类型	
森林景观	灌木林	以锦鸡儿灌木为主要类型
草原景观	羊草+丛生禾草草原	以羊草为主要类型的草原,以丛生禾草为亚建群种
农田景观	旱地	指无灌溉设施,主要靠天然降水种植旱生农作物的耕地,包括没有灌溉设施,仅靠引洪淤灌的耕地
	坑塘	以灌溉为目的开挖的河渠或指人工开挖或天然形成的蓄水量<10 万 m³ 的坑塘常水位岸线所围成的水面
湿地景观	寸草苔+禾草沼泽化草甸	以寸草苔、小禾草为主要类型
人工景观	城镇	城镇居民点、农村居民点景观
	工矿	采石厂等景观
	道路	包括所有交通运输道路
	人工锦鸡儿灌丛	防风固沙、绿化景观等
其他景观	裸地	指表层为土质,基本无植被覆盖的土地;或表层为岩石、石砾,其覆盖面积≥70%的土地
	盐碱地	指表层盐碱聚集,生长天然耐盐植物的土地

表 3.4　研究区土壤侵蚀分类系统

侵蚀类型	侵蚀等级	特征
土壤风蚀	轻度风力侵蚀	$200t/(km^2 \cdot a) \leqslant$ 土壤流失量 $< 2500t/(km^2 \cdot a)$
	中度风力侵蚀	$2500t/(km^2 \cdot a) \leqslant$ 土壤流失量 $< 5000t/(km^2 \cdot a)$
	重度风力侵蚀	$5000t/(km^2 \cdot a) \leqslant$ 土壤流失量 $< 8000t/(km^2 \cdot a)$
土壤水蚀	轻度水蚀	$1000t/(km^2 \cdot a) \leqslant$ 土壤流失量 $< 2500t/(km^2 \cdot a)$
	中度水蚀	$2500t/(km^2 \cdot a) \leqslant$ 土壤流失量 $< 5000t/(km^2 \cdot a)$
	重度水蚀	$5000t/(km^2 \cdot a) \leqslant$ 土壤流失量 $< 8000t/(km^2 \cdot a)$
其他	其他	其他

4. 矿区面积扩张

根据遥感图像解译结果，宝日希勒矿区自 1999 年建矿开始，矿区面积不断扩大（表 3.5、图 3.8）。

表 3.5　宝日希勒矿区面积统计　　　　　　　　（单位：hm²）

项目	1995 年	1999 年	2003 年	2008 年	2013 年	2018 年	2020 年
矿区面积	0	87.12	179.39	626.58	2043.22	2303.73	2656.04

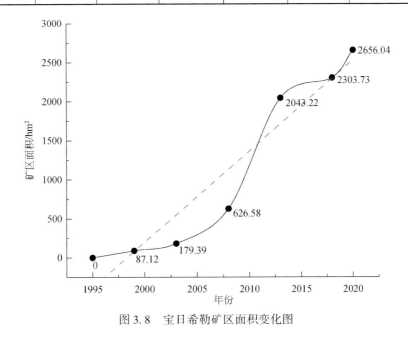

图 3.8　宝日希勒矿区面积变化图

5. 植被动态

1）植被类型面积回顾分析

根据解译数据中的各植被类型面积变化统计得到 1995～2020 年植被类型的时序变化

（表 3.6）。

表 3.6　评价区域植被类型面积统计　　　（单位：hm²）

年份	羊草+贝加尔针茅丛生禾草草原	禾草、寸草苔沼泽化草甸	人工植被	其他
1995	25997.29	3175.25	6250.19	1948.01
1999	22004.12	3216.38	7222.58	4927.54
2003	24914.19	2710.73	8022.80	1722.93
2008	25735.43	895.75	7515.58	3223.92
2013	22465.84	2882.91	6432.39	5589.52
2018	24941.59	317.09	8599.94	3512.30
2020	22911.19	3088.60	6707.86	4663.05

2）研究区 NDVI 及植被覆盖度回顾分析

NDVI 变化情况分析。NDVI 即归一化植被指数，本研究通过 ENVI 软件，选取 1995～2020 年的影像资料，对宝日希勒矿区的 NDVI 进行平均计算，对比不同年份的 NDVI 平均值（表 3.7、图 3.9）。

表 3.7　NDVI 平均值统计

区域	1995 年	1999 年	2003 年	2008 年	2013 年	2018 年	2020 年
矿区	0.34192	0.45594	0.39316	0.24542	0.18553	0.41385	0.43943
评价区域	0.35232	0.44859	0.39704	0.27229	0.18918	0.49388	0.49388

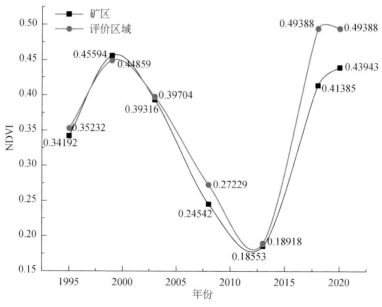

图 3.9　宝日希勒矿区 NDVI 时序变化图

本研究以不同年份的 NDVI 和原始遥感影像的像元灰度值（DN）栅格数据为基础，利用 Band Math 工具进行一元线性回归，分析 7 个年份宝日希勒矿区年度植被的变化趋势。

$$VFC = (NDVI - NDVI_{min}) / (NDVI_{max} - NDVI_{min})$$

式中，VFC 为植被覆盖度；$NDVI_{max}$ 和 $NDVI_{min}$ 分别为区域内最大的 NDVI 值和最小的 NDVI 值。由于不可避免地存在噪声，$NDVI_{max}$ 和 $NDVI_{min}$ 一般取一定置信度范围内的最大值和最小值，置信度的取值主要根据图像实际情况来定。

在计算得到宝日希勒矿区范围的植被覆盖度图像之后，利用 ArcGIS 软件的 Zonal 工具对植被覆盖度进行不同区域统计（表 3.8、图 3.10）。

表 3.8 研究区植被覆盖度平均值统计 （单位：%）

区域	1995 年	1999 年	2003 年	2008 年	2013 年	2018 年	2020 年
矿区	49.51	65.53	76.65	45.01	66.10	66.88	67.97
评价区域	50.97	64.52	76.47	49.66	67.48	78.28	76.80

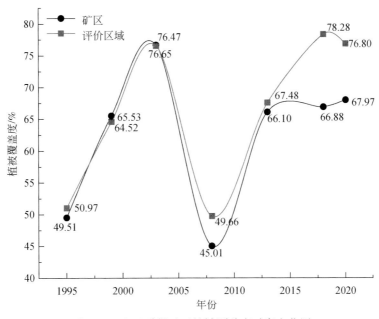

图 3.10 宝日希勒矿区植被覆盖度时序变化图

3）草场退化情况分析

本研究针对草场利用资源进行调查，调查包括草场覆盖度及产草量。结果显示，矿山周围草场覆盖度整体上随开采规模扩大而降低，依据矿山生态修复的相关政策及行业标准，项目完成三年内，该地区植被覆盖度须恢复到 50%～60%。结合目前最新的植被覆盖度来看，评价区内除采矿区外，植被覆盖度恢复良好。

矿山开发对草原植被生长发育和草地生产力有最直接的影响，草原生态系统的这种非平衡性是引起草原植被生长发育变化的重要制约因素，同时区域内的草场不合理放牧是主要的人为因素。另外，在评价区域内矿区周边的草场，煤矿开采使得原有的草地植被受到大面积的破坏，导致区域内草原面积减少，产生破碎化的斑块，物种生境受到破坏，使草地生态系统受到损害，生态功能降低。

6. 土地利用类型评价

根据解译数据中的各土地利用类型面积变化统计得到评价区域 1995～2020 年土地利用类型的时序变化（表3.9）。

表 3.9　评价区域土地利用类型面积统计　　　　　　　　　　（单位：hm²）

年份	旱地	灌木林地	天然草地	工业用地	采矿用地	城镇住宅用地	公路用地	坑塘水面	盐碱地	裸地
1995	6250.19	0	29172.55	0	0	1341.08	119.66	374.03	0	113.23
1999	7222.58	0	25220.62	0	87.12	4328.12	231.48	240.59	0	40.23
2003	8022.80	0	27625.02	0	179.39	825.43	280.00	309.53	0	128.57
2008	7454.71	60.87	26631.23	965.54	786.81	884.17	270.74	139.33	0	177.34
2013	6183.24	249.15	25348.83	0	2187.65	1875.24	293.48	1150.68	32.77	49.70
2018	7491.05	1108.89	25258.49	220.2	1789.61	836.28	271.87	350.16	0	44.19
2020	5646.48	1061.38	25999.83	0	2840.99	900.14	390.6	423.65	54.83	52.84

7. 景观格局变化评价

根据解译数据中的各景观类型面积变化统计得到评价区域 1995～2020 年景观类型的时序变化。通过对比分析，随着矿区开采规模扩大，草原景观、湿地景观面积减小，人工景观面积增大（表3.10）。

表 3.10　评价区域景观格局类型面积统计　　　　　　　　　（单位：hm²）

年份	草原景观	森林景观	湿地景观	农田景观	人工景观	其他
1995	25997.29	0	3549.29	6250.19	1460.74	113.23
1999	22004.12	0	3457.08	7222.59	4646.72	40.23
2003	24914.19	0	3020.36	8022.80	1284.82	128.57
2008	25735.43	60.87	1035.14	7454.71	2907.25	177.34
2013	22465.84	249.15	4033.67	6183.24	4356.37	82.47
2018	24941.59	1108.89	667.05	7491.07	3117.95	44.19
2020	22911.19	1061.38	3512.29	5646.48	4131.73	107.67

8. 土壤侵蚀评价

根据解译数据中的各土壤侵蚀类型及强度面积变化统计得到评价区域 1995～2020 年土壤侵蚀类型的时序变化（表3.11）。

表 3.11　评价区域土壤侵蚀类型面积统计　　　　　　　　　（单位：hm²）

年份	风力侵蚀轻度	风力侵蚀重度	水力侵蚀轻度	水力侵蚀中度	水力侵蚀重度	其他
1995	0	113.23	25997.29	9425.45	374.03	1460.74
1999	0	40.23	22004.24	10438.96	240.59	4646.72

续表

年份	风力侵蚀轻度	风力侵蚀重度	水力侵蚀轻度	水力侵蚀中度	水力侵蚀重度	其他
2003	0	128.57	24914.19	10733.63	309.53	1284.82
2008	60.87	177.34	25735.43	8350.52	139.33	2907.25
2013	249.15	49.70	22465.92	9066.15	1183.45	4356.37
2018	1108.89	44.19	24941.41	7808.14	350.16	3117.95
2020	1061.38	52.84	22911.19	8735.12	478.48	4131.73

9. 排土场土地复垦评价

对排土场的生态复垦回顾性评价采取时间序列分析法，对不同年限排土场的复垦植被面积进行比较。

排土场土地复垦方向为草地，所选植物种需具有改良土壤的特征；要求所选物种萌发快、快速复绿效果好、生物量大，能有效防治水土流失；播种栽培较容易，成活率高；优先选择乡土物种，防止外来物种入侵。结合当地的气候条件和一期工程生态恢复经验，主要选择大针茅、羊草、披碱草等，同时采用灌丛混种的方法，加快排土场植被演替进度（表3.12、图3.11）。

表 3.12　宝日希勒矿区复垦区域面积统计　　　　　　　　（单位：hm²）

项目	1995 年	1999 年	2003 年	2008 年	2013 年	2018 年	2020 年
复垦面积	0	0	0	225.75695	730.84742	814.32316	1089.87865

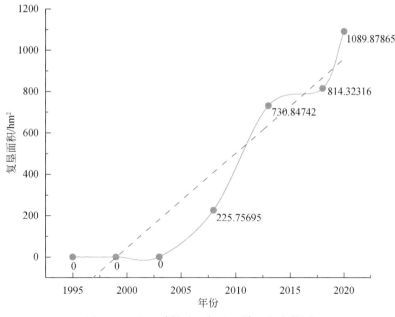

图 3.11　宝日希勒矿区复垦区域面积变化图

3.1.4　区域生态评价

生态完整性，即生态系统结构和功能的完整性，是生态系统维持各生态因子相互关系并达到最佳状态的自然特性。工程建设等典型人为干扰对生态系统生产力这一生态因子造成直接影响，进而改变整个生态系统结构和功能的完整性。植被净第一性生产力能直接反映植物群落在自然环境条件下的生产能力，是生态系统完整性评价的重要参数。

1. 区域生产力本底分析

1）评价方法

本次评价以自然植被净第一性生产力来反映自然体系的生产力。采用周广胜和张新时（1995）根据水热平衡联系方程及生物生理生态特征而建立的自然植被净第一性生产力模型来测算自然植被净第一性生产力。

2）生产力本底值

生态系统生产能力是由生物生产力度量的。生物生产力是指生物在单位面积、单位时间内所产生的有机物质量。实际中往往采用自然植被净第一性生产力来反映自然生态系统的生产力。按照《非污染生态影响评价技术导则培训教材》中推荐的自然植被净第一性生产力模型，分析工程所在地区植被净第一性生产力的现状水平。

利用自然植被净第一性生产力模型，参照评价区域内气候统计数据（表3.13），计算出评价区域自然植被净第一性生产力本底值（表3.14）。

表 3.13　评价区域气候统计数据

项目	1月	2月	3月	4月	5月	6月	7月	8月	9月	10月	11月	12月
多年平均降水量/mm	1.4	0.9	3.3	20.8	33.1	74.4	143.9	107.2	54.4	16.7	3.1	2.5
多年平均蒸发量/mm	10.3	24.2	83.2	178.5	284.8	251.2	211.2	179.8	144.1	99	36.4	12.1
多年平均气温/℃	-18.6	-13.4	-3.9	6.5	14.7	20.6	23.2	21.2	14.4	5	-6.6	-16

表 3.14　自然植被净第一性生产力本底值　　　[单位：t/（hm² · a）]

项目	1995年	1999年	2003年	2008年	2013年	2018年	2020年
NPP 最低值	3.02	3.31	3.28	3.04	3.22	3.47	3.44
NPP 最高值	3.64	3.86	3.79	3.58	3.67	3.89	3.90
NPP 平均值	3.33	3.58	3.53	3.31	3.45	3.68	3.67

奥德姆（Odum）将地球上生态系统按照生产力的高低划分为四个等级，即

（1）最低：荒漠和深海，生产力最低，通常小于 $0.5g/（m^2 · d）$；

（2）较低：山地森林、热带稀树草原、某些农耕地、半干旱草原、深湖和大陆架，平均生产力为 $0.5 \sim 3.0g/（m^2 · d）$ [包含 $0.5g/（m^2 · d）$]；

（3）较高：热带雨林、农耕地和浅湖，平均生产力为 $3 \sim 10g/（m^2 · d）$ [包含 $3g/（m^2 · d）$]；

（4）最高：少数特殊的生态系统，如农业高产田、河漫滩、三角洲、珊瑚礁、红树

林，生产力为 $10 \sim 20g/(m^2 \cdot d)$ ［包括 $10g/(m^2 \cdot d)$ 和 $20g/(m^2 \cdot d)$］，最高可以达到 $25g/(m^2 \cdot d)$。

本评价区域的生产力本底值范围在 1995 年为 $0.83 \sim 0.99g/(m^2 \cdot d)$；平均值为 $0.912g/(m^2 \cdot d)$；1999 年为 $0.91 \sim 1.06g/(m^2 \cdot d)$，平均值为 $0.98g/(m^2 \cdot d)$；2003 年为 $0.90 \sim 1.03g/(m^2 \cdot d)$，平均值为 $0.97g/(m^2 \cdot d)$；2008 年为 $0.83 \sim 0.98g/(m^2 \cdot d)$，平均值为 $0.91g/(m^2 \cdot d)$；2013 年为 $0.88 \sim 1.01g/(m^2 \cdot d)$，平均值为 $0.95g/(m^2 \cdot d)$；2018 年为 $0.95 \sim 1.07g/(m^2 \cdot d)$，平均值为 $1.01g/(m^2 \cdot d)$；2020 年为 $0.94 \sim 1.07g/(m^2 \cdot d)$，平均值为 $1.01g/(m^2 \cdot d)$。根据数值变化，按照奥德姆的等级划分，可以认定该区域内自然体系本底的恢复稳定性较低，从趋势上看，建矿初期恢复稳定性较高，随着开采规模的不断增大，恢复稳定性有下降趋势，随后在 2013 年左右恢复稳定性出现回升趋势，并趋于稳定。

2. 区域自然系统本底稳定状况评价

自然系统的稳定和不稳定是对立统一的。由于各种生态因素的变化，自然系统处于一种波动平衡状况。当这种波动平衡被打乱时，自然系统具有不稳定性。自然系统的稳定性包括两种特征，即阻抗和恢复，这是从系统对干扰反应的意义上定义的。阻抗是系统在环境变化或潜在干扰时反抗或阻止变化的能力，它是偏离值的倒数，大的偏离意味着阻抗稳定性较差。而恢复（或回弹）是系统被改变后返回原来状态的能力。因此，对自然系统稳定状况的度量要从恢复稳定性和阻抗稳定性两个角度来度量。

1）本底恢复稳定性评价

自然系统的恢复稳定性取决于系统内生物量的高低。低等植物恢复能力虽然很强，但对系统的稳定性贡献不大，对自然系统恢复稳定性起决定性作用的是具有高生物量的植物。全球生态系统净生产力和生物量统计与该区域植被净第一性生产力本底值分别见表 3.15 与表 3.16。

表 3.15　全球生态系统的净生产力和生物量

生态系统	面积 $/10^6 km^2$	平均净生产力 $/[g/(m^2 \cdot a)]$	世界净生产量 $/(10^9 t/a)$	平均生物量 $/(kg/m^2)$
热带雨林	17	2000	34	44
热带季雨林	7.5	1500	11.3	36
温带常绿林	5	1300	6.4	36
温带阔叶林	7	1200	8.4	30
北方针叶林	12	800	9.5	20
热带稀树干草原	15	700	10.4	4.0
耕地	14	644	9.1	1.1
疏林和灌丛	8	600	4.9	6.8
温带草原	9	500	4.4	1.6
冻原和高山草甸	8	144	1.1	0.67
荒漠灌丛	18	71	1.3	0.67

续表

生态系统	面积 /10^6km^2	平均净生产力 /[g/(m^2·a)]	世界净生产量 /(10^9t/a)	平均生物量 /(kg/m^2)
岩石、冰和沙漠	24	3.3	0.09	0.02
沼泽	2	2500	4.9	15
湖泊和河流	2.5	500	1.3	0.02
大陆总计	149	720	107.1	12.3

表 3.16　植被净第一性生产力本底值　　　　　　[单位：g/(m^2·a)]

年份	平均值	地带性植被	生产力水平
1995	473	羊草+丛生禾草草原	温带草原
1999	485	羊草+丛生禾草草原	温带草原
2003	511	羊草+丛生禾草草原	温带草原
2008	465	羊草+丛生禾草草原	温带草原
2013	489	羊草+丛生禾草草原	温带草原
2018	529	羊草+丛生禾草草原	温带草原
2020	534	羊草+丛生禾草草原	温带草原

从表 3.16 可以看出，1995 年即未开采时期的植被净第一性生产力本底值为 473g/(m^2·a)，自 1999 年该区域开始露天煤矿开采之后，植被净第一性生产力本底值为 485g/(m^2·a)，2003～2013 年，开采强度不断提升，该区域的植被净第一性生产力本底值出现下降趋势，但在 2013 年之后逐渐恢复到正常水平。据此，可以认定随着时间的推移，该区域的恢复稳定性逐渐得到提升。

2）本底阻抗稳定性评价

阻抗稳定性是指景观在环境变化或潜在干扰下抵抗变化的能力。自然系统的阻抗稳定性是由系统中生物组分的异质性的高低（或异质化的程度）决定的。异质性是指一个区域里（景观或生态系统）对一个物种或更高级的生物组织的存在起决定作用的资源（或某种性质）在空间或时间上的变异程度（或强度）。异质性的组分具有不同的生态位，为动物物种和植物物种的栖息、移动以及抵御内外干扰提供了复杂和微妙的相应利用关系。另外，异质化程度高的自然系统，当某一斑块形成干扰源时，相邻的异质性组分就成为干扰的阻断，从而有利于抵御外来的干扰。

3. 区域自然系统稳定状况评价

在 ArcGIS 软件支持下，结合地形图采用交互式解译，处理得到初步的景观分类图，对边界不清的斑块或难以确定的斑块进行实地调查。然后对得到的景观分类图进行分类精度评价，倘若分类精度过低，则对误差出现较多的区域进行重新分类。在达到分类精度要求后，得到该区域多年的土地现状利用图。利用每个年份的土地利用类型面积与斑块数进行区域景观质量评价。

1) 景观优势度

按照土地利用二级分类，分别计算现状景观优势度。评价区 1995 年、2008 年、2020 年的景观优势度计算结果见表 3.17～表 3.19。

表 3.17　1995 年评价区景观优势度　　　　　　（单位：%）

类型	景观比例（Lp）	密度（Rd）	频度（Rf）	优势度（Do）
旱地	16.72	10	14.71	14.57
天然草地	78.07	20	44.13	55.27
城镇住宅用地	3.59	14	11.76	7.99
公路用地	0.32	23	8.82	8.12
坑塘水面	1	10	11.76	5.94
裸地	0.3	23	8.82	8.11

表 3.18　2008 年评价区景观优势度　　　　　　（单位：%）

类型	景观比例（Lp）	密度（Rd）	频度（Rf）	优势度（Do）
旱地	19.95	31.15	14	21.26
灌木林地	0.16	1.09	6	1.85
天然草地	71.27	30.61	24	49.28
工业用地	2.58	7.10	6	4.57
采矿用地	2.11	2.73	18	6.24
城镇住宅用地	2.37	6.56	10	5.32
公路用地	0.72	12.02	8	5.37
坑塘水面	0.37	1.64	8	2.60
裸地	0.47	7.10	6	3.51

表 3.19　2020 年评价区景观优势度　　　　　　（单位：%）

类型	景观比例（Lp）	密度（Rd）	频度（Rf）	优势度（Do）
旱地	15.11	27.83	14.29	18.08
灌木林地	2.84	0.67	7.14	3.37
天然草地	69.57	36.83	26.79	50.70
工业用地	7.60	13	10.71	9.73
采矿用地	2.41	9.17	12.50	6.62
城镇住宅用地	1.05	3.50	8.93	3.63
公路用地	1.13	3.83	10.71	4.20
坑塘水面	0.15	1	3.57	1.22
裸地	0.14	4.17	5.36	2.45

2) 综合评价

评价范围内，3 个年份的天然草地的景观优势度均为最高，分别为 55.27%、49.28%

和 50.70%，这可以得出该地区主要景观为草原景观。景观优势度反映出评价区内较高的开发程度，景观破碎化较明显。

4. 区域景观稳定性评价

本次区域景观稳定性评价从恢复稳定性和阻抗稳定性两个角度对自然系统现状的稳定状况进行度量。恢复稳定性通过区域自然生态系统生产力现状值与本底值的比较和景观内高亚稳定性元素的比例进行定性分析来实现，阻抗稳定性则通过结合遥感解译土地利用现状图进行景观格局分析来实现。

1）生产力背景值评价

为了分析区域内自然系统的稳定状况，利用区域内植被分布现状调查及生物量调查和实测结果，对区域内植被分布现状进行了调查统计，并根据各区域植被净第一性生产力本底平均值及实测平均值，对区域自然系统生产力现状水平进行了评估。

该区域植被净第一性生产力本底平均值及实测平均值对比见表 3.20，可以看出，实测平均值十分接近本底平均值，说明该区域净第一性生产力水平受人类影响干扰严重，但是随着时间的推移，实测平均值逐渐升高，说明在露天煤矿开采过程中，复垦及植被恢复措施有效避免了净第一性生产力的降低，维持了生态系统的相对稳定。根据奥德姆的等级划分给出的量纲，该等级自然系统的植被净第一性生产力下限阈值为 $0.5g/(m^2 \cdot d)$，该区域的植被净第一性生产力仍在下限阈值之上，说明高强度的露天煤矿开采尚不会导致生态系统退化。

表 3.20　评价区植被净第一性生产力本底平均值及实测平均值对比 ［单位：$g/(m^2 \cdot d)$］

年份	本底平均值	实测平均值	比较结果
1995	473	478	高于本底值
1999	485	492	高于本底值
2003	511	518	高于本底值
2008	465	470	高于本底值
2013	489	499	高于本底值
2018	529	533	高于本底值
2020	534	548	高于本底值

2）恢复稳定性

恢复稳定性主要取决于自然系统中生物组分生物量的大小，这是由于只有生物才具备对受损的生态环境进行修补的能力。虽然低等动植物具备较强的自身恢复能力，但从系统为人类服务的生态功能来分析，低等生物的修复功能不足以使系统整体具备高亚稳定性，而高亚稳定性组分是由高生物量的生物组分尤其是乔木、灌木来决定的。

从景观质量评价结果可知，该区域景观模地为草地，林地景观优势度相对较低，该区域自然系统恢复稳定性较差，需人为能量输入以维持系统的高亚平衡状态。

　　3）阻抗稳定性

　　阻抗稳定性是指景观在环境变化或潜在干扰下抵抗变化的能力。对阻抗稳定性的判定是通过结合遥感解译土地利用现状图进行景观异质性分析来实现的。

　　在该区域内，景观的模地为草地，它是区域内分布面积最广的景观类型。景观破碎化已经比较明显，自然景观异质化程度较低。因此，区域阻抗稳定性已经较差，需要在持续有效的人工投入的前提下，才能较好地保持阻抗稳定性。

3.2　草原露天开采对草原植被多样性的影响

　　草原是地球上分布范围最广的植被类型，也是陆地生态系统的重要组成部分。草原面积约占到陆地总面积的40%（万华伟等，2016；金梁等，2016）。草原作为重要的畜牧业生产基地和绿色生态屏障，对全球及区域生态系统稳定与平衡具有举足轻重的作用。近几十年来，伴随着社会经济发展和人口剧增，人类掠夺式经营开发如过度放牧、矿业开采、工业开发等给草原带来了巨大的压力，加之全球气候变化等因素的影响，使得多地区草地生态系统退化、生物多样性下降、植被覆盖度降低、生产力下降，造成了大面积的草原退化，严重威胁了草原区域生态安全和畜牧业可持续发展。草原生态系统保护工作亟待加强（李博，1997）。

3.2.1　不同植物对煤炭开采下草原退化的响应

　　煤炭开采对矿区及其周边的矿区生态系统产生不利的影响，特别是露天煤矿开采直接破坏地表植被和自然土壤生态系统。植被和土壤的干扰必然会影响土壤微生物群落的特征与组成（Mitchell et al.，2010）。另外，微生物群落的变化也会影响草原植被，并使干旱条件进一步复杂化（van Der Heijden et al.，2008；Mitchell et al.，2010；Naylor et al.，2017）。

1. 草原露天矿区植物演变规律和微生物特性

　　草原露天采煤矿区作为我国重要的煤炭基地，在过去作为纯牧区，经济发展以放牧为主，近年来随着资源的持续开发，优质草地面积已下降了一半，引发了植被群落多样性下降、草地退化等一系列生态问题。煤炭露天开采往往挖掘局部地表土壤，导致地表植被受到直接破坏，从地下深处采掘出的矿石和土壤在地表堆积成排土场，形成新的景观，同样会改变区域植被群落的演替。另外，多年来本区域放牧方式没有变，牲畜的采食与践踏使原本脆弱的矿区生态环境更加恶劣。经多年露天采矿等干扰，矿区周边天然草地进入自然演替阶段，由于矿区周边采矿、放牧等干扰程度差异，草地植被群落结构、物种重要值、多样性及群落相似特征存在异质性，植被群落生长与未干扰区差异显著。

　　土壤微生物是草原生态系统的重要组成部分，在草原生态系统物质循环和能量流动过程中发挥着重要作用（徐冰等，2015）。土壤微生物群落结构和功能通常可以反映土壤肥力质量，且对外界干扰比较敏感，可以作为草原土壤生态环境变化灵敏、有效的生物学指标（李媛媛等，2014；Sharma et al.，2010）。受外界干扰影响，退化草原土壤质量和植被多样性会发生改变，土壤微生物群落结构也会受到影响，因而土壤微生物指标可以表征草地生态系统的健康状况和发展趋势（尹娜，2014；李梓正等，2010）。微生物生态群落结构的改变可能是引起草原退化的一个重要机制。因此，开展草原退化梯度下微生物群落的变化及相关因子研究，对草地生态系统生态学功能恢复，以及实现草地生态系统可持续发展具有重要意义。

土壤真菌是地下微生物群落的关键组分，在微生物分解和养分循环中发挥重要作用（Berg and McClaugherty, 2008; Gaggini et al., 2018; Setala and McLean, 2004; Smith and Read, 2010; Voříšková and Baldrian, 2013）。关于煤炭开采对土壤生态系统影响的研究多集中在对土壤微生物（Baldrian et al., 2008; Wang et al., 2019b）、酶活性（Dimitriu et al., 2010）和土壤养分（Harris et al., 1993; Mummey et al., 2002）的分析，并主要集中在煤矿区原位复垦区，而对草原等其他类型的生态系统研究较少。

丛枝菌根真菌是重要共生真菌，与大多数陆生植物均可形成共生关系（Johnson, 2010; Zhang et al., 2016; Qiao et al., 2019）。根际是受植物根系活动影响最活跃的土壤区域，是土壤-根系-微生物相互作用的微生态系统（Philippot et al., 2013）。根际微生物可能对环境变化特别敏感（Mendes et al., 2011），在植物根际环境中较为活跃。丛枝菌根真菌-植物相互作用增加了植物获取营养的途径（Leyval et al., 1997; Zhang et al., 2017a），并能增强植物耐旱性（Augé, 2001），抑制植物病原菌，促进植物生长（Morandi et al., 2002; Ruiz Lozano et al., 2006），而植物为丛枝菌根真菌提供了必要的能源物质（Tian et al., 2017; Zhang et al., 2017a）。此外，丛枝菌根真菌-植物相互作用能够进一步改善土壤结构，影响采矿过程中生态和植被恢复的过程（Bi et al., 2019b）。

2. 草原露天矿区地带性植被群落特征

羊草（*Leymus chinensis*）为旱生或旱中生禾本科、赖草属植物，多年生且具下伸或横走根茎，须根具沙套。羊草是中国内蒙古东部和东北西部天然草场上的重要牧草之一。羊草是优质的饲草植物，耐寒、耐旱、耐碱，更耐牛马践踏，其根茎穿透侵占能力很强，且能形成强大的根网，盘结固持土壤作用较大，有利于区域的水土保持。

克氏针茅（*Stipa krylovii*）为多年生旱生禾本科植物，隶属针茅属（*Stipa*），分蘖密生型，根系分布深，是典型地带性生境的代表。克氏针茅分布广泛，在内蒙古草原被认为是典型退化草原生态恢复的建群种，并且是连接东西部草原及针茅近缘种的桥梁。克氏针茅具有较强的抗旱特性，因此在典型草原区分布最广，是典型草原区的优势物种。

星毛委陵菜（*Potentilla acaulis*），别名无茎委陵菜，为多年生草本旱生植物，其适口性较差，根状茎木质化，节部常可生出新植株，是匍匐型克隆植物，生长在典型草原带的沙质草原、砾石质草原及放牧退化草原，能适应恶劣的环境条件和高强度的放牧条件，是草原放牧退化的标志性植物（张伟涛等，2017）。

糙隐子草（*Cleistogenes squarrosa*）为多年生丛生小禾草，旱生-典型草原种，其适应性强，耐寒、耐旱、耐盐碱，是分布范围广的优良牧草。同时是大针茅草原和羊草草原的草本层片优势种（Chen et al., 2002），广泛分布于欧亚草原区（Wang and Chen, 2003），草原过度放牧时，糙隐子草增加，成为优势种，可形成次生的糙隐子草草原，是退化草原常见的伴生种。

3. 露天开采对植物–土壤–微生物的影响特征

我国内蒙古地区以草原为主要植被类型，气候变化、过度放牧和开垦，使草原面临着逐年退化、面积日益缩小的危机（Wei et al., 2017）。大规模煤炭开发也加剧了草原生态环境的恶化，植被覆盖度下降，植物群落结构发生变化，物种丰富度减少，导致群落稳定性降低。露天煤矿开采剥离地表土壤，严重破坏原始地貌，改变地上与地下水文情况（Feng et al., 2019），使草原植物生长发育不良，植物多样性降低，加剧草原退化。露天开采对矿区边界外周围环境土壤微生物的影响，特别是与草原植物形成共生关系的菌根真菌的相关报道相对较少。在内蒙古锡林浩特市胜利露天矿区外围的典型草原区，优势物种是克氏针茅，并伴有常见的草原优质牧草羊草。煤炭开采对克氏针茅和羊草根际土壤微生物多样性的影响以及土壤微生物群落与土壤性质的关系尚未得到深入研究。

矿区周围的草地生境往往受到放牧等人为干扰的影响。放牧通过消耗植物地上部分直接影响植物生长性能，通过改变土壤性质间接影响土壤微生物群落组成（Bardgett and Wardle, 2013; Collins et al., 1998）。有关放牧对植物和土壤养分特征的影响研究较多，但研究结果不尽相同。关于退化草原标志性植物星毛委陵菜和糙隐子草的研究主要针对其生物量分配格局（Li et al., 2005; Liu et al., 2007）、根系构型（周艳松和王立群，2011）、土壤种子库、化感作用（任秀珍等，2010; Jing et al., 2013）、生存策略及适应性（Li and Li, 2002; Mi et al., 2011; 李金花和李镇涛，2002），而针对不同退化程度条件下星毛委陵菜和糙隐子草根际微生物群落的研究鲜有报道。研究星毛委陵菜和糙隐子草根际微生物群落变化有助于从微生态角度认识草原退化的过程，从而有针对性地采取有效策略进行退化草原生态修复。

土壤微生物在自然生态系统中分布广泛，在生态修复中发挥重要作用，土壤微生物与植物共生在促进植被种群恢复、维持生态平衡和稳定等方面发挥着巨大潜力。以内蒙古锡林浩特市典型草原的克氏针茅和羊草为研究对象，分析煤炭开采对微生物群落演替的影响；以内蒙古呼伦贝尔草原星毛委陵菜和糙隐子草为研究对象，分析退化草地健康状况和煤炭开采的影响。采集不同退化程度的草原根际土，通过高通量测序方法，探讨不同退化程度梯度下根际细菌、丛枝菌根真菌群落多样性及其与相关植被、土壤因子的相关关系，旨在从微生物角度研究，为矿区草原根际微生态演替及草原生态恢复、促进草地的稳定和可持续发展提供理论依据。

3.2.2　草原露天矿区天然草地植被群落演替

以北电胜利矿区和宝日希勒矿区周边 0～2km 天然草地为研究区。采用野外生态学调查方法监测草原露天矿区周边自然植被群落种类和数量，研究矿区植被种类、频度、丰富度指数、多样性指数、均匀度指数和优势度指数，比较矿区周边不同样点与对照区群落植被结构、群落演替规律和个体数量差异，旨在为认识矿区植被演替规律、改进矿区生态修复效果和建立当地的物种指标数据库等提供一定的科学依据。

北电胜利矿区位于内蒙古锡林浩特市，属中温带半干旱大陆性季风气候区，年平均气温为 0 ~ 3℃，结冰期长达 5 个月，寒冷期长达 7 个月，1 月气温最低，平均气温为 -19℃。7 月气温最高，平均气温为 21℃，极端最高气温可达 39℃。年平均降水量不足 300mm，降雨多集中在 7 ~ 9 月。每年冬季都有降雪，11 月至次年 3 月平均降雪总量为 8 ~ 15mm。研究区地带性植被为典型草原，以克氏针茅为主要建群种，伴生种有羊草等。地带性土壤为栗钙土，隐域性土壤以风沙土为主。研究区海拔为 970 ~ 1212m，总体呈山前平原地貌景观，地表坡度较缓，在研究区西南方向仅有一条沟谷穿过，暴雨时其成为主要汇水排泄点。

宝日希勒矿区位于呼伦贝尔草原中部，距呼伦贝尔市中心 15km。该区域年平均温度为 0℃左右，无霜期为 85 ~ 155d，温带大陆性气候，属于半干旱区，年降水量为 250 ~ 350mm，年气候总特征为冬季寒冷干燥，夏季炎热多雨，年温差、日温差较大。土壤类型主要为栗钙土，表土层较薄，不足 20cm，土壤养分贫瘠，土壤速效钾含量为 214mg/kg，速效磷含量为 46mg/kg，碱解氮含量为 55.4mg/kg，有机质含量为 21.1g/kg，土壤饱和含水量约为 35%。该区典型性植被群落类型为大针茅、糙隐子草、寸草苔、贝加尔针茅和星毛委陵菜等。煤炭开采过程中剥离土地面积 5.088km^2，排土场压占土地面积 8.702km^2，挖损高差达 200m，排土场标高 100m，排土场边坡最大坡度达 36°，目前矿区主要向东部方向开采，排土场在矿区西部堆积。排土场经过多年复垦工作，生态恢复已有一定成效。研究区地势北东高而南西低，海拔为 650 ~ 700m，属内蒙古北部高平原区，地表坡度一般在 5°左右，地势较平坦开阔，微显波状起伏。

本研究于 2018 年和 2019 年 8 ~ 9 月植被生长最茂盛时期进行野外植被调查，采用同心圆布设固定样方的方法，动态监测区域生态演变规律。草原区 2018 年 1 月至 2019 年 8 月的降水量和气温如图 3.12 所示。

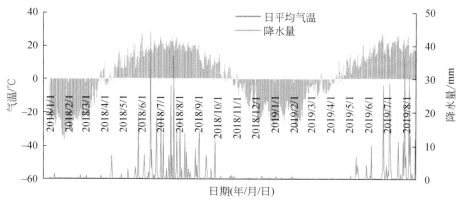

图 3.12　草原区 2018 年 1 月至 2019 年 8 月的降水量和气温

1. 矿区周边植被物种组成及重要值

综合研究区 2018 年、2019 年野外植被调查，不同样点群落组成物种重要值有很大差异（表 3.21 和表 3.22），北电胜利矿区所处草原类型为典型草原克氏针茅+糙隐子草群落，样地内共调查到 23 个植物种类，分属 12 科 20 属，主要分布在禾本科、菊科。优势种克氏针茅、糙隐子草、大针茅的重要值在距离矿区 1900m 处和对照区（CK）均最高，随着与采矿区距离的减小而降低。与对照区相比，旱生及退化草地指示种寸草苔重要值在距离矿区 100m 处均为最高。距矿区 400～900m 范围，小画眉草和糙隐子草重要值相对较大，说明矿区周边植物群落物种重要值存在明显差异，距离采矿区越远，植物群落接近天然草地，克氏针茅、糙隐子草、大针茅成为群落主要组成部分。随着与采矿区距离缩减，寸草苔、银灰旋花在植物群落中逐渐占据主要位置，杂类草在群落中逐渐占优势，草地出现退化现象，草地生产功能随之降低（刘育红等，2018）。

表 3.21　北电胜利矿区周边各样点植被群落物种组成与重要值变化

植物种类		样点至矿区边界水平距离				CK
		100m	400m	900m	1900m	
黏毛黄芩	*Scutellaria viscidula*	9.21	10.09	9.64	2.07	—
克氏针茅	*Stipa krylovii*	10.26	14.2	13.69	15.88	18.53
银灰旋花	*Convolvulus ammannii*	7.19	5.14	2.79	4.24	—
糙隐子草	*Cleistogenes squarrosa*	14.05	8.4	19.41	22.42	11.09
猪毛菜	*Kali collinum*	2.3	3.34	1.66	1.97	—
羊草	*Leymus chinensis*	5.65	7.67	4.56	2.72	9.23
小画眉草	*Eragrostis minor*	13.51	—	18.29	8.46	—
大针茅	*Stipa grandis*	11.06	14.54	16.19	18.75	16.77
寸草苔	*Carex duriuscula*	14.15	—	—	6.23	1.54
草麻黄	*Ephedra sinica*	1.32	—	—	—	—
细叶鸦葱	*Takhtajaniantha pusilla*	1.71	3.7	2.89	2.32	3.68
多根葱	*Allium polyrhizum*	—	—	—	4.21	2.03
棘豆	*Oxytropis*	2.18	3.76	—	—	—
天门冬	*Asparagus cochinchinensis*	—	—	—	1.28	—
冷蒿	*Artemisia frigida*	—	4.41	—	—	—
冰草	*Agropyron cristatum*	—	13.31	5.84	3.3	3.78
阿尔泰狗娃花	*Heteropappus altaicus*	—	5.28	—	—	—
乳白黄芪	*Astragalus galactites*	—	6.16	2.1	2.24	5.12
藜	*Chenopodium album*	—	—	2.95	—	—
北芸香	*Haplophyllum dauricum*	—	—	—	0.83	7.70
细叶鸢尾	*Iris tenuifolia*	—	—	—	3.08	6.30
知母	*Anemarrhena asphodeloides*	—	—	—	—	1.73
无芒隐子草	*Cleistogenes songorica*	7.38	—	—	—	12.52

表 3.22　宝日希勒矿区周边各样点植被群落物种组成与重要值变化

植物种类		矿区周边不同样线				CK
		W	A	B	E	
冰草	*Agropyron cristatum*	—	1.61	1.35	—	—
羊草	*Leymus chinensis*	—	—	8.71	17.74	14.98

续表

植物种类		矿区周边不同样线				CK
		W	A	B	E	
糙隐子草	Cleistogenes squarrosa	15.80	12.14	7.15	4.88	8.42
贝加尔针茅	Stipa baicalensis	—	—	14.99	17.16	10.56
菭草	Koeleria macrantha	—	—	1.12	1.42	1.54
拂子茅	Calamagrostis epigeios	2.59	3.57	—	1.92	4.00
达乌里羊茅	Festuca dahurica	—	1.61	1.35	2.07	2.00
小画眉草	Eragrostis minor	6.46				
马唐	Digitaria sanguinalis	2.51	—	—	—	—
无芒雀麦	Bromus inermis	—	—	—	1.89	—
硬质早熟禾	Poa sphondylodes	—	4.03	1.78	2.16	0.91
异燕麦	Helictochloa hookeri	—	2.37	—	0.92	—
冷蒿	Artemisia frigida	—	1.10	2.73	8.92	4.25
麻花头	Serratula centauroides	—	1.89	1.95	3.92	3.57
裂叶蒿	Artemisia tanacetifolia	—	—	0.68	3.04	6.85
多色苦荬	Ixeris chinensis subsp.	—	1.05	0.94	—	—
鸦葱	Takhtajaniantha austriaca	2.74	—	1.48	1.27	2.37
鹤虱	Lappula myosotis	—	—	0.85	—	—
斑叶蒲公英	Taraxacum variegatum	—	1.44	1.01	0.63	—
线叶菊	Filifolium sibiricum	—	—	0.74	—	—
阿尔泰狗娃花	Heteropappus altaicus	—	—	0.98	—	—
东北蒲公英	Taraxacum ohwianum	1.55	—	—	—	—
草木樨状黄芪	Astragalus melilotoides	1.02	—	—	1.11	1.02
黄花苜蓿	Medicago polymorpha	—	—	0.51	1.41	2.02
乳白黄芪	Astragalus galactites	—	—	0.40	0.39	0.30
柠条锦鸡儿	Caragana korshinskii	—	—	0.63	—	—
扁蓿豆	Medicago ruthenica	5.61	—	—	—	—
糙叶黄芪	Astragalus scaberrimus	—	—	5.45	—	—
广布野豌豆	Vicia cracca	—	—	—	0.65	—
多叶棘豆	Oxytropis myriophylla	—	—	—	—	1.00
膜苞鸢尾	Iris scariosa	—	2.18	2.91	2.14	1.46
粗根鸢尾	Iris tigridia	—	—	1.00	0.92	—
射干鸢尾	Iris dichotoma	—	—	—	—	2.78
脚苔草	Cyperaceae	—	—	6.66	0.43	0.05
寸草苔	Carex duriuscula	18.29	15.61	16.90	2.66	2.84
柴胡	Alysicarpus bupleurifolius	—	8.48	1.45	1.62	2.29
防风	Saposhnikovia divaricata	—	0.99	0.99	—	1.22
多裂委陵菜	Potentilla multifida	—	2.40	0.57	—	—
星毛委陵菜	Potentilla acaulis	35.11	23.26	0.68	5.10	1.30
轮叶委陵菜	Potentilla verticillaris	0.66	—	0.70	0.61	—

续表

植物种类		矿区周边不同样线				CK
		W	A	B	E	
菊叶委陵菜	*Potentilla tanacetifolia*	1.60	1.48	—	—	—
二裂委陵菜	*Potentilla bifurca*	—	—	0.79	0.76	2.58
薄毛委陵菜	*Potentilla inclinata*	—	—	0.38	—	—
多叶蕨麻	*Argentina polyphylla*	—	—	1.24	—	—
毛莓草	*Sibbaldianthe adpressa*	—	—	0.45	0.93	—
地榆	*Sanguisorba officinalis*	—	—	—	—	0.97
山葱	*Allium tenuissimum*	—	—	—	1.46	1.00
小鸦葱	*Takhtajaniantha subacaulis*	—	—	0.78	—	—
多根葱	*Allium polyrhizum*	—	4.03	1.19	1.55	1.00
蒙古韭	*Allium mongolicum*	—	—	0.75	0.92	1.00
野韭	*Allium ramosum*	—	—	0.81	—	1.38
山遏蓝菜	*Thlaspi cochleariforme*	—	—	—	0.79	—
大黄花	*Cymbaria daurica*	—	—	0.92	0.98	1.00
柳穿鱼	*Linaria vulgaris*	—	—	—	1.00	0.40
白兔尾苗	*Pseudolysimachion incanum*	—	0.78	—	—	—
长柱沙参	*Adenophora stenanthina*	—	—	—	0.92	0.80
瓣蕊唐松草	*Thalictrum petaloideum*	—	—	1.20	1.16	3.10
棉团铁线莲	*Clematis hexapetala*	—	—	2.01	1.09	1.00
细叶白头翁	*Pulsatilla turczaninovii*	—	—	1.14	2.09	6.61
蓬子菜	*Galium verum*	—	7.82	1.00	1.36	3.43
刺藜	*Chenopodium album*	6.06	—	—	—	—
黄芩	*Scutellaria baicalensis*	—	—	0.67	—	—
百里香	*Thymus mongolicus*	—	0.63	—	—	—
狼毒	*Stellera chamaejasme*	—	1.52	—	—	—

由此可见，北电胜利矿区植物群落可划分3个类型。距矿区100~400m范围，以糙隐子草、寸草苔和小画眉草等杂草为主；距矿区400~900m范围，以小画眉草和糙隐子草为主；距矿区900~1900m范围，以大针茅、糙隐子草和克氏针茅为主。

宝日希勒矿区所处草原类型为草甸草原贝加尔针茅+羊草群落，在样地内共调查到64个植物种类，分属15科42属，主要分布在禾本科、菊科（表3.22）。受放牧影响的草原植被以星毛委陵菜、寸草苔、糙隐子草为主；受采矿影响大的草原植被以寸草苔、贝加尔针茅和羊草重要值最高；未受采矿影响的方向草原植被以贝加尔针茅和羊草为主，与天然草原对照区相比，植物优势种最为相似，均为贝加尔针茅和羊草，而其他杂类草在群落中所占比例逐渐降低。另外，宝日希勒矿区周边群落植被组成与重要值变化与北电胜利矿区相比，存在差异，北电胜利矿区植被群落变化主要体现在距离矿区远近，而宝日希勒矿区差异主要体现在矿区周边不同土地利用方式所导致矿区周边群落差异变化。

宝日希勒矿区周边植物群落沿矿区从西到东存在很大差异，可分为3个类型。位于宝日希勒矿区与东明煤矿中间区域，以星毛委陵菜、寸草苔、糙隐子草为主；矿区北侧有放牧存在，以星毛委陵菜、寸草苔、贝加尔针茅为主；矿区东侧接近自然群落，以贝加尔针茅、羊草、糙隐子草为主。

2. 矿区周边植被群落相似性指数变化

群落相似性指数的大小在一定程度上可反映群落的时空结构，如表 3.23 和表 3.24 所示，不同样点植被群落受到干扰后群落相似性指数产生变化，与何芳兰等（2017）对梭梭林衰败过程中植被群落相似性研究相似。

对于北电胜利采矿区，距矿区 400m 处与距矿区 900m 处植被群落 Sorensen 相似性指数最高（Sorensen 相似性指数为 0.80）；距矿区 100m 处与距矿区 1900m 处植被群落 Sorensen 相似性指数最低（Sorensen 相似性指数为 0.69）。与对照区相比距矿区 100m 处和距矿区 400m 处与对照区植被群落 Sorensen 相似性指数分别为 0.38 和 0.54，距离矿区 1900m 处与对照区的植被群落 Sorensen 相似性指数最高（Sorensen 相似性指数为 0.76），说明距矿区最远处草地与对照区草地最为相似，且与距离矿区最近处植被群落干扰差异最大。

宝日希勒矿区周边草地群落与对照区植被群落 Sorensen 相似性指数最高的是 E 样线（Sorensen 相似性指数为 0.82），说明 E 样线受干扰较小，最接近自然群落。而 W 样线与其他样区植被群落 Sorensen 相似性指数最低，说明 W 样线受干扰最大，群落产生差异最大。而 B 样线与 E 样线的植被群落 Sorensen 相似性指数也较高（Sorensen 相似性指数为 0.69），说明 B 样线与 E 样线受干扰强度接近。矿区周边植被群落 Sorensen 相似性产生差异可能是煤炭露天开采使整体环境发生了质的改变，导致优势物种替代率相对较高，环境异质性相对较大，草地退化程度较快（乌仁其其格等，2016）。

表 3.23　北电胜利矿区不同距离植物群落 Sorensen 相似性指数变化

样点	400m	900m	1900m	CK
100m	0.69	0.72	0.69	0.38
400m		0.80	0.69	0.54
900m			0.79	0.56
1900m				0.76

表 3.24　宝日希勒矿区不同样线植物群落 Sorensen 相似性指数变化

样线	A	B	E	CK
W	0.29	0.14	0.16	0.25
A		0.49	0.47	0.46
B			0.69	0.69
E				0.82

北电胜利矿区周边草地随着与矿区距离的增加，植被群落 Sorensen 相似性逐渐升高，而宝日希勒矿区沿矿区西侧到东侧，植被群落 Sorensen 相似性逐渐递增，说明草原露天矿区周边草地受干扰影响因素不同，植被群落 Sorensen 相似性变化主要由受干扰大小引起，受干扰较大区域与其他区域相比植被群落 Sorensen 相似性较低。

3. 矿区周边植被群落多样性指数变化

Margalef 丰富度指数反映群落物种丰富度，Shannon-Wiener 多样性指数基于物种数量反映群落种类多样性，Simpson 优势度指数表示物种优势度大小，Pielou 均匀度指数表示群落物种分布的均匀度。

如图 3.13 所示，对北电胜利矿区不同样点植物群落多样性指数进行比较。在 100 ~ 900m 范围，Margalef 丰富度指数、Shannon-Wiener 多样性指数与 Simpson 优势度指数随着与矿区距离的增大均呈现增加的趋势，这与春风等（2016）对内蒙古巴音华矿区植物群落多样性的研究结果相似，且与对照区相比，距离矿区 400m、900m、1900m 处的植被多样性指数无显著差异，表明植物群落在距离矿区 400 ~ 1900m 范围与对照区相比多样性差异较小，群落多样性指数、丰富度指数变化较小。但内蒙古巴音华矿区植物群落 Pielou 均匀度指数随着与矿区距离的增加降低，而本研究中发现距采矿区不同距离群落 Pielou 均匀度指数并无明显差异，可能原因是北电胜利矿区位于典型草原，草地物种组成较少，Pielou 均匀度指数变化并不明显。

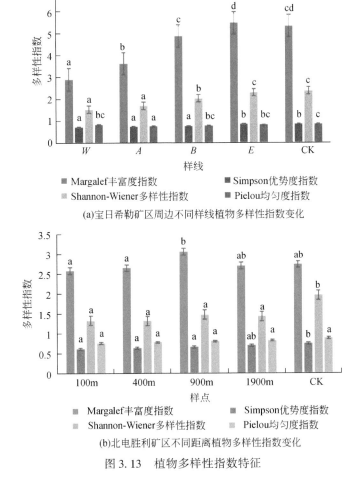

(a)宝日希勒矿区周边不同样线植物多样性指数变化

(b)北电胜利矿区不同距离植物多样性指数变化

图 3.13　植物多样性指数特征

对宝日希勒矿区周边植物群落多样性指数进行比较（图 3.13），E 样线区域 Margalef 丰富度指数最高，且从对照区到 W 样线即从矿区东方向到矿区西方向 Margalef 丰富度指数逐渐降低，可能原因是矿区西方向受干扰较大，受采矿、牲畜选择性采食等影响，部分植被物种生长受到抑制，群落物种丰富度降低。而 Simpson 优势度指数在 E 样线和对照区相对高于 W、A 样线，Shannon-Wiener 多样性指数与 Simpson 优势度指数变化趋势相同。另外，E 样线与对照区的 Pielou 均匀度指数相对较高于其他 3 个样线，A 样线最低，说明 E 样线与对照区物种均匀度较高，群落物种较为稳定，矿区东部草地与天然草地最为接近，其他区域草地植被生长均受到不同程度破坏。

距离北电胜利矿区较近位置植物多样性指数相对降低，距离矿区较远位置植物多样性指数逐渐接近未干扰区。宝日希勒矿区周边植物群落多样性指数变化趋势与北电胜利矿区相似，受干扰较大的区域植物多样性指数较低。另外，除放牧外，草地类型、气候对矿区植被群落演替的影响也不能忽视。

草原矿区周边草地植被群落受干扰程度差异动态演化明显，随着干扰程度的增加，植被群落逐渐呈现退化趋势，且受土地利用方式影响，北电胜利研究区植被群落在与矿区距离梯度上差异明显，宝日希勒研究区植被群落则沿矿区由西到东演替差异显著。

4. 草原土壤与植被的养分循环变化过程

草原煤炭露天开采往往挖掘局部地表土壤，导致地表出现巨大露天矿坑，加剧水土流失，并且采掘出的地下深层土壤和矿石在地表堆积形成新的矿山景观，采掘过程中大型机械车辆运行产生的扬尘等同样对当地土壤环境造成破坏。矿区周边存在放牧，由于牲畜的采食与践踏，地表土壤逐渐疏松，土壤含水量降低，导致矿区水土流失更加恶劣。经多年采矿、放牧等干扰，草地土壤含水量、酸碱度、土壤养分、土壤酶活性等土壤特性产生差异。土壤环境与植被生长密不可分，研究矿区周边 0~2km 范围天然草地土壤特性变化，对比分析土壤特性对采矿、放牧等干扰的空间动态响应，结合植被多样性变化，采用冗余分析（RDA）方法探究矿区植被群落演替与土壤特性的相互影响机制，为矿区的土地复垦与生态修复提供理论依据。

露天采煤选择高效的机械化工艺进行开采（Shrestha and Lal，2011），高效生产也会产生大量废弃物进而对生态造成影响（Ramani，2012），剥离地表土层和植被、挖掘地下 0~200m 矿石、运输及倾倒均会对土壤理化性质产生不同影响，此外重建的矿区生态景观也会导致土壤养分小尺度空间异质性（Feng et al.，2019），影响矿区水文状况（Ahirwa and Maiti，2016），因此分析露天采煤对植被和土壤的影响已成为矿区生态恢复的关键问题。

植物多样性变化是反映群落变化进程中的一个重要指标（敖敦高娃和宝音陶格涛，2015），不仅能反映群落组成、结构、功能和动态等方面的异质性，还可反映不同自然地理条件与群落的相互关系（吴富勤等，2019）。国内外学者针对矿区植被变化进行了诸多研究，一般认为采煤对矿区植被具有明显且可持续影响（Ahirwa and Maiti，2016；Mudrák et al.，2016）。土壤因子的变化反映出采煤对土壤理化性质的影响，一般学者认为采煤对土壤养分具有明显的负面影响，干扰区的土壤有机质、氮、磷等的含量显著低于未干扰区（Jing et al.，2018），采煤破坏了原土壤对碳、氮等元素的"源–汇"平衡功能（王琦等，

2016）。植物群落多样性变化是植被与土壤相互适应和改造的过程，也是不同物种对土壤养分等资源互相竞争和替代的过程（赵韵美等，2014）。研究植物群落特征与土壤因子的关系是矿区生态恢复的重要方面（Hou et al.，2019）。以往研究发现，植物多样性受速效钾、速效磷和土壤有机质等土壤因子影响（赵敏等，2019；Noumi，2015），土壤有机质是决定采煤矿区土壤质量和植物群落特征的关键因素，速效养分和酶类是影响植物群落生产力和多样性的主要因子（王双明等，2017）。以往关于植被与土壤因子关系的研究大多集中在高寒退化草地（刘育红等，2018）、黄土高原地区（刘娇等，2018）以及矿区复垦地（张兆彤等，2018），但针对露天采煤干扰下自然植被与土壤因子关系的研究较少。

本研究采用野外生态学调查方法对矿区周边不同距离自然植物群落进行调查，采集 0～30cm 土壤进行试验测试，在定量比较距矿区不同距离草地与对照区的植被群落特征和土壤理化因子差异的基础上，分析矿区周边植被群落特征与土壤因子在采煤扰动下的变化规律。

采集的土样在野外封袋带回实验室，风干、研磨后在室内进行试验测定。土壤 pH、有机质（SOM）、铵态氮（NH_4^+-N）、硝态氮（NO_3^--N）、速效磷（AP）、速效钾（AK）、酸性磷酸酶（S-ACP）、碱性磷酸酶（S-ALP）、蔗糖酶（S-UE）的指标测定均参照《土壤农化分析》的方法进行测定。

植被多样性指数是丰富度和均匀度的综合指标，群落 Sorensen 相似性指数可以反映不同群落结构特征的相似程度。在计算过程中，首先根据每个样方中各物种的高度、覆盖度、频度计算每个物种的重要值，使用重要值对某个物种在群落中的地位和作用进行评价，然后根据每个样方内各物种重要值计算群落的多样性指数。

数据采用 EXCEL 2016 软件进行处理，通过 SPSS 20.0 软件对植被多样性指数和土壤理化性质进行单因素方差分析（ANOVA）检验。使用 ArcGIS 10.5 软件地统计分析工具克里金（Kriging）插值法预测研究区土壤养分空间分布。使用国际标准生态学软件 Canoco 5.0 软件进行 RDA 数据运算，植物群落特征与土壤因子的关系应用 RDA 二维排序图进行表达。同时，在考虑采样及指标测试误差的基础上，采用格拉布斯（Grubbs）法对所得数据进行最严格的异常值识别和处理，剔除异常数值，后续相关计算分析均采用异常值处理后的数据进行（柴旭荣等，2007）。检验数据是否呈正态分布是进行克里金空间分析的基础，本研究数据正态分布性检验在 SPSS 19.0 中完成，用 K-S 检验法进行非参数检验（$a=0.05$）；用手持 GPS 标记各采样点的坐标并分别导入 GS + 9.0 和 ArcGIS 10.2 中，生成具有植被和土壤养分信息的采样点数据。采用 GS + 9.0 完成空间自相关分析和半变异函数计算及理论模型的拟合，并结合 ArcGIS 软件进行克里金插值，生成研究区植被密度和土壤养分的空间分布格局图。其中，半方差函数是空间异质性研究的最有效方法，是进行克里金插值的基础，其表达式如下（柴旭荣等，2007）：

$$\gamma(h) = \frac{1}{2N(h)} \sum_{i=1}^{N(h)} [Z(x_i) - Z(x_i + h)]^2$$

式中，$\gamma(h)$ 为变异函数；$N(h)$ 为分割距离为 h 时的样本点对总数；$Z(x_i)$ 为 $Z(x)$ 在空间位置 x_i 处的实测值；$Z(x_i+h)$ 为 $Z(x)$ 在 x_i 处距离偏离 h 的实测值。为了定量化研究试验指标的空间自相关性及进行空间插值，使用最适理论模型——高斯（Gaussian）模型、线形（linear）模型、球形（spherical）模型和指数（exponential）模型进行半方差的最优拟合。

不同样点土壤基本理化性质如表 3.25 所示，采样区土壤呈中性。在研究区范围内，土壤含水量、有机质、铵态氮、速效钾和速效磷含量均随着与采矿区距离的增大而增加，其中土壤含水量和有机质分别增加了 221.24% 和 68.66%。距矿区 1900m 处土壤含水量和有机质含量与对照区最为接近，距矿区 900m 处硝态氮含量与对照区最为接近且含量最高。说明距离采矿区较远土壤受到的外力干扰减弱，草地的水蚀和风蚀作用降低，土壤含水量、有机质、硝态氮流失量减少。土壤酸性磷酸酶含量随着与采矿区距离的增加而降低，碱性磷酸酶与蔗糖酶含量随着与采矿区距离的影响无明显变化。

表 3.25　土壤基本理化性质

测量指标	样点至矿区边界水平距离				CK
	100m	400m	900m	1900m	
土壤酸碱度 pH	6.91	6.93	6.69	6.67	7.30
土壤含水量 WM/%	11.30	11.33	15.93	36.30	39.25
有机质 SOM/(g/kg)	20.87	29.54	27.63	35.20	34.45
铵态氮 NH_4^+-N/(mg/kg)	1.50	1.26	1.45	1.69	1.61
硝态氮 NO_3^--N/(mg/kg)	1.45	1.23	3.99	1.48	5.61
速效钾 AP/(mg/kg)	7.46	4.64	7.69	7.72	4.09
速效磷 AK/(mg/kg)	245.84	200.32	260.86	307.00	185.32
碱性磷酸酶 S-ALP/(mg/g)	253.4	224.78	232.82	250.69	313.36
酸性磷酸酶 S-ACP/(mg/g)	334.96	268.78	293.44	284.56	322.56
蔗糖酶 S-UE/(mg/g)	0.29	0.27	0.26	0.27	1.35

通过对研究区土壤养分测试数据进行经典统计学分析，并对其进行克里金插值得到矿区周围土壤养分含量空间分布（图 3.14）。土壤有机质、铵态氮、速效磷和速效钾含量总体分布均在距离矿区最近位置含量最低，且在空间上呈现斑块状分布，说明露天采煤直接对土壤及景观的改变，致使煤矿区周围土壤养分呈现异质性（Feng et al., 2019）。铵态氮、速效磷和速效钾含量在距矿区 400m 以外呈增多趋势，其原因可能是随着采矿干扰的减弱，草地在 400m 左右开始逐渐恢复。土壤中有机质来自植物的根系和凋落物，草地逐渐恢复后植被逐渐生长茂盛，根系与凋落物增多，土壤有机质含量增加（杨玉海等，2008），而矿区西北方向紧挨排土场，植物受采矿干扰较弱，有机质含量较多。而土壤氮素因子、磷素因子和钾素因子含量在距矿区越远处逐渐增多，分析其原因可能是距矿区越远，土壤持水能力越强，使土壤微生物活性增强，利于土壤养分的分解和转化循环，土壤肥力升高（王琦等，2016）。硝态氮含量在西南方向较多，西北方向降低，矿区周边草地硝态氮含量同样分布不均。

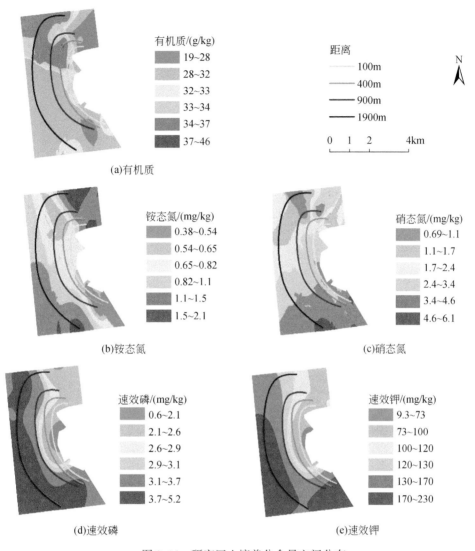

图 3.14　研究区土壤养分含量空间分布

　　样点至矿区边界不同水平距离植物多样性特征、土壤因子冗余分析结果显示（图 3.15），冗余分析 RDA1 和 RDA2 两坐标轴能够解释 97.42% 的植被群落特征-土壤因子关系信息，说明排序结果可较好地反映植被群落特征与土壤因子之间的关系。土壤含水量、硝态氮、有机质、速效磷和速效钾均与植被群落特征指标呈正相关，这与 Zouhaier 等（2015）的研究结果吻合，说明土壤含水量、有机质、硝态氮、速效磷、速效钾的变化能在一定程度上反映植物多样性的变化。呈正相关因子以土壤含水量为中心分布在纵轴左侧，说明这些土壤因子之间具有很强的相关性。有机质与 Shannon-Wiener 多样性指数基本重合，表明相关性最大。土壤含水量、有机质和氮、磷、钾元素对植被群落生产力和物种多样性的影响非常明显，在影响植被生长的因子中比例较大，而土壤 pH 和酶类在该矿区对植物群落特征的影响相对较小。

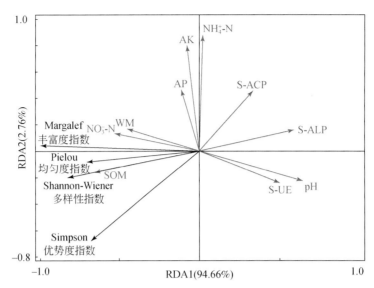

图 3.15　植被群落特征与土壤因子关系的 RDA 排序图

连线的长短表示植被群落特征与土壤因子关系的大小；箭头连线与排序轴的夹角表示该因子与
排序轴相关性的大小；箭头所指的方向表示该因子的变化趋势

由表 3.26 和表 3.27 可知，宝日希勒研究区内有机质含量范围为 14.92 ~ 113.78g/kg，均值为 56.44g/kg；速效磷含量范围为 4.23 ~ 11.35mg/kg，均值为 7.89mg/kg；速效钾含量范围为 71.71 ~ 369.68mg/kg，均值为 181.50mg/kg。根据全国第二次土壤普查养分分级标准，有机质含量属于一级，为最高级别；速效磷含量属于四级，处于中等级别；速效钾含量属于二级，处于很高级别。

表 3.26　植被密度与土壤养分描述性统计特征值

项目	极小值	极大值	均值	标准差	偏度	峰度	K-S 检验	变异系数/%
有机质	14.92g/kg	113.78g/kg	56.44g/kg	21.23	0.47	-0.54	0.20	37.62
速效磷	4.23mg/kg	11.35mg/kg	7.89mg/kg	1.56	-0.11	-0.72	0.19	19.81
植被密度	38.00 株/m²	472.00 株/m²	198.13 株/m²	71.34	0.86	1.37	0.12	36.01

表 3.27　速效钾描述性统计特征值

速效钾	极小值 /(mg/kg)	极大值 /(mg/kg)	均值 /(mg/kg)	标准差	偏度	峰度	K-S 检验	变异系数 /%
转换前	71.71	369.68	181.50	61.16	1.04	0.91	0.00	33.70
转换后	4.27	5.91	5.15	0.32	0.16	0.02	0.29	6.25

变异系数（CV）反映区域化变量的离散程度。变异等级划分标准为 CV<10%，为弱变异；10% ≤CV≤100%，为中等变异；CV>100%，为强变异（李龙等，2014）。有机质、速效磷、速效钾和植被密度均为中等变异，说明在宝日希勒矿区自然草地植被密度、有机质、速效磷和速效钾的空间变异受人类活动、采矿、放牧等随机因素的影响较为明

显。有机质的变异系数最大，为 37.62%；速效磷的变异系数最小，为 19.81%。使用非参数检验——K-S 检验，在 5% 的检验水平下，植被密度、有机质含量和速效磷含量均服从正态分布，速效钾含量不服从正态分布，故对其进行对数转换后以服从正态分布，可以进行普通克里金插值。

5. 草原植被与土壤空间相关性

空间自相关性是检验某一类要素是否显著地与其相邻要素相关联的指标，是进行地统计插值的基础（高凤杰等，2016）。由图 3.16 可知，植被密度、有机质、速效磷和速效钾总体上的空间相关性均随着滞后距离的增加而呈下降趋势。有机质含量的莫兰 I 数（Moran I 系数）在 0~3000m 呈现正值，表现出较强的正相关性，说明有机质含量在这个区间内存在明显的空间聚集性；在 3000m 以后，Moran I 系数在 0 上下浮动，说明滞后距离增加到 3000m 以后，有机质的空间自相关性已经表现得很弱；随着滞后距离的增加，Moran I 系数在 4000m 后呈现负值，表现出较弱的负相关性，即有机质含量在这个区间内存在空间孤立性。速效磷含量的 Moran I 系数随着距离的增加在 0~500m 先呈现正相关性，后转变为负相关性，在 1000m 左右又转变正相关性，变化比较复杂。如图 3.16（c）所示，速效钾含量也存在相应的空间聚集区和空间孤立区。植被密度的 Moran I 系数在 1500m 内为正值，呈现正相关性，说明植被密度在这个区间内存在明显的空间聚集性；在 1500~4000m，Moran I 系数在 0 上下浮动，说明植被密度的空间自相关性已经很弱。综合以上分析，植被密度、有机质、速效磷和速效钾存在空间自相关性，可以进行地统计插值。

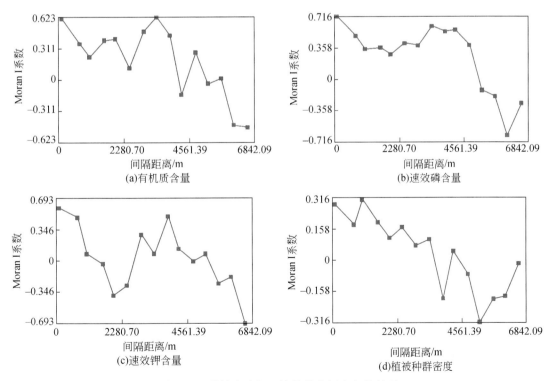

图 3.16　植被密度与土壤养分空间自相关关系

　　露天开采产生的矿坑使矿区周边土壤水分向矿坑中心流失，草地出现沙化，增加了水分的垂直入渗深度，减小了表层土壤持水能力（毕银丽等，2014），水分作为矿区植物生长的重要限制因子（王琦等，2014），随着土壤含水量的减少，植物生长也会受到干扰。露天采矿过程需剥离煤层上方的全部表土和岩层，不仅在采矿场损毁大量的土地，产生的排弃物也会占用大量的土地，致使区域环境生态失衡和土地资源损失（蔡利平等，2013）。此外，重建的矿区生态景观导致维持土壤养分和植被空间格局的匀质化条件出现差异，煤矿区周边草地群落类型发生变化，土壤养分的空间异质性呈不同程度的变化趋势（Feng et al.，2019）。冗余分析结果显示，植物多样性指数与土壤含水量、有机质、硝态氮、速效磷和速效钾呈正相关。因为土壤因子会影响植被的生长和植被生态系统的发展，表现为群落数量特征、种群动态和结构的改变（韩煜等，2019）。植物生长是土壤因子变化最敏感的反映（Zhang and Chu，2011），受采矿干扰降低，土壤因子损害减弱，植物群落逐渐稳定，植物死亡后产生大量养分丰富的凋落物，凋落物在土壤中积累、腐解，产生大量的养分，这些养分又被植物吸收利用，使群落物种丰富度、多样性得到提高。

　　如表 3.28 所示，有机质、速效磷的最佳拟合模型都是高斯模型，速效钾的最佳拟合模型是球形模型，植被密度的最佳拟合模型是线性模型。

表 3.28　植被密度与土壤养分半方差函数理论模型及相关参数

指标	模型	块金值 (C_0)	基台值 (C_0+C)	变程	块金值/基台值/%	决定系数
有机质	高斯	227.00	705.20	7030.00	32.19	0.58
速效磷	高斯	0.34	2.42	120.00	14.16	0.03
速效钾	球形	0.01	0.12	320.00	12.67	0.13
植被密度	线性	4206.92	4467.45	6586.37	94.17	0.01

　　块金值与基台值之比表示随机性因素引起的空间变异占系统总变异的比例。植被密度的块金值与基台值之比较高，说明矿区植被密度空间变异受人类活动主要是对资源的开发利用、放牧等随机性因素影响很大，受地形、成土母质等结构性因素影响较小。

　　变程是地统计学中反映区域化变量空间异质性的尺度或空间自相关尺度的重要指标。研究区植被密度与土壤养分的变程由小到大表现为速效磷<速效钾<植被密度<有机质。其中有机质的变程最大，表明有机质分布的均一性较高，在小范围内变异弱，整体分布趋向简单，空间相关性较弱。速效磷的变程最小，说明在研究区内速效磷含量变异强，空间相关性强。

　　图 3.17 直观地显示，矿区内 3 种养分含量的空间分布规律差异较大。各个指标空间分布特征明显，有机质含量分布出现一个低值的球状聚集区域，其余部分呈现从西向东逐渐增加的趋势，高值区主要分布在东部。速效磷含量的分布总体呈现从西向东逐渐增加的趋势，高值区主要分布在矿区东北部，低值区主要分布在矿区西南部。速效钾含量分布在小尺度范围内，有较小的斑块镶嵌其中，在矿区东部和东北部存在速效钾含量分布较大的斑块，其分布由斑块中心向四周呈环形条带状递减。在矿区西部和正北部速效钾含量空间分布为大的斑块镶嵌分布，且以斑块为基础向一侧呈减弱趋势。从植被密度空间分布平面图来看，在小尺度范围内，植被密度在矿区西部与东部较高，在矿区北部和东北部较低。

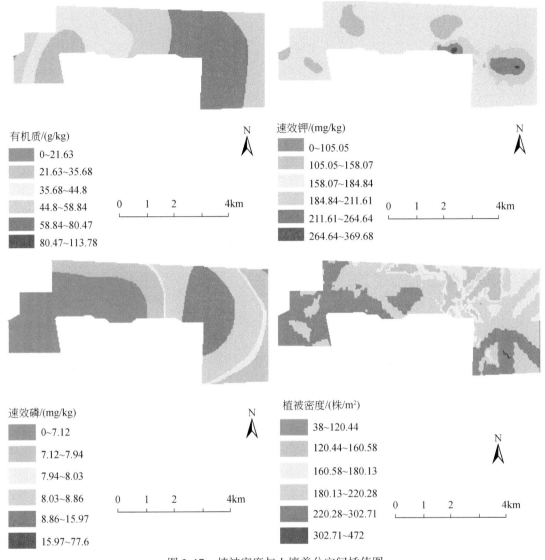

图 3.17　植被密度与土壤养分空间插值图

　　本次调查认为北电胜利露天矿周围植物的生长受开矿和放牧的影响，其中开矿作用于环境因子。四条样线上各样点的相似度和变异系数随与矿坑距离的增加呈减小的趋势，空间异质性增加，植物群落优势种发生更替，群落趋于稳定。在生物多样性指数方面，由于不同样线受到的环境因子制约不同，可认为 Margalef 丰富度指数、Shannon-Wiener 多样性指数、Pielou 均匀度指数与距离矿坑的远近不具有显著性，Simpson 多样性指数和 PIE 种间相遇概率指数与距离矿坑的远近具有显著性。

　　研究发现，距离北电胜利矿区较近位置植物多样性指数显著降低，群落相似性降低，土壤含水量及有机质、硝态氮和速效磷的含量均显著减少。距矿区 1900m 处与对照区相比，植被群落与土壤养分最为接近。煤炭开采对一定范围内的土壤肥力产生影响，矿区周边土壤养分的空间异质性呈不同程度的变化趋势。

北电胜利矿区周边草地植物多样性指数与土壤含水量、有机质、硝态氮、速效磷和速效钾呈正相关。土壤含水量和有机质是影响群落结构的关键因子，其余土壤因子对植物群落特征的影响较小。矿区周边群落的演替对土壤养分的需求不同，群落物种的变化明显，矿区周围草地出现明显的退化趋势，可在以自然恢复为主的前提下，实施适当的人工干预调控以促进北电胜利矿区周边草地的恢复。

宝日希勒矿区有机质、速效磷的最佳拟合模型都是高斯模型，速效钾的最佳拟合模型是球形模型，植被密度的最佳拟合模型是线性模型；速效磷和速效钾的空间变异主要是由结构性因素引起的，且空间相关性较为强烈，有机质属中等强度的空间变异性，其空间变异是由随机性因素和结构性因素共同作用引起的，矿区植被密度空间变异受人类活动主要是对资源的开发利用、放牧等随机性因素影响很大。

宝日希勒矿区有机质与速效磷含量的分布呈现从西向东逐渐增加的趋势，高值区主要分布在东部，以放牧、采矿影响为主；速效钾含量以采矿影响为主；从植被密度空间分布来看，在小尺度范围内，植被密度在矿区西部与东部较高，在矿区北部和东北部较低，以放牧、采矿影响为主。

3.3 草原露天开采对微生物多样性的影响

3.3.1 煤炭开采对典型草原土壤微生物多样性的影响

露天煤矿开采过程中人为干扰对地下水资源、土壤和生态环境造成严重影响，以内蒙古胜利矿区外围的典型草原为例，分别以优势物种克氏针茅和常见优质饲草植物羊草为研究对象。采集与矿坑不同距离的草原植被，选择本地优势的克氏针茅作为草原生态演变的代表性植物，选择草原生态受放牧影响最大羊群所喜爱的羊草作为受放牧影响大的典型植被，分析煤炭开采对草原生态植物根际土壤微生物多样性的影响。为了揭示开采对土壤微生物多样性的影响，按照与矿坑的不同距离同心圆布点，研究开采对土壤微生物多样性的影响程度和范围。采样点位于矿区周围，距离矿区 100m（D1）、900m（D2）和 1900m（D3）的三个方向，这三个方向被称为 A（A-D1、A-D2、A-D3）、B（B-D1、B-D2、B-D3）和 C（C-D1、C-D2、C-D3）线。以距离矿 30km 的自然未受干扰的草原区为对照区（CK）。将新鲜土样（10g）进行 DNA 提取和高通量测序。其余样品过 2mm 筛后风干，4℃保存，进行土壤理化性质分析。

1. 羊草根际土壤中丛枝菌根真菌群落构成

从所有土壤样品中共获得 786138 个丛枝菌根真菌序列。这些序列是根据样品序列的最少数量提取的，并且在所有采样点检测到 4 个目、5 个科和 5 个丛枝菌根真菌属：盾孢囊霉属（*Scutellospora*）、多孢囊霉属（*Diversispora*）、球囊霉属（*Glomus*）、类球囊霉属（*Paraglomus*）和双孢囊霉属（*Ambispora*）（表 3.29）。在不同采样点之间，丛枝菌根真菌群落组成在属的水平上有显著差异（图 3.18）。最接近矿坑扰动的区域显示出最大比例的球囊霉属，并且随着在不同方向上与矿坑距离的增加而减小。

表 3.29　不同采样点羊草根际土壤丛枝菌根真菌主要分类群

纲	目	科	属
球囊菌纲 （Glomeromycetes）	多孢囊霉目 （Diversisporales）	大孢子囊科 （Gigasporaceae）	盾孢囊霉属 （Scutellospora）
		多孢囊霉科 （Diversisporaceae）	多孢囊霉属 （Diversispora）
	球囊霉目 （Glomerales）	球囊霉科 （Glomeraceae）	球囊霉属 （Glomus）
类球囊霉纲 （Paraglomeromycetes）	类球囊霉目 （Paraglomerales）	类球囊霉科 （Paraglomeraceae）	类球囊霉属 （Paraglomus）
原囊霉纲 （Archaeosporomycetes）	原囊霉目 （Archaeosporales）	双孢菌科 （Ambisporaceae）	双孢囊霉属 （Ambispora）

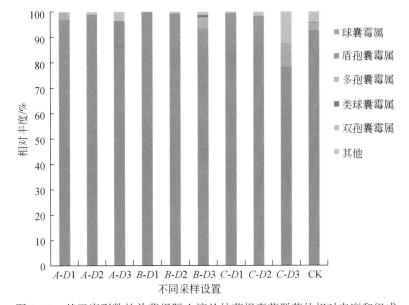

图 3.18　基于序列数的羊草根际土壤丛枝菌根真菌群落的相对丰度和组成

2. 羊草根际土壤中丛枝菌根真菌多样性

不同采样点的 Shannon-Wiener 多样性、Chao 丰富度和 Shannon-even 均匀度指数存在显著差异（图 3.19）。Shannon-Wiener 多样性结果表明，采样点（B-D1 和 C-D1）与 CK 之间没有显著差异。Chao 丰富度在 CK 最大，并随与矿坑距离的增加而减小。Shannon-even 均匀度结果表明，最靠近矿坑的三个采样点（A-D1、B-D1、C-D1）与 CK 之间没有显著差异。同样，非度量多维标度（NMDS）显示，不同采样点的丛枝菌根真菌群落被明显分开（图 3.20），表明不同采样点的丛枝菌根真菌群落间差异显著。

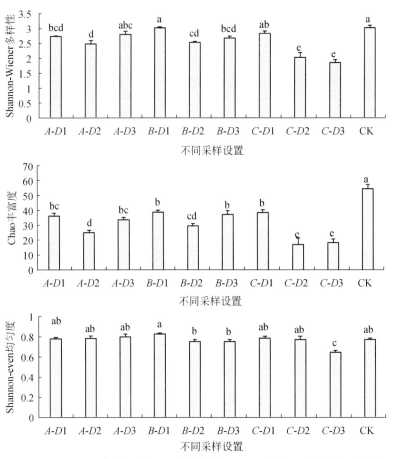

图 3.19　丛枝菌根真菌群落相对香农多样性、超丰富度和香农均匀度指数

小写字母不同表示各处理间差异显著，下同

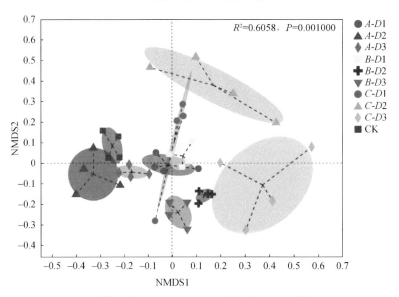

图 3.20　不同采样点的丛枝菌根真菌群落的非度量多维标度（NMDS）

3. 羊草根际土壤因子与丛枝菌根真菌多样性相关性分析

在不同采样点采集的土壤样品中测定的理化因子和酶活性水平如表 3.30 所示。根据曼特尔（Mantel）检验（表 3.31），土壤有机质和蔗糖酶与 Chao 丰富度显著相关。速效磷对 Shannon-Wiener 多样性和 Chao 丰富度贡献最大。土壤 pH 对丛枝菌根真菌多样性有显著影响。土壤有机质、速效磷、pH 和蔗糖酶活性是影响丛枝菌根真菌多样性的重要因素。采用结构方程模型（SEM）分析表明，与矿坑的距离显著影响土壤因素，而土壤因素又显著影响丛枝菌根真菌多样性（图 3.21，$\chi^2 = 22.264$，df = 11，$P = 0.022$，CFI = 0.974，RMSEA = 0.07）。此外，距离显著影响 pH，而 pH 又显著影响蔗糖酶活性和 Shannon-Wiener 多样性。土壤有机质显著影响速效磷，从而显著影响 Shannon-Wiener 多样性、Chao 丰富度和 Shannon-even 均匀度指数。

表 3.30　矿区周围不同采样点的土壤状况

采样点	土壤有机质 /（g/kg）	速效磷 /（mg/kg）	速效钾 /（mg/kg）	磷酸酶 /（Eu·10⁻³）	脲酶 NH₄⁺-N /（μg/g）	蔗糖酶 /（Eu·10⁻³）	pH	电导率 /（mS/cm）
A-D1	22.56[b]	4.28[bc]	201.22[a]	5.54[c]	375.30[b]	31.90[b]	7.86[a]	277.33[d]
A-D2	21.11[b]	3.50[fg]	111.97[ef]	3.27[e]	645.02[a]	18.58d[e]	7.77[ab]	402.00[b]
A-D3	21.78[b]	3.58[efg]	134.13[d]	3.03[e]	629.80[a]	19.12[cd]	7.89[a]	406.00[b]
B-D1	22.67[b]	4.12[bcd]	158.25[bc]	8.05[a]	345.82[bc]	20.89[cd]	7.88[a]	231.00[ef]
B-D2	18.98[c]	3.32[g]	128.68[de]	5.91[c]	240.76[de]	13.14[e]	7.72[ab]	247.33[e]
B-D3	23.01[b]	3.92[cdef]	147.63[cd]	7.87[b]	290.41[cde]	24.51[c]	7.67[ab]	211.67[f]
C-D1	25.13[a]	3.72[defg]	107.38[f]	7.97[a]	220.88[e]	17.67[de]	7.52[bc]	251.33[de]
C-D2	27.03[a]	4.52[ab]	137.13[d]	8.98[a]	369.15[bc]	30.71[b]	7.34[cd]	320.67[c]
C-D3	26.47[a]	4.82[a]	129.83[de]	9.52[a]	314.78[bcd]	30.76[b]	7.28[cd]	312.33[c]
CK	26.69[a]	4.00[cde]	169.30[b]	4.40[d]	668.50[a]	54.38[a]	7.11[d]	455.67[a]

表 3.31　不同采样点土壤因子和丛枝菌根真菌多样性的曼特尔检验

指标	距离	土壤有机质	速效磷	速效钾	磷酸酶	脲酶	蔗糖酶	易提取球囊酶	pH	电导率
Shannon-Wiener 多样性	0.04	0.15	0.33***	−0.09	0.09	−0.09	0.02	−0.04	0.29**	−0.04
Chao 丰富度	0.08	0.17*	0.26***	−0.04	0.10	−0.04	0.19*	−0.01	0.37***	0.09
Shannon-Wiener 均匀度	0.02	0.04	0.29**	−0.13	0.03	−0.09	−0.09	−0.07	0.18*	−0.11

***在 $P<0.001$ 水平上显著，**在 $P<0.01$ 水平上显著，*在 $P<0.05$ 水平上显著。下同。

露天长期采矿扰动了丛枝菌根真菌群落组成和多样性水平分布。与未受干扰的对照区相比，露天采矿的干扰影响丛枝菌根真菌群落的组成，增加了距矿坑最近的球囊霉属的丰度。同时，丛枝菌根真菌群落的多样性在一定范围内随着与矿坑距离的增加而下降。此外，有机质、速效磷、蔗糖酶和 pH 是影响丛枝菌根真菌群落组成与多样性的主要土壤因素。

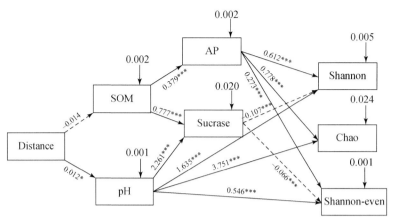

图 3.21　结构方程模型

拟合优度统计表明卡方（χ^2）= 22.264，df = 11，P = 0.022，比较拟合指数（CFI）= 0.974，近似均方根误差（RMSEA）= 0.07。变量之间的路径系数是非标准化的部分回归系数。箭头宽度与标准化路径系数成比例。实线代表正相关，虚线代表负相关。Distance：采样地点与矿坑的不同距离。SOM：土壤有机质含量。AP：速效磷。Sucrase：蔗糖酶活性。Shannon：Shannon-Wiener 多样性指数。Chao：Chao 丰富度指数。Shannon-even：Shannon-Wiener 均匀度指数

4. 克氏针茅根际土壤真菌多样性

土壤真菌多样性在不同样地呈现显著性差异。B 样线观测物种数为 621.5～785，高于 A 样线的 579.5～683.25 和 E 样线的 455～608.72（图 3.22）。在 B 样线和 E 样线，基于丰度的覆盖评价多样性指数、观测物种数和系统发育多样性指数均在 900m 处最低，在 1900m 处最高。不同样线、不同采样距离和两者相互作用对基于丰度的覆盖评价多样性指数、观测物种数和系统发育多样性指数均有显著影响。PERMANOVA 和 NMDS 分析表明，不同采样线（pseudo-F = 4.455，P = 0.001）和采样距离（pseudo-F = 3.029，P = 0.009）显著影响土壤真菌群落组成（图 3.23）。同时，土壤硝态氮浓度（$P < 0.001$）、碱性磷酸酶活性（$P < 0.001$）、酸性磷酸酶活性（P = 0.0026）、电导率（P - 0.034）和 pH（P = 0.012）均对真菌群落组成有显著影响。

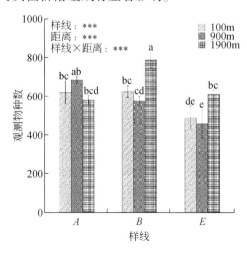

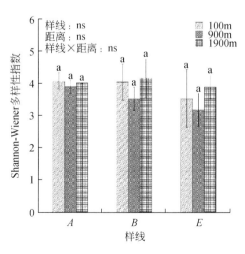

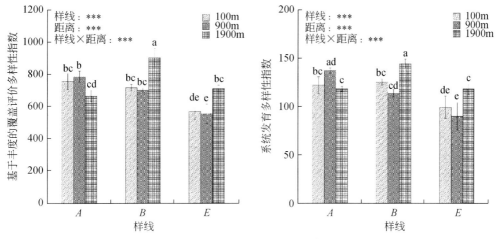

图 3.22　不同样线与不同距离土壤真菌多样性

ns 表示差异不显著，$P \geqslant 0.05$；＊＊＊表示差异显著，$P < 0.001$

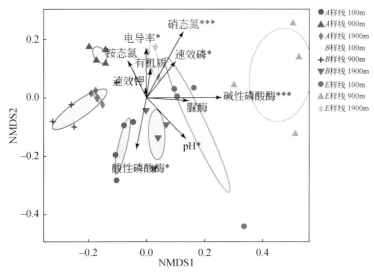

图 3.23　土壤真菌群落 NMDS 分析

＊在 $P < 0.05$ 水平上显著；＊＊＊在 $P < 0.001$ 水平上显著

5. 克氏针茅根际土壤因子对土壤真菌多样性影响

皮尔逊（Pearson）相关性和 Mantel 检验分析结果表明真菌群落组成、多样性与样线、距离和土壤化学特性之间显著相关（图 3.24）。采样点与排土场的距离对 pH、有机质、速效磷、速效钾和酸性磷酸酶有显著影响（$P < 0.05$）。样线对土壤真菌 ACE 和系统发育多样性指数有显著影响（$P < 0.05$），且土壤变量与真菌群落的多样性和组成关系密切。土壤电导率、铵态氮和硝态氮浓度、酸性磷酸酶活性和碱性磷酸酶活性显著影响真菌群落组成（$P < 0.05$）。土壤 pH、碱性磷酸酶活性与观测物种数、基于丰度的覆盖评价多样性指数、

系统发育多样性指数显著负相关。土壤硝态氮与基于丰度的覆盖评价多样性指数显著负相关（$P<0.05$）。

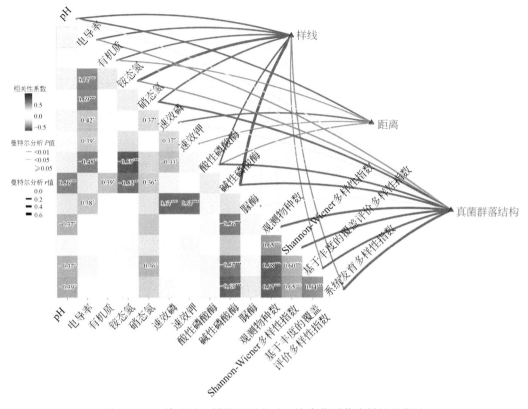

图 3.24　土壤变量、样线和距离对土壤真菌群落多样性的影响

由此可见，距离矿坑远近程度显著影响真菌群落组成和土壤理化性质，而真菌群落多样性又受土壤因子的显著影响，采矿影响周边土壤微生物多样性。真菌是有机物最有效的分解者，其分泌的多种胞外酶是影响土壤养分代谢和真菌群落的重要因素。煤炭开采对土壤 pH、铵态氮含量和碱性磷酸酶活性有显著影响。

3.3.2　煤矿开采对草甸草原土壤微生物多样性的影响

煤矿区露天开采剥离表土，草原植被根系主要在浅表层土壤，受采矿和人为干扰影响较大。草甸草原放牧退化的常见指示植物一般包括冷蒿、糙隐子草、星毛委陵菜等。通过在与矿坑不同距离不同方向同心圆布点，揭示退化指示植物星毛委陵菜和糙隐子草根际微生物多样性演变规律。

以内蒙古呼伦贝尔市陈巴尔虎旗宝日希勒矿区外围草甸草原为例，星毛委陵菜设置重度退化区、中度退化区、未（轻度）退化区 3 个试验小区（表 3.32）；糙隐子草分别在放牧区（A 样线）与非放牧区（B 样线）按照距离矿区 50m、450m、1950m 布设样线（分别对应 A1、A2、A3 和 B1、B2、B3 样点），并选取 8km 外国家级草原站围栏封育草场的内

（In）与外（Out）两个样点作为矿区未干扰对照，分别采集两种目标植物的根际土壤，分析不同植物对煤炭开采下不同程度草原退化的响应。

表 3.32　样地基本情况表

退化程度	样地位置	海拔/m	主要植被种	平均覆盖度/%	土壤类型
未（轻度）退化（L）	49°24′28″N,119°44′49″E	650	羊草、贝加尔针茅、糙隐子草、寸草苔、冰草等	80	暗栗钙土
中度退化（M）	49°24′29″N,119°44′36″E	648	星毛委陵菜、斑叶蒲公英、寸草苔、冷蒿、麻花头等	50	暗栗钙土
重度退化（H）	49°24′28″N,119°43′55″E	649	星毛委陵菜、糙隐子草等	35	暗栗钙土

1. 星毛委陵菜根际土壤特性

由表 3.33 可以看出，草原退化造成植物根际土壤质量下降。与未（轻度）退化样地相比，中度退化和重度退化土壤全氮分别下降 29.9% 和 32.4%，土壤有机碳含量分别下降 31.5% 和 32.3%。方差分析表明，与未（轻度）退化相比，均差异显著（$P<0.05$）。退化还会造成土壤速效磷、速效钾含量显著下降，重度退化样地土壤速效磷、速效钾含量较未（轻度）退化样地分别下降 43.4%、34.2%。随着退化程度的增加，土壤 pH 有增加趋势，中度退化样地和重度退化样地均显著大于未（轻度）退化样地。而土壤电导率则呈现下降趋势，与未退化相比，中度退化和重度退化分别下降 32.0% 和 55.8%。

草原退化后，土壤酶活性也受到一定影响，土壤酸性磷酸酶活性表现为未（轻度）退化>中度退化>重度退化，中度退化和重度退化较未（轻度）退化分别下降 17.7% 和 45.0%。脲酶活性表现为重度退化>未（轻度）退化>中度退化，但差异不显著（$P>0.05$）。草原退化对土壤蔗糖酶活性影响较大，与未（轻度）退化相比，退化显著降低土壤蔗糖酶活性，与未（轻度）退化相比，中度退化和重度退化分别下降 78.2% 和 70.8%。与此同时，退化后对土壤含水量和土壤容重也造成一定影响，土壤容重表现出增加趋势，但差异不显著（$P>0.05$）。随着草原退化程度的增加，土壤养分含量下降，pH 增加，酶活性下降，不利于草原生态系统的功能发挥。

表 3.33　土壤基本性质测定

土壤性质	退化程度		
	未（轻度）退化（L）	中度退化（M）	重度退化（H）
全氮（TN）	3.55±0.24[a]	2.49±0.28[b]	2.4±0.52[b]
土壤有机碳（SOC）	29.82±4.34[a]	20.44±1.42[b]	20.19±1.88[b]
速效钾（AK）	217.08±34.1[a]	210.93±52.36[a]	142.93±12.08[b]
速效磷（AP）	11.9±2.35[a]	12.88±1.83[a]	6.73±1.23[b]
pH	6.4±0.07[b]	6.59±0.11[a]	6.57±0.07[a]
电导率（EC）	307±50.81[a]	208.68±23.28[b]	135.8±15.84[c]

续表

土壤性质	退化程度		
	未（轻度）退化（L）	中度退化（M）	重度退化（H）
酸性磷酸酶（PHO）	9.56±1.02[a]	7.87±1.5[a]	5.26±0.86[b]
脲酶（URE）	2.2±0.74[a]	1.68±0.17[a]	2.77±1.25[a]
蔗糖酶（INV）	60.89±2.14[a]	13.29±7.51[b]	17.79±7.83[b]
土壤含水量（SWC）	7.48±0.8[a]	7.9±0.89[a]	6.59±1.4[a]
土壤容重（SBD）	1.13±0.07[a]	1.14±0.05[a]	1.2±0.07[a]

注：表中数值为平均值±标准差（n=4）。同一行字母不同表示处理间差异显著（P<0.05）。

2. 开采扰动对星毛委陵菜优势种群影响

草原植被随着矿区开采干扰和放牧，草原植被退化加剧，植物种数目逐渐减少，植物群落发生逆向演替。随着退化程度的增加，植物地上生物量呈明显下降趋势，而星毛委陵菜的植物地上生物量则呈增加趋势，这在一定程度上也表明星毛委陵菜在群落中逐渐占据优势。而随着草原退化程度的加剧，不同植物群落的建群种也发生明显变化，在未（轻度）退化草原区建群种为贝加尔针茅、羊草，在中度退化区则为寸草苔，在重度退化区则是星毛委陵菜占据绝对优势。草原退化后，植被群落 α 多样性随退化程度的加剧逐渐降低（陈涛等，2008；刘东霞等，2008；林璐等，2013）。

3. 星毛委陵菜根际土壤细菌和丛枝菌根真菌多样性演变规律

不同退化程度下，重度退化区星毛委陵菜根际细菌有 1003 个 OUT，中度退化区有 1006 个，未（轻度）退化区域有 944 个。随着退化程度降低，OUT 呈现先增加后下降趋势，但差异不显著。对于丛枝菌根真菌，不同退化程度下其表现与细菌有所不同，在重度退化区即星毛委陵菜为优势群落时丛枝菌根真菌有 50 个 OUT，而在中度退化区即星毛委陵菜为中度优势群落时丛枝菌根真菌有 29 个，未（轻度）退化区即星毛委陵菜为非优势群落时丛枝菌根真菌有 38 个，表明丛枝菌根真菌受到多种因素的影响，而星毛委陵菜植物宿主对其的影响较大（图 3.25）。

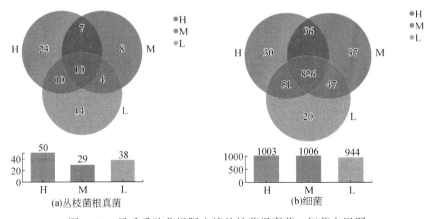

图 3.25 星毛委陵菜根际土壤丛枝菌根真菌、细菌韦恩图

星毛委陵菜根际土壤细菌 Shannon-Wiener 多样性指数表现为中度退化<未（轻度）退化<重度退化，但不同退化程度未表现出明显差异（图 3.26）。根际土壤丛枝菌根真菌 Shannon-Wiener 多样性指数表现为中度退化<未（轻度）退化<重度退化，其中中度退化情况下显著小于未（轻度）退化和重度退化，而未（轻度）退化区域与重度退化区域无显著差异。对于 Chao 丰富度指数，根际细菌表现为未（轻度）退化<重度退化<中度退化，差异不显著，而根际土壤丛枝菌根真菌表现为中度退化<未（轻度）退化<重度退化，重度退化区显著大于中度退化区和未（轻度）退化区。

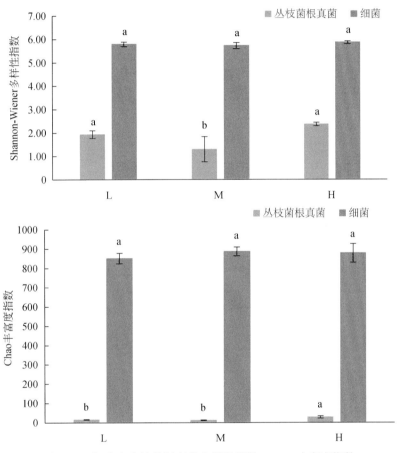

图 3.26　细菌和丛枝菌根真菌多样性指数、Chao 丰富度指数

NDMS 表明（图 3.27），三种不同退化草原丛枝菌根真菌群落出现明显分化，其中未（轻度）退化区与中度退化区、重度退化区被明显分开，表明退化程度影响微生物种群，表现为较为明显的差异。中度退化区和重度退化区样点相对聚集，表现出一致的变化规律。细菌群落则表现出较为不同的差异，其中重度退化区被明显分开，而未（轻度）退化区和中度退化区则存在区域重叠，表明重度退化对细菌群落多样性有一定影响，表现出一定群落差异。

在土壤生态系统中，土壤微生物与土壤养分之间相互依存、相互影响。RDA 分析表明（图 3.28），丛枝菌根真菌群落受到各项土壤指标影响，其中丛枝菌根真菌多样性与蔗

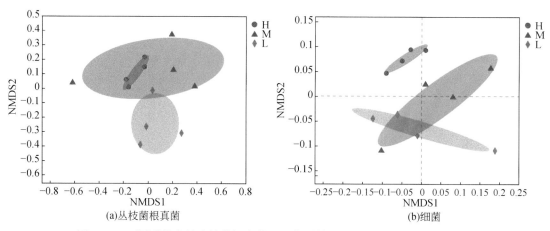

图 3.27　不同采样点的丛枝菌根真菌、细菌群落的非度量多维标度（NMDS）

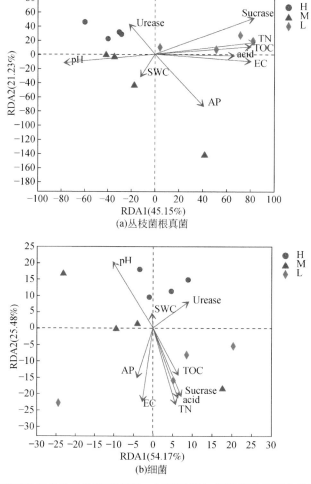

图 3.28　不同采样点的丛枝菌根真菌、细菌群落与环境指标的冗余分析（RDA）

Sucrase：蔗糖酶活性；Urease：脲酶活性；EC：电导率；SWC：土壤含水量；TN：全氮；TOC：有机碳；

AP：速效磷；acid：酸性磷酸酶活性

糖酶活性、有机碳、全氮、脲酶活性、pH 等相关性较强。细菌群落多样性与有机碳、酸性磷酸酶活性、电导率、速效磷、速效钾、脲酶活性等相关性较强。随着草原退化程度的增加，土壤养分含量下降，pH 增加，酶活性下降，不利于草原生态系统的功能发挥。

4. 糙隐子草根际丛枝菌根真菌群落组成特征

糙隐子草作为一种指示矿区草原植被退化的植物，其根际微生物种群多样性与开采扰动之间的演变关系将为揭示出开采干扰对物种多样性的影响程度和范围奠定基础。采用丛枝菌根真菌的特异引物扩增的 PCR 产物，经 Illumina PE 250 测序，优化处理后共获得 588151 条序列，样品的测序深度为 16158～35849 个/样点。按照 OTU 至少在 3 个样本中的序列数都大于等于 5，进行物种筛选并以最小样本序列数进行抽平，最终获得 75 个 OUT。所有样品覆盖度指数（Good's coverage value）在 97% 相似度下均大于 99%（图 3.29），表明测序深度已足够评价该土壤丛枝菌根真菌群落组成和多样性。

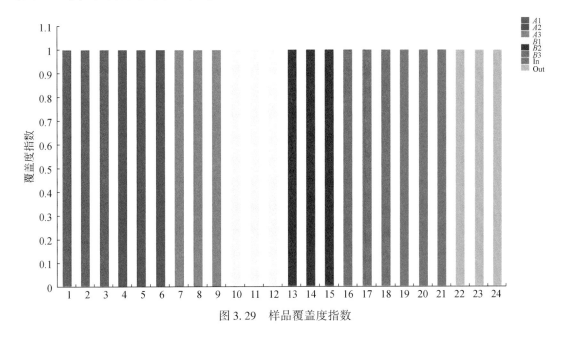

图 3.29 样品覆盖度指数

通过与 Maarjam 数据库对比，鉴定出 OTU 序列中分属 *Glomus*、*Claroideoglomus*、*Paraglomus*、*Diversispora*、*Ambispora* 5 属，其中 *Glomus* 为优势属，与 Hempel 等（2007）研究获得在草地生态系统中 *Glomus* 为优势种的结果相一致。*Glomus* 占比 90.64%，与数据库比对共得到 46 个虚拟种。在 VT 水平下，将所有样本中丰度占比小于 0.01 的物种归为其他（others），并利用均值进行绘图（图 3.30），得到丰度占比大于 0.01 的虚拟物种有 19 种，可以看出，*A* 样线随着与矿坑距离的增加，19 个物种丰度逐渐增加，占比从 93.57% 逐渐递增至 96.31%。*B* 样线随着与矿坑距离的增加，19 个物种占比先增加后降低，*B2* 样点物种占比高于 *B3* 样点 4.34%，可能与 *B2* 样点相对于周边地势较高的微地形有关（Silva et al.，2014；Zhang et al.，2017b）。根据群落 Sorensen 相似性指数（图 3.30），相似度越高颜色越暖，研究区域内群落 Sorensen 相似性指数在 0.38～0.46，各样点之间相似性普遍处于中、低等水平。其中 A 样线上三个点之间相似性处于中等水平。B 样线上 B1、B3 与 B2 的相似性处于低等水平。草原站内外样点与 B3 样点的相似度较高，B3 样点物种占比与 8km 外不受矿区影响的自然草场较为相似，物种组成中 B3 样点与 Out 样点前 19 个物种占比相差 1.6%，矿区对距离 1950m 处影响较小。A 样线与 B 样线各样点的相似度不高，矿区周围放牧区与不放牧区 VT 水平下物种组成存在区别。在露天矿区周围草场，丛枝菌根真菌的优势属为 *Glomus*，但放牧区物种丰度低于未放牧区，因此，在矿区周围草场放牧会降低丛枝菌根真菌物种的丰度与多样性。

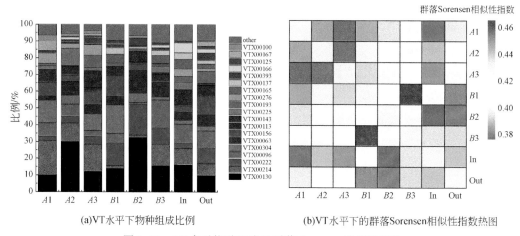

(a)VT水平下物种组成比例　　　　　　(b)VT水平下的群落Sorensen相似性指数热图

图 3.30　VT 水平物种组成及群落 Sorensen 相似性指数

根据放牧区 A 样线与不放牧区 B 样线以 OTU 为分类水平的三元相图（图 3.31），放牧区 A 样线大多数样点均集中在三元相图的中部，表明在放牧区与矿坑不同距离上物种分布比较均匀，各个样点物种组成差异不大，不放牧区 B 样线随着与矿坑距离的增加，优势物种（相对丰度>80%）数量增多。

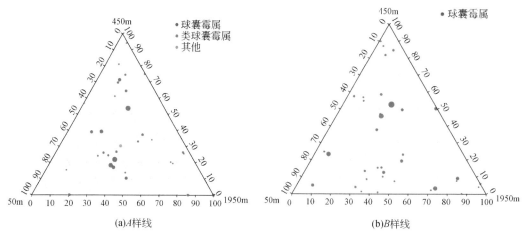

(a)A样线　　　　　　　　　　　　(b)B样线

图 3.31　放牧区 A 样线与不放牧区 B 样线以 OUT 为分类水平的三元相图

OTU 水平下，采用基于 Weighted- Unifrac 算法绘制表征物种组成的 NMDS 图

（图 3.32）。NMDS 图中 stress<0.2，该图形具有一定的解释意义。NMDS 图验证了物种组成与三元相图的结果，OTU 水平下放牧区 A 样线随着与矿坑距离增加，各个样点的置信椭圆存在交集，说明放牧区随着与矿坑距离的增加，物种组成差异不显著，OTU 水平下不放牧区 B 样线各个距离的置信椭圆没有交集，表明不放牧区随着与矿坑距离的增加，物种组成存在显著差异。

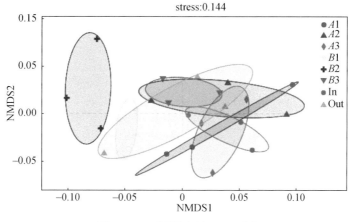

图 3.32　不同样点的 NMDS 图

使用平均序列条数表征物种组成的变化特征（图 3.33），可以看出 A 样线和 B 样线均为离矿坑越远，测得的平均序列数越多，受放牧与采矿双重影响的 A 样线趋势线的斜率大于 B 样线，表明放牧对物种多样性组成存在影响。A 样线不同距离上的点均匀分布在趋势线两侧，表明三点的相关性较强，B 样线随着距离的增加，平均序列增加的速度较缓，表明 B 样线相对比较稳定，A 样线与 B 样线的趋势线在 1000m 左右相交，表明 A 样线与 B 样线在 1000m 左右受影响程度相同。放牧对物种的影响大于采矿的影响。

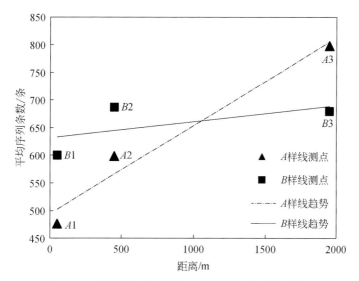

图 3.33　使用平均序列条数表征物种组成的变化特征

PERMANOVA 又称 Adonis 分析,可利用半度量(如 Bray-Curtis)或度量距离矩阵(如 Euclidean)对总方差进行分解,分析不同分组因素对样品差异的解释度,并使用置换检验对划分的统计学意义进行显著性分析。PERMANOVA 进一步验证了 NMDS 图结果和距离对丛枝菌根真菌群落组成的影响。PERMANOVA 表明(表 3.34),研究区域内整体样点的分布($P=0.004$)对丛枝菌根真菌的群落组成有极显著影响。在相似性图中放牧区 A 样线各个样点的相似性较高,在三元相图中放牧区 A 样线物种组成较均匀,在 NMDS 图中放牧区 A 样线各个样点的物种组成差异不显著,从平均序列条数可以看到,A 样线各样点的相关性较强,PERMANOVA 得到 $P=0.462$,验证了放牧区 A 样线上距离对其物种组成的差异不显著,而 A 样线、B 样线的物种组成存在显著差异($P=0.012$),表明放牧对物种组成存在显著影响。B 样线各个样点的物种组成差异显著,PERMANOVA 得到 $P=0.007$,表明采矿对不放牧区随着距离变化的物种组成影响极大。

表 3.34　矿区海拔的 PERMANOVA

处理	平方和	均方差	F. 模型	P（<0.05）
整体	1.877	0.269	1.604	0.004
A	0.348	0.174	0.965	0.462
B	0.597	0.299	2.180	0.007
$A*B$	0.451	0.451	2.404	0.012

5. 糙隐子草根际丛枝菌根真菌多样性变化规律

针对距矿坑不同距离糙隐子草根际丛枝菌根真菌的物种组成变化,以表征群落丰富度的 ACE 指数、表征群落多样性的 Shannon-Wiener 多样性指数、Simpson 多样性指数、表征谱系多样性的 PD 指数进行丛枝菌根真菌 α 多样性分析(图 3.34),表明 A 样线随着距离的增加,ACE 指数与 Shannon-Wiener 多样性指数呈现递增趋势,未达到差异显著性水平。A 样线整体不同距离上多样性指数变化不显著;B 样线随着距离的增加,ACE 指数、Shannon-Wiener 多

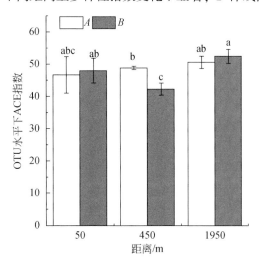
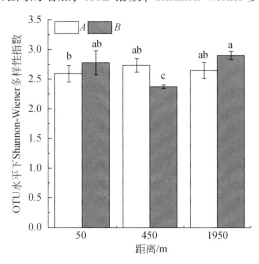

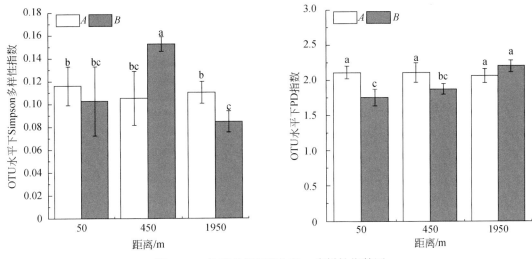

图 3.34　丛枝菌根真菌物种 α 多样性指数图

样性指数、PD 指数呈现上升趋势，Simpson 多样性指数呈现下降趋势，PD 指数在距离上呈现显著增加（$P=0.037$），表明在不放牧区随着距离的增加谱系多样性逐渐升高，在谱系结构上物种丰富度增加。

不放牧区 B 样线虽总体呈现递增趋势，但在 450m 处其 ACE 指数、Shannon-Wiener 多样性指数显著低于 A 样线各点与 B 样线其余各点，Simpson 多样性指数显著高于 A 样线各点与 B 样线其余各点，表明在不放牧区 B 样线群落优势 OTU 的相对丰度较高，物种分配相对较均匀，多样性低。有研究表明，坡顶的丛枝菌根真菌多样性较低（Bi et al., 2019a），450m 处多样性较低，这可能与其是坡顶的微地形有关。双因素交互作用结果表明，距离与放牧及其交互作用，对于 A 样线、B 样线未形成显著影响。

随着距离的增加，不放牧区 B 样线的 ACE 指数相比放牧区从 2.7% 提高到 3.7%，Shannon-Wiener 多样性指数从 7.1% 提高到 9.7%，Simpson 多样性指数降幅从 11.8% 提高到 23.3%，B 样线在距离矿坑 1950m 处物种多样性较高。谱系多样性从 16.6% 下降为 -0.07%，不放牧区丛枝菌根真菌物种组成与谱系多样性随着开采距离增加差异显著，放牧区未达到显著差异，在矿区周围草场放牧会掩盖采矿距离带来的变化。

6. 糙隐子草根际土壤因子对矿区周围丛枝菌根真菌群落的影响

在 OTU 水平下，按照放牧区和不放牧区与土壤因子进行相关性分析并进行绘图，结果表明（图 3.35），除脲酶外，其余环境因子均与矿区周围环境物种组成有显著相关性，环境因子 envfit 值显示全磷相关性最高（图中箭头最长），极显著影响矿区周围放牧区与不放牧区的物种组成（$R^2=0.5381$，$P=0.008$），土壤全磷与放牧区物种组成和结构呈正相关，与不放牧区物种组成和结构呈负相关，这与 Wang 等（2018）土壤全磷影响物种组成结果一致。

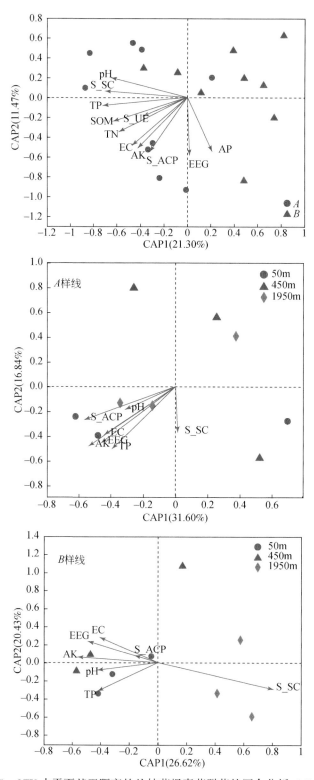

图 3.35　OTU 水平下基于距离的丛枝菌根真菌群落的冗余分析（db-RDA）

A 样线、B 样线不同距离上 db-RDA 图的绘制。除土壤蔗糖酶外，其余环境因子均与放牧区 A 样线 50m 和 1950m 处物种组成呈正相关，速效钾、土壤酸性磷酸酶、易提取球囊霉素、全磷、电导率与 A 样线不同距离物种呈现显著相关性，速效钾与其相关性最强（$R^2 = 0.7776$）。土壤蔗糖酶显著影响 B 样线不同距离的物种组成，与 1950m 处物种组成呈显著正相关。速效钾虽与 50m 处物种组成不显著正相关，但与 A 样线 50m 处一样，与50m 处物种组成呈正相关。

土壤因子仍是影响丛枝菌根真菌物种组成与结构变化的因素，其中土壤全磷是影响整个矿区周围草场丛枝菌根真菌物种组成的主要因子。影响放牧区不同距离丛枝菌根真菌物种组成的主要因素为土壤速效钾，影响非放牧区丛枝菌根真菌物种组成主要因素为土壤蔗糖酶。

综上所述，草原露天矿区生态环境采用同心圆方式在不同开采方向距离上布点，经过三年连续定点动态监测，揭示出牧矿活动对植物群落多样性的复合影响范围为 2km（北电胜利矿区 1.9km，宝日希勒矿区 2.0km）。牧矿活动对土壤微生物多样性影响范围不超过1km（北电胜利矿区 0.90km，宝日希勒矿区 0.95km）（图 3.36 和图 3.37）。

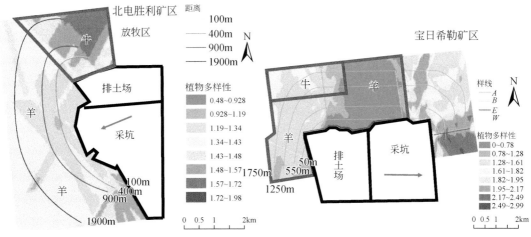

图 3.36　北电胜利矿区和宝日希勒矿区优势物种影响范围图

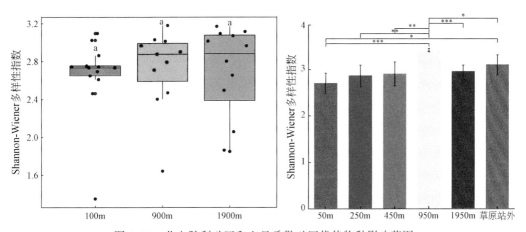

图 3.37　北电胜利矿区和宝日希勒矿区优势物种影响范围

＊在 $P<0.05$ 水平上显著；＊＊在 $P<0.01$ 水平上显著；＊＊＊在 $P<0.001$ 水平上显著

第4章 草原露天矿区地质黏土层资源化利用

草原宝日希勒露天矿区具有沙化土壤结构性差、有效养分含量少、保水性差等特点，草原植被生长的土层薄，表土层不足20cm，矿区生态修复所需土壤缺乏，急需开发改良表土替代材料。矿区地质黏土层具有开发利用潜力，可充分利用当地生（黏）土资源，采用微生物来激活生（黏）土养分的生物有效性，快速进行有机生物培肥，提升其土壤质量，从其保水性、养分有效性和土壤结构合理性等方面进行黏土提质增容技术研发。黏土为宝日希勒露天矿区剥离岩土层过程中发现的一层黑黏土层，该层的地质柱状图见图4.1，煤层之上所覆盖的岩土层共有七层，第四层之下的土壤基质分别为中砂、砂砾岩、砂岩，这些基质属于质地坚硬的岩石层，在土方剥离之后，一般作为排土场构建其主体结构的基础材料使用，不适宜作为表土替代材料。在现场调查中发现，第二层的黄土层质地松散，在干燥有风状态下极易产生大量的扬尘，会对周围环境造成破坏，而第三层采矿伴生黏土具有开发利用价值，探索其作为表土替代材料的可行性。

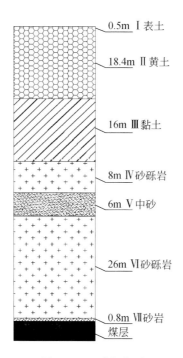

0.5m Ⅰ 表土
18.4m Ⅱ 黄土
16m Ⅲ 黏土
8m Ⅳ 砂砾岩
6m Ⅴ 中砂
26m Ⅵ 砂砾岩
0.8m Ⅶ 砂岩
煤层

图 4.1 地质柱状图

4.1　黏土资源物理改良技术

4.1.1　黏土物理改良措施及其效应

结合草原矿区沙土稀缺的特点，拟以最低的沙土添加量为优选，以草原现有表土物理特性为参照进行黏土和沙土配比优选。首先需确认采矿伴生黏土与沙土物理改良的工艺流程。

1. 不同物理改良方式对黏土水分入渗的影响

为了探究不同物理改良工艺对配比土壤基质水分入渗的影响，利用土壤柱进行水分入渗试验比较，在直径15cm、高度50cm的PVC土壤柱中添加40cm高的土壤，以相同力度均匀添加，压实土柱边缘以确保无贴壁水入渗。土壤分为表土（40cm），黏土（40cm），沙土（40cm），上沙土（20cm）下黏土（20cm）分两层，沙土（10cm）、黏土（10cm）、沙土（10cm）、黏土（10cm）分四层，沙土与黏土等体积均匀混合（图4.2），在土柱顶层和底部放置尼龙网，减少加水对土层的扰动和土壤基质外渗。向土柱中添加水分，记录从添加水分开始到水分渗出所用时间。

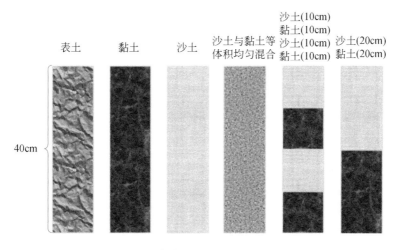

图4.2　水分入渗试验土壤分布图

土壤中水分的入渗是土壤水分再分配的重要过程，上层土壤具有适当的入渗量，能够有效地保存土壤中的水分，为植物生长发育提供充足的水源，可以有效防止地表径流的形成造成水土流失，因而水分入渗对重构土层工艺具有重要的意义。在土壤水分饱和的情况下观察重构土层水分的入渗速率（表4.1），沙土的水分入渗速率为4.83mm/min，显著高于表土（2.02mm/min），表土的入渗速率是黏土的3.01倍，将黏土与沙土混合后入渗速率高于黏土但是低于表土，能够有效保存土壤中的水分，根据试验结果沙土与黏土混合后的水分入渗速率更接近表土。黏土由于其丰富的黏粒含量，经常作为隔水材料应用于工业实践中，因此沙土和黏土分层放置会导致沙土下方存在黏土隔水层，容易导致表层水分的累积，降低入渗速率，可能导致地表径流，威胁排土场安全。在水分入渗试验中沙土与黏土混合的水分入渗率与表土更为相似，因此将沙土和黏土完全混合的土壤基质适合作为表土的替代材料。

表 4.1　重构土层水分的入渗速率　　　　　　　（单位：mm/min）

项目	表土	黏土	沙土	沙土与黏土等体积均匀混合	沙黏分两层	沙黏分四层
入渗速率	2.02 ± 0.04^b	0.67 ± 0.06^f	4.83 ± 0.03^a	1.84 ± 0.11^c	1.64 ± 0.09^d	1.31 ± 0.07^e

注：数据（平均值±标准差，3 个重复）后面的不同小写字母表示差异显著（$P<0.05$）。

2. 不同物理改良方式对黏土水分蒸发的影响

沙土与黏土混合的物理改良工艺能够有效改良黏土基质的物理特性，增加土壤保水性，减少养分的流失。合理的混合比例选配对后期改良利用具有更好的指导意义。筛选比较出与表土最相近、可以一定程度上代替表土的黏土和沙土的配比比例。以质量比混合沙土与黏土土壤基质，分别为表土、黏土、沙土、沙土：黏土 1：1（S_C1：1）、沙土：黏土 2：1（S_C2：1）、沙土：黏土 3：1（S_C3：1）、沙土：黏土 4：1（S_C4：1）、沙土：黏土 5：1（S_C5：1），置于直径为 15cm、高度为 20cm 的 PVC 柱中，浇水使其达到最大持水量，置于 35℃的恒温培养箱中，每 8h 称重，计算含水量。从机理上分析利用采矿伴生黏土作为表土替代材料的可能。

黏土土壤含水量是最高的（图 4.3），在 40h 之后仍然为 19.21%，沙土在 0~8h 的过程中就流失掉 60% 的水分，在 40h 时含水量只有 1.2%。经过 40h 的试验，剩余含水量的顺序为黏土>表土>S_C1：1>S_C3：1>S_C4：1>S_C5：1>S_C2：1>沙土。S_C1：1 的处理含水量为 12.84%，高于其他黏土和沙土配比的处理，并且最接近于表土含水量（13.61%）。沙土具有较大的孔隙度，导致水分极容易扩散蒸发。在试验过程中发现，使用黏土的处理中，在水分入渗后会产生一层由小粒径黏粒组成的致密结皮，即使在干燥状态下结皮龟裂产生缝隙也依然可以持续地保存土体中的水分。黏粒形成的表层土有利于减少水分的蒸发，在蒸发量大的排土场能够有效地保存水分。试验发现将黏土与沙土 1：1 混合后，土壤基质能够有效限制水分的蒸发。

3. 不同物理改良方式对黏土钾元素淋溶的影响

为了充分利用黏土对营养元素的吸附能力，减少营养元素的淋溶，设计了钾元素淋溶试验，利用上述土壤柱的土壤基质中均匀混合 1907mg 氯化钾（纯钾量为 1000mg），随后加入适量的水使土壤水分饱和，静置一夜使钾元素充分扩散，于 1d、7d、14d、21d 时进行淋溶，计算钾元素的淋溶率。

通过钾元素的淋溶试验发现（表 4.2），沙土的钾元素淋溶率最高为 45.716%，黏土中钾元素的淋溶率最低为 0.089%，这说明虽然钾元素迁移能力强，但是黏土成分能够有

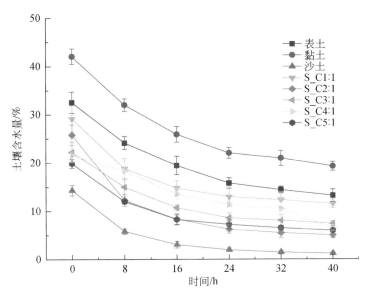

图 4.3　土壤含水量

效地吸附钾元素，将钾元素固定在土壤，而减少营养元素的淋溶。在沙土和黏土混合的处理中发现，沙土和黏土混合的钾元素淋溶率为 0.155%，与表土的 0.159% 最为接近。将沙土与黏土分两层后，钾元素的淋溶率为 0.149%，与沙土和黏土分四层差异不大，将黏土和沙土分层后形成的黏土隔离层也能够有效地控制钾元素的淋溶。将沙土和黏土混合的方式处理土壤基质具有与表土最为相似的钾元素淋溶率，因此应当选择沙土和黏土混合的方式对黏土基质进行物理改良。

表 4.2　土壤淋溶试验　　　　　　　　　　（单位:%）

土壤基质	1d	7d	14d	21d
表土	0.119	0.134	0.147	0.159
黏土	0.064	0.071	0.076	0.089
沙土	23.543	32.625	37.194	45.716
沙土和黏土混合	0.123	0.131	0.142	0.155
沙土和黏土分两层	0.102	0.119	0.134	0.149
沙土和黏土分四层	0.106	0.124	0.131	0.147

4. 不同物理改良方式对黏土物理性质的影响

孔隙比是土体中的孔隙体积与其固体颗粒体积之比，是土体结构特征的指标。一般来说孔隙比越小，土壤紧实度越大，压缩性越低；孔隙比越大，土壤越疏松，压缩性越高。

在不同沙土和黏土配比后，沙土与黏土 1∶1 混合和沙土与黏土 2∶1 混合的干密度、土粒比重和孔隙比与表土最为相似（表 4.3）。黏土的干密度为表土的 1.32 倍，孔隙比为表土的 51.8%，说明黏土的压缩性差，紧实度高，不适宜种植植物。将黏土与沙土混合能够有效地降低黏土的干密度，沙土与黏土 1∶1 混合后，干密度降低 19.1%，孔隙比增加68.2%，随着沙土含量的增加，土壤基质干密度降低，孔隙比增加。适当地增加土壤的孔隙比，有利于促进植被根系的生长发育，同时在干旱少水时可以限制土体的紧缩，从而减少排土场地表裂缝的产生。通过粒度组成发现（表 4.4），表土中黏粒含量为 31.01%，粉粒含量为 40.27%，砂粒含量为 28.72%，土壤质地为黏质壤土；将沙土与黏土 1∶1 混合后，黏粒含量为 48.14%，粉粒含量为 2.8%，砂粒含量为 49.06%，混合土壤基质的质地为砂质黏土。沙土与黏土 1∶1 混合的土壤基质与表土最为相似，有潜力成为表土替代材料。

表 4.3　几种土壤基本物理性质

处理	干密度（g/cm³）	土粒比重	孔隙比
表土	1.47	2.72	0.85
黏土	1.94	2.79	0.44
沙土	1.15	2.62	1.28
S_C1∶1	1.57	2.73	0.74
S_C2∶1	1.41	2.69	0.91
S_C3∶1	1.36	2.67	0.96
S_C4∶1	1.29	2.65	1.05
S_C5∶1	1.26	2.64	1.10

表 4.4　不同土壤基质粒度组成含量　　　　　　（单位:%）

样品	质地	不同粒径范围的质量分数					
		细黏粒（<0.001mm）	粗黏粒（≥0.001~0.002mm）	细粉粒（≥0.002~0.005mm）	中粉粒（≥0.005~0.01mm）	粗粉粒（≥0.01~0.05mm）	细砂粒（≥0.05~0.25mm）
表土	黏质壤土	4.67	26.34	2.52	4.59	33.16	28.72
黏土	重黏土	92.01	4.26	3.71	0.02	0	0
沙土	沙土	0	0	0.01	0.64	1.22	98.13
S_C1∶1	砂质黏土	46.01	2.13	1.86	0.33	0.61	49.06
S_C2∶1	砂质黏土	30.67	1.42	1.24	0.43	0.82	65.42
S_C3∶1	砂质黏壤土	23.01	1.07	0.94	0.48	0.91	73.59
S_C4∶1	砂质黏壤土	18.41	0.85	0.75	0.52	0.97	78.5
S_C5∶1	砂质壤土	15.34	0.71	0.63	0.54	1.01	81.77

5. 改良黏土对磷的养分动力学特性

在宝日希勒露天煤矿开采过程中发现，表土下有 20m 厚且具有丰富营养的黏土基质并未加以改良和合理有效利用，造成了黏土资源的浪费（李全生，2016）。东部露天矿区黏土基质结构不良，质地黏重，土壤吸水时易膨胀，形成密实棱柱状或棱块状的结构体，同时其钙离子含量较多，钙离子的凝集作用和土壤频繁干湿交替时膨胀收缩的挤压作用导致难以形成良好的团粒。颗粒排列紧密，孔隙较小，不利于通气、保水和生物活动的硬土粒成为制约黏土资源改良利用的限制条件，采用不同配比沙土来改良黏土结构成为简单易行的方法之一。

磷是植物生长发育不可或缺的营养元素，与其他营养元素相比，磷元素在土壤中固定能力强、不易迁移，但是与之相对，就会产生当季利用率低的问题。因此，在不同环境条件下土壤对磷元素的固定能力一直是研究的热点（张海涛等，2008）。土壤的颗粒组成与养分含量是土壤性质的重要指标之一，不同的土壤质地对土壤中养分的保蓄与利用会产生较大的影响。

土壤类型与土壤中磷元素的扩散呈显著相关的关系，不同质地的土壤中，土壤团聚体以及土壤微粒的比表面积、孔隙度等都会影响土壤中养分的迁移。前人对表土替代材料的研究多集中在植物对不同基质的响应上（况欣宇等，2019），或是加入改良剂改变土壤基质（刘雪冉等，2017），而对寻找低成本的表土替代材料及土壤基质养分的吸附与解吸的研究较少。不同质地的土壤对磷元素的吸附和解吸一直是研究的热点。例如，陈波浪等（2010）利用吸附解吸等温曲线研究了不同质地棉田土对磷的吸附解吸；Allen 和 Mallarino（2006）发现，地表径流中的有效磷会随着磷元素饱和度增加而增加；李北罡等（2009）通过对黄河表层沉积物的研究，发现颗粒越细小，吸附的磷含量越多；而对于黏土与沙土混合基质的研究则多集中于农作物栽培基质的选择（刘琳等，2016）。近年来，国外对磷的吸附解吸研究主要针对富磷水体中磷元素的吸附材料的开发（Zhou and Li，2011），关于宝日希勒露天煤矿开采产生的黏土及其与沙土的配比基质对磷元素的养分动力学特性还未有报道。探究露天煤矿开采产生的黏土及其与沙土不同混合比例对磷元素的养分动力学特性，为未来进一步改良、利用露天煤矿黏土材料提供依据。

以采自宝日希勒矿区当地表土（对照）和下层的黏土为研究对象。表土主要采用土钻在未扰动的草地上采集 0~20cm 土壤，沙子来自河沙，随机选择 5 个样点，采用四分法缩分至 1kg。黏土采集于采掘现场相应土层剥离处。将黏土和沙土按质量比 1∶1、1∶2、1∶3 混匀后形成 3 种混合土壤基质。供试的 3 个基础土壤的基本理化性状见表 4.5、表 4.6。

表 4.5　不同基质粒度组成含量　　　　　　　（单位:%）

样品	质地	不同粒径范围的质量分数					
		细黏粒 （<0.001mm）	粗黏粒 （≥0.001～ 0.002mm）	细粉粒 （≥0.002～ 0.005mm）	中粉粒 （≥0.005～ 0.01mm）	粗粉粒 （≥0.01～ 0.05mm）	细砂粒 （≥0.05～ 0.25mm）
表土	壤黏土	4.67	26.33	2.52	4.59	33.16	28.73
黏土	重黏土	96.27	3.71	0.02	0	0	0
沙土	沙土	0	0	0.01	0.64	1.22	98.13

表 4.6　不同基质养分含量

样品	最大持 水量/%	pH	电导率 /（mS/cm）	腐殖酸/%	有机质 /（g/kg）	速效磷 /（mg/kg）	速效钾 /（mg/kg）	碱解氮 /（mg/kg）
表土	50.72	7.52	18.36	0.345	18.36	13.71	145.71	124.4
黏土	70.41	7.81	13.55	—	13.55	17.04	93.92	86.9
沙土	23.51	7.23	0.08	—	0.34	4.95	24.56	14.1

1）物理改良方式下黏土对磷元素等温吸附的影响

用平衡法研究土壤基质对磷的吸附时，常采用朗缪尔（Langmuir）吸附等温线和弗罗因（Freundlich）吸附等温线来拟合土壤样品的吸附量及溶液中溶剂剩余浓度的关系（图 4.4），获得了热力学方程相关参数见表 4.7。沙土、表土、黏土、黏土：沙土 1:1、黏土：沙土 1:2 这 5 种基质均符合 Langmuir 吸附等温线和 Freundlich 吸附等温线，其拟合度均在 0.9 以上，黏土：沙土 1:3 在两种吸附等温线的拟合度均在 0.8 以上，相关系数分别为 0.803、0.819。

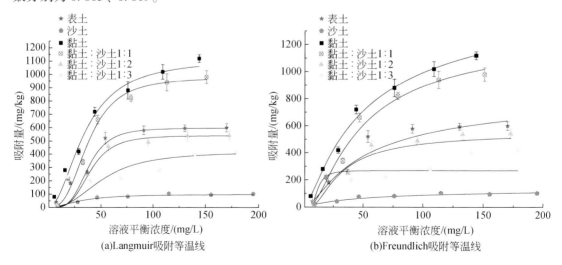

图 4.4　磷吸附的 Langmuir 吸附等温线和 Freundlich 吸附等温线

表 4.7　不同土壤基质对吸附磷的热力学方程相关参数

土壤基质	Langmiur 方程			Freundlich 方程		
	$\Gamma_{max}/(\mathrm{mg/kg})$	$K_L/(\mathrm{L/mg})$	R^2	$K_F/(\mathrm{L/mg})$	n	R^2
沙土	100	1.5×10^{-3}	0.922	51.3	1.08	0.929
表土	598	5.9×10^{-4}	0.906	351.6	0.87	0.932
黏土	1120	8.2×10^{-4}	0.972	777.8	0.56	0.941
黏土 : 沙土 1 : 1	980	7.9×10^{-4}	0.971	649	1.43	0.977
黏土 : 沙土 1 : 2	542	7.4×10^{-4}	0.833	313.5	1.32	0.921
黏土 : 沙土 1 : 3	420	5.6×10^{-4}	0.803	234.6	0.67	0.819

磷在不同基质中的 Langmuir 吸附等温线可以理解为，吸附剂的表面有很多吸附活性中心点，而吸附过程只会发生在这些中心点，其吸附范围约为一个分子大小，吸附剂的活性中心与吸附质的分子数为一一对应的关系，当所有的活性中心都被吸附质占满时，即吸附饱和。原因主要是，磷元素在土壤中的吸附方式一般为两种，一种是以静电为机制的阴离子交换吸附，另一种是以配位体吸附为机理的转性吸附（陈波浪等，2010）。由于黏土材料的黏粒活性比表面积大（王昶等，2010），因此相比于表土和沙土具有更强的物理吸附能力，能够对磷产生更强的吸附能而阻止磷的解吸。同时，黏土材料相比于表土和沙土具有更多的胶态微粒，也可以对无机磷进行固定。Langmuir 方程表征土壤对磷元素的吸附特征值，包括最大吸附量 Γ_{max} 和吸附能常数（K_L），Γ_{max} 是土壤磷库的标志，只有磷库达到一定容量才能够向植物提供养分（陈波浪等，2010）。在 Langmuir 方程中，K_L 越大，土壤对磷酸根的吸附能力越强，6 种土壤基质对磷元素的最大吸附量为黏土>黏土 : 沙土 1 : 1>表土>黏土 : 沙土 1 : 2>黏土 : 沙土 1 : 3>沙土，K_L 也有相同的变化趋势，这一结果与吕珊兰等（1995）研究的结果一致。由表 4.7 可以发现，黏土对磷元素吸附最大值为 1120mg/kg，表土对磷元素的吸附最大值为 598mg/kg，黏土最大吸附量是表土最大吸附量的 1.87 倍。表土、黏土、黏土 : 沙土 1 : 1 对磷元素吸附能常数分别为 5.9×10^{-4} L/mg、8.2×10^{-4} L/mg、7.9×10^{-4} L/mg，说明黏土的吸附速率大于表土，而黏土 : 沙土 1 : 1 的吸附速率略低于黏土而显著高于表土。Freundlich 方程中，常数 n 与吸附强度有关。而平衡常数 K_F 与吸附量呈正相关，K_F 越大，吸附量越大，其中黏土、黏土 : 沙土 1 : 1 的 K_F 分别是表土的 2.21 倍和 1.85 倍，而黏土 : 沙土 1 : 2 以及黏土 : 沙土 1 : 3 的 K_F 则显著低于表土，说明黏土和黏土 : 沙土 1 : 1 能够更有效地吸附磷元素。黏土广泛存在于自然界中，比表面积大、孔隙度大的特点使其具有良好的吸附性，而其特殊的胶体性能和晶体结构也大大增加了黏土的吸附性能和离子交换能力（董庆洁等，2006）。在表土稀缺的草原露天矿区排土场，黏土及沙土和黏土混合物有可能在一定程度上弥补表土的不足，并且可以利用其对营养元素的固定能力更好地累积养分。

表 4.8 为不同土壤基质对磷元素的吸附参数。当磷吸附指数（PSI）[①] 越大，土壤对磷元素的固定能力越强。黏土、黏土：沙土 1:1 两个处理的 PSI 都显著高于表土，说明针对 PSI 指标，黏土、黏土：沙土 1:1 是优于表土的，这与 Langmuir 吸附等温线的拟合结果一致。

表 4.8　不同土壤基质对磷元素的吸附参数

土壤基质	PSI /[mg·L/(100g·μmol)]	RDP /(mg/kg)	MBC /(mg/L)	DPS/%	EPC$_0$ /(mg/L)	b/(L/kg)
沙土	0.78	0.021	0.15	4.95	7.21	0.93
表土	1.81	0.017	0.352	2.29	−4.47	9.84
黏土	2.58	0.005	0.918	1.52	−1.99	20.15
黏土：沙土 1:1	2.26	0.007	0.774	1.71	−4.75	12.33
黏土：沙土 1:2	0.66	0.012	0.401	1.79	0.16	3.17
黏土：沙土 1:3	1.38	0.015	0.235	1.93	2.87	2.89

注：DPS 表示磷元素饱和度，为土壤可提取磷与磷最大吸附量的比值，其中可提取磷为速效磷；EPC$_0$ 表示磷零点吸附平衡浓度，当磷元素浓度为 0mg/L、10mg/L 时，利用线性吸附等温线返рект $S = bC - S_0$（其中，S 为土壤吸附磷的量；C 为平衡液中磷的浓度），估算土壤中 EPC$_0$ 的大小；b 为拟合 Herny 线性方程吸附系数。

易解吸磷（RDP）越高，说明磷元素从土壤淋溶出的可能性越大，可以看出沙土的 RDP 显著大于表土和黏土，表土的 RDP 分别是黏土：沙土 1:1、黏土：沙土 1:2 和黏土：沙土 1:3 的 2.43 倍、1.42 倍和 1.13 倍，说明磷元素最容易从沙土中流失，而黏土：沙土 1:1 易解吸最少，因此在 3 个比例中黏土：沙土 1:1 的 RDP 是最合适的。

最大缓冲量（MBC）为 Langmiur 吸附等温线中 $\varGamma_{max}$ 与 K_L 的乘积，该值表示土壤吸附溶质时的缓冲能力，MBC 越大说明土壤对磷元素的缓冲能力越强，黏土和黏土：沙土 1:1 的 MBC 分别是表土的 2.61 倍和 2.20 倍，说明黏土和黏土：沙土 1:1 对磷元素的缓冲能力最强。添加黏土能够控制营养元素的流失，有效减少营养元素的淋溶。含黏土的土质可以积攒下来大量的营养元素，在植物生长时提供充足的养分。整体看，对磷元素固定能力的顺序为黏土>黏土：沙土 1:1>表土>黏土：沙土 1:2>黏土：沙土 1:3>沙土。这是由于黏土中黏粒含量多，黏粒比砂粒和粉粒具有更大的比表面积和孔隙度，因此对磷酸根具有更强的吸附能力；黏粒具有的特殊晶体结构和胶体性能也可以对磷产生固定（冯晨等，2015）。综合看，从磷元素的 PSI 分析，黏土和黏土：沙土 1:1 固定磷的能力最强，通过淋溶的方式损失磷的量最少，黏土：沙土 1:1 能够比表土更有效地固定磷元素。

2）物理改良方式下黏土对磷元素等温解吸的影响

磷元素在土壤中的解吸过程是吸附的逆向过程。如图 4.5 所示，随着加入磷浓度的增大，6 种基质的解吸率都有显著地提高。其中沙土在 200mg/L 的磷浓度下，解吸率高达

[①]　磷吸附指数（PSI）：加入磷 50mg/L 时，相当于每克土加入 1mg 磷，使二者充分混合、振荡，平衡后的土壤吸附磷的量 X（mg/100g）与平衡溶液中磷浓度 C（μmol/L）的对数之比为 PSI（PSI = X/lg$C$）。

91%；而黏土则始终保持着极低的解吸率，解吸率顺序为沙土（91.3%）>黏土∶沙土1∶3（58.1%）>表土（43.9%）>黏土∶沙土1∶2（42.9%）>黏土∶沙土1∶1（40.4%）>黏土（27.5%）。黏土∶沙土1∶1和黏土∶沙土1∶2的解吸率与表土较为接近。黏粒含量越高，解吸率越低，这与陈波浪等（2010）的研究结果一致。当加入的磷浓度高于50mg/L时，沙土、表土的解吸率明显增加，而含有黏土的土壤基质的解吸率增加得相对较缓，表明黏土对磷元素的固定能力显著强于表土和沙土。图4.6为不同土壤基质的解吸量，可以看出，在0~200mg/L的磷浓度范围，黏土∶沙土1∶1的比例下，解吸量都是高于表土和黏土的，在磷液浓度为200mg/L，黏土∶沙土1∶1的解吸量达到了395.92mg/kg，是表土的1.51倍，是黏土的1.29倍，解吸量的顺序为黏土∶沙土1∶1>黏土>表土>黏土∶沙土1∶3>黏土∶沙土1∶2>沙土。研究表明，黏土∶沙土1∶1混合后，解吸率较接近于表土，由于黏土∶沙土1∶1吸附最大值远大于表土，在相似解吸率时，黏土∶沙土1∶1的解吸量是表土的1.51倍；同时，黏土∶沙土1∶1解吸率高于黏土，比黏土更易于释放养分，这是因为黏土与沙土混合后，黏粒的比例降低，土壤颗粒的粒径越大，其吸附容量越小（Meng et al., 2014；Zhu et al., 2015；Huang et al., 2016），与吸附相对，在磷元素释放、解吸的过程中，粒径大的土壤颗粒也比粒径小的土壤颗粒具有更大的释放、解吸磷量（王昶等，2010），而本研究中使用的黏土吸附量大恰好印证了这种情况，所以黏土对磷元素的吸附量远大于沙土，而黏土与沙土混合后，可以很好地结合黏粒与沙粒的优势，在较低解吸率的同时产生较大的解吸量。

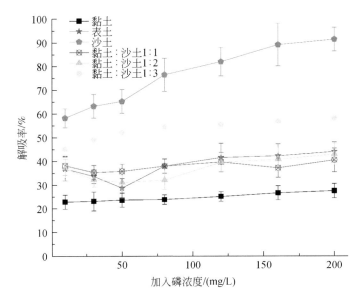

图4.5　不同基质土壤对吸附磷的解吸率

通过对黏土、表土、沙土以及黏土和沙土以不同比例混合进行吸附、解吸等温线的拟合，计算磷元素吸附参数，表明：①黏土及黏土和沙土混合基质都能较好地拟合吸附等温线，其中，黏土∶沙土1∶1在3种混合基质中固定磷元素最多。②黏土∶沙土1∶1混合

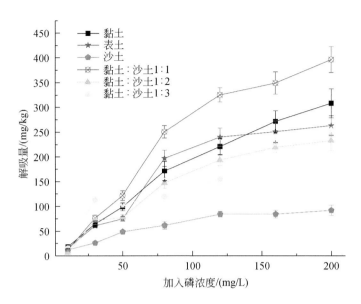

图 4.6　不同基质土壤磷的解吸曲线

具有最接近表土的解吸率，同时解吸量最大。因此，可认为黏土：沙土 1：1 混合基质可以作为解决宝日希勒矿区排土场表土的替代材料。

4.1.2　黏土物理改良的生态效应

黏土最大的特点是通气透水性差，有效养分含量、微生物数量少，生物活性低，模拟试验表明黏土掺入沙土和表土提高黏土物理、化学和生物学性状，原因是黏土胶体数量多、比表面积大、吸附能力强、粒间孔隙度小、通气透水性差，沙土增加粒间孔隙度。混合基质粒径 0.25~2mm 团聚体含量增加，容重降低，养分有效性提高、降低水分蒸发，形成合理结构，协调土壤水、肥、气、热的关系。因此，黏土肥力提高对露天矿区生态恢复具有重要意义。

1. 不同黏土配比下植物的存活率

研究发现（表 4.9），表土、沙土和沙土：黏土 3：1 的发芽率为 100%，30 天存活率表土＞黏土：沙土 1：1＞黏土＞黏土：沙土 1：3＞沙土，60 天存活率表土＞黏土：沙土 1：1＞黏土＞黏土：沙土 1：3＞沙土，90 天存活率表土＞黏土：沙土 1：1＞黏土＞黏土：沙土 1：3＞沙土，在沙土：黏土 1：1 的情况下三叶草的存活率略低于表土，但是高于黏土和其他处理。

表 4.9　不同土壤比例三叶草存活率

处理	发芽率/%	30 天存活率/%	60 天存活率/%	90 天存活率/%
表上	100	100	96.7	96.7

处理	发芽率/%	30 天存活率/%	60 天存活率/%	90 天存活率/%
黏土	90	90	90	90
黏土：沙土 1：1	96.7	93.3	93.3	93.3
黏土：沙土 3：1	100	86.7	76.7	70
沙土	100	73.3	50	23.3

2. 不同黏土配比下植物生物量状况

由图 4.7 可知，不同土壤配比对植物的生物量有显著影响。1：2 的黏土和表土配比条件下，植物的生物量最高，差异显著。合理的黏土配比更有利于植物的生长。随着黏土添加量的增加，植物的生物量呈下降趋势。本研究也发现，纯黏土或纯沙土均不利于植物生

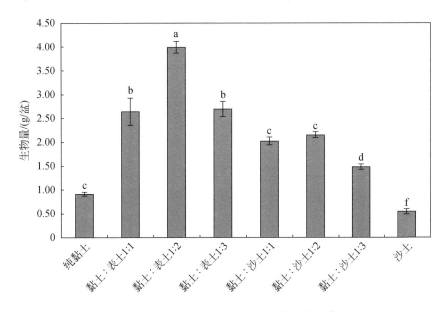

图 4.7　不同黏土配比对植物生物量的影响

长，主要原因可能是黏土孔隙度小，不利于水分的移动和透气性，导致根系生长困难；同时，沙土由于孔隙度过大，水分极易流失，导致水分和养分丧失。因此，适量的黏土、表土和沙土配比是调节土壤结构的重要方法。本研究也得出，合适配比有利于植物根系定植，从而促进植物生长发育。

3. 物理改良黏土对三叶草生长的影响

黏土与沙土或表土混合显著促进三叶草生长状况。黏土与表土混合情况下，三叶草生物量、吸氮量、吸磷量、吸钾量、根直径、根长、根比表面积和根尖数分别比黏土显著提高 194%～344%、187%～326%、203%～326%、203%～328%、32.2%～82.7%、25.3%～

51.8%、7.5%~45.9%、26.2%~47.6%；其中，黏土：表土1：2时各指标均达最高值。同样地，黏土与沙土混合比沙土平均显著提高2.51倍、2.48倍、2.43倍、2.44倍、0.63倍、0.30倍、0.37倍和0.31倍（表4.10）。总体上看，黏土添加沙土效果低于表土改良效应，黏土：表土1：2配比效果最优化，与表土间无差异。其中，根比表面积表征养分吸收能力，从图4.8看出，生物量、养分吸收量与根比表面积显著正相关，系数在0.80以上。因此，三叶草通过吸收充足营养，提高光合效率促进同化产物合成。

表4.10　不同配比对三叶草生长指标的影响

处理	生物量 /（g/盆）	吸氮量 /（mg/盆）	吸磷量 /（mg/盆）	吸钾量 /（mg/盆）	根直径 /mm	根长 /（mm/cm³）	根比表面积 /（mm²/cm³）	根尖数 /个
黏土	9.0±0.5ᵉ	321±13ᵉ	7.8±0.5ᵉ	20.3±1.4ᵉ	3.23±0.22ᵉ	37.1±3.9ᵉ	159±11ᵈ	42±3ᶠ
黏土：表土1：1	26.5±1.6ᵇ	924±35ᵇ	23.6±3.1ᵇ	61.5±6.2ᵇ	4.27±0.35ᶜ	46.5±2.8ᵇ	171±15ᶜ	53±6ᶜ
黏土：表土1：2	40.0±3.8ᵃ	1367±64ᵃ	33.2±2.9ᵃ	86.8±7.5ᵃ	5.90±0.18ᵃ	56.3±4.6ᵃ	232±21ᵃ	62±7ᵃ
黏土：表土1：3	27.0±2.2ᵇ	921±39ᵇ	24.2±2.2ᵇ	63.1±4.8ᵇ	5.07±0.31ᵇ	47.5±3.7ᵇ	181±13ᵇ	55±4ᵇ
黏土：沙土1：1	20.3±1.9ᶜ	704±32ᶜ	17.9±1.8ᶜᵈ	47.5±3.9ᶜ	4.47±0.37ᶜ	42.5±5.5ᶜ	161±14ᵈ	48±4ᵈ
黏土：沙土1：2	21.6±2.5ᶜ	757±48ᶜ	19.9±2.3ᶜ	51.9±4.1ᶜ	3.63±0.19ᵈ	38.5±2.9ᵈ	170±17ᶜ	44±3ᵉ
黏土：沙土1：3	14.9±1.6ᵈ	520±33ᵈ	14.6±1.3ᵈ	37.9±3.2ᵈ	3.03±0.22ᵉ	34.8±3.2ᵉ	147±9ᵈ	46±5ᵉ
沙土	5.4±0.3ᶠ	190±15ᶠ	5.1±0.3ᵉ	13.3±2.6ᵉ	2.27±0.15ᶠ	29.6±4.4ᶠ	116±8ᶠ	35±2ᵍ
表土	41.7±4.2ᵃ	1388±65ᵃ	32.9±3.1ᵃ	87.2±6.4ᵃ	6.01±0.21ᵃ	55.7±3.9ᵃ	229±18ᵃ	61±8ᵃ

注：表中数值为3个重复的平均值；不同小写字母表示同一指标在不同处理间差异显著（$P<0.05$）（垂直方向比较）。

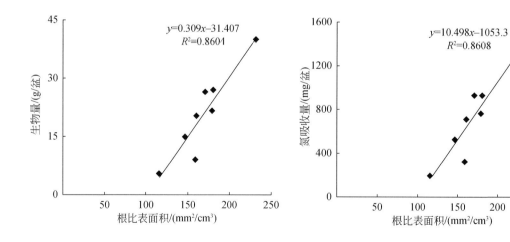

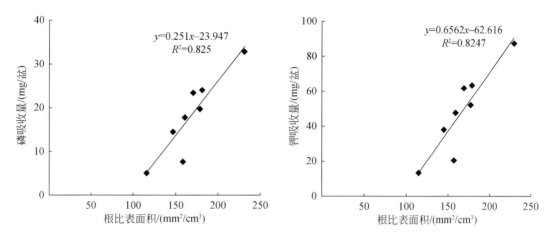

图 4.8　三叶草生物量、养分吸收量与其根比表面积的相关关系

4. 物理改良黏土种植三叶草对土壤理化性质的影响

添加表土或沙土改变土壤物理性状（表 4.11），与黏土相比，黏土与表土、黏土与沙土均以 1:1、1:2、1:3 配比，容重分别显著下降 7.4%、16.1%、20.1%、10.7%、19.5%、21.5%；饱和入渗率分别显著上升 26.9%、45.7%、51.6%、66.2%、84.3%、96.3%，同时，配比后土壤孔隙度显著增加，与饱和入渗率变化趋势一致；最大持水量则分别显著下降 24.5%、31.6%、42.0%、54.1%、63.1%、71.8%；团聚体稳定性随粒级增大而显著降低（$P<0.05$）。同一粒级下，黏土:沙土 1:3 配比团聚体稳定性显著高于其他处理（$P<0.05$），黏土团聚体稳定性最低（$P<0.05$）。

表 4.11　不同配比对土壤物理性状的影响

处理	容重 /（g/cm³）	饱和入渗率 /（mm/h）	孔隙度 /%	最大持水量 /%	标准化平均质量直径/mm		
					1~2	2~3	3~5
黏土	1.49±0.05[a]	0.3325±0.02[f]	4.8±0.5[g]	54.7±5.4[a]	0.11±0.01[e]	0.16±0.01[h]	0.21±0.01[h]
黏土:表土 1:1	1.38±0.04[b]	0.4218±0.04[e]	12.9±1.1[f]	41.3±4.7[b]	0.18±0.02[d]	0.23±0.02[g]	0.28±0.02[g]
黏土:表土 1:2	1.25±0.06[d]	0.4846±0.05[d]	23.4±2.8[d]	37.4±3.5[c]	0.22±0.02[b]	0.27±0.02[f]	0.32±0.02[f]
黏土:表土 1:3	1.19±0.04[e]	0.5042±0.05[d]	21.9±2.6[d]	31.7±2.9[d]	0.25±0.03[a]	0.30±0.03[e]	0.35±0.03[f]
黏土:沙土 1:1	1.33±0.05[c]	0.5525±0.06[c]	35.4±3.1[c]	25.1±3.1[e]	0.21±0.03[b]	0.34±0.03[d]	0.41±0.03[d]
黏土:沙土 1:2	1.20±0.03[e]	0.6127±0.04[b]	39.8±4.2[b]	20.2±1.9[f]	0.25±0.03[a]	0.37±0.03[c]	0.45±0.03[c]
黏土:沙土 1:3	1.17±0.05[f]	0.6528±0.06[b]	42.3±2.9[b]	15.4±1.4[g]	0.22±0.04[b]	0.44±0.04[b]	0.52±0.04[b]
沙土	1.12±0.04[g]	0.8548±0.05[a]	50.8±4.7[a]	8.7±0.9[h]	0.19±0.04[c]	0.58±0.04[a]	0.79±0.04[a]
表土	1.26±0.03[d]	0.4019±0.03[e]	18.4±3.9[e]	20.4±1.9[f]	0.23±0.02[b]	0.34±0.02[d]	0.38±0.02[e]

由表 4.12 可知，与黏土或沙土相比，黏土混合基质显著改善土壤化学性状。黏土:表土 1:2 混合基质全氮、速效磷、速效钾及电导率均最高，分别为黏土的 1.34 倍、1.15

倍、1.79 倍、2.05 倍、1.06 倍和 1.87 倍，优于黏土：表土 1：1 和 1：3 配比效果。黏土与沙土混合基质全氮、有机质、速效磷、速效钾含量分别比沙土高 85.2% ~ 90.7%、1357.1% ~ 1585.7%、81.5% ~ 102.5%、95.4% ~ 133.3%。黏土：表土 1：2 配比效果与表土相似，黏土与沙土和表土不同配比均能改善土壤状况并显著促进三叶草生长，其中黏土：表土 1：2 配比条件下表土微生物和酶活性激发黏土养分转化，提高营养浓度的效率最高；根比表面积、根长、根直径增大和根尖数增多也证实了这一点，这与土壤物理结构改善有关。

表 4.12　不同配比对土壤化学性状的影响

处理	全氮 /（g/kg）	有机质 /（g/kg）	速效磷 /（mg/kg）	速效钾 /（mg/kg）	pH	电导率 /（μS/cm）
黏土	0.90±0.07[d]	13.8±1.5[d]	3.54±0.33[f]	29.6±2.2[g]	7.31±0.42[e]	118±12[e]
黏土：表土 1：1	1.02±0.11[c]	17.5±1.3[b]	4.28±0.25[c]	36.6±3.1[f]	7.51±0.37[d]	161±15[c]
黏土：表土 1：2	1.21±0.17[a]	15.9±1.2[c]	6.32±0.36[a]	60.7±5.4[a]	7.73±0.45[b]	221±16[a]
黏土：表土 1：3	1.09±0.12[b]	18.4±2.1[a]	4.69±0.41[b]	53.9±4.9[b]	7.65±0.29[c]	182±21[b]
黏土：沙土 1：1	1.02±0.10[c]	11.8±1.1[e]	4.05±0.29[d]	50.4±4.2[c]	7.63±0.34[c]	160±14[c]
黏土：沙土 1：2	1.03±0.15[c]	10.9±0.9[f]	3.63±0.23[f]	46.6±3.8[d]	7.65±0.41[c]	149±10[d]
黏土：沙土 1：3	1.00±0.08[c]	10.2±0.5[g]	3.82±0.21[e]	42.2±3.7[e]	7.64±0.46[c]	147±13[d]
沙土	0.54±0.05[e]	0.7±0.1[h]	2.00±0.17[g]	21.6±2.9[h]	7.91±0.47[a]	160±15[c]
表土	1.20±0.09[a]	18.3±0.8[a]	6.29±0.31[a]	60.2±5.1[a]	7.90±0.38[a]	219±17[a]

生物活性是表征养分转化能力的重要指标。由表 4.13 可知，添加表土或沙土显著提高黏土的酶活性并增加微生物数量。黏土与表土混合基质磷酸酶、脲酶、蔗糖酶、硝酸还原酶和固氮酶的活性分别比黏土提高 63.8% ~ 153.8%、35.6% ~ 113.3%、91.1% ~ 456.4%、28.9% ~ 91.6% 和 133.3% ~ 555.6%，细菌、真菌和放线菌的数量增加；与沙土相比，黏土与沙土混合基质磷酸酶、脲酶、蔗糖酶、硝酸还原酶、固氮酶的活性及细菌、真菌、放线菌的数量分别显著升高 45.5%、172.4%、159.7%、62.7%、193.3%、118.8%、93.5% 和 82.8%，黏土：表土 1：2 配比效果最佳。

表 4.13　不同配比对土壤生物指标的影响

处理	磷酸酶 /[μgPi/ (mg 土·h）]	脲酶 /[mg NH$_4^+$-N/ (g 土·d）]	蔗糖酶 /[mg/ (g 土·d）]	硝酸还原酶 /[μg /(g 土·h）]	固氮酶 /[μgC$_2$H$_4$ /(g 土·h）]	细菌 /(10^4 CFU/g 土）	真菌 /(10^4 CFU/g 土）	放线菌 /(10^4 CFU /g 土）
黏土	80±9[f]	0.90±0.13[f]	10.1±1.2[f]	8.3±1.2[f]	0.09±0.01[f]	110±10[h]	0.31±0.04[f]	24±2[f]
黏土：表土 1：1	131±15[d]	1.22±0.17[c]	19.3±1.3[e]	10.7±1.4[d]	0.21±0.04[e]	210±30[f]	0.44±0.05[e]	38±4[d]
黏土：表土 1：2	203±23[a]	1.92±0.22[a]	56.2±4.5[a]	15.9±1.6[a]	0.59±0.07[a]	590±50[a]	1.07±0.08[a]	89±7[a]

续表

处理	磷酸酶 /[μgPi/ (mg 土·h)]	脲酶 /[mg NH₄⁺-N/ (g 土·d)]	蔗糖酶 /[mg/ (g 土·d)]	硝酸还原酶 /[μg /(g 土·h)]	固氮酶 /[μgC₂H₄ /(g 土·h)]	细菌 /(10⁴ CFU/g 土)	真菌 /(10⁴ CFU/g 土)	放线菌 /(10⁴CFU /g 土)
黏土：表土 1:3	158±14^b	1.32±0.15^b	31.5±2.8^c	11.6±1.1^c	0.48±0.05^b	490±60^b	0.62±0.05^c	51±3^c
黏土：沙土 1:1	124±11^d	1.11±0.09^d	36.6±3.3^b	11.6±0.9^c	0.31±0.03^c	400±30^c	0.70±0.06^b	59±3^b
黏土：沙土 1:2	148±9^c	1.20±0.13^c	39.2±3.9^b	12.6±1.5^b	0.32±0.03^c	360±40^d	0.60±0.04^c	59±5^b
黏土：沙土 1:3	112±8^e	1.04±0.14^e	24.7±2.4^d	9.0±0.8^e	0.25±0.02^d	290±20^e	0.50±0.05^d	52±3^c
沙土	88±10^f	0.41±0.6^g	12.9±1.2^f	6.8±0.7^g	0.10±0.01^f	160±20^g	0.31±0.03^f	31±2^e
表土	199±18^a	1.91±0.17^a	55.9±2.9^a	15.8±1.3^a	0.60±0.06^a	600±40^a	1.06±0.06^a	88±6^a

　　通过对我国露天矿区排土场改良的模拟研究，表明黏土：表土 1:2 配比效果最优，三叶草生物量，氮、磷和钾的吸收量，以及根形态参数和根尖数最大；基质理化、酶活性及微生物数量最佳；指标间具有显著正相关性，证实添加表土和沙土对黏土具有积极效果。

4.2　黏土资源化利用生物化学改良

4.2.1　黏土资源化利用微生物改良

　　矿区黑黏土因土质黏性强、通气透水能力差而不适宜植物的生长，为资源化利用黏土来弥补表土不足的现状，需按比例掺入一定质量的沙土以降低其黏性结构，并采用微生物修复方法，通过接种丛枝菌根真菌，实现对黑黏土的快速生物改良。以往评价丛枝菌根真菌对土壤改良作用通常测定改良前、后土壤理化指标来体现，不能实现实时动态监测，高光谱遥感技术具有数据获取速度快、精度高、不需要破坏植株本身的特点。因此，采用高光谱遥感技术对不同土质上植株生长状况进行检测，为实现微生物复垦技术对土壤改良效应奠定基础。

　　植物体内叶绿素含量是反映植被生长及营养状况的重要生化参数。如何准确并高效地估算出植被的叶绿素含量将是研究土壤改良效果的关键因素。近年来，随着遥感技术的快速发展与应用，基于叶绿素对特定波长光谱的吸收和反射的特性，利用高光谱遥感技术来监测植被叶绿素含量的方法逐渐被人们熟知和认可。高光谱遥感以其波段多且窄的特点，能直接对植被进行微弱光谱差异的定量分析，在植被精细监测研究中占据明显的优势。使用高光谱遥感技术对植被叶绿素含量定量估算的研究多通过建立叶绿素含量与植被光谱特征之间的回归模型来实现。以玉米为研究对象，分析不同处理下原始光谱和一阶微分光谱部分特征参数的差异，并选用逐步回归模型和反向传播（back propagation，BP）神经网络的建模方法，意在选取合适的光谱特征参数（表4.15）并以此为基础建立高拟合度的叶绿素含量估测模型，为实现使用高光谱遥感技术动态高效监测微生物修复效果奠定基础。

一般而言，矿区土地复垦包括土壤改良、植被重建和景观再造。而土壤改良是土地复垦的基础，决定着植被重建与景观再造是否成功（张立平等，2014）。排土场复垦多采用种草或者草灌组合，通过植物根系来改良土壤。而丛枝菌根真菌能与植物形成互惠共生关系，通过促进植物的生长来改良土壤。国内外研究表明，丛枝菌根真菌菌丝分泌物可以增强土壤团聚体的稳定性（Kohler et al.，2017；Wu et al.，2016；Peng et al.，2013），接种丛枝菌根真菌可以促进土壤养分的释放（张俊英等，2018），增强土壤酶活性（Qian et al.，2012）。将丛枝菌根真菌菌种作为菌剂，建立土壤-植被互作反馈调节机制，改善土壤性状是矿区生态修复的重要内容。

以抗旱耐寒的多年生豆科牧草紫花苜蓿为宿主植物，在室内盆栽条件下，运用综合得分法研究接种不同丛枝菌根真菌对土壤因子的影响程度，优选合理的菌剂，为矿区土地复垦的植被恢复方法提供理论依据。

1. 不同沙土与黏土配比土壤接种丛枝菌根真菌对玉米叶绿素含量的影响

相同基质下接种丛枝菌根真菌可提高叶绿素含量（表4.14）。沙土和沙土：黏土3：1处理接菌未达到差异显著水平，而黏土和沙土：黏土1：1的接菌处理均达到显著差异。未接菌（CK）时，沙土：黏土3：1处理叶绿素含量最高但较其他基质未达到显著差异，接菌后（AM）沙土：黏土1：1处理叶绿素含量最高且达到显著水平，即在接菌条件下以沙土：黏土1：1时掺入沙土时对玉米叶绿素含量的提高效果最明显，接菌处理可以减少沙土的掺入量，节约成本，接菌条件下沙土：黏土1：1处理对植物生长促进作用最好。可能是一方面掺入沙土可降低黑黏土的黏性，混合后土壤基质的通气透水性较纯黏土好，也保证了土壤的保水性；另一方面，接种丛枝菌根真菌后，增强了根系对水分和营养元素的吸收能力，使玉米植株叶绿素含量更高，呈现出更好的生长状态。黑黏土与沙土以质量比1：1混合后接种丛枝菌根真菌时对玉米叶片叶绿素含量的提高作用最为显著，植物生长最好。

表 4.14　不同处理下玉米叶片叶绿素含量

处理	叶绿素含量（SPAD 值）	
	CK	AM
沙土	31.83[d]	33.79[cd]
黏土	32.27[cd]	36.81[ab]
沙土：黏土1：1	32.18[cd]	37.72[a]
沙土：黏土3：1	33.8[cd]	34.67[bc]

注：同一个处理下的不同小写字母表示在0.05水平上有显著差异。

2. 黏土不同配比下接种丛枝菌根真菌对玉米原始光谱特征参数的影响

因可见光波段（380~760nm）的反射率与叶绿素含量存在密切的关系，所选特征参数多集中于可见光波段，故截取 344~799nm 的反射率光谱数据，经九点加权平均后得到原始光谱曲线（图4.9）。结合表4.15可以看出，相同基质下，接种丛枝菌根真菌可降低绿峰幅值。从表4.16可看出，未接菌时，沙土：黏土1：1的绿峰幅值大于黏土，而沙土：黏土3：1则小于黏土；接种丛枝菌根真菌后，沙土：黏土1：1小于黏土，同时沙土：黏土3：1大于黏土，结合叶绿素含量可知，不同处理下叶绿素含量越高时，绿峰幅值越小，即两者呈现负相关，在接菌条件下沙土：黏土1：1处理达到最小。蓝紫波吸收谷幅值和红谷幅值也具有相同的规律。即在此处理下玉米植株对光的吸收量更大，光合作用更强，相应的绿峰、红谷、蓝紫波吸收谷的位置并未呈现明显规律。原始光谱中绿峰、蓝紫波吸收谷和红谷的幅值与叶绿素含量呈负相关。经一阶微分后，叶绿素含量与"三边"（蓝边、黄边、红边）范围内一阶微分呈负相关，与红边、蓝边斜率呈负相关，与黄边斜率呈正相关，同时红边位置产生"红移"现象。

表 4.15　特征参数及其定义

特征参数	定义
SDb	蓝边范围（490~530nm）内一阶微分和
SDy	黄边范围（560~640nm）内一阶微分和
SDr	红边范围（680~760nm）内一阶微分和
$I_{765/720}=\dfrac{R_{765}-R_{720}}{R_{765}+R_{720}}$	765nm、720nm 处归一化植被指数
蓝紫波吸收谷幅值（R_{BP}）	380~500nm 波段反射率最小值
蓝紫波吸收谷位置（λ_{BP}）	380~500nm 波段反射率最小值对应的波长
绿峰幅值（R_G）	500~600nm 波段反射率最大值
绿峰位置（λ_G）	500~600nm 波段反射率最大值对应的波长
红谷幅值（R_R）	600~720nm 波段反射率最小值
红谷位置（λ_R）	600~720nm 波段反射率最小值对应的波长
蓝边位置（BEP）	蓝光范围（490~530nm）内一阶微分最大值对应的波长
蓝边斜率（BES）	蓝边位置对应的一阶微分值
黄边位置（YEP）	黄光范围（560~640nm）内一阶微分最小值对应的波长
黄边斜率（YES）	黄边位置对应的一阶微分值
红边位置（REP）	红光范围（680~760nm）内一阶微分最大值对应的波长
红边斜率（RES）	红边位置对应的一阶微分值
SDr/SDb	红边范围内一阶微分和与蓝边范围内一阶微分和比值
SDr/SDy	红边范围内一阶微分和与黄边范围内一阶微分和比值

续表

特征参数	定义
(SDr−SDb)/(SDr+SDb)	红边范围内一阶微分和与蓝边范围内一阶微分和归一化
(SDr−SDy)/(SDr+SDy)	红边范围内一阶微分和与黄边范围内一阶微分和归一化

表 4.16　不同处理下玉米原始光谱特征参数的比较

特征参数	CK				AM			
	沙土	黏土	沙土：黏土 1：1	沙土：黏土 3：1	沙土	黏土	沙土：黏土 1：1	沙土：黏土 3：1
R_{BP}	9.9598	9.9072	9.9323	7.8855	7.9051	7.4759	7.3611	7.8306
λ_{BP}	380	380	380	380	380	380	380	380
R_G	21.8007	20.5775	21.3247	19.6453	19.7506	17.8638	16.9326	18.3795
λ_G	553	552	553	553	553	553	552	552
R_R	9.8634	9.376	9.668	8.7061	8.9055	8.1658	8.0475	8.3872
λ_R	673	671	674	674	671	672	672	674

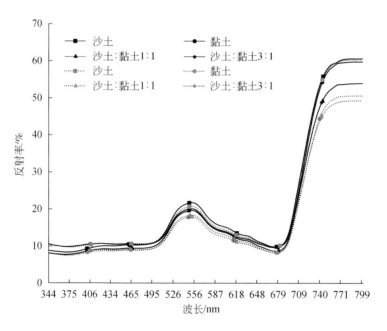

图 4.9　不同处理经平滑后的原始光谱曲线

实线为对照组，虚线为实验组

3. 不同沙土与黏土配比土壤接菌对植物一阶微分光谱特征参数的影响

经一阶微分处理后的光谱曲线具有相似的形状和变化规律，但因叶绿素含量不同，各处理间的"三边"参数存在一定程度的差异，结合表 4.17 进行具体分析。

蓝边参数中，相同基质下蓝边斜率和蓝边范围内一阶微分和均呈现接菌小于未接菌。掺入沙土后，不论是对照还是接种丛枝菌根真菌，其蓝边斜率和蓝边范围内一阶微分和随着叶绿素含量的不同存在着明显的规律变化，即叶绿素含量与蓝边斜率、蓝边范围内一阶微分和呈负相关。接菌条件下，沙土：黏土 1:1 时蓝边斜率和蓝边范围内一阶微分和的差异最大，即在此条件下对叶绿素含量的提升作用最明显。蓝边位置在 520nm 附近且与叶绿素含量无明确关系。

表 4.17　不同处理下玉米一阶微分"三边"参数差异

特征参数	CK				AM			
	沙土	黏土	沙土：黏土 1:1	沙土：黏土 3:1	沙土	黏土	沙土：黏土 1:1	沙土：黏土 3:1
BEP/nm	520	520	520	520	521	520	521	520
BES	0.1965	0.1878	0.1911	0.1724	0.1747	0.1521	0.1406	0.1584
SDb	4.6485	4.458	4.4909	3.9331	4.036	3.5004	3.1829	3.7788
YEP/nm	570	570	570	570	570	570	570	570
YES	−0.1268	−0.1207	−0.1232	−0.1131	−0.1172	−0.1015	−0.0995	−0.107
SDy	−4.5643	−4.3051	−4.4808	−4.1438	−4.29	−3.6936	−3.4815	−3.7759
REP/nm	716	717	717	718	718	719	719	718
RES	0.5347	0.5124	0.5217	0.4718	0.4886	0.4459	0.4113	0.4641
SDr	25.7222	24.5319	25.1686	22.208	23.6642	20.7481	20.0948	21.1493

黄边斜率为负值，相同基质下，接菌可提高黄边斜率，且与叶绿素含量呈正相关。黄边范围内一阶微分和为负值，相同基质接菌后绝对值小于对照，与叶绿素含量呈负相关。配比沙土后，黄边斜率与黄边范围内一阶微分和也因叶绿素含量的不同分别呈现正相关与负相关。黄边位置在 570nm 附近，无明显位移。

红边参数中，红边斜率与红边范围内一阶微分和均与叶绿素含量呈负相关，即相同基质接菌小于未接菌。未接菌时，沙土：黏土 1:1 时红边斜率与红边范围内一阶微分和大于黏土，而接菌后小于黏土，结合红边斜率与红边范围内一阶微分和与叶绿素负相关，可知沙土：黏土 1:1 时，接菌对叶绿素含量的提升作用更显著。对比叶绿素含量与红边位置可知随着叶绿素含量的增加，红边位置向着长波方向移动，即产生了"红移"，这与田明璐等关于苹果花叶病叶片红边特征的研究结果相似。

接种丛枝菌根真菌对玉米的生长具有促进的作用，使玉米叶片的叶绿素含量产生变化且差异显著，进而影响光谱特征参数，接菌与未接菌条件下的玉米叶片叶绿素含量和光谱特征参数相关性分析结果显示出一定的差异，这可能是因为丛枝菌根真菌对植物生长的促进作用是一个多因素综合作用的结果，接菌植物的光谱响应也并非是由某单一因素引起的，统一进行相关性分析可能会对模型精度产生影响，故采用光谱特征参数分别对接菌和未接菌条件下的叶绿素含量进行相关性分析。"三边"参数能够较好地反映绿色植物的光谱特征，对植物的叶绿素较为敏感，故选取蓝边、黄边、红边的斜率和一阶微分和以及红蓝、红黄一阶微分和的比值及归一化值作为特征参数；同时在原始光谱中选取了具有代表性的绿峰和红谷反射率及归一化植被指数共 13 个光谱特征参数。

用叶绿素含量对 13 个特征参数分别进行相关性分析，得到不接种丛枝菌根真菌（CK）和接种丛枝菌根真菌（AM）处理时其相关系数见表 4.18。CK 与 AM 的各相关系数整体上相近，BES、SDb、（SDr−SDb）/（SDr+SDb）、（SDr−SDy）/（SDr+SDy）、SDr/SDb、SDr/SDy、NDVI 均达到了 0.7 以上的相关性，YES、SDy、R_G 也达到了 0.6 以上的相关性，故选用这 10 个特征参数进行反演模型构建。结合除沙土∶黏土 3∶1 外其余 3 种基质下接菌与未接菌处理的叶绿素含量均达到显著差异，故分别对两种处理进行建模。BP 神经网络法建模型较逐步回归模型具有更好的拟合精度和验证精度，CK 和 AM 处理的决定系数 R^2 分别为 0.8604 和 0.857，验证精度也都在 0.85 以上，可以较好地估测玉米叶绿素含量。

表 4.18　叶绿素含量与各光谱特征参数的相关系数

特征参数	相关系数	
	CK	AM
BES	−0.7487	−0.7318
YES	0.6064	0.6105
RES	0.1974	0.1828
SDr	−0.2152	−0.2050
SDb	−0.7448	−0.7305
SDy	0.6880	0.6767
（SDr−SDb）/（SDr+SDb）	0.7708	0.7562
（SDr−SDy）/（SDr+SDy）	−0.7475	−0.7779
SDr/SDb	0.8191	0.8195
SDr/SDy	−0.7810	−0.8151
R_G	−0.6403	−0.6263
R_R	−0.4226	−0.3085
NDVI	0.7794	0.7932

4. 黏土与沙土混合基质不同菌剂对土壤酶的影响

土壤酶作为土壤组分中最活跃的有机成分之一（Marx et al., 2001），既可以表征土壤物质能量代谢的旺盛程度，又可以作为评价土壤肥力高低、生态环境质量优劣的重要生物指标之一（Garcia-Ruiz et al., 2008），土壤酶参与土壤的地球化学循环（Acosta-Martinez et al., 2018），在土壤的发生发育及土壤肥力的形成过程中起着重要作用（周礼恺，

1987）。植物根系微生物和土壤微生物都会分泌土壤酶，促进对土壤养分的有效利用（李德生等，2013），丛枝菌根真菌也可以分泌土壤酶（任旭琴等，2016），如磷酸酶、脲酶等，并提高其活性，有研究表明（Qian et al.，2012），接种丛枝菌根真菌有助于增加土壤酶活性。

接种丛枝菌根真菌总体上提高了基质蔗糖酶、脲酶、碱性磷酸酶、酸性磷酸酶的活性，接种地表球囊霉显著（$P<0.05$）提高了蔗糖酶和碱性磷酸酶的活性（表 4.19）。这与 Ye 等（2015）的研究结果一致。接种不同的菌种，对土壤酶活性的提高效果有所不同，其结果为，土壤蔗糖酶活性大小为 +Gv>+Fm>+联合>+CK>+Ce>+Ga>+Ri，土壤脲酶的活性大小为 +Ce>+Gv>+Fm>+联合>+Ga>+CK>+Ri；土壤碱性磷酸酶活性大小为 +Gv>+联合>+Fm>+Ga>+Ce>+CK>+Ri，土壤酸性磷酸酶活性大小为 +Gv>+Fm>+联合>+Ce>+CK>+Ga>+Ri。

土壤酶活性接种 Ri 菌剂的活性均小于 CK，土壤酸性磷酸酶活性接种 Ri 菌剂组显著小于 CK 组（$P<0.05$）。单接 Gv 菌种显著提高了土壤蔗糖酶、土壤碱性磷酸酶的活性（$P<0.05$），接种联合菌种显著提高了基质中土壤碱性磷酸酶的活性（$P<0.05$），王瑾等（2014b）接种不同丛枝菌根真菌对土壤酶活性的影响不同，表明不同菌剂对土壤酶活的促进作用不同，可能与菌种与供试植物的亲缘关系有关，不同菌种与植物根系的相互作用存在差异，对土壤的反馈就表现出差异性。总体而言，接种丛枝菌根真菌可使土壤中蔗糖酶、脲酶、碱性磷酸酶、酸性磷酸酶的活性提高，丛枝菌根真菌在一定程度上加速土壤改良，这与其能够减少有害生物数量，以及改变土壤微生物区系、改善土壤理化性状、提高植物防御性酶活性、改变根系分泌物的种类与数量等生理功能有关。微生物复垦作用机理与菌根真菌平衡土壤微生物种群结构和土壤酶活力，改善土壤微生态，改进土壤团粒结构密切相关。

表 4.19　接种不同丛枝菌根真菌对土壤酶活性的影响

接菌处理	土壤蔗糖酶活性 /[mg/(g·24h)]	土壤脲酶活性 /[mg/(g·24h)]	土壤碱性磷酸酶活性 /[μg/(g·h)]	土壤酸性磷酸酶活性 /[μg/(g·h)]
黑+Ga	1.62±0.08[b]	0.14±0.01[a]	80.24±7.94[abcd]	94.78±3.51[bc]
黑+Ce	1.8±0.26[b]	0.21±0.06[a]	76.75±5.19[bcd]	134.35±11.81[ab]
黑+Ri	1.41±0.06[b]	0.12±0.01[a]	56.64±2.44[d]	89.73±4.77[c]
黑+Fm	2.06±0.14[b]	0.17±0.02[a]	85.97±4.44[abc]	141.8±10.46[a]
黑+Gv	3.98±0.76[a]	0.18±0.02[a]	101.98±4.12[a]	171.33±14.54[a]
黑+联合	1.92±0.03[b]	0.16±0.02[a]	95.61±5.55[ab]	138.02±6.39[a]
黑+CK	1.81±0.15[b]	0.13±0.02[a]	62.43±3.79[cd]	133.21±4.29[ab]

注：同列数据后标不同小写字母者表示差异显著（$P<0.05$），标相同小写字母者表示差异不显著（$P<0.05$）。黑表示黑黏土；Ga 表示聚丛球囊霉（*Glomus aggregatum*）；Ce 表示幼套近明球囊霉（*Claroideoglomus etunicatum*）；Ri 表示根内根孢囊霉（*Rhizophagus intraradices*）；Fm 表示摩西管柄囊霉（*Funneliformis mosseae*）；Gv 表示地表球囊霉（*Glomus versiforme*）；联合表示上述 5 种菌剂联合。下同。

5. 黏土与沙土混合基质不同菌剂对土壤理化性质的影响

刘辉等（2010）就外生菌根真菌对磷酸盐的溶解能力的研究发现菌根真菌能够分泌有机酸，由表 4.20 可以看出接种丛枝菌根真菌均降低基质的 pH，可能与植物根系菌根真菌分泌有机酸有关，它有利于保护植物根系，接种 Gv 与联合菌剂显著降低了（$P<0.05$）基质中的 pH。土壤浸出液的电导率数值大小能反映土壤含盐量的高低，可作为土壤水溶性养分的指标。接种丛枝菌根真菌提高了基质的电导率，接菌组均高于对照组。接种丛枝菌根真菌可以提高土壤中水溶性养分含量，可能与丛枝菌根真菌后活化土壤中的微生物有关（Alguacil et al.，2014）。

表 4.20　接种不同丛枝菌根真菌对土壤理化性质的影响

接菌处理	pH	电导率/(μS/cm)	铵态氮/(μg/g)	硝态氮/(μg/g)	有机质/(g/kg)	速效磷/(mg/kg)	速效钾/(mg/kg)	全磷/(g/kg)
黑+Ga	7.83±0.04[ab]	280.33±10.48[b]	4.55±0.53[b]	2.05±0.28[a]	3.58±0.11[a]	2.39±0.09[ab]	97.27±6.86[a]	0.53±0.01[a]
黑+Ce	7.8±0.01[ab]	299.67±20[b]	11.14±0.96[a]	1.13±0.06[bc]	3.86±0.21[a]	2.48±0.08[ab]	98.77±8.49[a]	0.52±0.03[a]
黑+Ri	7.86±0.01[a]	267±9.07[b]	11.53±0.94[a]	1.32±0.18[b]	3.39±0.26[a]	2.33±0.03[ab]	89.25±4.18[a]	0.45±0[bc]
黑+Fm	7.77±0.04[ab]	337±7.64[ab]	6.8±0.59[b]	1.56±0.07[b]	4.1±0.39[a]	2.22±0.07[b]	105.1±5.54[a]	0.47±0.01[abc]
黑+Gv	7.71±0.03[b]	383±22.52[a]	10.74±1.38[a]	1.18±0.06[bc]	4.11±0.19[a]	2.24±0.1[b]	97.04±7.96[a]	0.51±0.01[ab]
黑+联合	7.73±0.03[b]	330±24.19[ab]	3.41±0.26[b]	1.5±0.03[ab]	3.07±0.54[a]	2.46±0.11[ab]	96.41±5.44[a]	0.52±0.01[a]
黑+CK	7.9±0.01[a]	261±3.21[b]	3.31±0.2[b]	0.67±0.01[c]	3.55±0.18[a]	2.75±0.19[a]	90.14±3.14[a]	0.45±0.01[c]

注：同列数据后标不同小写字母者表示差异显著（$P<0.05$），标相同小写字母者表示差异不显著（$P<0.05$）。

铵态氮与硝态氮是主要的土壤无机氮，是植物能直接吸收利用的生物有效态氮。土壤中的铵态氮在亚硝化细菌和硝化细菌作用下转化为硝态氮（黄昌勇，2000）。前人研究报道，接种丛枝菌根真菌能够减少土壤中无机氮含量（Bender et al.，2014；Lei and Hu，2012），接种 Gv、Ce 和 Ri 菌剂，土壤铵态氮含量显著高于对照组（$P<0.05$），硝态氮除 Ce 与 Gv 外，接菌组含量显著高于对照组（$P<0.05$）。刘芳等（2017）对镉污染和接种丛枝菌根真菌对紫花苜蓿生长与氮吸收的影响研究中也发现，不同的菌种对硝态氮与铵态氮的作用效果不同，有的菌种减少土壤的无机氮含量，可能与收获季节为冬季有关。不同菌种对土壤硝态氮与铵态氮的吸收利用影响较大，这可能与接种不同丛枝菌根真菌后影响基质根际土壤微生物有关。

前人（Qian et al.，2012；王瑾等，2014b；毕银丽等，2014）在矿区人工接种丛枝菌根真菌发现，接菌组显著增加根际土壤的有机质含量，接种丛枝菌根真菌总体上提高基质的有机质含量，与对照组相比 Gv 接菌组的提高幅度最大，提高 15.8%。不同菌种对有机质含量的影响大小为黑+Gv>黑+Fm>黑+Ce>黑+Ga>黑+CK>黑+Ri>黑+联合。王瑾等（2014b）的研究结果表明，在矿区接种丛枝菌根真菌后有机质随着月份先降低再升高，联合菌种低于对照组，可能与盆栽种植时间较长、收获季节在冬季、植物停止生长有关。接种丛枝菌根真菌降低土壤速效磷的含量，接种不同菌种后土壤速效钾含量大小为黑+Fm>黑+Ce>黑+Ga>黑+Gv>黑+联合>黑+CK>黑+Ri。速效钾含量变化差异不显著。接种丛枝菌根真菌提高土壤中的全磷含量，可能与收获时植物凋落物在土壤中分解有关。

6. 黏土与沙土混合基质不同菌剂对土壤因子的综合分析

主成分分析可以弱化变量间的自相关性所引起的误差,形成互不相关的主成分,获得各主成分得分,计算综合评价得分,从而达到精确评价(黑安等,2014)。将接种不同丛枝菌根真菌的土壤蔗糖酶、土壤脲酶、土壤碱性磷酸酶、土壤酸性磷酸酶、pH、电导率、有机质、硝态氮、铵态氮、速效磷、速效钾和全磷 12 个指标作为自变量,进行主成分分析并进行综合评价。

主成分分析时,将各指标的原始数据采用标准化法转化为标准化数据,再采用主成分分析提取 4 个特征值>1 的主成分(表 4.21)。前四个主成分的累积贡献率为 77.389%,说明在变量不丢失的前提下,这 4 个主成分可以包含原始数据 77.389% 的信息,可以用这 4 个主成分代表 12 个土壤因子进行菌剂效果分析与综合评价。其中第一主成分的代表土壤因子为土壤蔗糖酶活性、土壤碱性磷酸酶、土壤酸性磷酸酶、pH、电导率,特征值为 4.237,贡献率为 35.306%,是主要的主成分,反映土壤酶活与酸碱度,第二主成分代表土壤因子为铵态氮、硝态氮、全磷,特征值为 2.149,贡献率为 17.906%,主要反映土壤中硝化作用与反硝化作用。第三主成分的代表土壤因子为有机质速效钾,特征值为 1.478,贡献率为 12.32%,主要反映土壤肥力状况。第四主成分的代表土壤因子为脲酶与速效磷,特征值为 1.423,贡献率为 11.858%,反映土壤酶与速效养分。4 个主成分累积贡献率为 77.389%。

表 4.21　主成分分析结果

土壤因子	$F1$	$F2$	$F3$	$F4$
土壤蔗糖酶活性	0.801	−0.188	0.302	−0.127
土壤脲酶活性	0.368	−0.216	0.025	0.741
土壤碱性磷酸酶活性	0.854	0.413	0.066	0.044
土壤酸性磷酸酶活性	0.832	−0.131	0.034	0.012
pH	−0.881	−0.048	−0.049	−0.234
电导率	0.907	0.02	0.219	−0.058
铵态氮	0.015	−0.855	0.27	−0.025
硝态氮	−0.42	0.735	0.285	−0.161
有机质	0.262	−0.388	0.638	0.067
速效磷	−0.239	0.107	0.156	0.864
速效钾	0.142	0.175	0.86	0.137
全磷	0.344	0.642	0.081	0.001
特征值	4.237	2.149	1.478	1.423
贡献率/%	35.306	17.906	12.32	11.858
累积贡献率/%	35.306	53.212	65.532	77.389

综合评分法通过打分来对根据品质划分等级的项目进行量化处理,可用来进行定性排

序的综合评价。其核心内容是对评价的不同等级赋予不同的分值，并以此为基础进行综合评价（王云峰，2013）。本研究采用综合评分法，以主成分分析为工具，对 12 个指标进行综合评价，这种方法对于处理多重因素、多个类别的项目，可以使数据结果清晰明了，以确定不同项目的等级，进而进行综合评价。

根据主成分分析因子得分矩阵与标准化因子矩阵计算出各主成分得分，以各主成分的贡献率为权重，将主成分得分与权重相乘，建立土壤因子得分的数学模型为 $f = (35.306\% \times F1 + 17.906\% \times F2 + 12.32\% \times F3 + 11.858\% \times F4) / 77.389\%$，利用该模型计算 12 个土壤因子综合得分，并根据综合得分从高到低进行不同菌种对土壤因子改良效果排序（表 4.22）。

不同菌剂处理下各个主成分得分与综合得分的大小顺序不尽相同（表 4.22）。对于第一主成分，适宜菌剂排序为 Gv>联合>Fm>Ce>Ga>Ri，对于第二主成分，适宜菌剂排序为 Ga>联合>Fm>Gv>Ce>Ri，对于第三主成分，适宜菌剂排序为 Fm>Ga>Gv>Ce>Ri>联合，对于第四主成分，适宜菌剂排序为 Ce>联合>Ga>Fm>Gv>Ri。综合排序为 Cv>联合>Fm>Ga>Ce>Ri。利用综合评分法，综合 12 个指标进行分析，与简单比较分析相比，综合评分法能更深入地揭示不同丛枝菌根真菌对土壤因子的影响。由综合得分可知，单接 Gv 对土壤因子的影响程度最大，联合菌和 Fm 次之，为矿区微生物菌剂优选与微生物生态修复提供依据。

表 4.22　接种不同菌剂的各主成分得分、综合得分及排序

接菌处理	F1	F2	F3	F4	综合得分	排序
黑+Ga	−0.813	1.294	0.345	−0.116	−0.034	4
黑+Ce	−0.147	−0.594	0.070	0.978	−0.043	5
黑+Ri	−1.249	−1.139	−0.437	−0.540	−0.986	6
黑+Fm	0.183	−0.093	0.631	−0.466	0.091	3
黑+Gv	1.560	−0.583	0.195	−0.493	0.532	1
黑+联合	0.465	1.116	−0.804	0.637	0.440	2

7. 不同接菌处理对物理改良黏土基质中植物生长的影响

菌根侵染率反映菌根真菌侵染宿主植物根系的能力，是菌根与宿主植物共生程度的表现。不同菌根对土壤的改良能力存在差异，菌根与解磷细菌的联合修复作用值得进一步探讨。未接种丛枝菌根真菌的处理和单接种解磷细菌（PSB）的处理中未发现菌丝侵染；接种丛枝菌根真菌后，侵染率达到 80%，同时添加解磷细菌处理对菌根侵染率没有显著影响（表 4.23）。菌丝密度可以体现出丛枝菌根真菌与植物的共生状态，解磷细菌和 CK 处理未发现菌丝，丛枝菌根真菌处理和丛枝菌根真菌+解磷细菌处理菌丝密度分别为 1.54m/g 和 1.52m/g，差异并不显著，在黏土基质上接种解磷细菌对丛枝菌根真菌菌丝的生长没有显著影响。丛枝菌根真菌处理和丛枝菌根真菌+解磷细菌处理能够显著促进玉米的生长发育，单接种解磷细菌对玉米的影响并不明显。地上部分和地下部分生物量有相似规律，丛枝菌根真菌处理时玉米的地上部分生物量是 CK 的 1.12 倍，丛枝菌根真菌处理和丛枝菌根真菌+解磷细菌处理的地上部分生物量显著高于解磷细菌处理和 CK 处理；地下部分生物量同样存在丛枝菌根真菌处理和丛枝菌根真菌+解磷细菌处理显著高于解磷细菌处理和 CK 处理，是解磷细菌和 CK 处理的 1.31~1.34 倍，说明在黏土中解磷细菌并不能有效增加植物的生物量。

表 4.23　植株的侵染率、菌丝密度和生物量

处理		侵染率/%	菌丝密度/(m/g)	生物量/g		
				地上部分	地下部分	总重
丛枝菌根真菌		80±3[a]	1.54±0.21[a]	7.92±0.14[a]	0.94±0.03[a]	8.86±0.13[a]
解磷细菌		0[b]	0	7.11±0.17[b]	0.71±0.05[b]	7.82±0.59[b]
丛枝菌根真菌+解磷细菌		80±5[a]	1.52±0.14[a]	7.89±0.21[a]	0.93±0.07[a]	8.82±0.28[a]
CK		0[b]	0	7.08±0.19[b]	0.7±0.06[b]	7.78±0.53[b]
ANOVA	丛枝菌根真菌	**	**	**	**	**
	解磷细菌	NA	NA	NA	NA	NA
	丛枝菌根真菌+解磷细菌	**	**	**	**	**

注：数据（平均值±标准差，6 个重复）后面的不同小写字母表示差异显著（P<0.05）；** 表示极显著影响，NA 表示不影响。下同。

　　叶片的 SPAD 值与叶片的叶绿素显著相关，是叶绿素的一种表达形式。由表 4.24 可知，对黏土中玉米接种丛枝菌根真菌，可以有效地增加叶片的 SPAD 值和净光合速率。丛枝菌根真菌和丛枝菌根真菌+解磷细菌处理叶片的 SPAD 值显著高于解磷细菌处理和 CK 处理，其中丛枝菌根真菌处理的 SPAD 值是解磷细菌的 1.22 倍，是 CK 的 1.26 倍，接种解磷细菌虽然提高叶片的 SPAD 值，但是与 CK 处理差异不显著；在净光合速率方面，丛枝菌根真菌处理和丛枝菌根真菌+解磷细菌处理差异不显著，解磷细菌处理虽然高于 CK 处理，但差异不显著。丛枝菌根真菌处理净光合速率比解磷细菌处理提高 22.4%，比 CK 处理提高 27.4%。接种解磷细菌对叶片的 SPAD 值和净光合速率没有显著影响，而接种丛枝菌根真菌能够显著影响叶片的 SPAD 值和净光合速率，丛枝菌根真菌+解磷菌处理植物叶片的反应与丛枝菌根真菌处理没有显著差异，所以解磷细菌无论在单接还是双接状态下可能都难以影响植物叶片的生长状态。丛枝菌根真菌处理和丛枝菌根真菌+解磷细菌处理能够显著增加玉米的株高，丛枝菌根真菌处理的株高比解磷细菌处理高 14.8%，比 CK 处理高 20.2%，解磷细菌处理的植物株高比 CK 处理增加 2.8cm，差异并不显著，丛枝菌根真菌+解磷细菌处理的株高与丛枝菌根真菌处理的株高的差异也不显著，但二者显著高于解磷细菌处理和 CK 处理。

表 4.24　植物的 SPAD 值、净光合速率和株高

处理		SPAD 值	净光合速率 / $[\mu molCO_2/(m^2 \cdot s)]$	株高/cm
丛枝菌根真菌		44.6 ± 3.2^a	33.69 ± 0.23^a	72.7 ± 3.5^a
解磷细菌		36.5 ± 2.6^b	27.53 ± 1.15^b	63.3 ± 4.9^b
丛枝菌根真菌+解磷细菌		46.7 ± 2.2^a	33.17 ± 1.09^a	73.2 ± 4.7^a
CK		35.4 ± 3.1^b	26.45 ± 1.69^b	60.5 ± 2.9^b
ANOVA	丛枝菌根真菌	＊＊	＊＊	＊＊
	解磷细菌	NA	NA	NA
	丛枝菌根真菌+解磷细菌	＊＊	＊＊	＊＊

　　接种丛枝菌根真菌能够显著促进植株对磷元素的吸收。丛枝菌根真菌处理地上部分对磷的吸收量为 9.13mg/株，地下部分对磷的吸收量为 0.99mg/株，总吸收量为 10.12mg/株，高于解磷细菌处理的 8.67mg/株和 CK 处理的 8.58mg/株，丛枝菌根真菌+解磷细菌处理的磷的总吸收量为 10.21mg/株，与丛枝菌根真菌处理差异不显著，同时二者均显著高于解磷细菌处理和 CK 处理，说明接种丛枝菌根真菌能够吸收黏土中的磷元素，而解磷细菌在黏土中则无法促进磷元素的吸收。玉米地上部分的磷浓度出现丛枝菌根真菌处理和丛枝菌根真菌+解磷细菌处理高于解磷细菌处理和 CK 处理，达到显著差异；而地下部分的磷浓度丛枝菌根真菌处理和丛枝菌根真菌+解磷细菌处理高于解磷细菌处理和 CK 处理，但差异并不显著。微生物贡献率为接种微生物与不接种微生物处理的生物量变化率，根据表 4.25，丛枝菌根真菌处理和丛枝菌根真菌+解磷细菌处理的微生物对磷元素吸收的贡献率分别为 17.5% 和 18.4%，而解磷细菌处理微生物贡献率仅为 0.6%。这可能是由于黏土中黏粒含量多，微生物、养分迁移能力差，丛枝菌根真菌可以通过延伸来吸收更远处的养分，而解磷细菌则难以在厌氧环境下产生作用，分解的养分也难以运移被植物吸收。

表 4.25　植物生物量与植株中磷元素的含量

处理		植株磷浓度/(mg/g)		磷的吸收量/(mg/株)			微生物贡献率/%
		地上部分	地下部分	地上部分	地下部分	总吸收量	
丛枝菌根真菌		1.15 ± 0.005^a	1.05 ± 0.031^a	9.13 ± 0.21^a	0.99 ± 0.04^a	10.12 ± 0.2^a	17.5
解磷细菌		1.11 ± 0.004^b	1.03 ± 0.008^a	7.92 ± 0.15^b	0.75 ± 0.06^a	8.67 ± 0.21^b	0.6
丛枝菌根真菌+解磷细菌		1.17 ± 0.009^a	1.05 ± 0.032^a	9.24 ± 0.33^a	0.97 ± 0.11^b	10.21 ± 0.36^a	18.4
CK		1.11 ± 0.022^b	1.01 ± 0.034^a	7.87 ± 0.35^b	0.71 ± 0.09^b	8.58 ± 0.4^b	—
ANOVA	丛枝菌根真菌	＊＊	NA	＊＊	＊＊	＊＊	
	解磷细菌	NA	NA	NA	NA	NA	
	丛枝菌根真菌+解磷细菌	＊＊	NA	＊＊	＊＊	＊＊	

黏土中丛枝菌根真菌比解磷细菌对植物具有更好的促生作用。接种丛枝菌根真菌能够显著增加根系的侵染率和土壤中的菌丝密度，促进植物生长。丛枝菌根真菌处理的玉米的生物量是 CK 处理的 1.14 倍，解磷细菌处理和 CK 处理没有显著差异。丛枝菌根真菌处理和丛枝菌根真菌+解磷细菌处理的叶片的 SPAD 值、净光合速率和玉米株高显著高于解磷细菌处理和 CK 处理。接种丛枝菌根真菌能够显著促进植株对磷元素的吸收，丛枝菌根真菌处理和丛枝菌根真菌+解磷细菌处理的微生物对磷元素吸收的贡献率分别为 17.5% 和 18.4%。

综上所述，黏土具有保水保肥的重要特征，但是也存在透水、透气性差导致植物生长发育受阻的劣势。因此，通过微生物改良可以缓解黏土不良物理性状的影响，促进植物的生长及对黏土的改良。

4.2.2　黏土资源化利用的生物化学改良

草原煤炭资源开采扰动了土壤结构，使得土壤沙化加快和肥力下降，同时当地春、秋季蒸发量大且寒冷，这严重阻碍煤矿区草原作物的正常生长。草原煤矿区气候干旱、酷寒、土层瘠薄、植被稀少、采煤扰动，严重破坏当地土壤结构和地表植被，引发植被死亡、土壤退化等环境问题，如何快速生态恢复已经成为该矿区亟须解决的问题。化肥和风化煤的添加与微生物相互配合的修复模式在促进黏土资源化利用中起到较好的作用。

氮元素是植物体内蛋白质、核酸、磷脂和某些生长激素的重要组分之一，适量增加氮营养可以影响植物光合作用、抗氧化系统、内源激素和植物水分吸收利用状况，从而促进植物生长发育，提高作物产量和品质，同时施氮也会改变土壤生化性质，影响土壤肥力。但是植物氮吸收能力有限，如果施氮不当，不仅会造成氮素大量损失，还会抑制植物生长，导致作物减产，污染环境。因此，如何合理施用氮肥，提高植物氮吸收能力，降低氮素损失，促进植物生长，恢复土壤，不仅是农业可持续发展的关键，还对草原煤矿区进行生态恢复具有至关重要的作用。目前对采煤受损土地比较有效的治理措施是生物治理，即利用生物本身特性逐步改善土壤质量，促进植物吸收养分，提高植物抗逆性，恢复生态环境，实现矿区可持续发展。

有研究结果表明，丛枝菌根真菌不但能增加植物生物量，促进植物对氮、磷、钾的吸收，还能改良根际土壤微生物环境，提高土壤肥力，降低极端环境对植物造成的伤害，提高其抗旱性、抗寒性和耐盐碱性，降低病虫害对植物的破坏，提高其抗病性及酶活性，而丛枝菌根真菌产生的土壤相关蛋白是土壤的重要碳库，可以增强土壤团聚体的稳定性，改良土壤性状，提高土壤肥力。丛枝菌根真菌对氮素的吸收是促进植物氮吸收的重要途径之一，目前已有学者对施氮量与丛枝菌根真菌的协同作用进行了研究。付淑清等（2011）研究发现，不同施氮水平下接种丛枝菌根真菌均显著提高刺槐的生长量，降低游离脯氨酸含量。赵青华等（2014）的研究结果表明，不同施氮水平下，接种丛枝菌根真菌增加茶树地上部分干物质量、地下部分干物质量和干物质总量，增加茶叶氮、磷、钾和可溶性糖的含量。贺学礼等（2009）的研究结果表明，不同施氮水平下接种丛枝菌根真菌均可以提高黄芪生长量、叶片可溶糖含量、植株氮含量、植株磷含量。

草原煤矿区土壤贫瘠，采矿造成土层扰动，加剧水土流失，尤其是氮素的损失，严重抑制矿区植物生长和生态恢复。目前，关于丛枝菌根真菌对矿区生态修复的影响已取得一定进展，但是关于丛枝菌根真菌与氮肥协同作用对矿区植物生长及土壤改良的研究鲜有报道。在温室盆栽条件下，研究丛枝菌根真菌和氮协同作用对玉米生长、抗逆性、矿质养分调节及土壤化学性状的影响，以期为菌根作为生物肥料应用于干旱矿区，提高植物抗逆性，熟化矿区土壤，恢复矿区生态环境提供理论依据。

1. 生物化学改良对玉米生长的影响

1）施氮与接种丛枝菌根真菌对玉米生长的影响

与CK相比，施氮和接种丛枝菌根真菌均可促进玉米的生长，丛枝菌根真菌及其与氮肥处理玉米地上部分干重、地下部分干重和总干重分别提高25%~61%、11%~67%和23%~62%，差异达显著水平（表4.26）。而氮肥和丛枝菌根真菌联合对玉米干重促进效果最优，显著高于对照和其他处理。

接种丛枝菌根真菌菌根侵染率略高于丛枝菌根真菌+氮肥处理，差异不显著，而丛枝菌根真菌+氮肥的菌丝密度显著高于丛枝菌根真菌处理，说明施氮有利于菌丝生长发育（表4.26）。不接菌对照的菌根侵染率和菌丝密度仍被监测到，可能是灭菌土壤没有完全消毒所致。玉米的菌根依赖性在不施氮和施氮处理下分别为18%和14%，说明在土壤缺氮条件下玉米生长更依赖于菌根。

表4.26 不同处理对玉米生长的影响

处理	干重/g			菌根特性		
	地上部分	地下部分	总和	侵染率/%	菌丝密度/(m/g)	菌根依赖性
CK	19.08±0.57[c]	3.22±0.18[c]	22.30±0.75[d]	4.44±2.22[b]	0.15±0.15[cb]	—
丛枝菌根真菌	23.78+0.58[b]	3.58±0[b]	27.36±0.58[c]	91.11±4.44[a]	0.55±0.14[b]	18
氮肥	26.95±0.28[b]	3.83±0.11[b]	30.78±0.35[b]	0±0[b]	0±0[c]	—
丛枝菌根真菌+氮肥	30.76±1.61[a]	5.38±0.12[a]	36.14±1.49[a]	88.89±5.88[a]	1.37±0.12[a]	14

注：同列数据不同小写字母表示差异显著（$P<0.05$），下同。

与对照相比，施氮与接种丛枝菌根真菌均可促进植物对氮、磷、钾的吸收，丛枝菌根真菌及其与氮肥处理植株全氮、全磷和全钾的吸收量分别提高77%~538%、39%~191%和42%~135%，除接种丛枝菌根真菌外，其他处理与对照均差异显著（表4.27）。同一施氮条件下，接种丛枝菌根真菌的玉米的养分吸收量显著高于非接种株，且丛枝菌根真菌+氮肥处理的玉米养分吸收量显著高于其他处理。施氮处理的植株全氮吸收量、全钾吸收量显著高于丛枝菌根真菌处理，而全磷吸收量却显著低于丛枝菌根真菌处理。玉米养分吸收量在不施氮条件下的菌根贡献率远高于施氮处理，说明在土壤缺氮条件下，丛枝菌根真菌更能促进植株对养分的吸收。

表 4.27　不同处理对植株养分吸收量的影响

处理	全氮		全磷		全钾	
	吸收量 /(g/盆)	菌根贡献率 /%	吸收量 /(g/盆)	菌根贡献率 /%	吸收量 /(g/盆)	菌根贡献率 /%
CK	0.13±0.01[c]	—	23.00±0.24[d]	—	0.62±0.03[d]	—
丛枝菌根真菌	0.23±0.01[c]	41	51.00±2.50[b]	55	0.88±0.04[c]	29
氮肥	0.64±0.01[b]	—	32.00±2.00[c]	—	1.29±0.04[b]	—
丛枝菌根真菌+氮肥	0.83±0.07[a]	23	67.00±1.75[a]	52	1.46±0.03[a]	12

丛枝菌根真菌与氮协同作用有利于促进玉米生长,提高玉米生物量。同一施氮条件下,接种丛枝菌根真菌显著提高玉米生物量和植株氮、磷、钾的吸收量,而丛枝菌根真菌与施氮联合处理显著高于其他处理,说明接种丛枝菌根真菌能促进植物对养分的吸收,促进植物生长发育,与付淑清等(2011)、赵青华等(2014)、贺学礼等(2009)的研究结果一致,这可能是因为丛枝菌根真菌侵染玉米根系形成菌根共同体,并在土壤中形成菌丝网,而菌丝可以伸展到根际以外,有效吸收根系不能吸收的矿质元素,扩大玉米对矿质养分、水分的吸收范围,从而促进玉米的生长发育。同时,不施氮条件下玉米干重的菌根依赖性和植株氮、磷、钾吸收量的菌根贡献率远高于施氮条件,说明在土壤养分缺失的情况下,丛枝菌根真菌更能发挥其菌根效应,促进植物生长,接菌对缓解矿区因干旱缺水、土壤养分贫瘠而植物长势差、作物产量低等问题,提高植物对矿区土壤氮素利用率,有效地减少氮素流失,减轻矿区化肥污染具有至关重要的作用。

2)风化煤与接菌对玉米生长的影响

风化煤是指暴露于地表或位于地表浅层的煤,俗称露头煤(李善祥和窦诱云,1998)。风化煤作为煤矿生产的发热量低的煤种,广泛存在于煤矿区,由于受长期风化作用的影响,风化煤含氧量高、发热量低(武瑞平等,2009)。但风化煤中含有丰富的活性物质——腐殖酸,腐殖酸具有的多种活性基团(羧基、酚羟基、醇羟基、甲氧基等),赋予腐殖酸的多种功能,如酸性、亲水性、阳离子交换性、络合能力及较高的吸附能力等,正是基于腐殖酸的这些功能,有关它的研究一直为人们所关注(刘秀梅等,2005)。丛枝菌根真菌可以活化利用养分,风化煤与接菌联合可以促进植被生长,改良黏土。接菌玉米生长显著高于对照,接种丛枝菌根真菌能够明显促进玉米的生长(表4.28)。不同风化煤与黏土配比下,接菌处理的玉米地上部分干重、叶片叶色值、叶面积都高于不接菌处理,且差异达到显著水平。同时施加适量的风化煤,风化煤与黏土的合理配比有利于玉米的生长。不接菌时,随着风化煤施加量的增加,玉米生长呈增加趋势,当风化煤与黏土质量比为1:2时,玉米地上部分干重、叶面积都达到最大,分别为1.83g/株、27.10cm²。随着风化煤比例提高,玉米各项生长指标有所降低。接菌玉米生长随风化煤施用量的增加而增大,当风化煤与黏土质量比为1:1时,玉米地上部分干重、叶片叶色值最高,分别为4.61g/株、41.17,玉米叶片叶面积为38.93cm²。各项生长指标均显著高于纯黏土及风化煤与黏土质量比1:3组。继续增加风化煤的施用量,玉米各项生长指标呈下降趋势,原因可能是风化煤中有机质、腐殖酸含量高，吸附能力强，因此风化煤施用量的增加促进玉米植株的生长，增加玉米干物质的累积量。然而，风化煤比例过大（超过 1∶1）易造成土壤黏结、土壤孔隙度下降、通透性变差，造成土壤氧气含量降低、根系和土壤微生物呼吸减弱、根系生长受阻，从而影响整个植株的生长。丛枝菌根真菌与风化煤的共同施用明显促进玉米生长，当风化煤与黏土质量比为 1∶1 时接种丛枝菌根真菌，显著提高玉米各项生长指标。

表 4.28   玉米生长指标

处理	地上部分干重/(g/株)	叶色值	叶面积/cm²
黏土 CK	1.22±0.06[f]	24.47±0.71[g]	23.10±1.51[e]
黏土 AM	3.56±0.03[d]	33.77±1.27[d]	31.61±0.92[c]
风化煤∶黏土 1∶3CK	1.23±0.04[f]	26.80±1.20[fg]	24.16±1.14[de]
风化煤∶黏土 1∶3AM	3.91±0.07[cd]	35.07±0.38[cd]	33.60±1.20[c]
风化煤∶黏土 1∶2CK	1.83±0.18[e]	30.27±1.05[e]	27.10±1.51[d]
风化煤∶黏土 1∶2AM	4.44±0.39[ab]	38.83±0.90[ab]	40.72±0.39[a]
风化煤∶黏土 1∶1CK	1.50±0.03[ef]	30.77±0.79[e]	25.54±1.48[de]
风化煤∶黏土 1∶1AM	4.61±0.13[a]	41.17±0.49[a]	38.93±1.03[ab]
风化煤∶黏土 2∶1CK	1.46±0.15[ef]	28.77±0.20[ef]	25.10±1.21[de]
风化煤∶黏土 2∶1AM	4.31±0.17[abc]	37.50±0.56[b]	37.92±0.87[ab]
风化煤∶黏土 3∶1CK	1.49±0.02[ef]	28.73±0.60[ef]	24.93±1.25[de]
风化煤∶黏土 3∶1AM	4.29±0.11[abc]	37.20±0.67[bc]	37.35±0.91[b]
风化煤 CK	1.48±0.04[ef]	27.50±0.56[f]	24.36±0.72[de]
风化煤 AM	4.07±0.22[bc]	37.17±0.80[bc]	36.98±1.07[b]

菌根与风化煤协同作用有效地促进玉米的生长，在风化煤与黏土质量比为 1∶1 的基质上接种丛枝菌根真菌时，玉米生长指标最优，玉米地上部分干重、叶片叶色值最高，分别为 4.61g/株、41.17，玉米叶片叶面积为 38.93cm²。

3）风化煤与黏土对玉米地上部分矿质元素的影响

不同配比接菌玉米地上部分氮、磷、钾的累积量如表 4.29 所示，7 种配比接菌玉米地上部分氮、磷、钾的累积量均显著高于不接菌，由此可见，接种丛枝菌根真菌能够明显促进宿主植物对矿质养分的吸收和利用。不接菌植株的全氮、全磷、全钾含量呈先升后降趋势，当风化煤与黏土质量比为 1∶2 时植物氮、磷、钾的累积量最大分别为 19.86mg/株、1.29mg/株、40.12mg/株，且和纯黏土及风化煤与黏土质量比 1∶3 差异显著，风化煤与黏土质量比大于 1∶2 时累积量与配比 1∶2 差异不显著。接菌植株氮、磷、钾的累积量均随风化煤比例的增加而增加，当风化煤与黏土质量比为 1∶1 时，玉米地上部分氮、磷、钾累积量均达到最大，分别为 53.01mg/株、7.15mg/株、79.42mg/株，且全氮、全磷含量除与配比 1∶2 差异不显著外，与其他处理差异均达到显著水平；全钾含量与纯黏十、风化煤与黏土质量比 1 : 3 和纯风化煤差异显著。继续增加风化煤用量，各矿质元素的累积量都逐渐减少。因此，在风化煤与黏土质量比为 1 : 1 的基质上接种丛枝菌根真菌，能促进玉米对氮、磷、钾的吸收，显著提高玉米对矿质元素的利用效率。

表 4.29　玉米地上部分矿质元素　　　　　　（单位：mg/株）

处理	氮元素	磷元素	钾元素
黏土 CK	13.67±0.16^{f}	0.58±0.01^{e}	26.22±1.08^{f}
黏土 AM	42.55±1.20^{d}	5.18±0.30^{c}	58.21±1.50^{c}
风化煤：黏土 1 : 3CK	14.67±0.52^{f}	0.65±0.08^{e}	31.66±1.18^{ef}
风化煤：黏土 1 : 3AM	44.02±2.09^{cd}	5.44±0.39^{c}	63.11±2.04^{c}
风化煤：黏土 1 : 2CK	19.86±0.60^{e}	1.29±0.08^{d}	40.12±1.69^{d}
风化煤：黏土 1 : 2AM	49.53±2.04^{ab}	6.65±0.32^{ab}	74.05±5.09^{ab}
风化煤：黏土 1 : 1CK	18.71±0.67^{e}	0.96±0.03^{de}	36.79±1.44^{de}
风化煤：黏土 1 : 1AM	53.01±1.55^{a}	7.15±0.47^{a}	79.42±5.64^{a}
风化煤：黏土 2 : 1CK	16.67±1.15^{ef}	0.83±0.01^{de}	35.17±2.19^{de}
风化煤：黏土 2 : 1AM	48.45±2.89^{b}	6.41±0.29^{b}	72.28±0.94^{ab}
风化煤：黏土 3 : 1CK	17.16±0.92^{ef}	0.73±0.04^{de}	35.04±1.36^{de}
风化煤：黏土 3 : 1AM	47.36±1.07^{bc}	6.30±0.09^{b}	72.21±4.45^{ab}
风化煤 CK	16.35±0.74^{ef}	0.73±0.07^{de}	34.79±0.81^{de}
风化煤 AM	47.56±0.79^{bc}	6.10±0.2^{b}	71.32±3.85^{b}

2. 生物化学改良对黏土性状的影响

丛枝菌根真菌是一种自然界中普遍存在的微生物，它能够与 80% 以上的陆生植物形成共生体（Smith et al., 2011）。研究发现，丛枝菌根真菌能促进植物对矿质营养的吸收，改善植物的水分状况，提高植物的抗旱能力，增加植物的生物量（毕银丽等，2005；Newsham et al., 1995）。氮是植物需要量大的化学元素之一，接菌和施氮联合处理促进植物的生长。李华等（2008）发现，通过对黄土高原露天煤矿区施用风化煤，使各土层土壤团聚体的质量显著改善，水稳性团聚体及阳离子交换量显著提高。段学军等（2003）在土壤熟化培肥过程中适量施用风化煤，并与玉米秸配施，这对土壤微生物量以及呼吸强度、纤维分解强度等均有不同程度的促进作用，互作激发效应比较明显，加速土壤物质的生物学循环，土壤生物活性得到明显提高。他们获得了对土壤微生物活性具有较佳激发效应的风化煤施用量 24150 ~ 32400kg/hm^2，同时配施玉米秸 35550 ~ 41550kg/hm^2，尿素 1080 ~ 1290kg/hm^2。宋轩等（2001）发现，草炭和风化煤的施入，改善盐碱土的养分供应状况，在水稻的各生育时期均不同程度地提高根系活力，促进水稻对 N、P_2O_5、K_2O、CaO 和 MgO 等养分的吸收；水稻增大有效分蘖、平均株高及每穗粒数，增加干物质的生产，从而提高水稻产量。目前国内对风化煤利用方面的研究主要集中在腐殖酸的提取工艺上，对风化煤与丛枝菌根真菌协同促进玉米生长和土壤利用方面的研究较少。

　　1）施氮与接种丛枝菌根真菌对土壤基本理化性质的影响

　　施氮处理的土壤pH、电导率高于不施氮处理（表4.30）。同一施氮条件下，接种丛枝菌根真菌降低土壤pH，提高土壤电导率，且差异显著。施氮处理与接种丛枝菌根真菌处理的土壤全氮含量高于CK处理，而丛枝菌根真菌+氮肥处理略低于丛枝菌根真菌和施氮肥处理，但各处理差异均不显著。同一施氮条件下，接种丛枝菌根真菌显著提高土壤速效磷和速效钾含量，在丛枝菌根真菌处理和丛枝菌根真菌+氮肥处理下土壤含量最高，氮肥处理的土壤含量最低。

表4.30　不同处理对土壤基本化学性质的影响

处理	pH	电导率 /（μS/cm）	全氮含量 /（mg/kg）	速效磷含量 /（mg/kg）	速效钾含量 /（mg/kg）
CK	7.20±0.01[b]	628.00±3.00[d]	39.00±2.67[a]	9.68±0.26[bc]	218.00±3.38[c]
丛枝菌根真菌	7.14±0[c]	796.00±1.20[c]	56.00±8.08[a]	13.83±0.27[a]	255.00±0.27[b]
氮肥	7.26±0[a]	916.00±6.11[b]	56.00±8.08[a]	8.40±1.26[c]	199.00±1.68[d]
丛枝菌根真菌+氮肥	7.22±0.01[b]	938.00±3.18[a]	51.00±4.67[a]	12.14±0.60[ba]	284.00±5.05[a]

注：表中数据为4个重复均值加减标准差；同列数据不同小写字母表示差异显著（$P<0.05$）。下同。

　　不同处理的土壤有机质含量、易提取球囊霉素相关土壤蛋白（EE-GRSP）含量、总球囊霉素相关土壤蛋白（T-GRSP）含量见表4.31，接种丛枝菌根真菌处理的土壤有机质含量高于非接菌处理，丛枝菌根真菌+氮肥处理的土壤有机质含量最高，各处理的土壤有机质含量差异均不显著。同一施氮条件下，接种丛枝菌根真菌的土壤EE-GRSP含量、T-GRSP含量显著高于非接菌处理，且丛枝菌根真菌+氮肥处理最高，而氮肥处理的土壤EE-GRSP含量、T-GRSP含量与CK处理间差异不显著。

表4.31　不同处理对菌根效应的影响

处理	有机质含量 /（g/kg）	易提取球囊霉素 含量/（mg/kg）	总提取球囊霉素 含量/（mg/kg）
CK	0.34±0.02[a]	9.08±0.45[c]	64.00±3.05[b]
丛枝菌根真菌	0.35±0.01[a]	15.47±0.32[b]	115.00±6.56[a]
氮肥	0.34±0.01[a]	9.02±0.53[c]	64.00±4.10[b]
丛枝菌根真菌+氮肥	0.36±0.08[a]	18.80±0.52[a]	140.00±15.76[a]

　　土壤中过量氮素的存在既会影响氮肥增产效用的发挥、增加氮素的损失，又易引起环境污染。因此，确定适宜的施氮量和提高氮肥利用率是农业生态系统特别是矿区生态系统急需解决的问题。施氮使土壤pH和电导率有所增加，可能是氮素在沙土中被吸附能力差，根际氮营养奢侈吸收所致。但是接种丛枝菌根真菌后，土壤pH显著下降。同时，施氮和丛枝菌根真菌处理均可提高根际土壤T-GRSP含量、全氮含量，提高土壤肥力。其中，氮

肥与丛枝菌根真菌联合处理的效果最佳。一方面是因为丛枝菌根真菌有利于挖掘土壤潜在磷营养，吸收利用土壤中的无机氮、简单的氨基酸和部分有机态氮。同时，根外菌丝扩大营养吸收面积，改良根际土壤微生物环境，培肥土壤。另一方面是因为丛枝菌根真菌促进植物地下部分、地上部分生长，提高植株矿质元素吸收量，而植物的生长发育反过来会影响土壤质量。

　　2）风化煤与丛枝菌根真菌对黏土基质的改良作用

　　菌根侵染率反映的是丛枝菌根真菌与植物根系之间的亲和程度（盖京苹等，2005）。根外菌丝分枝能力强，根外菌丝密度反映菌根在促进植物生长和营养及水分吸收等方面的能力，菌丝密度越大，越有利于根系对养分以及水分的吸收和运输。不同处理的玉米根系菌根侵染率、菌丝密度、总球囊霉素相关土壤蛋白和易提取球囊霉素相关土壤蛋白如表 4.32 所示。

表 4.32　土壤改良效应

处理	侵染率/%	菌丝密度 /（m/g）	总球囊霉素含量 /（mg/L）	易提取球囊霉素含量 /（mg/g）
黏土 CK	17.78±1.11^e	0.47±0.02^i	1.15±0.03^j	0.23±0.00^j
黏土 AM	91.11±2.22^b	2.12±0.16^f	1.34±0.02^i	0.24±0.01^j
风化煤：黏土 1∶3CK	18.89±1.11^{de}	0.58±0.04^{hi}	1.77±0.08^h	0.32±0.02^i
风化煤：黏土 1∶3AM	92.22±4.01^b	3.13±0.15^e	1.95±0.02^{fg}	0.34±0.01^{hi}
风化煤：黏土 1∶2CK	26.67±1.92^c	0.96±0.04^g	1.83±0.01^{gh}	0.35±0.02^{hi}
风化煤：黏土 1∶2AM	94.44±2.22^{ab}	3.99±0.06^b	2.06±0.07^{ef}	0.38±0.01^{gh}
风化煤：黏土 1∶1CK	24.44±1.11^{cd}	0.81±0.04^{gh}	1.98±0.04^{efg}	0.40±0.01^{fg}
风化煤：黏土 1∶1AM	100.00±0.00^a	4.91±0.13^a	2.11±0.11^e	0.41±0.00^{efg}
风化煤：黏土 2∶1CK	21.11±1.11^{cde}	0.71±0.04^{ghi}	2.33±0.01^d	0.44±0.01^{def}
风化煤：黏土 2∶1AM	94.44±2.94^{ab}	3.86±0.16^{bc}	2.42±0.05^{cd}	0.45±0.01^{de}
风化煤：黏土 3∶1CK	20.00±1.92^{de}	0.66±0.02^{hi}	2.44±0.07^{cd}	0.48±0.00^{de}
风化煤：黏土 3∶1AM	93.33±1.92^b	3.60±0.11^{cd}	2.57±0.01^c	0.50±0.01^c
风化煤 CK	21.11±1.11^{cde}	0.64±0.04^{hi}	3.10±0.07^b	0.66±0.02^b
风化煤 AM	92.22±2.94^b	3.56±0.11^d	3.62±0.08^a	0.78±0.04^a

　　接菌后各种配比的菌根侵染率均达到 90%以上，显著高于对照组，由此可见，接菌能够显著提高菌根侵染率。接菌处理中风化煤与黏土质量比为 1∶1 时，菌根完全侵染。接菌各种不同配比处理的菌丝密度均显著高于对照。接菌处理中风化煤与黏土质量比为 1∶1时，菌丝密度最大为 4.91m/g，显著高于其他处理。接菌处理中风化煤与黏土质量比为 1∶1时，基质与菌根的共生关系最优，适合菌根的生长，有利于菌丝的伸长与繁殖，从而促进植物根系对营养与水分的吸收和利用，促进植物生长。

　　各种配比接菌后土壤总球囊霉素相关土壤蛋白和易提取球囊霉素相关土壤蛋白均高于

对照，且随着风化煤比例的增大，总球囊霉素相关土壤蛋白和易提取球囊霉素相关土壤蛋白均呈增加趋势。这可能是风化煤中有机碳含量较高，球囊霉素相关土壤蛋白是有机碳的一种，由于球囊霉素提取方法的非专一性，所提取的相关土壤蛋白随风化煤的增加而增加。因此接菌和风化煤的共同施用提高土壤中总球囊霉素相关土壤蛋白和易提取球囊霉素相关土壤蛋白的含量。

3）风化煤与丛枝菌根真菌对黏土速效养分及酶活的影响

各种不同处理土壤速效磷、速效钾、酸性磷酸酶活性见表4.33。接菌土壤速效磷、速效钾的含量均低于对照，菌根能够促进玉米植株对磷和钾的吸收与利用，接菌土壤中的速效磷、速效钾更多地被吸收运送到植株体内，因此土壤中速效磷、速效钾的含量降低。不接菌时，风化煤与黏土质量比为1：2时，土壤速效磷、速效钾的含量最低，分别为8.06mg/kg、60.29mg/kg；接菌风化煤与黏土质量比为1：1时，土壤速效磷、速效钾的含量最低，分别为4.99mg/kg、48.91mg/kg。这与玉米地上部分矿质元素的结果相吻合，同时说明干物质最多，生长最好的玉米吸收的养分最多。

在风化煤与黏土的7种配比中，接菌土壤酸性磷酸酶活性均高于对照。当风化煤比例较小时（≤风化煤：黏土1：2），接菌对土壤酸性磷酸酶活性的提高不显著；当风化煤比例增大（>风化煤：黏土1：2），接菌显著提高土壤酸性磷酸酶活性。接菌风化煤与黏土质量比为2：1时，土壤酸性磷酸酶活性最大，为5.09μmol/(g·h)，其次为煤土质量比1：1，酸性磷酸酶活性4.85μmol/(g·h)，两者差异不显著。

接菌显著提高菌根侵染率和菌丝密度，施加风化煤于黏土中，当风化煤与黏土质量比为1：1时，根系被完全侵染率，菌丝密度最大达4.91m/g，且与其他处理差异显著。当风化煤与黏土质量比为1：1时，根系与菌根的共生关系最优。接菌与风化煤均能提高球囊霉素相关土壤蛋白的含量，且随着风化煤的增加而增加，同时提高土壤的酸性磷酸酶活性，接菌处理风化煤与黏土质量比为1：1时土壤酸性磷酸酶活性较高，为4.85μmol/(g·h)。因此，菌根与风化煤联合促进土壤改良。

表4.33　土壤速效养分及酶活性

处理	土壤速效磷 /(mg/kg)	土壤速效钾 /(mg/kg)	酸性磷酸酶活性 /[μmol/(g·h)]
黏土CK	12.23±0.21[a]	70.43±2.36[a]	3.89±0.10[f]
黏土AM	9.28±0.19[d]	63.93±0.69[bc]	4.21±0.17[def]
风化煤：黏土1：3CK	12.11±0.29[a]	67.59±3.42[ab]	4.02±0.08[ef]
风化煤：黏土1：3AM	7.50±0.24[e]	62.10±0.42[bc]	4.33±0.16[cde]
风化煤：黏土1：2CK	8.06±0.42[e]	60.29±1.39[cd]	4.48±0.11[bcd]
风化煤：黏土1：2AM	7.27±0.13[e]	56.11±1.64[de]	4.54±0.07[bcd]
风化煤：黏土1：1CK	9.98±0.14[cd]	63.60±2.09[bc]	4.30±0.07[cde]
风化煤：黏土1：1AM	4.99±0.24[g]	48.91±1.24[f]	4.85±0.09[ab]
风化煤：黏土2：1CK	10.74±0.35[bc]	64.03±1.63[bc]	4.23±0.06[def]

续表

处理	土壤速效磷 /（mg/kg）	土壤速效钾 /（mg/kg）	酸性磷酸酶活性 /［μmol/（g·h）］
风化煤∶黏土 2∶1AM	5.89±0.44[f]	52.21±2.07[ef]	5.09±0.04[a]
风化煤∶黏土 3∶1CK	11.02±0.54[b]	64.69±1.59[abc]	4.19±0.08[def]
风化煤∶黏土 3∶1AM	5.97±0.31[f]	52.50±2.57[ef]	4.68±0.31[abc]
风化煤 CK	10.99±0.33[b]	65.94±2.79[abc]	4.16±0.06[def]
风化煤 AM	6.27±0.09[f]	52.59±1.16[ef]	4.78±0.23[ab]

　　综上所述，风化煤与黏土质量比为 1∶1 时接种丛枝菌根真菌对玉米生长和土壤改良具有明显的促进作用，风化煤与菌根的联合施用对改善作物生长、改良退化土壤具有重要意义。接菌与施氮对土壤的改良与促生效果较好。

第5章 草原露天矿区微生物修复及其修复机理

5.1 草原露天矿区修复菌剂的培养与优选

丛枝菌根真菌是陆地生态系统中，分布最广泛的一种有益土壤真菌，能与陆地上大部分有花植物形成菌根共生体。丛枝菌根真菌不但能增加植物生物量，促进植物对氮、磷、钾的吸收，还能改良根际土壤微生物环境，提高土壤肥力，提高其抗旱性、抗寒性和耐盐碱性，降低病虫害对植物的破坏。丛枝菌根真菌产生的土壤相关蛋白（球囊霉素）是土壤的重要碳库之一，可以增强土壤团聚体的稳定性，改善土壤基质，提高土壤肥力。截至2014年，我国煤矿开采的破坏面积已达到全国露天采煤挖损土地总面积3万 hm^2 以上，全国累计占用土地约5.6万 hm^2，目前已恢复治理矿山面积仅4.8%，因而迫切需要针对矿区建立适用的菌根修复技术，包括丛枝菌根真菌扩繁技术。郁纪东等（2014）以粉煤灰、煤矸石为基质，在苜蓿、刺槐、高羊茅上都接种了丛枝菌根真菌，发现接种菌根有效地促进植物的生长。陈谦等（2010）通过矿山复垦试验发现，当复垦土壤中有大量丛枝菌根形成以后，其有效地改良复垦土壤基质。基质作为菌种和宿主的培养载体，是提高扩繁效果最关键的因素之一（温莉莉等，2009）。张淑彬等（2011）发现以幼套球囊霉（*Glomus etunicatum*）、根内球囊霉（*Glomus intraradics*）、摩西球囊霉（*Glomus mosseae* 为供试菌种，其在陶粒+珍珠岩+蛭石（4∶3∶3）基质下的侵染率最高，侵染率顺序为 *Glomus intraradics>Glomus etunicatum>Glomus mosseae*，三者均高于（陶粒+珍珠岩+蛭石）+草炭（9∶1）基质下的侵染率。同种基质中采用根系生物量大的玉米结合三叶草混种的扩繁摩西球囊霉效果更好，丛枝菌根真菌的侵染率和产孢量显著高于高粱、三叶草、青葱等其他植物（李媛媛等，2013）。

目前，有关丛枝菌根真菌扩繁技术，大多只涉及丛枝菌根真菌广谱性的培养方法在农田生产中的应用（如研制特定的培养装置、采用混合化的培养基质），尚没有适宜矿区环境的丛枝菌根真菌菌剂。本章采用风化煤及其他基质不同配比进行菌剂培养，克服现有基质不易获取、成本高的缺陷，提供一种煤矿区丛枝菌根真菌菌剂的扩繁方法，为煤矿区优质丛枝菌根真菌菌剂的扩繁提供技术指导，为矿区生态恢复奠定应用基础。

供试丛枝菌根真菌菌种：摩西管柄囊霉（*Funneliformis mosseae*，本章简写 Fm）和根内球囊霉（*Rhizophagus intraradices*，本章简写 Ri），菌种由北京市农林科学院植物营养与资源研究所微生物实验室提供，中国矿业大学（北京）微生物复垦实验室沙土扩繁培养3个月，将含有菌丝、侵染根段（90%）和孢子（密度为21个/g）的沙土作为菌剂。按不同材料体积比配制如下：砂土（S）、砂土+蛭石+珍珠岩（S+V+P，2∶1∶1）、风化煤+砂土+蛭石+珍珠岩（W+S+V+P，1∶1∶1∶1），这三种基质的基本理化性质见表5.1，优选最佳菌根菌剂的培养基质组成配方。

表 5.1 三种基质的基本理化性质

基质	全氮 /（g/kg）	碱解氮 /（mg/kg）	速效磷 /（mg/kg）	速效钾 /（mg/kg）	有机质 （g/kg）	最大持水量 /%	pH
S	0.098	7.00	2.40	26.7	1.108	20.01	7.91
S+V+P（2:1:1）	0.071	6.88	2.15	32.5	1.207	25.01	8.09
W+S+V+P（1:1:1:1）	0.247	17.00	0.558	19.1	9.95	47.40	7.35

5.1.1 丛枝菌根真菌菌剂的最佳培养的基质

1. 不同基质对丛枝菌根真菌的扩繁效果

以菌根侵染率、孢子密度和菌丝密度作为检验菌剂扩繁质量的指标，添加风化煤和双接菌明显提高玉米根系丛枝菌根真菌的扩繁效果（表 5.2）。双接菌（Fm+Ri）和基质（风化煤+砂土+蛭石+珍珠岩）组合的侵染率最高为 91.12%，其次是单接 Fm 和基质（风化煤+砂土+蛭石+珍珠岩）为 89.33%，单接 Ri 和纯砂土的侵染率最低，仅为 70.24%（$P<0.05$）。不同基质单接 Fm 的侵染率从高到低依次为 W+S+V+P（1:1:1:1）>S+V+P（2:1:1）>S，单接 Ri 的规律与此相同。基质（W+S+V+P）的处理比纯砂土侵染率高出 7%~20%，由此可知，添加风化煤基质显著提高玉米根系丛枝菌根真菌侵染率（$P<0.05$）。

不同处理对丛枝菌根真菌孢子密度和菌丝密度的影响有所不同（图 5.1 和表 5.2），双接菌（Fm+Ri）与基质（W+S+V+P）组合的孢子密度和菌丝密度分别高达 87 个/g、0.89m/g，显著大于单接菌组合（$P<0.05$）。不同接菌处理时，单接 Fm 与基质（W+S+V+P）组合，孢子密度、菌丝密度分别高达 64 个/g、0.71m/g，单接 Ri 与基质（S+V+P）组合的孢子密度和菌丝密度分别为 20 个/g、0.32m/g。综上所述，添加风化煤的基质与双接菌组合的侵染率、孢子密度和菌丝密度达到最佳，显著高于其他单接菌组合（$P<0.05$），说明 Fm+Ri 与基质（W+S+V+P）组合用来扩繁丛枝菌根真菌有利于提高孢子密度和菌丝密度。

表 5.2 不同基质和菌种对丛枝菌根真菌侵染程度的影响

菌种组合	基质	侵染率/%	孢子密度/（个/g）	菌丝密度/（m/g）
CK	S	0	0	0
	S+V+P（2:1:1）	0	0	0
	W+S+V+P（1:1:1:1）	0	0	0

续表

菌种组合	基质	侵染率/%	孢子密度/（个/g）	菌丝密度/（m/g）
Ri	S	70.24±3.69^c	16^d	0.49^b
	S+V+P（2:1:1）	72.24±0.74^{bc}	20^c	0.32^c
	W+S+V+P（1:1:1:1）	75.56±6.09^b	22^c	0.31^c
Fm	S	73.91±5.0^b	43^d	0.69^a
	S+V+P（2:1:1）	79.45±6.19^b	56^c	0.52^b
	W+S+V+P（1:1:1:1）	89.33±4.17^a	64^b	0.71^b
Fm+Ri	S	84.19±5.1^a	49^a	0.63^a
	S+V+P（2:1:1）	86.41±2.38^a	76^b	0.82^a
	W+S+V+P（1:1:1:1）	91.12±3.96^a	87^a	0.89^a

注：数值为均值±标准误差，同列不同小写字母表示不同处理在 $P<0.05$ 水平有显著差异。下同。

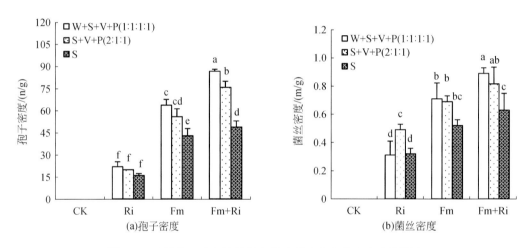

图 5.1　不同处理对丛枝菌根真菌孢子密度和菌丝密度的影响

同一指标不同小写字母表示不同处理间差异显著性（$P<0.05$）；横条表示标准偏差。下同

　　方差分析得到，不同基质配比和丛枝菌根真菌处理对丛枝菌根真菌孢子密度和菌丝密度有显著交互作用，对侵染率无显著影响（表5.3），此外，不同基质配比对孢子密度有显著影响（$P<0.05$）。

表5.3　不同基质和菌种组合对丛枝菌根真菌扩繁效果的方差分析

显著性 ANOVA	侵染率	孢子密度	菌丝密度
P（基质）	NS	*	NS
P（菌种）	NS	*	*
P（基质×菌种）	NS	*	NS

注：采用双因素方差分析，NS、* 分别表示在5%水平上的互作效应不显著和显著。

2. 基质配比与丛枝菌根真菌组合对植物促生效应

菌根侵染和定殖情况可影响植物生长，不同基质和菌种组合对玉米地上部分干重和根部干重的影响如图 5.2 所示，对玉米植株地上部分干重和根部干重影响最高的均是双接 Fm+Ri 与基质（W+S+V+P）组合，其地上部分干重和根部干重（分别为 5.73g、0.63g）为最高，均显著高于纯砂土。单接菌处理中，Fm 与基质（W+S+V+P）组合的地上部分干重、根部干重分别为 4.68g、0.56g，比同菌种纯砂土显著提高了 34.5%、53.4%，Ri 的地上部分干重、根部干重比同菌种纯砂土显著提高了 29.3%、22.4%。可见，添加风化煤配比的基质与双接 Fm+Ri 组合显著提高地上部分干重和根部干重（$P<0.05$）。

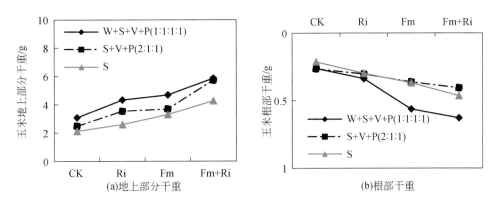

图 5.2　不同处理对植物生长状况的影响玉米地上部分干重和根部干重

利用 3 种基质风化煤+砂土+蛭石+珍珠岩（1:1:1:1）、伊利石+砂土+蛭石+珍珠岩（1:1:1:1）、砂土+蛭石+珍珠岩（2:1:1）和 2 种丛枝菌根真菌（Fm、Ri），研究不同基质和菌种组合对丛枝菌根真菌的侵染程度、产孢量、菌丝密度和玉米生长状况的影响。双接菌 Fm+Ri 与风化煤+砂土+蛭石+珍珠岩组合的扩繁效果最佳，玉米的菌根侵染率、孢子密度、菌丝密度分别为 91.12%、87 个/g、0.89m/g，同时玉米的地上部分干重也较高，显著高于其他单接丛枝菌根真菌的组合（$P<0.05$）。因此 Fm、Ri 联合接菌与风化煤+砂+蛭石+珍珠岩组合是扩繁适应于矿区的菌剂的最佳选择，为丛枝菌根真菌在采煤沉陷地的应用奠定了良好的基础，不同微生物菌剂与基质配比的组合模式影响菌剂的培养质量。野外菌剂培养需要结合菌株特性选择最佳的基质配比组合。

5.1.2　不同丛枝菌根真菌对草本植物促生作用

露天煤矿开采通过剥离表土及煤层上覆岩层，直接破坏大面积草原植被，而地层开挖和排弃改变了原有土壤层结构，导致重构土层中微生物群落急剧减少、土壤肥力和酶活性下降，土壤质量降低，土地生产力极为低下，严重制约了矿区地表植被的生长与恢复。同时，草原处于高寒地区，自然气候条件恶劣，易遭受严寒、干旱灾害，进一步增加了植被恢复的难度，草原破坏严重威胁了该区域生态安全。因此，采取有效途径在露天矿区排土场进行高效、快速植被恢复与重建,是露天矿生态复垦的紧要任务。

丛枝菌根真菌广泛分布于自然界和草原生态系统中,能与80%以上高等植物形成丛枝菌根共生体。接种丛枝菌根真菌能够有效促进宿主植物生长,改善水分代谢和矿质营养的吸收利用,显著改善土壤质量,同时还能够增强作物对干旱寒冷、盐碱及重金属等方面的抗逆性。基于此,利用菌根生物技术进行矿区复垦、退化草原修复,提高宿主在干旱环境中的成活率、抗逆性和植物生产力具有很大的潜力。

黄花苜蓿为豆科苜蓿属多年生草本植物,广泛分布于亚洲和欧洲。其具有较强的耐瘠薄、抗旱、抗寒能力,对矿区土壤改良具有较好效果,广泛应用于酷寒、干旱等自然条件恶劣的矿区受损植被恢复,在我国草原分布较多。近年来,有关黄花苜蓿的研究主要集中在黄花苜蓿生理生态特征、抗逆性、栽培利用、种质资源等方面,关于菌根对矿区黄花苜蓿促生作用的研究鲜有报道。通过接种 3 种不同的丛枝菌根菌种,比较不同的丛枝菌根真菌对黄花苜蓿生长的影响,筛选优良高效菌种,为丛枝菌根真菌资源利用提供理论依据,为露天矿区排土场生物联合修复提供技术支持。菌种包括摩西管柄囊霉（*Funneliformis mosseae*,简称 Fm）、幼套球囊霉（*Glomus etunicatum*,简称 Ge）、地表球囊霉（*Glomus versiforme*,简称 Gv）,均为矿区常见优势丛枝菌根真菌。土质为砂质栗钙土,土壤速效钾含量为 145.71mg/kg,速效磷含量为 13.71mg/kg,碱解氮含量为 124.37mg/kg,有机质含量为 18.36g/kg。

1. 不同接菌处理对植物生长的影响

接菌显著增加了黄花苜蓿株高,Fm、Ge、Gv 较对照分别增加了 30.0%、25.6%、10.07%,且差异显著（$P<0.05$）（表 5.4）。接种丛枝菌根真菌后植株地上生物量均有所增加,与对照相比,Fm、Ge、Gv 处理地上生物量分别提高 51.9%、32.6%、18.2%。Fm、Ge 处理地下生物量高于对照,较对照分别提高了 23.9%、14.8%。总干重表现为 Fm>Ge>Gv>CK,接菌处理较对照分别提高 34.2%、21.4%、3.5%。方差分析表明,接菌后 Fm、Ge 处理地上生物量显著高于对照处理,Fm 总干重显著高于对照处理（$P<0.05$）。接菌后黄花苜蓿植株的菌根依赖性增强,表明丛枝菌根真菌有效促进黄花苜蓿的生长。黄花苜蓿的菌根依赖性表现为 Fm>Ge>Gv。不同菌株促生效果存在差异,整体来看,Fm 对生物量的促进作用最为明显,Ge 次之,Gv 效果略差。

表 5.4　接种丛枝菌根真菌对植株生长的影响

处理	株高/cm	地上生物量/g	地下生物量/g	总干重/g	菌根依赖性
CK	9.13±0.42[c]	1.81±0.15[c]	3.10±0.19[ab]	4.91±0.34[b]	0
Fm	11.87±0.31[a]	2.75±0.23[a]	3.84±0.37[a]	6.59±0.49[a]	134
Ge	11.47±0.42[a]	2.40±0.07[ab]	3.56±0.28[ab]	5.96±0.36[ab]	121
Gv	10.07±0.68[b]	2.14±0.16[bc]	2.94±0.15[b]	5.08±0.28[b]	103

2. 不同接菌处理对侵染率和菌丝密度的影响

接菌后菌根侵染率显著提高，表明 3 个菌种均可与黄花苜蓿形成良好的共生关系（图 5.3）。不同接菌处理侵染率表现不同，可能是由于宿主植物与菌种之间存在相互选择作用，其中 Fm 表现为最高，达到 66.7%，所有接菌处理与 CK 相比均表现为显著差异（$P<0.05$）。菌根侵染后，根系周围会产生大量的菌丝。与对照相比，Fm、Ge、Gv 菌丝密度分别达到 6.4m/g、5.8m/g、3.4m/g。菌丝密度的增加可以增大根系吸收面积，有效促进土壤中水分和养分的吸收，有利于植物的生长。

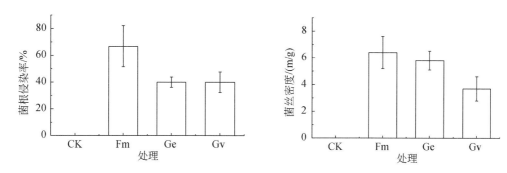

图 5.3　不同接菌处理菌根侵染率、菌丝密度

3. 接菌对植株叶片可溶性蛋白、叶色值的影响

叶片可溶性蛋白是植株代谢的重要物质，可延缓或者减少植株体内 RNA 降解，增强非酶促防御系统能力，提高寄主细胞的保水能力，对植物在逆境条件下保持较高生理代谢具有重要作用。由图 5.4 可知，接菌后叶片可溶性蛋白含量较对照增加，表现为 Fm>Ge>Gv，三者分别较对照提高 36.8%、14.7%、7.1%，其中 Fm、Ge 处理显著高于对照（$P<0.05$）。叶绿素作为参与植株光合作用的重要物质，其浓度提高可以促进植株光合效率的提高和光合产物的合成，有利于植株干物质的积累。SPAD 值能够反映植株叶片中叶绿素含量，接菌后植株 SPAD 值显著提高（$P<0.05$），与对照相比，分别提高 21.0%、17.6%、20.6%。

4. 接菌对植株光合作用和养分的影响

植株光合作用是通过能量转化，利用光能将无机物转变为有机物，为植物自身和自然界其他生物提供有机物。净光合速率、气孔导度、蒸腾速率等指标可从植物光合生理角度反映植物对丛枝菌根真菌的响应。由表 5.5 可知，接菌后叶片的净光合速率高于未接菌处理，Fm、Ge、Gv 较对照分别提高 19%、7.0%、7.6%。接菌可有效提高叶片气孔导度，表现为 Fm>Ge>Gv>CK，Fm、Ge、Gv 较对照分别提高 36.4%、18.2%、9.1%。接菌后植物叶片蒸腾速率有所增加，Fm、Ge、Gv 较对照分别提高 22.8%、16.7%、5.3%。Fm 处理显著提高叶片净光合速率、气孔导度、蒸腾速率（$P<0.05$），促进作用明显，而 Ge 仅表现为蒸腾速率显著优于对照，其他指标虽表现为促进，但差异不显著（$P>0.05$）。Gv

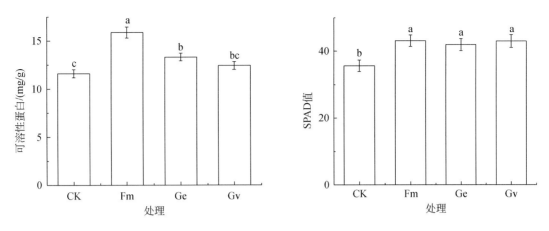

图 5.4　接菌对植株叶片可溶性蛋白和 SPAD 值的影响

图中数据为 3 次重复的均值±标准差。不同小写字母表示不同处理间差异显著（$P<0.05$）

促进作用不明显，与对照相比差异均不显著（$P>0.05$）。

表 5.5　接菌对黄花苜蓿叶片光合作用参数的影响

处理	净光合速率 / [μmol CO$_2$/(m^2·s)]	气孔导度 / [mol H$_2$O/(m^2·s)]	蒸腾速率 / [mmol H$_2$O/(m^2·s)]
CK	14.24±0.04[b]	0.11±0[b]	2.81±0.08[b]
Fm	16.94±0.78[a]	0.15±0[a]	3.45±0.12[a]
Ge	15.24±0.28[ab]	0.13±0.01[ab]	3.28±0.11[a]
Gv	15.32±0.78[ab]	0.12±0[b]	2.96±0.03[b]

接菌后，Fm、Ge、Gv 处理的黄花苜蓿地上部分 N 浓度均小于对照处理，表现为 CK>Ge>Fm>Gv（图 5.5）。地下部分 N 浓度表现为 Gv>CK>Ge>Fm，但对照与接菌处理间差异均不显著（$P>0.05$）。植物地上部分和地下部分的植物磷营养均表现为接菌大于对照处理。其中，地上部分 P 浓度表现为 Ge>Gv>Fm>CK，较对照分别提高 34.1%、7.5%、0.4%，但差异不显著（$P>0.05$）。地下部分 P 浓度表现为 Ge>Fm>Gv>CK，除 Gv 处理外，接菌处理均显著高于对照（$P<0.05$）。接菌后对植物 N 浓度的响应不明显，这可能是由于植物生长的稀释效应。接菌有效促进植物对磷的吸收，这可能是由于植物与菌根结合后促进植物根系对土壤中养分的吸收利用。不同接菌处理对植物营养元素的吸收表现不同，这可能是由于菌根在根系的侵染位点和作用时间及作用机制不同。

5. 各因子相关性和接菌促生作用的主成分分析

相关性分析表明（表 5.6），菌根侵染率与生物量、叶片可溶性蛋白、气孔导度、地上部分 N 浓度呈显著相关，而与菌丝密度、株高、蒸腾速率、根系 P 浓度呈极显著相关；菌丝密度与生物量、气孔导度、蒸腾速率呈显著相关，而与 SPAD 值、可溶性蛋白

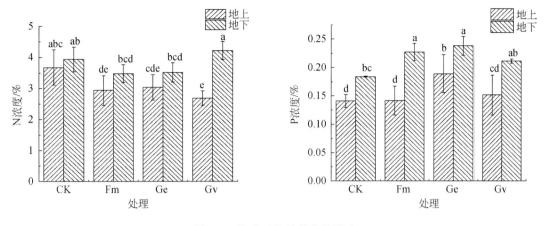

图 5.5　接菌对植株养分的影响

含量、株高、净光合速率、根系 P 浓度呈极显著相关。表明菌根侵染后显著提高植物株高和生物量，同时促进植物体对土壤养分的吸收，改善植物光合代谢，菌根对植物的生长起到显著促进作用。

　　通过对菌根侵染及植物生长、生理、营养状况等指标进行主成分分析，选取了两个主成分。其中第一主成分反映信息占总信息量的 75.04%，第 2 主成分占 13.33%，累积贡献率达到 88.37%（表 5.7）。第一主成分主要综合了菌根侵染率、植物生物量、株高、植物根系 P 浓度、光合作用等指标的变异信息，第二主成分主要包含了地上 N 浓度的变异信息，可表征为植物生长、营养状况和菌根作用的量度。由综合得分及排名分析可知（表 5.8），3 种接菌处理中 Fm 得分最高，促进作用最好，Ge 次之，Gv 表现较差。Fm 的应用潜力较大，可优先作为草原矿区微生物菌肥进行生态应用。

　　呼伦贝尔草原地处内蒙古高原东部的高寒地区，该区域生态极其脆弱，气候条件恶劣，无霜期短，易遭受寒灾、旱灾，一旦受损退化，极难恢复。该区域露天采矿活动造成地表土壤结构破坏，土壤肥力下降，微生物数量和活性降低，对植物生长非常不利。而菌根修复技术在解决矿区植被和土壤退化、提高植物抗逆性、生态系统恢复重建等方面可起到重要作用。

　　氮和磷是植物进行生理代谢必需的大量元素，在光合与呼吸、生物膜的合成与稳定、酶的活化与失活、信号转导、产量与品质形成等过程中发挥重要作用。氮、磷的缺失会导致光合作用能力下降，限制植物的生长和正常代谢。草原矿区本身土壤瘠薄，由于煤炭开采，土壤养分和水土流失，对植物的生长造成一定的消极影响。而接菌后显著提高了植物体内养分浓度尤其是磷浓度，可能是由于接菌后根系周围产生了大量的菌丝，增加了根系的吸收面积。可溶性蛋白是植物进行渗透调节的重要物质之一，可使植物在逆境条件下保持较高的生理代谢，对植物的抗逆性有重要作用。研究表明，可溶性蛋白含量与植物的抗旱、抗寒性密切相关。接菌显著提高黄花苜蓿叶片的可溶性蛋白含量，对黄花苜蓿叶片生理代谢进行具有重要意义，可有效提高植物的抗逆性。

表 5.6　菌根侵染、植物生长、光合作用参数之间相关性分析

项目	侵染率	菌丝密度	SPAD 值	生物量	可溶性蛋白含量	株高	净光合速率	气孔导度	蒸腾速率	地上部分 N 浓度	地下部分 N 浓度	地上部分 P 浓度
菌丝密度	0.74**											
SPAD 值	0.44	0.73**										
生物量	0.68*	0.70*	0.30									
可溶性蛋白含量	0.68*	0.80**	0.61*	0.79**								
株高	0.73*	0.92**	0.64*	0.79**	0.81**							
净光合速率	0.44	0.75**	0.70*	0.51	0.79**	0.68*						
气孔导度	0.68*	0.66*	0.58*	0.55	0.83**	0.75**	0.54					
蒸腾速率	0.79**	0.74*	0.55	0.64*	0.76**	0.82**	0.46	0.95**				
地上部分 N 浓度	-0.63*	-0.47	-0.44	-0.53	-0.37	-0.34	-0.17	-0.21	-0.34			
地下部分 N 浓度	-0.31	-0.55	-0.16	-0.76**	-0.66*	-0.64*	-0.35	-0.46	-0.48	0.26		
地上部分 P 浓度	0.07	0.30	0.36	-0.13	-0.03	0.35	0.03	0.25	0.33	0.27	0.07	
根系 P 浓度	0.77**	0.82**	0.49	0.60*	0.57	0.72**	0.34	0.63*	0.80**	-0.56	-0.43	0.37

* 在 $P<0.05$ 水平上显著相关；** 在 $P<0.01$ 水平上极显著相关。下同。

表 5.7　主成分载荷矩阵、特征值与贡献率

项目	第一主成分	第二主成分
侵染率	0.95	0.16
菌丝密度	0.98	0.19
SPAD 值	0.83	0.53
生物量	0.95	−0.31
可溶性蛋白含量	0.92	−0.3
株高	0.99	−0.05
净光合速率	0.91	−0.11
气孔导度	0.94	−0.33
蒸腾速率	0.98	−0.17
地上 N 浓度	−0.64	−0.72
地下 N 浓度	−0.72	0.55
地上 P 浓度	0.3	0.4
根系 P 浓度	0.9	0.27
特征值	9.756	1.733
贡献率/%	75.04	13.33

表 5.8　不同接菌处理植物生长效应综合得分及排名

处理	第一主成分	第二主成分	综合得分	排名
Fm	1.071	−0.757	0.795	1
Ge	0.298	0.298	0.298	2
Gv	−0.281	1.286	−0.045	3
CK	−1.25	−0.828	−1.186	4

光合作用是植物通过同化作用进行干物质积累的主要方式。影响光合作用的环境因素较多，如光强度、CO_2浓度、温度、水分、矿质营养、叶绿素含量等。呼伦贝尔地区由于处于中高纬度地区，生长季短，且容易遭受干旱和低温严寒胁迫，有效提高植物光合作用效率、充分利用光能是提高其土地生产力并促进植物恢复的关键。在外界环境条件一定的情况下，提高植物叶绿素含量、增强植物体内水分和营养状况是提高植物光合作用效率的有效手段。已有研究表明，接菌能够有效促进植物在低温、干旱等环境胁迫条件下的光合作用效率，促进植物干物质的积累。本章结果表明接菌显著提高植株叶片 SPAD 值，植株养分含量也得到有效提高，一定程度上对植物光合作用的提高和干物质的积累具有重要作用。相关性分析也表明，净光合速率与 SPAD 值、株高均呈显著正相关，与菌丝密度、叶片可溶性蛋白含量呈极显著正相关。菌根通过促进植物对土壤水分和养分的吸收，提高植物体内的养分浓度，促进叶片代谢和叶绿素合成，从而有效促进植物光合作用和干物质的积累。接菌有效促进植物净光合速率、气孔导度、蒸腾速率，这对高寒地区的植物生长和

植被恢复具有至关重要的作用，体现出丛枝菌根真菌的生态价值。

室内盆栽模拟实验分析对比不同菌种的有效性，表明接种菌根能够有效促进黄花苜蓿幼苗的生长，提高植物叶片叶绿素和可溶性蛋白的含量，提高植物净光合速率和对营养的吸收。实验主要是在温室内土壤灭菌条件下进行的，对于在逆境条件下（干旱、严寒等环境）的生态作用效果以及矿区实际环境条件与土著微生物的长期互相作用还有待于进一步研究。

综上所述，3 种接菌处理对黄花苜蓿幼苗生长均有不同程度的促进作用，其中以 Fm 的效果最好，Ge 次之，Gv 效果最差。综合各形态、生理指标来看，Fm 对幼苗生长的促生效果最好，具有菌肥开发的潜力。接菌能与黄花苜蓿形成良好共生关系，显著提高根际菌丝密度，并能促进植物生长，接菌处理显著促进植物株高和生物量的增加。接菌有效提高叶片和根系 P 浓度，提高黄花苜蓿净光合速率、气孔导度、蒸腾速率，同时提高叶片 SPAD 值和可溶性蛋白含量，在提高黄花苜蓿对矿区逆境的抗性方面具有潜在作用。

5.1.3　丛枝菌根真菌改良土壤机理

露天矿区位于荒漠化干草原和干草原的过渡带，地表土壤以风积沙和黄土为主，土壤养分缺乏，有机质含量极低，严重影响植被的生长。特别是黄土，具有黏性，通气性不良，有机质和氮含量极低，施加化肥能增加土壤中氮、磷、钾的含量，但考虑大面积改良需要较大经济投入以及化肥对环境的负面效应，近年来微生物修复技术作为一种低成本无污染的植物修复技术逐渐受到重视。丛枝菌根真菌是自然界土壤中普遍存在的一种土壤微生物，可以与80%以上的有花植物形成互惠共生关系，密切影响着宿主植物的生长和发育（Animesh et al., 2015；Verslues et al., 2006）。丛枝菌根真菌可以改善植物的矿质营养，通过增加营养吸收来促进植物生长，提高植物的生物量和产量（Chen et al., 2002），丛枝菌根真菌与植物共生可以改善土壤水稳性团聚体、土壤渗透势和总孔隙度等，同时提高土壤有机质含量（贺学礼等，2013；Rillig et al., 2002）。通过对黄土与沙土配比比例的优化，降低其黄土黏粒含量，增强黄土通气透水性能，利用丛枝菌根真菌对土壤的改善作用，揭示黄土与沙土两种不同配比下接种丛枝菌根真菌对土壤理化性质的改良效应，为露天煤矿的黄土基质改良提供一种新的方法和技术手段。4 个土壤基质水平，沙土（S）、黄土（H）、沙土与黄土按质量比 1∶1 配比（S+H，1∶1）、沙土与黄土按质量比 3∶1 配比（S+H，3∶1），两个接种丛枝菌根真菌水平：接种丛枝菌根真菌（AM）和不接种丛枝菌根真菌的对照组（CK），比较接菌对贫瘠黄土的改良作用。

1. 不同处理对丛枝菌根真菌侵染率和玉米生物量的影响

所有 CK 处理均未发现丛枝菌根真菌侵染（表5.9），AM 处理中沙土的侵染率最高，黄土的侵染率最低，与沙土配比后黄土的侵染率均升高，且随着掺入沙土比例的增大侵染率有所升高，但并未达到显著差异。

表 5.9　不同处理对侵染率和玉米生物量的影响

处理	基质	侵染率/%	生物量/g
CK	S	0	28.71 ± 1.16^{aB}
	H	0	10.15 ± 0.64^{dA}
	S+H（1:1）	0	19.67 ± 1.61^{cB}
	S+H（3:1）	0	25.41 ± 2.41^{bB}
AM	S	93.33 ± 0.82^{a}	35.70 ± 1.34^{aA}
	H	43.33 ± 0.58^{c}	12.02 ± 0.63^{cA}
	S+H（1:1）	60 ± 1.41^{b}	25.05 ± 0.66^{bA}
	S+H（3:1）	66.67 ± 0.82^{b}	34.44 ± 0.93^{aA}

注：不同小写字母表示在相同接菌处理的条件下，不同土壤基质在 $P<0.05$ 水平上有显著差异；不同大写字母表示在相同土壤基质的条件下，不同接菌处理在 $P<0.05$ 水平上有显著差异。下同。

接种丛枝菌根真菌处理生物量均比 CK 处理高，除黄土外均达到显著差异。特别是沙土与黄土按质量比 3:1 配比（S+H，3:1）时，生物量显著提高了 36%（$P<0.05$）。与纯黄土相比，添加沙土配比后，不论是 AM 处理还是 CK 处理，玉米生物量均提高，其中 CK 处理中 S+H（1:1）的生物量显著提高了 94%，S+H（3:1）的生物量显著提高了 150%，接菌 S+H（1:1）的生物量显著提高了 108%，S+H（3:1）的生物量更是显著提高了 187%。接菌促进沙土和黄土以 3:1 配比土壤上植物生长更为明显。

2. 不同处理对玉米叶片营养元素含量的影响

与 CK 处理相比，AM 处理玉米叶片各种营养元素的含量均有所提高（表 5.10），与沙土配比后的黄土，即 S+H（1:1）和 S+H（3:1）达到显著差异，特别是 S+H（3:1），全磷含量显著提高了 39.42%（$P<0.05$）。说明接种丛枝菌根真菌对植物养分吸收能力有所提升。沙土与黄土以 3:1 配比土壤上生长的植物叶片的营养元素含量增加更多。

不论是 CK 处理还是 AM 处理，掺入沙土后，除对照中 S+H（1:1）的全钾外，其余沙土和黄土配比处理与对应菌处理水平下各营养元素含量均比纯黄土高，特别是 S+H（3:1）均达到显著差异。利用沙土配比这一处理对植物叶片营养元素含量的提升具有一定促进作用。

表 5.10　不同处理对玉米叶片营养元素含量的影响　　（单位：mg/kg）

处理	基质	全氮	全磷	全钾
CK	S	1.89 ± 0.5^{bA}	2.89 ± 0.10^{aB}	21.66 ± 0.43^{aA}
	H	1.03 ± 0.27^{cA}	1.79 ± 0.31^{cA}	20.61 ± 0.39^{abA}
	S+H（1:1）	1.69 ± 0.03^{bB}	2.00 ± 0.13^{cB}	20.29 ± 0.10^{bB}
	S+H（3:1）	2.43 ± 0.08^{aB}	2.41 ± 0.16^{bB}	20.76 ± 0.34^{abB}

续表

处理	基质	全氮	全磷	全钾
AM	S	2.03±0.44[bA]	3.98±0.31[aA]	22.66±1.58[aA]
	H	1.32±0.33[cA]	2.17±0.11[cA]	20.86±1.19[bA]
	S+H（1∶1）	2.01±0.17[bA]	2.72±0.23[bcA]	21.68±0.79[abA]
	S+H（3∶1）	2.89±0.18[aA]	3.36±0.15[abA]	22.80±0.38[aA]

3. 不同处理对玉米根际土壤养分含量的影响

不同处理对玉米根际土壤养分含量、有机质含量的影响见表 5.11。与 CK 处理相比，接种丛枝菌根真菌后，速效钾含量和速效磷含量有不同程度的降低，有机质含量有所升高。配比沙土后的黄土，S+H（1∶1）时，接菌后有效氮含量和有机质含量大于 CK 处理且达到显著差异，速效钾含量显著小于 CK 处理；S+H（3∶1）时，AM 处理中有机质含量大于 CK 处理且达到显著差异，速效磷含量显著小于 CK 处理。配比沙土后，不论 CK 处理还是 AM 处理，速效磷含量和有机质含量均比纯黄土高，且均达到显著差异。相反，掺入沙土显著降低速效钾含量。

表 5.11 不同处理对玉米根际土壤养分含量及有机质含量的影响

处理	基质	有效氮/（mg/kg）	速效钾/（mg/kg）	速效磷/（mg/kg）	有机质/（g/kg）
CK	S	32±1.41[cA]	99.62±3.72[cA]	18.56±1.16[aA]	13.16±0.81[aA]
	H	34±0.82[bA]	131.23±4.87[aA]	3.79±0.93[cA]	1.98±1.02[dA]
	S+H（1∶1）	32.5±0.58[bcB]	107.98±1.15[bA]	4.52±2.82[cA]	4.52±0.15[cB]
	S+H（3∶1）	36±0.82[aA]	93.64±2.86[cA]	9.67±0.05[bA]	7.57±0.79[bB]
AM	S	30±2.31[cA]	96.18±3.48[dA]	18.47±0.32[aA]	14.51±0.72[aA]
	H	34±1.41[bA]	129.23±2.99[aA]	3.58±1.52[dA]	2.26±1.05[dA]
	S+H（1∶1）	35.75±0.50[abA]	104.67±1.35[bB]	4.35±2.55[cA]	5.65±0.54[cA]
	S+H（3∶1）	37±1.15[aA]	91.28±1.22[cA]	9.11±0.26[bB]	9.11±0.57[bA]

4. 不同处理对土壤含水量及 pH、电导率的影响

接种丛枝菌根真菌后，各土壤基质的 pH 均有所降低（表 5.12），说明接菌降低根际土壤 pH。与 CK 处理相比，接菌土壤电导率减小，且除 S+H（3∶1）外均达到显著差异，说明接菌促进植物对土壤矿质营养吸收。AM 处理均比 CK 处理的土壤含水量高，说明接种丛枝菌根真菌提高根际土壤含水量。配比沙土后，土壤含水量显著降低，但仍远高于沙土的含水量，可以保证植物的生长。

表 5.12 不同处理对土壤含水量及 **pH**、电导率的影响

处理	基质	pH	电导率/(μS/cm)	含水量/%
CK	S	7.58±0.31^{bcA}	55.7±3.96^{dA}	6.18±0.72^{dB}
	H	7.43±0.13^{cA}	122.1±1.79^{aA}	42.05±0.21^{aB}
	S+H (1∶1)	7.78±0.03^{aA}	102.5±2.43^{bA}	33.43±2.61^{bA}
	S+H (3∶1)	7.70±0.25^{abA}	86.1±4.64^{cA}	19.7±0.6^{cB}
AM	S	7.49±0.04^{abA}	46.7±1.6^{dB}	8.75±0.27^{dA}
	H	7.36±0.11^{bA}	115.6±1.15^{aB}	47.25±0.81^{aA}
	S+H (1∶1)	7.61±0.06^{abA}	93.9±1.4^{bB}	37.48±1.09^{bA}
	S+H (3∶1)	7.59±0.04^{abB}	84.58±5.82^{cA}	25.03±0.62^{cA}

5. 接种丛枝菌根真菌后各因子相关分析

接种丛枝菌根真菌后，菌根侵染率、速效钾、速效磷、土壤含水量、有机质、叶片全磷与生物量彼此间均呈显著相关性（表 5.13），除速效磷与速效钾之间相关系数为−0.611外，其余均呈现极显著相关；土壤含水量与速效钾为正相关，相关系数为 0.79，与侵染率、速效磷、有机质、生物量均为正相关且相关系数均在 0.9 以上；生物量除与土壤含水量和速效钾呈显著负相关。在接种丛枝菌根真菌后，菌根侵染率与土壤各理化指标之间存在相互的协同效应。植物叶片营养元素中，与菌根侵染率呈正相关最高的指标为全磷，即接种丛枝菌根真菌促进植物对磷的吸收。

表 5.13 接种丛枝菌根真菌后土壤理化与叶片营养元素及生物量的相关分析

指标	侵染率	速效钾	速效磷	有效氮	土壤含水量	有机质	全氮	全钾	全磷
侵染率	1								
速效钾	−0.705**	1							
速效磷	0.918**	−0.611*	1						
有效氮	−0.524*	−0.051	−0.656**	1					
土壤含水量	−0.932**	0.79**	−0.965**	0.493	1				
有机质	0.908**	−0.727**	0.976**	−0.549*	−0.987**	1			
全氮	0.383	−0.794**	0.285	0.263	−0.477	0.398	1		
全钾	0.444	−0.655**	0.458	−0.022	−0.57*	0.551*	0.334	1	
全磷	0.861**	−0.822**	0.893**	−0.373	−0.948**	0.931**	0.442	0.676**	1
生物量	0.831**	−0.963**	0.767**	−0.157	−0.902**	0.843**	0.741**	0.596*	0.886**

* 在 $P<0.05$ 水平上显著相关；** 在 $P<0.01$ 水平上极显著相关。

接种丛枝菌根真菌后，各土壤基质下所种玉米的生物量均增加，这与毕娜等（2016）在煤矸石中接种丛枝菌根真菌对玉米生物量影响的研究结果相同。土壤中的速效磷与速效钾含量有所降低，可能与丛枝菌根真菌提高植物根部对土壤中营养物质的吸收能力有关（徐洪文等，2016）；有机质含量则有不同程度的提升，这与彭思利（2011）关于接种丛枝菌根真菌使土壤有机质含量有升高趋势的研究成果一致。玉米叶片营养元素含量在接种丛枝菌根真菌后比对照 CK 处理高，结合土壤中的有效氮、磷、钾含量可知，接种丛枝菌根真菌在促使土壤中营养元素向着可被植物利用的形式转化的同时也促进营养元素向植株转运（Ordoñez et al.，2016；Heijden et al.，2016）。

对比纯黄土基质与黄土和沙土以不同比例配比后的土壤基质各理化指标，配比一定质量的沙土对黄土具有明显的改善作用。不同土壤基质下的菌根侵染率存在差异（毕银丽等，2017），黄土的菌根侵染率随着配比沙土量的增加而提高，王怀玉和罗英（2003）的研究表明，丛枝菌根真菌在不同基质间具有一定的选择性，基质不同，侵染率存在差异，这可能是由菌种对不同基质的生态适应性不同而产生的。接菌增加了有效氮和速效磷的含量，特别是 S：H = 3：1 均达到显著差异，土壤有机质的含量也有大幅度的提升；接菌玉米叶片各营养元素含量有不同程度的提高，生物量均有显著提高。可能是由于配比一定质量的沙土改变土壤的孔隙特征，从而引发其他理化特性的改变。良好的通气透水条件能促进土壤微生物活动，从而增强土壤养分的转化与供应，调节土壤的水、肥、气、热等因子，有利于作物生长（战秀梅等，2014），达到提高作物产量的目的（徐永刚等，2015）。

结合土壤营养元素、有机质和植物叶片营养物质的含量及植物的生物量，综合考虑菌根侵染率、土壤含水量及 pH 等因素，认为在沙土与黄土质量比为 3：1 时接种丛枝菌根真菌可以有效改善黄土基质不适宜植物生长这一缺陷，为露天矿区排土场土壤改良提供了修复方法与理论基础，具有重要的现实生态意义。

5.2　草原矿区微生物抗寒旱修复机理

我国草原区气候寒冷干燥，土壤瘠薄，植被生长慢，受损生态抗逆性差，露天开采加剧了原生地表及地形地貌植被损伤，草原生态退化问题突出。露天煤矿的开采剥离地表，损毁植物，干扰土壤自然结构，严重损毁原始地貌，使土壤沙化，并改变地上与地下水文情况（Feng et al.，2019），使植物生长发育不良，多样性降低，生态重建困难。草原露天矿区极端自然气候条件（酷寒、干旱）及矿区开采活动（土壤剥离、排土场堆积压实）等，造成植被恢复生态工程效率低下、植被种植困难、草原气候酷寒、生长缓慢、植株矮小、植物抗胁迫能力降低等情形，进而影响整个矿区生态修复的进程。针对草原露天矿区复垦过程中遇到的不同问题，采用人为干预生态修复、人工接种微生物等措施，进行草原矿区复垦，监测其对矿区生态修复过程的作用及效果，以期为露天矿区生态修复提供理论依据和借鉴。

5.2.1　微生物复垦抗寒机理

呼伦贝尔草原露天矿区为典型生态脆弱区，冬季寒冷且漫长，植物生长期短，加之土壤贫瘠，限制植物生长，生态群落的结构单一、抗逆性弱。酷寒低温胁迫会导致植物体光合作用、水分吸收、矿质营养利用等受到影响，抑制植物正常生长发育（王芳等，2019）。丛枝菌根真菌可以提高植物在盐碱、洪涝、干旱等逆境下的生存能力，能够促进植物对土壤中矿质元素尤其是磷的吸收，提高植物在干旱、低温和盐碱胁迫下的抗性（Chu et al.，2016；Janeczko et al.，2019；Pavithra and Yapa，2018；Porcel et al.，2012）。草原以草本植物为主，紫花苜蓿为豆科苜蓿属多年生草本，是全世界栽培历史悠久、面积最大、经济价值高的牧草之一，素有"牧草之王"的美称，其适应性广、产量高、适口性好，可消化粗蛋白质含量、维生素含量和动物必需氨基酸含量高，在我国畜牧业产业发展及生态环境治理和沙化、退化、盐渍化治理等方面具有重要作用（马周文等，2016）。

1. 低温胁迫下接种丛枝菌根真菌对植物抗逆性的影响

为探索微生物复垦对植物抗寒的作用，模拟矿区寒冷环境、土壤贫瘠条件，以紫花苜蓿为供试植物，研究寒冷胁迫对植物生长的影响和不同微生物菌剂对寒冷胁迫的抗逆性。土壤基质为混合土壤，其中黑黏土取自呼伦贝尔草原神华宝日希勒露天矿区，沙土取自北京河沙，两种基质过 2mm 筛后，在高温高压（121℃，103kPa）下灭菌 2h，风干，再将黑黏土与沙土按照质量比 1∶1 混合均匀（黑黏土的黏粒含量较高，达到 97%，遂与河沙混合以便降低黏粒含量），混合基质基本理化性状：有机质含量为 9.8g/kg，pH 为 8.21，电导率为 135μS/cm，最大持水量为 58.41%。种植放汉紫花苜蓿，接种 Fm、Gv。设 3 个不同接菌处理和两个温度处理，包括不接种（灭活菌剂，记为 CK）、接种 Gv、接种 Fm 三种微生物处理；常温（白天 25℃，夜晚 20℃）和低温胁迫（白天 2℃，夜晚 0℃）两种温度。植物培养 65 天菌根效应显现后进行低温处理，低温胁迫 8 天后收获，比较其抗冷效应。

1）接种不同丛枝菌根真菌对植物生物量的影响

接种丛枝菌根真菌和低温胁迫均对紫花苜蓿的生物量产生了显著的影响（表 5.14）。在常温下，与 CK 相比，接种两种丛枝菌根真菌均显著增加了紫花苜蓿地上生物量和地下生物量及总生物量，其中接种 Fm 时地上生物量、地下生物量、总生物量分别提高了32.00%、47.65%、39.60%，接种 Gv 时地上生物量、地下生物量、总生物量分别提高了31.43%、64.71%、47.69%，两种接菌处理地上生物量、地下生物量和总生物量间无显著差异。

表 5.14　不同处理对紫花苜蓿生物量的影响　　　　　（单位：g）

不同处理	低温胁迫（2℃/0℃）			常温（25℃/20℃）		
	地上生物量	地下生物量	总生物量	地上生物量	地下生物量	总生物量
CK	1.35[c]	1.55[b]	2.91[c]	1.75[b]	1.7[b]	3.46[b]
Fm	1.71[b]	1.72[b]	3.43[b]	2.31[a]	2.51[a]	4.83[a]
Gv	1.56[b]	1.78[b]	3.34[b]	2.3[a]	2.8[a]	5.11[a]

注：数据为均值。同列数据不同小写字母表示差异显著（$P<0.05$）。下同。

在低温胁迫下，与 CK 相比，接种 Fm 时地上生物量、地下生物量、总生物量分别提高了 26.67%、10.97%、17.87%，接种 Gv 时地上生物量、地下生物量、总生物量分别提高了 15.56%、14.84%、14.78%，接种丛枝菌根真菌均可提高紫花苜蓿生物量，显著提高了紫花苜蓿地上生物量。与常温不接菌处理相比，紫花苜蓿的地上生物量、地下生物量和总生物量均出现了下降，接种丛枝菌根真菌处理间植物差异不显著，可能是低温胁迫抑制了植物的生长，接种丛枝菌根真菌有效提高了植物地上生物量，对低温胁迫起到了缓解作用，低温胁迫下，Fm 对生物量的提升作用要略优于 Gv。

2）接种不同丛枝菌根真菌对菌根侵染率的影响

紫花苜蓿与两种丛枝菌根真菌均建立了良好的菌根共生关系，接种不同丛枝菌根真菌菌剂处理对宿主植物的菌根侵染率不同（图 5.6），在常温下接种 Fm 的侵染率为 64.4%，菌剂 Gv 的侵染率为 62.2%，在低温胁迫下菌剂 Fm 侵染率为 75.6%，菌剂 Gv 的侵染率为 62.2%；不同温度条件下两种接菌处理无显著差异，而在低温胁迫下 Fm 的侵染率显著高于 Gv，说明低温逆境中 Fm 能够与紫花苜蓿形成较好的共生关系。

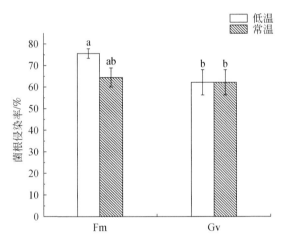

图 5.6　不同处理下菌根侵染率

3）接种不同丛枝菌根真菌对叶片相对电导率的影响

相对电导率是反映植物膜系统状况的一个重要的生理生化指标，植物在受到逆境或者其他损伤的情况下细胞膜容易破裂，膜蛋白受伤害使胞质的胞液外渗而使相对电导率增大。相对电导率是反映植物受胁迫程度的重要指标，叶片相对电导率越高，表征植物叶片受胁迫程度越高。

不同处理下叶片相对电导率由大到小依次为低温 CK>低温 Fm>低温 Gv>常温 CK>常温 Fm>常温 Gv（图 5.7）。低温影响叶片相对电导率，接菌具有抗逆的作用。常温下，接种丛枝菌根真菌的植物叶片相对电导率均小于未接菌，接种不同丛枝菌根真菌的差异不显著（$P<0.05$）；低温下，接种丛枝菌根真菌后，相对电导率显著低于未接菌植株，低温对植物受寒冷胁迫影响较大。

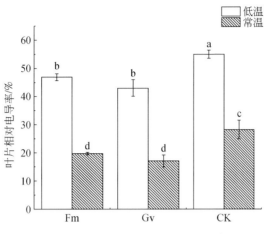

图 5.7　不同处理下叶片相对电导率

常温下，接种丛枝菌根真菌植物的叶片相对电导率均小于低温胁迫，低温胁迫下接种 Fm 的植物叶片相对电导率降低 14.64%，接种 Gv 相对电导率降低 21.89%。常温环境下接种 Fm 相对电导率降低 30.26%，接种 Gv 相对电导率降低 39.48%，表明接种丛枝菌根真菌菌剂可以降低植物相对电导率，缓解寒冷对植物的伤害。

4）接种丛枝菌根真菌对叶片过氧化物酶活性的影响

低温直接或间接影响茶树叶绿体内活性氧（ROS）的产生与清除系统平衡，如超氧阴离子（O_2^-）、过氧化氢（H_2O_2）、羟自由基（·OH）等。植物为了保护其细胞免受过量 ROS 的伤害，具有一套完整的防御系统，包括酶促抗氧化体系和非酶促抗氧化体系。过氧化物酶（POD）是酶促抗氧化体系中重要的氧化还原酶，参与多种细胞活动。常温环境中接种丛枝菌根真菌显著降低过氧化物酶的活性，可能是因为接种丛枝菌根真菌促进植物体营养的平衡协调，低温环境中接种丛枝菌根真菌过氧化物酶的活性与常温差异不大，表明菌根真菌提高植物对低温的耐受性（图 5.8）。

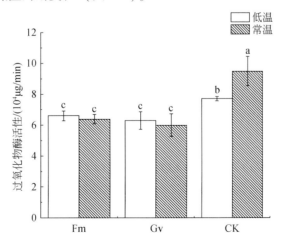

图 5.8　不同处理下叶片过氧化物酶活性

低温对紫花苜蓿的生长有抑制作用，使其生物量降低，接种丛枝菌根真菌降低了植物相对电导率，缓解了低温对植物的伤害，降低了过氧化物酶活性，扩宽了植物对温度的耐受范围。

5）接种不同丛枝菌根真菌对紫花苜蓿抗冷性的综合影响

为了评价各指标因子对植物生理生化的影响程度，采用主成分分析方法，通过弱化变量间自相关性所引起的误差，形成互不相关的主成分因子，同时计算获得综合评价得分，从而达到精确评价的目的（黑安等，2014）。本研究将接种不同丛枝菌根真菌后常温与低温条件下敖汉苜蓿（一个紫花苜蓿的品种）的生理生化指标作为自变量，进行主成分分析并进行综合评价。

采用主成分分析共提取了两个特征值>1的主成分（表5.15）。由表5.15可知，所提取的两个主成分的累积贡献率为91.464%，表明在变量不丢失的前提下，这两个主成分可以包含原始数据91.464%的信息，则可以用这两个主成分代表所有自变量进行不同丛枝菌根真菌接种效果分析与综合评价。其中第一主成分的代表指标为地上生物量、地下生物量、总生物量，特征值为4.154，贡献率为69.239%，是主要的主成分，体现植物的生长，第二主成分的代表指标为菌根侵染率、过氧化物酶、叶片相对电导率，特征值为1.333，贡献率为22.225%，主要反映植物在不同处理下的生理变化作用。两个主成分累积贡献率为91.464%。

表5.15 主成分分析结果

指标	第一主成分 $F1$	第二主成分 $F2$
地上生物量	0.962	0.192
地下生物量	0.958	0.103
总生物量	0.981	0.143
菌根侵染率	0.621	−0.656
相对电导率	−0.826	−0.479
过氧化物酶	−0.529	0.778
特征值	4.154	1.333
贡献率/%	69.239	22.225
累积贡献率/%	69.239	91.464

本研究中所使用的综合评分法（王云峰，2013）以主成分分析为工具对所测得的指标进行处理并进行综合评价，这种方法处理多重因素、多个类别的项目，可以使数据结果清晰明了，以确定不同项目的等级，从而进行综合评价。由主成分分析的因子得分矩阵的特征向量与标准化的指标矩阵计算出各主成分得分，进而以各主成分的贡献率为权重，将主成分得分与权重相乘，建立得分的数学模型为 $f = (69.239\% \times F1 + 22.235\% \times F2)/91.464\%$，利用该模型计算指标综合得分，并根据综合得分从高到低进行排序（表5.16）。

表 5.16　接种不同菌剂的各主成分得分、综合得分及排序

试验处理	第一主成分 F1	第二主成分 F2	综合得分	排序
低温 CK	−2.566	0.077	−1.923	6
低温 Fm	−0.596	−1.252	−0.755	4
低温 Gv	−0.719	−1.112	−0.815	5
常温 CK	−1.226	1.892	−0.468	3
常温 Fm	2.293	0.182	1.780	2
常温 Gv	2.809	0.211	2.178	1

可以看出，接种不同丛枝菌根真菌和不同温度处理时各个主成分得分与综合得分的大小顺序不尽相同。对于第一主成分，常温下接种 Gv 时敖汉苜蓿的生长效果最佳。根据综合得分，常温下接种 Gv 对敖汉苜蓿的促生作用最佳，在低温环境中接种 Fm 对敖汉苜蓿抗寒冷的效果优于 Gv。

综上所述，接菌可以缓解低温对植物的伤害，不同菌存在一定的差异。Fm 对低温处理 8 天的植物抗胁迫能力较优。

2. 长期冷冻胁迫下接种丛枝菌根真菌对植物抗逆性的影响

低温接种 Fm 对敖汉苜蓿抗冷性具有明显效应，为进一步探索丛枝菌根真菌在草原长期酷寒条件下对植物抗逆性的影响，本研究模拟矿区寒冷冻土环境，冷冻胁迫不同时间，揭示接种丛枝菌根真菌对植物抗冻的作用机理与效应。设接菌与不接菌，冷冻与常温双处理，接菌 65d 后菌根效应显现，进行低温冷冻处理，冷冻温度为 16h/−8℃，8h/−10℃，冷冻 1 天、8 天、15 天后收获样品测定。

1) 冷冻胁迫下接种丛枝菌根真菌对菌根侵染与生长的影响

从图 5.9 可看出，Fm 与敖汉苜蓿形成了良好的侵染，菌根侵染率均为 60% 以上，其中冷冻条件下 15 天后的菌根侵染率最高，此结果与前人研究（Liu et al.，2014）中提到的低温降低菌根侵染率不同，可能是因为冷冻温度过低的情况不利于菌根的生长，使菌根侵染保持在冷冻处理前的状态，使其直接休眠。

植物的生物量是反映植物生长状况的重要指标，从表 5.17 可以看出在同一时期下，接种摩西管柄囊霉提高了敖汉苜蓿地上生物量和总生物量，在冷冻条件下，随着冷冻时间的延长，接菌植株地上生物量无显著差异，地下生物量呈增加趋势，总生物量在第 8 天时达到最大值，可能是因为冷冻条件下无光照，植物不能进行光合作用产生营养物质，随着冷冻时间的延长，为抵御寒冷，植物消耗的能量大于所产生的能量。第 8 天、第 15 天时常温条件下敖汉苜蓿地上生物量和总生物量均显著高于冷冻条件，冷冻条件抑制敖汉苜蓿的生长。

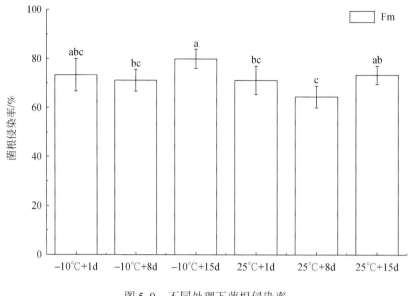

图 5.9　不同处理下菌根侵染率

表 5.17　不同试验处理下敖汉苜蓿生物量　　　　　（单位：g）

时间/d	试验处理		地上生物量	地下生物量	总生物量
1	−10℃	Fm	1.71±0.1^c	0.78±0.2^{ef}	2.49±0.14^{def}
		CK	0.87±0.06^e	1.02±0.13^{cde}	1.9±0.19^{fg}
	25℃	Fm	1.62±0.03^{cd}	0.99±0.04^{cde}	2.61±0.02^{cde}
		CK	0.92±0.1^e	0.5±0.03^f	1.42±0.11^g
8	−10℃	Fm	1.71±0.21^c	1.44±0.19^{bc}	3.14±0.08^{bc}
		CK	1.31±0.11^d	1.12±0.12^{cde}	2.43±0.23^{def}
	25℃	Fm	2.31±0.1^b	2.51±0.18^a	4.83±0.29^a
		CK	1.57±0.13^c	1.7±0.13^b	3.46±0.14^b
15	−10℃	Fm	1.42±0.13^{cd}	1.04±0.26^{cde}	2.46±0.13^{def}
		CK	1.29±0.13^d	0.83±0.04^{def}	2.12±0.12^{ef}
	25℃	Fm	3.34±0.18^a	1.12±0.28^{cde}	4.46±0.47^a
		CK	1.76±0.11^c	1.27±0.14^{bcd}	3.04±0.25^{bcd}

注：表中数据为均值加减标准差。下同。

2）冷冻胁迫下接种丛枝菌根真菌对叶片相对电导率的影响

相对电导率是反映植物受胁迫程度的重要指标，叶片相对电导率越高，表征植物叶片受胁迫程度越高。由图 5.10 可以看出，冷冻条件下植物叶片的相对电导率显著高于常温，表明植物在冷冻时受到了冻害胁迫，随着冷冻时间的延长，叶片相对电导率呈现增高趋势，显著高于常温条件下叶片相对电导率。在冷冻条件下，接种 Fm 显著降低了植物叶片的相对电导率，与在常温条件下的规律相同，表明接种丛枝菌根真菌可以有效降低植物叶片相对电导率，缓解冷冻对植物的伤害。

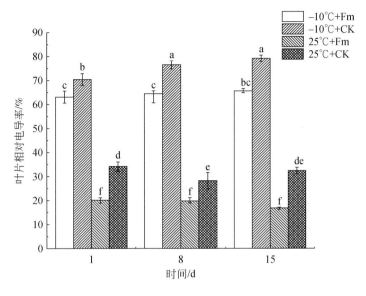

图 5.10　不同处理下叶片相对电导率

3）冷冻胁迫下接种丛枝菌根真菌对叶绿素含量的影响

光合作用是植物代谢中重要的生命过程，光合作用在植物的几乎整个生命周期内为植物的生长发育提供必需的能量及代谢物质。而叶绿素是高等植物和其他所有能进行光合作用的生物体含有的一类绿色色素，是植物进行光合作用的主要色素，它在光合作用的光吸收中起核心作用。

有研究表明低温胁迫会影响植物的光合作用，扰乱叶绿素合成，使得叶绿素含量明显降低，主要以叶绿素 a 下降较为明显（盛瑞艳等，2006）。叶绿素的缺失与光合速率有相关性。由表 5.18 可以看出，第 1 天、第 8 天时常温条件下叶绿素 a 的含量高于冷冻条件下叶绿素 a 的含量，随着时间的延长，总叶绿素含量、类胡萝卜素含量呈现增加趋势，在第 15 天时有所降低，可能是因为在正常生长情况下，第 15 天时植物已经接近衰老期，出现衰老状况。与常温相比，低温条件降低叶绿素 a 的含量，接种丛枝菌根真菌的叶片叶绿素 a 含量高于未接菌植物，但差异不显著，随着冷冻时间的延长，叶绿素 a 含量无显著差异，叶绿素 b 含量呈现递增趋势，总叶绿素含量呈现增加趋势，类胡萝卜素呈现递增趋势，可能与冷冻条件下叶片无法进行光合作用使叶绿素的合成与分解速率降低有关。

4）冷冻胁迫下接种丛枝菌根真菌对内源激素的影响

植物内源激素是指在植物体内合成，可以移动，对植物的生长发育产生显著作用的微量有机物质。脱落酸（ABA）常被称为胁迫激素，在各种逆境条件下，植物内源 ABA 含量都会急剧上升，提高抗逆性。逆境消失后，ABA 含量随之大幅下降。植物体内积累

ABA 与其抗逆性的增强存在着显著正相关。赤霉素类（GA₃①）能促进完整植株的伸长生长。适宜浓度的油菜素甾醇类（BRs）可以促进植物幼茎伸长、种子萌发等，BRs 能提高植物对干旱、冷害、重金属、盐胁迫和真菌侵染等逆境的抗性。玉米素核苷（ZR）是一种具有活性的细胞分裂素，主要促进叶和芽生长，抑制根生长。适宜浓度的生长素（IAA）可以促进植物生长。

表 5.18　不同处理下叶片叶绿素含量　　　　　　（单位：mg/g）

时间/d	试验处理		叶绿素 a	叶绿素 b	总叶绿素	类胡萝卜素
1	−10℃	Fm	2.03±0.1^d	1.64±0.08^{de}	3.66±0.17^{cd}	0.74±0.04^d
		CK	1.99±0.18^d	1.57±0.16^{de}	3.55±0.32^{cd}	0.75±0.06^d
	25℃	Fm	2.12±0.08^{cd}	1.18±0.07^f	3.29±0.13^d	0.74±0.03^d
		CK	2.16±0.26^{cd}	1.49±0.1^{ef}	3.65±0.34^{cd}	0.81±0.09^{cd}
8	−10℃	Fm	2.05±0.08^d	1.91±0.06^{bcd}	3.96±0.08^{cd}	0.83±0.02^{cd}
		CK	1.91±0.04^d	1.69±0.19^{cde}	3.6±0.19^{cd}	0.79±0.04^{cd}
	25℃	Fm	2.77±0.22^b	1.57±0.07^{de}	4.34±0.19^{bc}	0.96±0.05^{bc}
		CK	3.4±0.15^a	2.03±0.1^{abc}	5.43±0.25^a	1.18±0.05^a
15	−10℃	Fm	2.17±0.29^{cd}	2.09±0.21^{ab}	4.26±0.5^{bc}	0.91±0.1^{bcd}
		CK	2.61±0.1^{bc}	2.33±0.14^a	4.94±0.23^{ab}	1.05±0.05^{ab}
	25℃	Fm	2.6±0.18^{bc}	1.45±0.09^{ef}	4.06±0.26^{cd}	0.9±0.06^{bcd}
		CK	2.39±0.26^{bcd}	1.65±0.15^{de}	4.04±0.4^{cd}	0.91±0.09^{bcd}

有研究发现，低温逆境下，植物内源激素含量会发生变化，进而影响着植物生理过程（王兴等，2009），由表 5.19 可以看出，叶片植物激素在冷冻条件下，随着冷冻时间的延长，ABA 的含量显著增加，表明冷冻时间越长植物受逆境伤害越大，需要产生更多的 ABA 来抵御冷冻，除第 1 天外，接种丛枝菌根真菌所产生 ABA 的含量显著高于对照组。有研究认为 GA₃ 与植物的抗寒性呈现负相关（刘晓辉等，2014）。随着冷冻时间的延长，GA₃ 的含量呈现递增趋势，除第 15 天外，接菌组 GA₃ 的含量低于对照组，BRs、ZR、IAA 与 GA₃ 呈现相同规律，出现接菌组的含量低于对照区，结合植物叶片内源激素的变化规律，表明接种丛枝菌根真菌可以提高植物抗冻性。

在低温胁迫下植物根系内部内源激素发生了很大变化，如生长素（IAA）、细胞分裂素（CTKs）含量稍有升高，脱落酸（ABA）含量急剧上升，赤霉素（GA₃）含量下降（于云华等，1998），由表 5.20 可以看出，随着冷冻时间的延长，ABA 含量、GA₃ 含量和 BRs 含量增加，ZR 含量与 IAA 含量略有增加。除第 8 天外，接菌处理 ABA 含量显著高于对照；除第 1 天外，接菌处理 GA₃ 含量低于对照；接菌处理 ZR、IAA 的含量低于对照，表明冷冻条件下，接种丛枝菌根真菌降低敖汉苜蓿根系促生长类激素的浓度，使植物减缓生长，保护植物免受冻害。

---

① GA₃ 为 GA 的一种。

表 5.19　不同处理下敖汉苜蓿叶片内源激素

时间/d	试验处理		脱落酸（ABA）/（ng/g）	赤霉素（GA₃）/（pmol/g）	油菜素甾醇类（BRs）/（pmol/g）	玉米素核苷（ZR）/（ng/g）	生长素（IAA）/（μmol/g）
1	−10℃	Fm	464.57±23.7^c	557.05±22.93^f	567±21.36^f	29.11±1.24^f	0.17±0.01^g
		CK	557.55±21.95^b	624.12±23.16^{de}	699.23±31.36^e	29.57±2.75^{ef}	0.17±0.01^{fg}
	25℃	Fm	252.12±19.04^f	672.52±14.84^d	874.76±8.54^c	33.44±3.24^{def}	0.2±0.01^{cdef}
		CK	292.44±27.98^{ef}	677.54±27.85^d	684.2±8.8^e	33.02±2.29^{def}	0.19±0.01^{defg}
8	−10℃	Fm	582.63±35.56^b	582.48±22.79^{ef}	698.37±24.32^e	27.05±1.71^f	0.17±0^{fg}
		CK	460.82±29.79^c	636.31±7.17^{de}	561.92±31.94^f	36.44±2.39^{de}	0.18±0.01^{efg}
	25℃	Fm	380.88±8.61^d	824.39±24.61^b	1014.55±18.98^b	46.39±3.64^{ab}	0.22±0.01^{bc}
		CK	360.12±1.37^d	746.87±30.61^c	899.49±12.04^c	37.58±2.12^{cd}	0.2±0.01^{bcde}
15	−10℃	Fm	664.8±21.42^a	745.66±2.02^c	779.35±28.89^d	33.56±0.39^{def}	0.19±0.01^{defg}
		CK	539.17±12.11^b	654.15±23.74^d	745.54±6.71^{de}	44.48±2.83^{bc}	0.21±0.01^{bcd}
	25℃	Fm	394.94±0.12^d	875.48±25.83^b	1040.61±5.32^b	53.24±2.31^a	0.25±0^a
		CK	351.26±8.24^{de}	944.94±22.93^a	1129.61±32.64^a	52.83±2.22^a	0.22±0.01^b

表 5.20　不同处理下敖汉苜蓿根系内源激素

时间/d	试验处理		脱落酸（ABA）/（ng/g）	赤霉素（GA₃）/（pmol/g）	油菜素甾醇类（BRs）/（pmol/g）	玉米素核苷（ZR）/（ng/g）	生长素（IAA）/（μmol/g）
1	−10℃	Fm	591.89±20.08^c	614.98±29.62^e	675.55±15.12^g	23.62±0.42^g	0.17±0^f
		CK	543.65±15.77^d	525.95±30.39^f	674.13±23.07^g	35.52±2.33^e	0.18±0^{ef}
	25℃	Fm	447.75±25.91^e	606.43±1.45^e	740.1±1.85^{ef}	43.62±0.73^{cd}	0.19±0^{cde}
		CK	325.11±1.68^g	681.66±19.87^d	876.44±11.08^d	40.68±2.31^d	0.19±0.01^{cde}
8	−10℃	Fm	678.22±14.48^b	608.61±13.45^e	688.46±9.98^{fg}	24.48±0.97^g	0.19±0^{cde}
		CK	697.9±26.09^b	672.62±6.47^d	753.49±36.13^e	22.53±0.38^g	0.18±0.01^{ef}
	25℃	Fm	477.35±4.83^e	797.38±22.51^c	960.89±13.48^c	44.47±0.73^c	0.21±0^c
		CK	401.79±11.92^f	879.54±9^b	853.82±16.27^d	56.34±0.97^b	0.22±0^b
15	−10℃	Fm	792.75±16.8^a	662.45±28.03^{de}	875.96±23.16^d	28.39±0.09^f	0.19±0.01^{de}
		CK	711±1.99^b	716.85±11.15^d	725.77±27.15^{efg}	33±1.02^e	0.2±0.01^{cd}
	25℃	Fm	559.46±14.54^{cd}	944.94±19.08^a	1201.34±8.02^a	74.24±0.8^a	0.25±0.01^a
		CK	462.51±6.51^e	885.74±19.34^b	1112.74±29.28^b	71.23±1.36^a	0.25±0.01^a

5）冷冻胁迫下接种丛枝菌根真菌对紫花苜蓿抗冻性的综合影响

熵权法是一种在综合考虑各因素提供信息量的基础上计算出一个综合指标的数学方法。作为客观综合定权法，其主要根据各指标传递给决策者的信息量大小来确定权重，可揭示出接种丛枝菌根真菌对冷冻抗逆的敏感时间节点。以每项指标的菌根贡献率为媒介，将指标分为 5 类进行综合分析，各类指标中使用熵权法客观确定指标权重，利用权重计算各类指标的加权贡献率，根据所得结果绘制雷达图（图 5.11）。结果表明，随着冷冻时间的延长，植物所受胁迫增强，接种丛枝菌根真菌有利于缓解植物所受冻害，关于丛枝菌根真菌对不同冷冻时间的贡献研究表明，接菌对叶片相对电导率的贡献为 1d>8d>15d，对叶绿素的贡献为 8d>1d>15d，对植物叶片内源激素的贡献为 8d>15d>1d，对植物根系内源激素的贡献为 15d>8d>1d，对生物量的贡献为 8d>1d>15d，综合雷达图的信息可知在冷冻第 8d 时，接种丛枝菌根真菌对敖汉苜蓿抗冻的贡献最大。

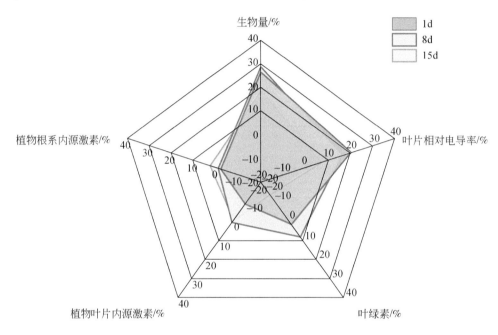

图 5.11　冷冻条件下−10℃不同时期菌根贡献率

5.2.2　微生物复垦抗旱机理

我国干旱、半干旱区面积较大，降水量严重不足，土地贫瘠，普遍缺磷，严重威胁当地生产实践及生态平衡（Zhao et al.，2015）。草原气候酷寒且干旱，土壤贫瘠，植被群落单一，煤炭开采导致土壤水分、养分的流失，植被死亡，加剧干旱对矿区造成的生态破坏。因此，如何提高植物抗旱性、增强作物水分利用效率、提高土壤肥力是我国干旱半干旱区生产实践急需解决的重要课题之一，而利用生物手段提高植物抗旱性，促进植物生长和发育，增加作物产量，提高土壤肥力已成为国内外研究热点，并取得了广泛进展。

丛枝菌根真菌是陆地生态系统中分布最广泛的常见土壤真菌种类之一，能扩大植物根系对氮、磷等矿质元素及水分的吸收面积，改善植物营养状况，促进植物生长发育，提高植物抗逆性（Wang et al.，2017；李涛等，2012）。研究表明，水分胁迫下接种丛枝菌根真菌不但能促进沙打旺（郭辉娟等，2010）、玉米（Zhao et al.，2015）的生物量，增加植物氮、磷吸收量，提高植物叶片相对含水量，还能改良根际土壤微生物环境，提高土壤肥力（李少朋等，2013），这对于提高植物水分利用率，活化土壤，减少化肥施用量具有不可替代的优势。

土壤中的解磷细菌可合成和分泌一些有机酸和酶类等代谢产物，促使土壤中的不溶性磷转化为可溶性磷，促进植物对磷的吸收利用（孟祥坤等，2018）。刘玲利等（2017）研究发现，不同解磷微生物解磷能力不同，且接种解磷菌的油菜产量、叶绿素含量显著高于对照。郜春花等（2003）用自行分离筛选的 B2 和 B67 解磷细菌制成解磷菌剂，进行小麦、玉米、甘蓝、青菜、莜麦等的盆栽和大田对比试验，结果表明，各作物增产效果显著，并有提高土壤速效磷含量、培肥土壤的作用。目前关于丛枝菌根真菌与解磷细菌的联合已取得一定进展。秦芳玲和田中民（2009）及索芳玲和王敬国（2000）研究表明，联合接种丛枝菌根真菌与解磷细菌可显著提高红三叶草、蓖麻的生物量、磷吸收量，提高根系侵染率。邢礼军等（1998）向玉米、花生、三叶草分别接种丛枝菌根真菌和解磷细菌，发现双接种对玉米促进效果最为明显，显著提高其干重和吸磷量。而关于菌根与解磷细菌联合在矿区特别是干旱条件下的应用研究尚不多见。

1. 水分胁迫下接种微生物对植株生长和营养吸收的影响

供试丛枝菌根真菌菌种为 Fm，其孢子密度为 126 个/g 菌剂，经中国矿业大学（北京）微生物复垦实验室通过玉米扩繁得到，侵染率为 97%，接种剂为含有宿主植株侵染根段、孢子和菌丝的沙土混合物。供试解磷细菌是斯式泛菌（*Pantoea stewartii*，简称 CA），是本实验室从宁夏粉煤灰样品中自主分离并纯化培养的高效解磷细菌。在 30℃ 温度条件下振荡培养，在菌株处于对数生长期时使用。设两个水分处理：70%（正常供水）、40%（水分胁迫）。同一水分处理下设 4 个接菌处理：不接菌（CK）、单接丛枝菌根真菌（Fm）、单接解磷细菌（CA）、联合接种丛枝菌根真菌与解磷细菌（Fm+CA），出苗 7 天后进行间苗，保持土壤含水量为最大持水量的 70%，30 天后进行控水试验。正常供水土壤含水量维持在田间最大持水量的 70%，干旱胁迫为田间最大持水量的 40% 左右。

1）水分胁迫下接菌对植物生长影响

随着土壤相对含水量降低，各处理玉米植株地上部分干重、地下部分干重及总干重、根系侵染率均显著降低（表 5.21）。同一水分条件下，与 CK 处理相比，接种微生物提高了玉米干重，除正常供水的 Fm 地下部分干重外均表现差异显著，接种微生物能提高玉米抗旱能力，促进植株生长发育。正常供水条件下，各接种株玉米的地上部分干重、地下部分干重及总干重表现为 Fm+CA>CA>Fm，差异显著（$P<0.05$）；Fm 的侵染率高于 Fm+CA，差异不显著（$P>0.05$）。水分胁迫下，接菌处理玉米地上部分干重、地下部分干重及总干重表现为 Fm>CA>Fm+CA，其中 Fm 地下部分干重显著高于其他处理（$P<0.05$）；Fm+CA 的侵染率高于 Fm，但差异不显著（$P>0.05$）。Fm 条件下，玉米在土壤相对含水量为 70%、40% 时的菌根依赖性分别为 9%、34%，表明水分胁迫下植物对丛枝菌根真菌的依赖性更高。Fm+CA 条件下，植物在土壤相对含水量为 70%、40% 时的菌根依赖性分别为 13%、−4%，表明正常供水条件下，解磷细菌与丛枝菌根真菌对玉米生物量具有相互促进作用，而在水分胁迫时，二者反而产生拮抗作用。双因子方差分析表明，水分胁迫和接种微生物对玉米的地上部分干重、地下部分干重、总干重、菌根侵染率均有显著交互作用。

表 5.21 不同处理对玉米生长状况的影响

土壤相对含水量/%	处理	地上部分干重/(g/盆)	地下部分干重/(g/盆)	总干重/(g/盆)	侵染率/%	菌根依赖性/%
70	CK	38.4^d	9.21^c	47.6^d	0^c	—
	Fm	42.9^c	9.46^c	52.4^c	68.3^a	9
	CA	51.2^b	10.37^b	61.6^b	0^c	—
	Fm+CA	59.7^a	11.46^a	71.1^a	66.7^a	13
40	CK	16.8^f	2.74^f	19.5^f	0^c	—
	Fm	24.6^e	4.93^d	29.5^e	36.7^b	34
	CA	24.5^e	3.96^e	28.5^e	0^c	—
	Fm+CA	23.5^e	3.94^e	27.4^e	44.4^b	−4
显著性	P (W)	*	*	*	*	—
	P (I)	*	*	*	*	—
	P (W×I)	*	*	*	*	—

注：表中数据为 3 个重复均值。同列小写字母不同，表示不同水分处理下不同接种处理间差异显著（$P<0.05$，$n=3$）。P (W) 为水分胁迫下差异显著性；P (I) 为接种微生物下差异显著性；P (W×I) 为水分胁迫和接种微生物的交互作用。* 在 $P<0.05$ 水平下差异显著。下同。

2) 水分胁迫下接菌对植物营养吸收的影响

由表 5.22 可知，随着土壤相对含水量的降低，玉米植株对氮的吸收呈下降趋势。接种微生物有效提高了植株氮吸收量。正常供水条件下，植株氮总吸收量表现为 Fm+CA＞Fm＞CA＞CK，Fm+CA、Fm、CA 较对照分别提高 71%、42%、26%，且差异显著（$P<0.05$）。水分胁迫条件下植物氮总吸收量表现为 Fm＞CA＞Fm+CA＞CK，Fm、CA、Fm+CA 较对照提高 62%、60%、50%。不同水分条件下，菌根贡献率表现不同，玉米植株在土壤相对含水量为 70%、40% 时单接 Fm 的氮吸收菌根贡献率分别为 29% 和 38%，而 Fm+CA 处理对氮的菌根贡献率分别为 26% 和−7%，表明水分胁迫条件下单接 Fm 更能促进玉米对养分的吸收，而 Fm 与 CA 之间存在一定的拮抗作用。

如表 5.23 所示，在不同水分条件下，接菌促进了植株对磷的吸收。正常供水条件下，植株磷总吸收量表现为 Fm+CA＞CA＞Fm＞CK，Fm+CA、CA、Fm 较对照分别提高 83%、56%、32%，且差异显著（$P<0.05$）。而水分胁迫条件下表现为 Fm＞Fm+CA＞CA＞CK，Fm、Fm+CA、CA 较对照分别提高 111%、78%、30%，其中 Fm、Fm+CA 显著高于对照，而 CA 处理与对照差异不显著。水分胁迫条件下，有 Fm 菌剂处理均表现为菌根贡献率高于正常供水时相应处理，表明菌根在干旱逆境条件时发挥作用更大，丛枝菌根真菌与解磷细菌协同在干旱条件下能促进植物对磷元素的吸收。

表 5.22 不同处理对玉米养分氮吸收量的影响

土壤相对含水量/%	处理	地上部分氮吸收量/(g/盆)	地下部分氮吸收量/(g/盆)	氮总吸收量/(g/盆)	菌根贡献率/%
70	CK	0.8^{dc}	0.22^c	1.03^c	—
	Fm	1.23^{ab}	0.23^{bc}	1.46^b	29
	CA	1.04^{bc}	0.26^{ab}	1.30^b	—
	Fm+CA	1.48^a	0.28^a	1.76^a	26
40	CK	0.44^e	0.06^e	0.50^e	—
	Fm	0.71^d	0.10^d	0.81^{cd}	38
	CA	0.73^d	0.07^{ed}	0.80^{cd}	—
	Fm+CA	0.66^{de}	0.09^d	0.75^{de}	−7
显著性	P (W)	*	*	*	—
	P (I)	*	*	*	—
	P (W×I)	*	*	*	—

表 5.23 不同处理对玉米养分磷吸收量的影响

土壤相对含水量/%	处理	地上部分磷吸收量/(g/盆)	地下部分磷吸收量/(g/盆)	磷总吸收量/(g/盆)	菌根贡献率/%
70	CK	67^d	10.24^c	77^d	—
	Fm	91^c	11.17^c	102^c	25
	CA	108^b	12.68^b	120^b	—
	Fm+CA	127^a	13.73^a	141^a	15
40	CK	25^f	2.40^g	27^f	—
	Fm	49^e	7.21^d	57^e	53
	CA	32^f	3.50^f	35^f	—
	Fm+CA	43^e	4.86^e	48^e	27
显著性	P (W)	*	*	*	—
	P (I)	*	*	*	—
	P (W×I)	*	*	*	—

不同水分条件下，接菌促进了植物对钾的吸收（表 5.24）。正常供水条件下，植株钾总吸收量表现为 Fm+CA＞CA＞Fm＞CK，Fm+CA、CA、Fm 较对照分别提高 50.0%、12.1%、1.9%，其中 Fm+CA、CA 处理显著高于对照（$P<0.05$）。水分胁迫条件下，表现为 Fm、CA、Fm+CA 较对照分别提高 85.7%、85.7%、83.5%，均显著高于对照（$P<0.05$）。正常供水条件下 Fm+CA 菌根贡献率为 25%，显著高于单接 Fm 处理。水分胁迫条件下，单接 Fm 菌根贡献率为 46%，而 Fm+CA 处理菌根贡献率为−1%，表明干旱条件下菌根发挥作用较大，而 CA 处理对钾吸收促进作用不明显。双因子方差分析表明，水分胁迫和接种微生物对玉米植株地上部分、地下部分氮、磷、钾吸收量及氮、磷、钾总吸收量

均有显著交互效应。

表 5.24　不同处理对玉米养分钾吸收量的影响

土壤相对含水量 /%	处理	地上部分钾吸收量/(g/盆)	地下部分钾吸收量/(g/盆)	钾总吸收量/(g/盆)	菌根贡献率/%
70	CK	2.38^c	0.26^b	2.64^c	—
	Fm	2.41^c	0.28^b	2.69^c	2
	CA	2.68^b	0.28^b	2.96^b	—
	Fm+CA	3.61^a	0.35^a	3.96^a	25
40	CK	0.86^e	0.05^d	0.91^e	—
	Fm	1.59^d	0.10^c	1.69^d	46
	CA	1.61^d	0.08^{dc}	1.69^d	—
	Fm+CA	1.59^d	0.08^{dc}	1.67^d	−1
显著性	P（W）	*	*	*	
	P（I）	*	*	*	
	P（W×I）	*	*	*	—

2. 水分胁迫下接种丛枝菌根真菌与解磷细菌对土壤改良的影响

由表 5.25 所示，随着土壤相对含水量的降低，各处理根际土壤 pH 显著增高，土壤电导率、全氮、速效磷、有机质含量降低，磷酸酶活性显著降低。除 Fm+CA 外，其他处理土壤速效钾含量随土壤相对含水量降低而显著降低。同一水分条件下，接种微生物的土壤电导率、全氮、速效磷、速效钾含量及磷酸酶活性均高于未接种。

表 5.25　不同处理对土壤基本化学性状的影响

土壤相对含水量/%	处理	pH	电导率/(μS/cm)	全氮/(g/kg)	速效磷/(mg/kg)	速效钾/(g/kg)	有机质/(g/kg)	磷酸酶活性/[mmol/(g土·h)]
70	CK	7.13^c	954^{dc}	0.1^c	8.67^d	0.17^d	0.53^b	2.44^a
	Fm	7.04^d	1064^a	0.27^a	15.51^b	0.23^a	0.62^a	2.49^a
	CA	7.12^c	962^{bcd}	0.17^b	11.23^c	0.18^c	0.55^b	2.47^a
	Fm+CA	7.08^{cd}	1028^{ab}	0.19^b	16.68^a	0.19^c	0.55^b	2.57^a
40	CK	7.24^b	852^e	0.05^e	4.51^g	0.13^f	0.51^b	2.12^c
	Fm	7.28^{ab}	1006^{abc}	0.11^c	7.9^e	0.15^e	0.52^b	2.27^b
	CA	7.33^a	859^e	0.09^{dc}	4.85^g	0.15^e	0.51^b	2.21^{bc}
	Fm+CA	7.28^{ab}	939^d	0.06^{de}	6.34^f	0.21^b	0.53^b	2.29^b

续表

土壤相对含水量/%	处理	pH	电导率 /（μS/cm）	全氮 /（g/kg）	速效磷 /（mg/kg）	速效钾 /（g/kg）	有机质 /（g/kg）	磷酸酶活性 /［mmol/（g土·h）］
显著性	P（W）	*	*	*	*	*	*	*
	P（I）	*	*	*	*	*	NS	*
	P（W×I）	*	NS	*	*	*	NS	NS

注：NS 表示差异不显著。

正常供水条件下，土壤 pH 的变化规律为 Fm<Fm+CA<CA<CK，且 Fm 与 CA、CK 差异显著，其他处理间差异均不显著（P>0.05）。土壤电导率、全氮含量、速效钾含量、有机质含量变化趋势一致，均表现为 CK<CA<Fm+CA<Fm，且 Fm 土壤电导率显著高于 CA、CK，与 Fm+CA 相比差异不显著（P>0.05），Fm 全氮含量、速效钾含量、有机质含量显著高于其他处理。各处理土壤速效磷含量、磷酸酶活性变化规律均表现为 CK<CA<Fm<Fm+CA，且各处理土壤速效磷含量相互间差异均显著，而磷酸酶活性差异均不显著（P>0.05）。

水分胁迫条件下，接种处理土壤 pH 高于未接种，除 CA 外，其他处理与对照差异不显著（P>0.05）。土壤电导率、速效磷含量变化规律一致，均表现为 CK<CA<Fm+CA<Fm，且除 CA 与 CK 差异不显著（P>0.05）外，其他处理间差异显著。接种处理土壤全氮高于未接种处理，其中 Fm、CA 处理显著高于对照处理。土壤速效钾含量、有机质含量、磷酸酶活性变化规律一致，表现为 CK<CA<Fm<Fm+CA，Fm+CA 的土壤速效钾含量显著高于其他处理，接种丛枝菌根真菌处理土壤磷酸酶活性高于未接种，各处理土壤有机质含量间差异不显著（P>0.05）。双因子方差分析表明，水分胁迫和接种微生物对土壤 pH、全氮含量、速效磷含量、速效钾含量具有显著交互作用，而对土壤电导率、有机质和磷酸酶活性交互作用不显著（P>0.05）。

3. 接种微生物对水分胁迫的抗逆修复机理

菌根侵染率一定程度上反映了丛枝菌根真菌与宿主植物的亲和程度。正常供水条件下，菌根侵染率超过 60%，说明丛枝菌根真菌与玉米之间的亲和程度较高，能够很好地发挥菌根共生体的优势作用；而水分胁迫条件下，菌根侵染率显著降低，表明干旱对微生物活动会产生巨大影响，抑制丛枝菌根真菌对玉米根系的侵染，一定程度上影响菌根共生体作用的发挥。同一水分条件下，单接丛枝菌根真菌与双接丛枝菌根真菌和解磷细菌的侵染率差异不明显，表明解磷菌的加入未影响到菌根结构形成和发育。

接种丛枝菌根真菌与解磷细菌均促进玉米生长，提高玉米地上部分干重、地下部分干重及总干重，促进玉米对氮、磷、钾养分的吸收，说明本研究选取的两种微生物与玉米具有很好的适应性，且在玉米生长发育和植株氮、磷、钾营养状况改善中发挥重要的促进作用，这与许多研究结果一致（刘玲利等，2017；郜春花等，2003；秦芳玲和田中民，2009；秦芳玲和王敬国，2000）。然而，在不同水分条件和不同接种方式下，两种微生物对玉米生长及营养改善的作用存在较大的差异性。正常供水条件下，单接解磷细菌的玉米干物质积累和磷、钾吸收量明显高于单接丛枝菌根真菌，双接种的玉米干物质量和氮、磷、钾吸收量显著高于单接种。这说明在水分充足的情况下解磷细菌的作用大于菌根的作用，且两种微生物之间存在着密切的交互作用。这一方面可能是因为沙土通气性和透水性能好，有利于解磷细菌的生长和繁殖，从而提高解磷细菌解磷能力，促进植物生长（秦芳玲和王敬国，2000）；另一方面可能是因为细菌影响丛枝菌根真菌侵染初期的识别反应和侵染进程而产生的一种直接或间接作用，这种作用对外生菌丝在土壤中的延伸生长、分布和存活有一定的影响进而影响到宿主植物的生长和养分吸收（秦芳玲和田中民，2009）。水分胁迫下，各处理玉米各部分干重均显著低于非胁迫的玉米干重，单接丛枝菌根真菌对植物的生长促进作用优于单接解磷和双接种处理，这说明干旱使得解磷细菌的作用受到限制。这与菌根的生理特性密切相关，丛枝菌根真菌通过侵染植物根系，与寄生植物形成菌根共生体，同时在其根系外形成菌丝网，扩大植物根系对水分、养分的吸收（尤其在干旱、养分不足地区）范围，并通过菌丝向宿主植物提供养分，增强植物的抗旱能力，促进植物生长发育（王瑾等，2014a；Rouphael et al.，2015）。因此，接种丛枝菌根真菌作为生物手段可以应用于旱区，促进旱区植物生长及生态恢复。根际是植物根系联系土壤界面的一个微环境，与微生物紧密结合促进养分循环。研究表明，植物根系和根际微生物的生理活性对土壤化学性状、植物养分吸收、生长发育和健康状况都具有明显的影响（王瑾等，2014a）。矿区土壤养分不足，保水保肥能力差，通过一定手段改良土壤，恢复其肥力，使其能适合植物生长，是矿区发展农业、恢复生态的重要突破点。丛枝菌根真菌对根际土壤的改良作用被很多研究证实（李少朋等，2013；王瑾等，2014a；Lenoir et al.，2016），土壤–丛枝菌根真菌–根系三者形成的有机整体深刻影响着根际微环境，而解磷细菌对根际土壤的改良效果研究尚不多见，本试验中菌根对土壤改良作用大于解磷细菌。

　　土壤有机质是土壤肥力的重要来源之一。干旱对土壤有机质影响不大，但同一水分条件下，接种丛枝菌根真菌提高根际土壤有机质的积累，与李少朋等（2013）研究结果一致，这可能是因为丛枝菌根真菌能分泌土壤球囊霉素相关蛋白，进而促进土壤有机质含量的提高。土壤 pH、电导率、全氮含量、速效磷含量、速效钾含量、磷酸酶活性均是反映根际土壤养分的重要指标。结果表明，干旱条件下各处理根际土壤的 pH 增高，电导率、全氮含量、速效磷含量、速效钾含量、磷酸酶活性均降低，这可能与植物长势有一定关系，干旱抑制玉米生长，植株根系不发达，吸收的养分范围不足，导致根际土壤 pH 增高，养分降低。本研究中，接种丛枝菌根真菌和解磷细菌后土壤指标发生改变，且不同接菌处理效果不同。接菌后根际土壤电导率、速效磷含量、速效钾含量、全氮含量有一定程度的提高，这可能是由于接菌后微生物分泌的有机酸和酶类促进土壤养分的释放，同时促进植物的生理代谢及植株的生长发育，蒸腾作用增强，促进土壤中养分的活化运移及其在根际的富集（王瑾等，2014a）。接种菌根后根际土壤 pH 下降，其主要原因可能是菌根菌丝具有酸化菌丝际土壤的能力，从而降低土壤 pH。解磷细菌土壤 pH 变化不大，这可能与其自身的生理特征有关（王亚艺，2014）。综合所述，接种丛枝菌根真菌及解磷细菌均能缓解干旱胁迫对植物的迫害程度，对促进干旱区植物生长和土壤改良、恢复干旱区生态环境具有一定的指导意义，但其具体如何提高植物抗旱性有待进一步研究。

5.3　微生物复垦抗土壤压实修复机理

煤矿露天开采剥离表土，运移倒堆形成排土场，排土场按照设计标高梯田状堆放，为了使排土场能够堆放较多的废弃石料，在排土场平台会利用重型机械来回不断碾压排土场以达到压实和平台稳定的工程效果。而这样的土层结构不利于生态恢复，其中压实土壤的改良与修复是露天排土场生态重建的关键之一。露天排土场平台地表压实严重，土壤结构不良。在排土场进行植被复垦时，土壤压实通过影响众多形态学和生理学过程影响植物发育（Shah et al.，2017），阻碍土壤养分运移，植物利用养分的程度降低（Rosolem et al.，2002），导致植株高度、茎直径发育缓慢，植物生物量大幅下降（Botta et al.，2002）。微生物修复技术利用生态系统自然演替规律，引入适生微生物帮助促进植物逆境下的生长发育，具有环境无害性、安全性和可持续性（毕银丽等，2017）。徐孟和郭绍霞（2018）研究发现，丛枝菌根真菌能提高城市压实土壤环境下植物抗氧化酶活性，并影响渗透调节物质的分泌，有效增强植物的抗土壤压实能力；丛枝菌根真菌与植物组合能改善土壤理化性质、根际微生物群落，改良压实土壤（李文彬等，2018a）。针对露天矿区排土场土壤压实严重造成植物吸收养分困难、生物量减少、根系受损的现状，阐述接种丛枝菌根真菌对压实土壤的改良作用及生态修复效应，揭示压实土壤上植物地下部根系发育、地上部生理代谢、生物量的影响，挖掘丛枝菌根真菌对矿区压实土壤中的植被生态修复潜能。

5.3.1　接菌对压实土壤根系发育与养分吸收的影响

根系作为植物吸收养分的基础器官，对土壤有强烈的依赖性（金可默，2015），根系构型在一定程度上受土壤结构影响，在紧实土壤中通常压实土壤中植物根系的定植、穿插和摄取土壤中水分与养分的能力降低，导致根系生长稀疏且分布在浅层土壤中，下扎深度受限。露天矿土壤压实会造成植物根系难以生长，同时对植物的养分吸收造成影响，严重影响植物的生长和矿区复垦工作的开展。如何改善植物生长环境，提高植物在压实逆境条件下的生长，成为露天矿区压实土壤复垦的关键。

丛枝菌根真菌通过侵染植物根系延伸植物养分与水分吸收面积，促进植物在紧实胁迫土壤中的生长发育，Gholamhoseini 等（2013）研究发现接种丛枝菌根真菌可以促进植物逆境胁迫中养分吸收的效率，从而提高植物在逆境下的生物量。接种丛枝菌根真菌显著地改善养分或水分胁迫下植物根系构型参数（吴强盛等，2014），有研究表明接菌改善根系构型的原因是接菌诱导了植株体内葡萄糖含量增加（袁芳英等，2014）。

模拟矿区不同土壤压实程度，比较接种丛枝菌根真菌对不同压实土壤中植物根系构型、内源激素分泌的影响，揭示丛枝菌根真菌调控压实土壤中根系生长的生理机制；通过分析接菌对压实土壤植物地上部分养分含量的影响，进一步探究根系内源激素、构型发育和地上部养分吸收之间的耦合关系。为丛枝菌根真菌在矿区压实土壤中的规模应用提供理论依据与技术指导。

设置 3 个压实梯度，即无压实（简称 C0，以下同）、轻度压实（C1）、重度压实（C2），测算出容重分别为 1.4g/cm³（C0）、1.5g/cm³（C1）、1.6g/cm³（C2），采用数显式土壤紧实度仪（Field Scout SC 900 Soil Compaction Meter）测量 0～30cm 土层的土壤紧实度，不同土壤容重对应的紧实度如图 5.12 所示。每个压实梯度设置接菌（Fm）和对照（CK）两种处理，植物为矿区土地复垦种植常用的柠条锦鸡儿，供试土壤为砂黏土，以沙土和黏土 3：1 的比例混合而成，土壤本底值：pH 7.35，碱解氮含量 8.58mg/kg，速效磷含量 4.77mg/kg，速效钾含量 320.66mg/kg。种植 12 周后收获。

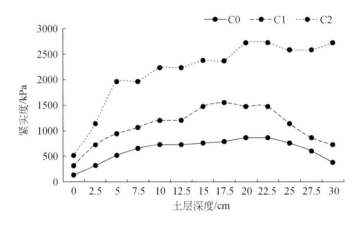

图 5.12　不同压实程度下土壤紧实度随土层深度变化

1. 接菌对不同土壤压实土壤植物生物量的影响

如表 5.26 所示，不同压实土壤接菌处理的菌根侵染情况良好，土壤压实对植物菌根侵染的影响不显著，C1 压实处理侵染率相对较高。不同压实处理下接菌均不同程度地提高柠条锦鸡儿的地上部分干重，C1 压实处理分别显著提高 33.72%、36.67%。随压实程度增强，柠条锦鸡儿地上部分干重、地下部分干重呈现先升高后降低的趋势，说明轻度压实可以提高柠条锦鸡儿生物量。土壤容重与植物生物量之间呈曲线关系，此结果与前人（Håkansson and Lipiec，2000；Lipiec and Simota，1994）的研究结果一致，原因是轻度压实能使根系与土壤接触得更加紧密，适度压实能提高土壤持水保肥的能力（曹立为，2015；Arvidsson and HaKansson，2014）。C2 压实处理后对照和接菌柠条锦鸡儿生物量显著降低，说明重度压实显著抑制植物生物量。C2 压实处理时接菌植物的地上部分干重和地下部分干重显著高于对照，分别提高 48%、58%，可见接菌减缓压实对植物生长发育的影响，促进其生物量的提升。

表 5.26　不同处理下柠条锦鸡儿生长情况的差异

处理		侵染率/%	地上部分干重/g	地下部分干重/g
C0	CK	0	0.67±0.13[bc]	0.35±0.04[b]
	Fm	56.7±5.8[a]	0.85±0.12[b]	0.26±0.03[c]

续表

处理		侵染率/%	地上部分干重/g	地下部分干重/g
C1	CK	0	0.86 ± 0.07^b	0.30 ± 0.03^c
	Fm	60.0 ± 10.0^a	1.15 ± 0.14^a	0.41 ± 0.04^a
C2	CK	0	0.52 ± 0.09^c	0.12 ± 0.03^e
	Fm	53.3 ± 5.8^a	0.77 ± 0.12^b	0.19 ± 0.02^d

注：同一列不同字母表示在 $P<0.05$ 水平上差异显著，下同。

　　不同处理下植物株高的变化趋势如图 5.13 所示，研究表明柠条锦鸡儿在前 30 天各处理株高无显著差异，40 天以后株高差异逐渐明显，表现为 C0 和 C1 压实下柠条锦鸡儿迅速增长，C2 压实下柠条锦鸡儿增长缓慢，表明压实对柠条锦鸡儿幼苗初期的影响较小，生长 40 天以后对株高的抑制效应逐渐显现。生长 80 天以后，与对照相比，接菌柠条锦鸡儿株高在各容重处理下均高于对照，不同容重下柠条锦鸡儿株高长势为 C1>C0>C2。接菌影响了植物的生长速度。

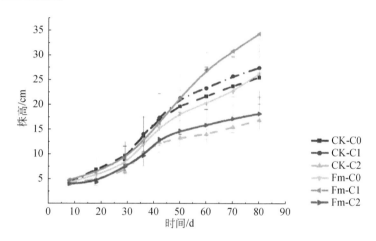

图 5.13　不同处理下柠条锦鸡儿株高随时间的变化

2. 土壤压实与接菌对植物根系形态发育的影响

　　不同压实土壤中接菌对根系形态有影响（图 5.14），与对照相比，接菌柠条锦鸡儿根系总体生物量较大，总根长较长，弯曲度大，根系分枝较多，其具体形态指标统计如表 5.27 所示。C1 压实处理后柠条锦鸡儿根系形态未受显著影响，C2 压实处理后对照和接菌柠条锦鸡儿根系形态均呈现退化趋势，但两者退化程度不同。与无压实、未接菌柠条锦鸡儿相比，C2 压实处理后对照和接菌柠条锦鸡儿根系总根长分别减少 51.83% 和 34.82%，根系平均直径分别减少 61.70% 和 29.79%，根系表面积分别减少 78.86% 和 53.53%，根系总体积分别减少 85.71% 和 59.52%，可见重度压实下接菌柠条锦鸡儿根系根长、直径、表面积和体积的退化程度均小于对照，即接菌减缓土壤紧实度增强对根系形态发育的负效应。

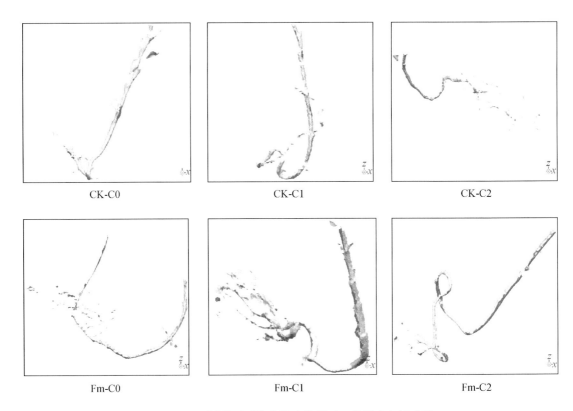

图 5.14　不同处理下柠条锦鸡儿根系三维激光扫描成像

表 5.27　不同处理下柠条锦鸡儿根系形态统计

处理		总根长 /cm	贡献率 /%	根系平均直径 /mm	贡献率 /%	根系表面积 /cm²	贡献率 /%	根系体积 /cm³	贡献率 /%
C0	CK	91.92±14.48ᵃ	—	0.47±0.14ᵃ	—	20.10±3.56ᵃᵇ	—	0.42±0.11ᵃᵇ	—
	Fm	96.76±27.75ᵃ	5.00	0.39±0.08ᵃ	−20.51	17.36±6.15ᵃᵇᶜ	−15.78	0.33±0.11ᵇ	−27.27
C1	CK	65.8±17.54ᵃᵇ	—	0.36±0.15ᵃᵇ	—	12.16±6.14ᵇᶜ	—	0.26±0.19ᵇᶜ	—
	Fm	99.06±39.70ᵃ	33.58	0.56±0.18ᵃ	35.71	22.30±4.79ᵃ	45.47	0.60±0.19ᵃ	56.67
C2	CK	44.28±14.81ᵇ	—	0.18±0.04ᵇ	—	4.25±1.59ᵈ	—	0.06±0.02ᶜ	—
	Fm	59.91±9.88ᵃᵇ	26.09	0.33±0.13ᵃᵇ	45.45	9.34±4.11ᶜᵈ	54.50	0.17±0.11ᵇᶜ	64.71

注：植物形态生理指标的菌根贡献率指接菌对某一指标的贡献，菌根贡献率的计算：菌根贡献率 = （Fm 组某物质含量-CK 组某物质含量）/Fm 组该物质含量×100% 。

　　无压实处理下，接菌柠条锦鸡儿的平均直径、根系体积和表面积均低于对照，菌根贡献率为负值，这是由于菌根菌丝有代替根毛吸收养分的作用（栾庆书，1992），反而使根系生长受到抑制；而 C1、C2 压实处理下接菌不同程度地提高了柠条锦鸡儿根长、根系直径、根系表面积和体积，接菌柠条锦鸡儿的根系发育优于对照，这与 Wu 等（2011b）的研究结果一致，表明丛枝菌根真菌可以促进根系形态发育。与 C1 压实处理相比，C2 压实处理下接菌柠条锦鸡儿根系平均直径、表面积和体积的菌根贡献率分别提高 27.27%、19.85%、14.19%，接菌对柠条锦鸡儿根系生长的贡献在重度压实胁迫下更为突出。

3. 土壤压实与接菌对根系内源激素分泌的影响

植物激素通过与特定的蛋白质受体结合发挥作用，虽然微量却是调控根系生长的决定性物质（王三根，2013）。激素分泌是根系发育情况的决定性因素之一，不同内源激素之间具有相助或拮抗作用，生长素（IAA）、细胞分裂素（CTK）和赤霉素（GA）通常促进组织细胞分裂分化，脱落酸（ABA）则对细胞分化产生抑制（贺学礼等，2011）。植物根毛的形成和伸长受多种内源激素的调控，李想（2006）研究拟南芥根毛的发生和发育中，CTK 与 IAA 存在相互拮抗、相互协同和相互累加的作用，高水平的 CTK 能促进根毛的形成，而 IAA 含量的提高能促进根毛的伸长。土壤压实对植物根系生长的阻碍会引起根系内各激素的响应，Shah 等（2017）说明土壤压实会导致植物内源激素分泌失调。接种丛枝菌根真菌会对寄主植物激素分泌产生影响，IAA、CTK 等信号物质在分子水平上均参与到丛枝菌根真菌共生体系生化作用中（Raudaskoski et al.，2015）。黄京华等（2013）发现，接种摩西管柄囊霉可以促使玉米根内生长素含量上升，根条数增多，增加吸收面积，促进玉米生长。接种丛枝菌根真菌能显著降低植株 ABA 含量增加的速度，有利于植物对 N、P 的积累（杨蓉等，2009）。孙金华等（2017）的研究表明，根系激素 GA、CTK 分泌与菌根侵染率、菌丝密度有密切的正相关关系。内源激素与丛枝菌根真菌协同调控作用改善紧实土壤中植物生理活动（Khalloufi，2017），进而促进根系形态发育。

如图 5.15 所示，土壤压实程度对接菌柠条锦鸡儿激素分泌的影响显著，随土壤紧实度增强，接菌柠条锦鸡儿根系 IAA、CTK、GA 含量逐渐升高，ABA 含量逐渐降低。CK 组柠条锦鸡儿根系激素含量未受土壤压实程度的显著影响。接菌在不同压实程度下均显著提高了柠条锦鸡儿根系 IAA、CTK、GA 的分泌量，这与前人（韦竹立，2018）的研究结果一致，其中 IAA 分泌量在 C0、C1、C2 压实度下分别比对照提高 25.42%、78.65%、93.58%，CTK 分别提高 28.70%、55.35%、63.86%，GA 分别提高 29.50%、46.32%、70.59%，激素增加量逐渐升高，可见在一定范围内土壤紧实程度的增加对接菌柠条锦鸡儿 IAA、CTK、GA 的分泌具有促进效应。ABA 分泌量则有不同趋势，在 C0、C1、C2 压实度下接菌柠条锦鸡儿 ABA 分别比对照减少 25.42%、78.65%、93.58%，说明在此过程中具有 IAA、CTK 和 GA 对 ABA 的拮抗效应。Liu 等 2000）接种丛枝菌根真菌能通过促进激素 IAA、CTK、GA 的产生和降低 ABA 含量提高植物的抗逆性，在重度压实的情况下（C2），接菌柠条锦鸡儿根系表面积、体积增加是根系促生类激素 IAA、CTK 和 GA 增加和 ABA 降低的协同作用的结果。

4. 土壤压实与接菌对植物地上部养分含量的影响

植物地上部养分含量可以表征在压实土壤中根系向地上部输送养分的状况，必需营养元素含量对植物健康有决定性作用。C0、C1 压实处理下接菌柠条锦鸡儿 N、P 养分含量均高于对照组，C1 压实土壤中柠条锦鸡儿 N、P 含量显著高于 C0（表 5.28），说明轻度压实有利于提高植物养分吸收量。C2 压实处理下接菌柠条锦鸡儿 N、P 含量显著升高，N 含量

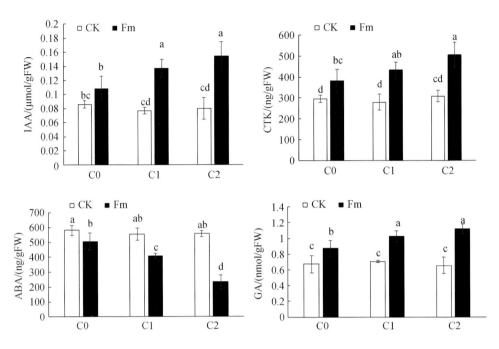

图 5.15　不同处理下柠条锦鸡儿根系内源激素水平的差异

较对照显著增加 49.67%。表明接菌能促进 N、P 养分，C0 压实处理下接菌柠条锦鸡儿比对照 P 含量高但不显著，C1、C2 压实处理下分别显著提高 43.55%、26.73%，说明压实环境中接菌能显著促进 P 吸收，与李晓林等（1994）研究的结果相一致，丛枝菌根真菌能缓解甚至改变压实土壤中宿主植物的缺 P 状况。这是由于丛枝菌根真菌根外菌丝纤细，能深入根系达不到的微小孔隙。Li 等（1991）研究发现白三叶草根外菌丝至少能长到 11.7cm，且在此处菌丝密度仍高达 5~6m/g 土，从而大大增加土壤养分的空间有效性。研究表明，三叶草根系在 1.8g/cm³ 的土壤中基本无法生长，而菌丝却能在高度紧实的土壤伸展并吸收养分；菌根菌丝形成庞大的根外菌丝网，相比非菌根植物，菌丝大大增加与土壤的结合点位（冯固和杨茂秋，1997；Abbott and Robson，1977），从而大大促进植物地上部养分含量。

表 5.28　不同处理下柠条锦鸡儿地上部各养分含量

处理		N/(mg/g)	P/(mg/g)	K/(mg/g)	Ca/(mg/g)	Mg/(mg/g)	Zn/(μg/g)	Fe/(μg/g)	Mn/(μg/g)
C0	CK	2.21±0.30[d]	2.78±0.22[bc]	23.89±0.48[a]	21.72±0.09[a]	6.38±0.04[a]	36.13±3.84[ab]	1321.33±106.93[b]	81.33±12.81[b]
	Fm	4.03±0.48[c]	3.20±0.23[bc]	23.20±0.16[ab]	17.95±1.00[b]	5.11±0.10[b]	32.63±2.89[bc]	1789.00±230.77[a]	103.43±9.00[a]
C1	CK	5.69±1.08[abc]	2.48±0.02[c]	22.21±0.31[b]	20.98±0.25[a]	5.95±0.02[a]	28.30±0.56[c]	717.33±16.41[c]	81.07±0.92[b]
	Fm	6.27±1.51[ab]	3.56±0.23[ab]	18.91±0.70[c]	15.76±0.04[c]	4.58±0.06[c]	39.43±1.37[a]	1806.67±262.25[a]	103.73±4.58[a]

续表

处理		N/(mg/g)	P/(mg/g)	K/(mg/g)	Ca/(mg/g)	Mg/(mg/g)	Zn/(μg/g)	Fe/(μg/g)	Mn/(μg/g)
C2	CK	4.57±1.14[bc]	3.33±1.07[b]	23.67±0.55[a]	21.80±0.16[a]	6.36±0.09[a]	35.53±5.43[ab]	1241.03±218.18[b]	82.97±0.93[b]
	Fm	6.84±0.73[a]	4.22±0.17[a]	20.81±0.86[d]	20.81±0.97[a]	6.10±0.22[a]	38.70±3.13[ab]	1266.67±166.84[b]	82.53±3.82[b]

5. 地上部养分含量与根系侵染率和激素等相关性分析

Pearson 相关性分析（表 5.29）表明，在地上部各养分含量中，K、Ca、Mg 含量在 0.01 水平上极显著正相关；Fe、Mn 含量在 0.01 水平上极显著正相关，且与 Ca、Mg 含量极显著负相关；P 含量与 Fe 含量在 0.05 水平上显著正相关。P 含量与菌根侵染率显著正相关，Fe、Mn 含量与菌根侵染率、总根长极显著正相关（$P<0.01$）。根系激素与地上部养分含量间的相关性分析表明，根系激素分泌与柠条锦鸡儿地上部养分吸收具有密切相关性，根系激素 IAA、CTK 和 GA 分泌水平与菌根侵染率极显著正相关（$P<0.01$），与 N、P、Zn 含量具有正相关性（$P<0.05$），与 K、Ca、Mg 含量存在负相关性，ABA 含量则与 N、P 极显著负相关，与 K 含量极显著正相关（$P<0.01$）。说明接菌促进柠条锦鸡儿分泌 IAA、CTK 和 GA，而根部 IAA、CTK 和 GA 的分泌促进地上部 N、P、Zn 养分吸收。

综上分析表明，接菌通过促进压实土壤中根系激素分泌来调节根系发育，通过菌丝协助根系进行养分吸收，改善植株在压实土壤中难以吸收养分的困境，进而提高植株生物量。

5.3.2　接菌对压实土壤植物生理与光合特性的影响

植物细胞生理代谢活性影响细胞分裂分化，进而影响植物发育速率、健康状况和抗逆性等。土壤压实会对地上植物生理代谢过程产生多种影响，田树飞等（2018）认为土壤容重过高会抑制植物光合作用、降低抗氧化酶活性和渗透调节物质，导致作物减产；土壤容重增大会导致生姜叶片电解质渗漏率及丙二醛（MDA）含量升高，加速生姜植株的衰老（尚庆文等，2008）。丛枝菌根真菌在提高植物对恶劣环境的适应性方面有重要作用，能通过改善养分吸收、增加渗透调节物质的积累，提高抗氧化酶类活性（刘爱荣等，2011），提高植物的光合作用（陈笑莹等，2014）并维持植物内源激素平衡，刺激胁迫诱导基因表达等提高植物的抗逆性（张伟珍等，2018）。矿区压实土壤对植物生理代谢造成胁迫，接种丛枝菌根真菌是否能缓解压实胁迫尚不可知。研究土壤压实与丛枝菌根真菌对柠条锦鸡儿光合特性和生理代谢的影响，探讨接种丛枝菌根真菌对压实土壤中复垦植物生长的改良效应，为矿区压实土壤中促进植物生长的丛枝菌根真菌生物修复技术提供理论支撑。

1. 丛枝菌根真菌和土壤压实对植物生长的影响

单纯接菌柠条锦鸡儿与压实处理下接菌柠条锦鸡儿菌根侵染率无显著差异（表5.30）。与对照相比，单纯压实处理下柠条锦鸡儿株高、地上部分鲜重、SPAD 值有所降低。

表 5.29　地上部养分含量与侵染率、根系激素分泌水平的相关性分析

	N	P	K	Ca	Mg	Zn	Fe	Mn	侵染率	总根长	IAA	CTK	GA	ABA
N	1													
P	0.34	1												
K	-0.694**	-0.405	1											
Ca	-0.264	-0.212	0.669**	1										
Mg	-0.274	-0.175	0.647**	0.984**	1									
Zn	0.252	0.287	-0.373	-0.195	-0.089	1								
Fe	-0.093	0.476*	-0.277	-0.669**	-0.646**	0.386	1							
Mn	0.14	0.214	-0.407	-0.776**	-0.804**	0.117	0.815**	1						
侵染率	0.418	0.563*	-0.637**	-0.765**	-0.748**	0.385	0.693**	0.664**	1					
总根长	-0.103	0.089	-0.227	-0.509*	-0.516*	0.040	0.620**	0.609**	0.342	1				
IAA	0.500*	0.618**	-0.718**	-0.518*	-0.438	0.595**	0.423	0.341	0.811**	0.126	1			
CTK	0.499*	0.771**	-0.648**	-0.419	-0.397	0.478*	0.452	0.32	0.785**	0.204	0.844**	1		
GA	0.627**	0.518*	-0.715**	-0.525*	-0.491*	0.475*	0.322	0.345	0.833**	0.092	0.855**	0.778**	1	
ABA	-0.628**	-0.689**	0.662**	0.237	0.215	-0.426	-0.189	-0.13	-0.691**	0.063	-0.811**	-0.836**	-0.877**	1

* 在 $P<0.05$ 水平（双侧）上显著相关；** 在 $P<0.01$ 水平（双侧）上显著相关。

压实处理下接菌柠条锦鸡儿株高、地上部分鲜重叶片 SPAD 值高于单纯压实处理柠条锦鸡儿，但差异不显著。接种丛枝菌根真菌有助提高压实土壤中柠条锦鸡儿的生物量。

表 5.30　不同处理下柠条锦鸡儿侵染率和生长情况的差异

处理	侵染率/%	株高/cm	地上部分鲜重/g	SPAD 值
CK	0	11.78±1.25[ab]	8.52±0.62[ab]	55.79±5.34[a]
Fm	42.0±10.15[a]	14.61±3.20[a]	10.55±1.57[a]	63.34±6.89[a]
C	0	8.62±1.87[b]	6.62±1.50[b]	56.56±5.17[a]
CFm	37.3±7.5[a]	11.75±1.77[ab]	7.39±0.92[b]	62.78±3.08[a]

注：C 表示压实处理的 CK；CFm 表示压实处理下的接菌处理。

2. 丛枝菌根真菌与土壤压实对植物叶片生理代谢的影响

植物自身抗氧化酶活性提高有助于清除活性氧自由基，降低膜系统启动膜脂过氧化或膜脂脱脂作用，维持细胞内氧化过程的平衡和细胞的正常生理功能（李合生，2006）。如表 5.31 所示，柠条锦鸡儿超氧化物歧化酶（SOD）、过氧化物酶（POD）活性从大到小依次为 Fm>CFm>CK>C，过氧化氢酶（CAT）活性为 Fm>CFm>C>CK。可见接菌显著提高柠条锦鸡儿抗氧化酶活性，而压实导致抗氧化酶活性显著降低，压实损伤叶片细胞抗氧化机制，加剧叶片细胞膜脂过氧化作用。在压实土壤中接种丛枝菌根真菌，柠条锦鸡儿 SOD、POD、CAT 活性分别为单纯压实处理下的 1.34 倍、1.65 倍、1.51 倍，且高于未压实土壤对照处理的水平，接菌促进压实土壤中柠条锦鸡儿的抗氧化酶活性显著升高，结果与李继伟等（2018）及王同智和包玉英（2014）的研究规律类似，接菌促进抗氧化酶活性增大，有助提高植物的抗逆性。

表 5.31　不同处理下柠条锦鸡儿叶片各生理指标的差异

生理指标		CK	Fm	C	CFm
抗氧化酶活性	SOD/（U/g）	705.09±18.87[c]	1230.30±35.50[a]	592.08±27.38[d]	794.87±35.77[b]
	POD/（U/g）	16.75±0.35[c]	31.23±0.27[a]	16.37±0.50[c]	27.02±0.08[b]
	CAT/（U/g）	18.33±3.64[c]	60.33±4.54[a]	24.83±2.32[c]	37.58±4.84[b]
渗透调节物质	Pro/（ug/g）	14.56±1.87[a]	5.14±0.16[c]	7.82±0.81[b]	3.66±0.75[c]
	SS（%）	16.33±1.10[bc]	23.34±3.40[a]	14.66±2.59[c]	19.63±2.69[ab]
	SP（mg/g）	1.48±0.02[c]	1.89±0.03[a]	1.51±0.01[c]	1.59±0.03[b]
质膜系统	EC/%	64.65±0.70[b]	50.33±0.65[d]	71.51±0.32[a]	60.37±1.69[c]
	MDA（μmol/g）	33.04±6.08[bc]	22.25±6.30[d]	45.20±3.56[a]	36.17±4.64[ab]

注：同行中不同小写字母表示处理间差异显著（$P<0.05$），下同。

植物体渗透调节物质增加能够维持细胞渗透平衡，降低细胞水势防止失水，保护细胞质胶体的稳定性，稳定生物大分子的结构和功能（李合生，2006；宋吉轩等，2015）。如表 5.31 所示，不同渗透调节物质对接菌和压实的响应趋势不同。与对照相比，接菌处理柠条锦鸡儿脯氨酸（Pro）含量显著减少 64.70%，单纯压实处理显著减少 46.29%，在压实处理下接种丛枝菌根真菌柠条锦鸡儿叶片脯氨酸含量进一步降低，接菌与压实均会导致叶片脯氨酸的累积量减少。接种丛枝菌根真菌促进可溶性糖（SS）含量与可溶性蛋白（SP）含量显著升高，较 CK 组分别增加 42.93% 与 27.70%；单纯压实处理对柠条锦鸡儿SS 含量与 SP 含量无显著影响；与单纯压实处理相比，压实处理下接种丛枝菌根真菌可以使柠条锦鸡儿叶片 SS 含量与 SP 含量分别显著增加 33.90% 与 5.30%，高于未压实土壤对照处理的水平。接种丛枝菌根真菌可以缓解压实条件下柠条锦鸡儿渗透调节物质的减少（脯氨酸除外），从而提高压实土壤中柠条锦鸡儿叶片的渗透调节能力。

植物细胞膜过氧化作用导致胞内溶质渗漏率增大，相对电导率升高，同时产生有毒物—丙二醛的累积。柠条锦鸡儿叶片相对电导率（EC）和丙二醛（MDA）含量变化趋势一致，均为 FM<CFM<CK<C。与对照相比，单纯压实处理柠条锦鸡儿叶片 EC、MDA 含量分别显著升高 10.61%、36.80%，土壤压实会导致柠条锦鸡儿细胞质膜系统结构恶化，导致电解质外渗，与尚庆文等（2008）研究土壤压实对生姜衰老影响的结果一致；而接菌柠条锦鸡儿叶片 EC、MDA 含量分别显著降低 22.15%、32.66%，表明接菌有减弱细胞质膜系统氧化程度的作用。与单纯压实处理相比，接种丛枝菌根真菌可以使压实处理下柠条锦鸡儿叶片 EC、MDA 含量分别显著降低 15.58%、19.98%，接近未压实对照处理的水平。贺学礼等（2005）研究发现，NaCl 胁迫条件下接种丛枝菌根真菌可以提高棉花叶片 SOD、POD、CAT 活性，降低 MDA 的积累；韩冰等（2011）研究发现，接种丛枝菌根真菌能够更有效地清除冷处理下黄瓜幼苗体内的活性氧，维持细胞膜的完整性。表明接种丛枝菌根真菌能减少压实土壤中柠条锦鸡儿细胞内 MDA 的产生量，减少细胞电解质渗漏。

3. 丛枝菌根真菌和土壤压实对植物叶片激素分泌的影响

激素作为胞间第一信使将外界环境变化信息在植物体内进行转导，从而调节其代谢过程使植物适应变化的环境。土壤压实造成的孔隙度减小对植物地上部养分吸收等产生阻碍，从而引发植物体激素分泌机制的响应。有研究紧实土壤中植物根系 ABA 分泌量增加（刘晚苟和山仑，2003），这些信号物质运至地上部，影响叶片的气孔导度、细胞分裂等。

与对照相比，接种丛枝菌根真菌柠条锦鸡儿叶片 IAA、CTK、GA 含量分别显著升高 125.02%、39.30%、90.76%，ABA 显著降低 62.72%（表 5.32）。单纯压实处理下柠条锦鸡儿叶片 IAA、CTK、GA 含量亦呈升高趋势，ABA 呈降低趋势。接菌处理柠条锦鸡儿 IAA、CTK、GA 含量增加量高于单纯压实处理。与单纯压实处理相比，在压实处理下接种丛枝菌根真菌促进柠条锦鸡儿叶片 IAA 含量升高 18.39%、CTK 含量升高 42.88%、GA 含量升高 14.40%、ABA 含量降低 34.35%。接种丛枝菌根真菌与土壤压实均会促进柠条锦鸡儿叶片 IAA、CTK、GA 促生类激素物质的产生，减少 ABA 抑生类激素的产生，接菌处理会使压实处理下的促生类激素分泌量进一步增加。ABA 与 IAA、GA 及 CTK 间的颉颃关系会直接影响植物体内氧化过程、渗透调节过程等（李合生，2006）。植物叶片激素对压实的响应受接种丛枝菌根真菌的影响，不同类型的激素受丛枝菌根真菌的影响存在差异，马俊（2016）发现，接种丛枝菌根真菌刺激了玉米根系油菜素甾醇和玉米素核苷，以及叶片 GA 的合成，而降低了叶片 ABA 和 IAA 的含量。黄志（2010）研究发现，干旱胁迫下丛枝菌根真菌能够增加甜瓜 IAA、ZR、GA 的含量，减少 ABA 积累。柠条锦鸡儿叶片 IAA、CTK、GA 含量在压实土壤中有所升高，可能是因为土壤紧实造成对植物生长的阻碍，对促生类激素的产生具有激发效应，植物为适应压实的土壤环境、增强养分吸收能力而产生更多的促生类激素。

表 5.32　不同处理下柠条锦鸡儿激素调节物质的差异

处理	IAA/(μg/g)	CTK/(ng/g)	GA/(ng/g)	ABA/(ng/g)
CK	15.03±0.43[d]	377.97±6.38[d]	224.92±1.68[c]	623.33±7.11[a]
Fm	33.82±0.83[a]	526.50±1.53[b]	429.05±6.04[a]	232.39±10.59[d]
C	25.18±0.29[c]	408.86±8.32[c]	361.89±7.82[b]	520.31±14.40[b]
CFm	29.81±1.17[b]	584.17±8.05[a]	414.02±17.27[a]	341.56±9.71[c]

4. 丛枝菌根真菌和土壤压实对植物叶片光合特性的影响

叶片内部生理过程的变化直接影响植物光合作用，光合作用的强弱对植物的生长、产量以及抗逆性都具有十分重要的影响（张春平等，2014）。与对照相比，接菌显著提高柠条锦鸡儿叶片净光合速率、蒸腾速率和气孔导度，表明接菌柠条锦鸡儿细胞光合效率增强，与外界气体和水分交换的速率加快，接菌对胞间 CO_2 浓度无显著影响。单纯压实处理对净光合速率、胞间 CO_2 浓度和气孔导度无显著影响，但显著降低叶片蒸腾速率，可能是因为压实处理导致叶片持水量降低。压实土壤接菌柠条锦鸡儿净光合速率高于单纯压实和对照处理的水平，但叶片蒸腾速率、胞间 CO_2 浓度和气孔导度均处于较低水平，与单纯压实处理相比，压实处理接种丛枝菌根真菌柠条锦鸡儿叶片净光合速率显著升高 24.26%。表明接种丛枝菌根真菌主要提高压实土壤中柠条锦鸡儿叶片净光合速率，降低胞间 CO_2 浓度，对气孔导度和蒸腾速率无显著影响（图 5.16）。

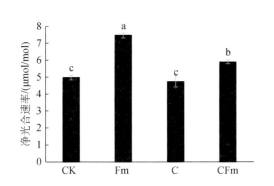
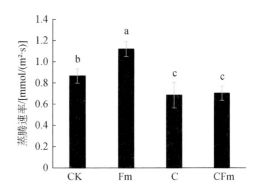

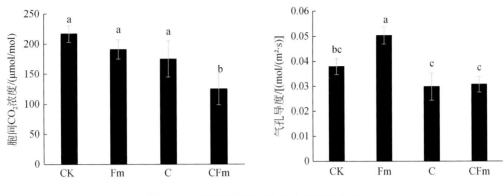

图 5.16　不同处理下叶片光合特性的差异

5. 不同处理的因子间相关性分析

将叶片抗氧化酶活性、渗透调剂物质、激素、菌根侵染率和叶色值因子作为自变量（其编号见表 5.33），探究叶片生理生化因素对叶片光合作用的影响，进行逐步回归分析，探讨影响叶片光合作用的主导生理因素。表 5.33 中编号 $X_1 \sim X_3$ 表示抗氧化酶活性因子；$X_4 \sim X_6$ 表示渗透调节物质因子；$X_7 \sim X_8$ 表示质膜系统因子；$X_9 \sim X_{12}$ 表示激素因子；X_{13} 表示菌根侵染率；X_{14} 表示叶色值；Y_1 和 Y_2 作为因变量，P_r 和 T_r 分别表示净光合速率和蒸腾速率。

表 5.33　逐步回归分析变量编号

编号−指标	编号−指标	编号−指标
X_1 - SOD	X_7 - EC	X_{13} - MCR
X_2 - POD	X_8 - MDA	X_{14} - SPAD
X_3 - CAT	X_9 - ABA	Y_1 - P_r
X_4 - Pro	X_{10} - CTK	Y_2 - T_r
X_5 - SS	X_{11} - GA	
X_6 - SP	X_{12} - IAA	

通过生理生化指标对光合作用的逐步回归分析，发现影响净光合速率 Y_1 的主导因子包括 X_1（超氧化物歧化酶活性）、X_2（过氧化物酶活性）、X_5（可溶性糖含量）（表 5.34），Y_1 与上述自变量的最优拟合模型为 $Y_1 = 0.003X_1 + 0.075X_2 - 0.053X_5 + 2.305$（判定系数 $R^2 = 0.994$）。可见抗氧化酶活性增大对叶片净光合速率具有正效应，而可溶性糖含量增加对净光合速率具有负效应。影响叶片蒸腾速率 Y_2 的主导因子包括 X_1（超氧化物歧化酶）、X_9（脱落酸含量），Y_2 与上述自变量的最优拟合模型为 $Y_2 = 0.001X_1 + 0.001X_9 - 0.448$（判定系数 $R^2 = 0.827$）。可见超氧化物歧化酶活性增大和脱落酸含量增加对叶片蒸腾速率具有正效应。

表 5.34　主导因子显著性分析表

因变量	自变量	t 值	P
Y_1	X_1	11.29	<0.001
	X_2	7.33	<0.001
	X_5	−3.41	<0.01
Y_2	X_1	5.73	<0.001
	X_9	2.96	<0.05

5.3.3　接菌对压实土壤团聚体和胞外酶活性的影响

　　接菌不仅对植物产生较好的生态效益，还会对土壤环境产生反馈调节作用。复垦土壤通常是将深层底土翻挖上来覆在表层，黏粒含量大，土壤质地、孔隙度、pH、保水保肥性均发生很大的变化，复垦后土壤容重高于一般农用地，土壤结构较差、耕性不良，土壤有机质和 N、P、K 养分含量较低，土壤肥力恢复缓慢。矿区压实土壤修复，常用的物理修复方法包括土壤剖面重构，将有机质含量较高、质地优良的表土剥离保存，回填在排土场上层，并进行人工松土；对于深层压实的土壤，采取机械深松耕技术，提高深层土壤的蓄水保墒能力而避免翻转搅乱土层；对于经过压实结构遭受破坏的土壤，通常采用添加有机物质等化学修复技术，如使用有机肥可促进团聚体形成，添加粗质有机物料如锯末、泥炭等，以及膨胀类岩石如粉煤灰、珍珠岩等。生物修复以植物-微生物联合改良为主，尤其是丛枝菌根真菌，因其在自然界土壤存在的广谱性，能够显著改善土壤理化性质，越来越成为排土场土壤改良所关注的热点方法。

　　土壤团聚体对协调土壤肥力状况、调节碳氮循环、改善土壤耕性等具有重要作用（黄安等，2012）。有多项研究发现，丛枝菌根真菌侵染有利于根际土壤团聚体的形成，丛枝菌根真菌菌丝通过物理固持、分泌物分泌等方式促进土壤颗粒团聚，丛枝菌根真菌分泌的球囊霉素相关蛋白具有"结构工程师"的作用，对土壤形成良好的物理结构产生积极的影响（Sara et al., 1996），然而国内外关于利用接种丛枝菌根真菌改善矿区容重大、紧实度高的土壤团聚体结构方面的相关研究资料十分有限。植物-丛枝菌根真菌共生系统中，根系和菌丝通常具有不同的形态特征、分泌物质和生长过程等，对根际土壤的团聚体结构产生的影响存在差异。分离根系、菌根、菌丝对土壤团聚体的作用是研究热点和难点。土壤胞外酶能够调节土壤微生物对土壤有机质的分解，以及对 C、N、P 等养分的吸收利用，是生物地球化学循环的重要指标（Moorhead and Sinsabaugh, 2000）。土壤团聚体不同粒径分布影响土壤有机碳数量、含水量、养分循环与固持等，对土壤胞外酶活性产生直接影响（刘秉儒等，2019），而关于丛枝菌根真菌与团聚体结构对土壤胞外酶活性的作用相关研究尚不多见。

　　模拟矿区压实土壤，以矿区常用修复植物——苜蓿（*Medicago sativa*）为供试物种，采用分室装置探究接种丛枝菌根真菌对土壤团聚体结构及其稳定性的影响，以及对土壤有机碳、球囊霉素相关蛋白和胞外酶活性的影响，从而进一步考察丛枝菌根真菌能否缓解压实对土壤团聚体结构产生的不利效应，根系、菌根和菌丝对团聚体结构影响的差异性，以及土壤团聚体结构变化对土壤胞外酶活性的影响。

以苜蓿为供试植物，从宝日希勒矿区采回的黑黏土（掺以 1∶1 比例的砂土）为供试土壤进行模拟实验。实验装置为两室系统（图 5.17）。装置规格为 15cm 长×10cm 宽×10cm 高，用 5mm 厚的有机玻璃板制作而成，用 30μm 的尼龙网将其隔成两室，菌根室 5cm 长，苜蓿种子和菌根真菌置于室内生长，尼龙网可使菌丝穿过尼龙网而达到菌丝室，而根系不能穿过，菌丝室分为 5～10cm 和 10～15cm 两部分。试验设两个土壤容重水平，即正常未压实土壤容重 1.38g/cm³ 和经过压实后的土壤容重 1.82g/cm³。设两个接菌处理，即接菌（Fm）和不接菌（CK）对照处理。培育 90d 后收获。生长期内正常水分管理，称重浇水至最大持水量的 65%～70%。

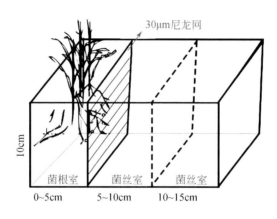

图 5.17　实验装置设计图示

1. 接菌对压实土壤苜蓿生长发育的影响

与对照相比，接菌显著增加了苜蓿地上部分干重和总干重（P<0.05），降低了地下部分干重和根茎比。压实处理对地上部分干重影响不显著，地下部分干重和总干重降低，根茎比减小但不显著（表 5.35）。可能是菌丝具有代替植物根系吸收养分的功能，导致植物分配到地下的生物量减少，而地上生物量较未接菌植物仍然较高。

压实土壤接菌后苜蓿地上部分干重和总干重显著大于未压实对照处理，地下部分干重显著小于未压实对照处理，植物根茎比显著降低（表 5.35），表明苜蓿地下向地上转移的相对物质量增加，接菌后苜蓿减少了向根系的碳分配。

在高紧实度的土壤中，植物根系生长受到抑制，菌丝生长也遭受阻碍，生长量迅速降低。研究表明，接菌植物在 1.82g/cm³ 的土壤中根系生物量减少，但土壤中菌丝密度升高，在孔隙度很低的土壤中，植物根系发育受到阻碍（邹晓霞等，2018；Aliche et al.，2020），真菌菌丝在孔隙度低的土壤中可能会发挥重要的促进植物生长作用。

接菌后三个隔室内均观察到菌丝的生长，0～5cm 菌根室和 5～10cm 菌丝室压实土壤菌丝密度大于未压实土壤，菌根室差异显著（图 5.18），10～15cm 菌丝室菌丝密度差异较小。同一容重下不同隔室内菌丝密度无显著差异，压实土壤菌丝密度有随距根系距离增加而减少的趋势。

　　压实处理后接菌苜蓿地下生物量与未压实相比显著降低，而菌丝密度显著升高，植株地上生物量无显著差异，表明与根系相比菌丝的生长较不易受到土壤紧实程度的影响，从而发挥协助根系养分吸收的作用，促进植物地上碳分配量提升。

表 5.35　不同处理下苜蓿生长情况

处理		侵染率/%	地上部分干重/g	地下部分干重/g	总干重/g	根茎比
1.38g/cm³	CK	0	0.82±0.14ᵇ	0.35±0.08ᵃ	1.17±0.15ᶜ	0.43±0.11ᵃ
	Fm	90±8.6ᵃ	1.47±0.17ᵃ	0.32±0.04ᵃ	1.79±0.21ᵃ	0.22±0.02ᵇ
1.82g/cm³	CK	0	0.76±0.02ᵇ	0.27±0.05ᵃᵇ	1.02±0.06ᶜ	0.36±0.06ᵃ
	Fm	86.6±7.6ᵃ	1.28±0.06ᵃ	0.22±0.04ᵇ	1.49±0.06ᵇ	0.17±0.04ᵇ

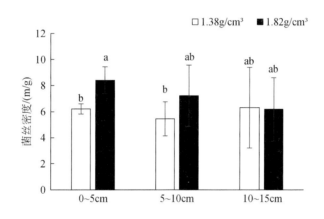

图 5.18　不同处理下菌丝密度差异

2. 接菌对压实土壤团聚体特征的影响

　　土壤团聚体通常是由土粒的凝聚、黏结以及有机物质与矿质颗粒的胶结和复合作用形成的，粒径较大的团聚体是多级团聚的产物，具有较大的表面积和孔隙度，有利于好气性微生物活动，可提供必要的速效养分，保水供肥能力强。一般来说直径大于 0.25mm 的水稳性团聚体能反映土壤结构的好坏，与土体稳定性呈正相关；而粒径较小的团聚体有利于嫌气性微生物活动和有机质的适当累积。如图 5.19 所示，与对照相比，接种丛枝菌根真菌主要提高了>2mm 团聚体含量。未压实土壤接种丛枝菌根真菌的 5~10cm 菌丝室和 10~15cm 菌丝室>2mm 团聚体含量显著高于对照，且显著高于 0~5cm 菌根室。压实土壤接菌的 5~10cm 菌丝室>2mm 粒级团聚体含量最高，显著高于其他处理。

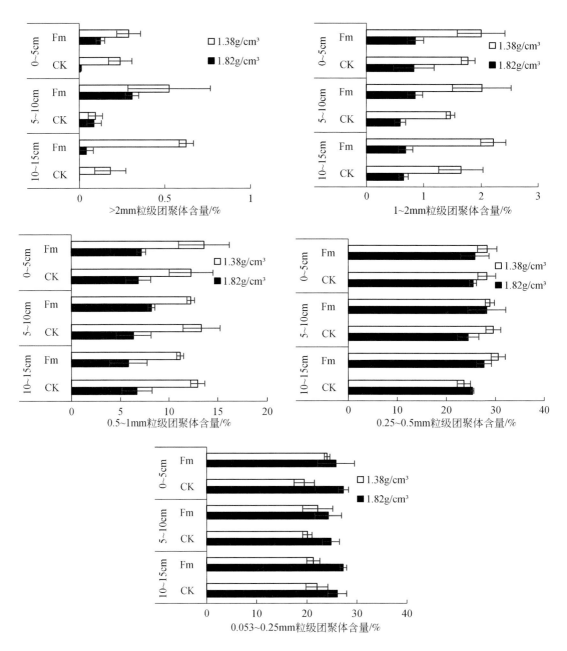

图 5.19　不同处理下各粒级团聚体含量分布

在 1～2mm 粒级团聚体中，菌根、根系和不同距离的菌丝对该粒级均具有正效应，且该粒级团聚体的含量在不同作用下差异不显著。与未接菌土壤相比，菌丝对该粒级团聚体仍然具有较大的影响：在 $1.38g/cm^3$ 和 $1.82g/cm^3$ 容重下，接菌的 10～15cm 菌丝室和 5～10cm 菌丝室分别与对照相比差异显著。在 0.5～1mm 粒级团聚体中，同一容重下不同处理间的团聚体含量差异不大，接菌的效应在此粒级上表现不显著；低容重土壤该粒级团聚体含量仍然显著大于高容重。在 0.25～0.5mm 粒级团聚体中，不同容重间的团聚体含量开始出现持平的趋势，表明 1.38g/cm³ 和 1.82g/cm³ 容重下该粒级团聚体含量在同一水平下且占有很大比例；同一容重下，10～15cm 菌丝室接菌处理显著大于对照，其他处理间无显著差异。在 0.053～0.25mm 粒级团聚体上，1.82g/cm³ 容重的土壤总体高于 1.38g/cm³ 的土壤，表明高容重土壤以 0.053～0.25mm 微团聚体占优势；1.38g/cm³ 容重下，0～5cm 隔室接菌土壤该粒级含量显著大于对照，1.82g/cm³ 容重下接菌与对照处理差异不显著。以上分析表明，丛枝菌根真菌对团聚体的效应依赖粒级大小，对大于 2mm 土壤水稳性团聚体含量有显著的促进效果，对其他粒级团聚体的形成相对影响较小。

土壤团聚体稳定性指标分析如图 5.20 所示。与未压实土壤相比，压实土壤中 >0.25mm 团聚体比例（$R_{0.25}$）、团聚体平均重量直径（MWD）和几何平均直径（GMD）显著降低，表明压实显著降低了团聚体稳定性。接菌显著提高了 10～15cm 隔室未压实土壤的 >0.25mm 团聚体含量，1.38g/cm³ 未接菌土壤 >0.25mm 团聚体比例在 5～10cm 隔室显著降低，其他处理在不同隔室间无显著差异。0～5cm、5～10cm 隔室同一容重下接菌和未接菌土壤 >0.25mm 团聚体比例无显著差异，但 10～15cm 隔室 1.38g/cm³ 容重下接菌显著高于未接菌。MWD 分析表明，1.82g/cm³ 容重下接菌土壤 MWD 呈现 5～10cm>0～5cm>10～15cm，差异显著，其他处理不同隔室间差异不显著。同一隔室内，0～5cm 隔室和 5～10cm 隔室中，未压实土壤 1.38g/cm³ 容重下接菌和未接菌团聚体 MWD 差异不显著，而压实土壤 1.82g/cm³ 容重下接菌处理显著高于未接菌。

综合来看，未压实土壤不同隔室处理和接菌处理对团聚体稳定性的效应均不显著，而压实土壤以接菌处理的 5～10cm 隔室团聚体 $R_{0.25}$、MWD 和 GMD 稳定性最高，接菌效应显著。以上分析表明，压实土壤接菌对团聚体的效应比未压实土壤更加明显，且距离根系 5～10cm 菌丝对土壤团聚体稳定性的效应最好，甚至大于 0～5cm 隔室内根系和菌根的作用，而远距离的 10～15cm 菌丝对团聚体的效应不显著，这可能与菌丝密度的减少有关。距离根系较近的菌丝区域比较远距离的菌丝区更容易受到根系分泌物的影响，而又避免了根系侵入和穿透作用对大团聚体的压缩破坏，这可能是 5～10cm 距离菌丝室土壤团聚体稳定性较高的一个原因。

许多研究表明植物根系、菌根和菌丝对团聚体稳定性有积极作用，但其贡献率随试验条件的差异有不同的结论。Miller 和 Jastrow（1990）的研究表明相较于植物细根，菌丝对团聚体 GMD 的增加有更强的直接作用，冯固等（2001）认为土壤中 2～5mm 粒级和 1～2mm 粒级水稳性大团聚体主要受菌根菌丝的影响，根系的作用小于菌丝。彭思利（2011）的研究表明湿筛条件下，单独菌丝作用的土壤 MWD、GMD 和大于 0.25mm 团聚体含量高于单独根系作用的土壤，但是这种作用仍然小于菌根的作用。丛枝菌根真菌单独菌丝比植物根系和菌根对团聚体稳定性有更显著的作用。植物根系一方面可能会通过分泌物等释放更多的有机碳促进团聚体形成，另一方面根系的侵入和穿透力也有可能造成大团聚体的压缩和破坏，以及邻近土壤的干湿交替，形成更多的微团聚体（Bronick and Lal，2005；Gale et al.，2000），这可能是根系和菌根对团聚体的效应小于菌丝的原因。接种丛枝菌根真菌仅对 >2mm 粒级的水稳性团聚体含量有显著促进作用，而对其余粒级的团聚体影响相对不显著，因而综合来看，MWD 和 GMD 在小范围波动，接菌效应引起的团聚体含量的变化并没有预期那么高，这可能与试验周期较短、苜蓿生长时间不足以及土壤本身的性质有关，而土壤物理结构的变化是相对漫长的过程。另外，由浇水引起的干湿交替也会对团聚体结构造成强烈影响（吕春花和郑粉莉，2004）。根系、菌根和菌丝对土壤团聚体的潜在影响机制还有待进一步的研究。

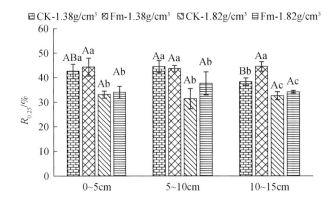

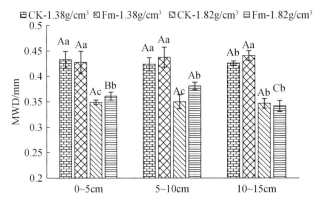

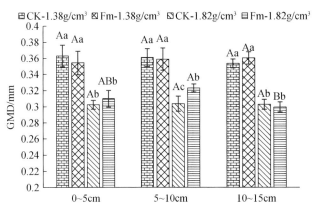

图 5.20　不同处理下团聚体稳定性指标变化

不同小写字母表示同一隔室内不同处理间差异显著，不同大写字母表示同一处理
下不同隔室间差异显著（$P<0.05$）。下同

3. 土壤有机碳和球囊霉素的变化与团聚体稳定性的相关性

土壤总球囊霉素相关土壤蛋白和土壤有机碳含量受容重、菌根、菌丝等多种因素影响（图 5.21）。接菌显著提高压实土壤在 0～5cm 隔室和 5～10cm 隔室总球囊霉素相关土壤蛋白含量；以及 10～15cm 隔室未压实土壤总球囊霉素相关土壤蛋白含量。接菌整体提高了土壤总球囊霉素相关土壤蛋白水平，5～10cm 隔室总球囊霉素相关土壤蛋白含量最高。有机碳含量分析表明，压实显著降低了 0～5cm 隔室土壤有机碳含量，接菌主要提高了 5～10cm 隔室土壤有机碳含量，对 0～5cm 隔室和 10～15cm 隔室土壤有机碳含量无显著影响。除未压实未接菌处理外，其他处理土壤有机碳含量随离根系距离增加均呈现先增大后减小的趋势。

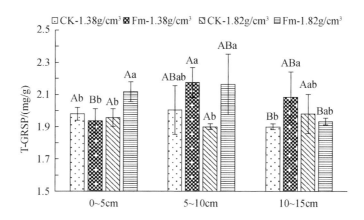

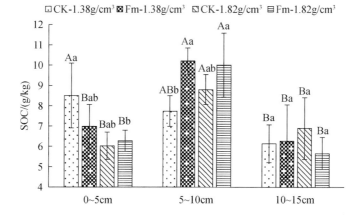

图 5.21　不同处理下土壤总球囊霉素相关土壤蛋白（T-GRSP）和土壤有机碳（SOC）含量

对表征团聚体稳定性的 3 项指标进行主成分分析，得出第一主成分，可综合稳定性指标的大部分信息（解释总方差为 95.42%），通过计算各个样本团聚体稳定性的第一主成分值，分别与菌丝密度、总提取球囊霉素含量和有机碳含量做线性回归分析。如图 5.22 所示，在同一容重下，土壤团聚体稳定性 PC1 与菌丝密度、总球囊霉素相关土壤蛋白、土壤有机碳之间呈现正相关性，其中总球囊霉素相关土壤蛋白和土壤有机碳与团聚体稳定性显著正相关（$P<0.05$）；菌丝密度与团聚体稳定性 PC1 的相关性小于土壤有机碳和总球囊霉素相关土壤蛋白，其中在 1.38g/cm³ 容重土壤中相关性相对较高，但未达到显著水平。1.82g/cm³ 容重土壤团聚体稳定性 PC1 与总球囊霉素相关土壤蛋白、土壤有机碳含量之间的回归模型拟合度更高，R^2 和显著性均高于 1.38g/cm³ 容重土壤。

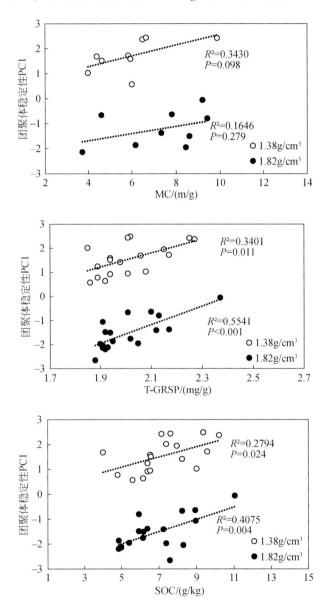

图 5.22　团聚体稳定性第一主成分与菌丝密度（MC）、总球囊霉素
相关土壤蛋白（T-GRSP）、土壤有机碳（SOC）之间的关系

　　菌丝密度、有机碳含量和总球囊霉素相关土壤蛋白含量可能对土壤团聚体稳定性有显

著影响，采用进入法对 3 个因素进行多元线性回归分析，建立多元回归方程。如表 5.36 所示，X_1、X_2、X_3 分别表示菌丝密度、土壤有机碳含量、总球囊霉素相关土壤蛋白含量，Y 表示团聚体稳定性 PC1。土壤有机碳含量的偏回归系数均最大，其次为总球囊霉素相关土壤蛋白含量和菌丝密度，表明有机碳含量对团聚体稳定性的影响效应最为显著。与未压实土壤相比，在 1.82g/cm³ 容重下压实土壤菌丝密度、土壤有机碳含量和总球囊霉素相关土壤蛋白含量的偏回归系数更大，对团聚体的效应更加明显，暗示高容重下菌丝密度、土壤有机碳和总球囊霉素相关土壤蛋白与团聚体稳定性的关系更加密切。

表 5.36 团聚体稳定性及其影响因子之间的多元线性回归

容重/(g/cm³)	标准回归方程	调整 R^2	P
1.38	$Y = 0.189X_1 + 0.335X_2 + 0.296X_3$	0.299	0.047
1.82	$Y = 0.281X_1 + 0.441X_2 + 0.365X_3$	0.647	0.000

一般来说有机质含量丰富的土壤有良好的结构和孔性（李景等，2015），有机质是土壤团聚体主要胶结物质。无机-有机复合作用也有利于有机碳的固持。球囊霉素相关土壤蛋白具有很强的吸附土壤颗粒的能力（Wright et al.，1998），大量研究证实 GRSP 的分泌受丛枝菌根真菌主导（贺学礼等，2018；田慧等，2009），土壤团聚体稳定性与土壤有机碳和球囊霉素含量均有显著的正相关关系（Spohn and Giani，2010；Wu et al.，2014；景航等，2017）。接种丛枝菌根真菌的菌丝室和菌根室土壤总球囊霉素相关土壤蛋白含量显著高于未接种处理，且土壤有机碳含量和总球囊霉素相关土壤蛋白含量在不同容重下均与团聚体稳定性呈现显著的正相关性。与正常容重相比，高容重土壤团聚体稳定性与土壤有机碳含量和总球囊霉素相关土壤蛋白含量的拟合程度更高，表明高度紧实土壤中团聚体形成对土壤有机碳和总球囊霉素相关土壤蛋白的依赖性更强，关于压实后土壤有机物质对团聚体的影响机制还有待进一步的研究。

4. 土壤胞外酶活性的变化及影响因子分析

土壤胞外酶主要由土壤微生物分泌到土壤中，微生物可将非水溶性的高分子聚合物分解为水溶性的小分子有机物供自身吸收，这是土壤微生物的一种"觅食策略"，是有机质矿化为养分元素的重要初始过程，土壤胞外酶相对胞内酶具有较高的稳定性（Burns et al.，2010）。不同大小的团聚体排列造就土壤的多孔系统，不同的孔隙特征调控微尺度下土壤微生物的功能与活性（张维俊等，2019），进而影响微生物的酶解作用。有研究（钟晓兰等，2015；姬秀云和李玉华，2018）表明，相较于土壤黏粒和粉粒组，土壤胞外酶的活性主要分布在 >2mm 等粒径较大的团聚体中，而在很多研究中（李子川，2016；卢怡等，2017），不同种类胞外酶活性强度与各个粒级土壤团聚体的关系都因为它们所在试验样区土壤类型与实验条件的差异而表现出不同的特征。一方面土壤团聚体具有高度活跃的胞外酶作用，另一方面团聚体复杂的结构对酶活性起到隔离防护的效果，避免胞外酶暴露于不利环境中（郭亚飞，2018）。有研究（Wang et al.，2019a）表明，在 <0.25mm 微团聚体中，相较 >0.25mm 团聚体土壤 β-1，4-葡萄糖苷酶（BG）、β-1，4-N-乙酰葡萄糖苷酶

（NAG）和亮氨酸氨基肽酶（LAP）表现出更高的活性水平，这与本研究有相似的结果，这可能与胞外酶被小颗粒组中的有机–无机复合体吸附，受到无机矿物–腐殖质复合体的物理保护有关（牛文静等，2009）。

不同处理下土壤胞外酶的变化如表 5.37 所示。未接菌处理下，两种容重下 10～15cm 隔室 4 种土壤胞外酶活性均有大于 0～5cm 隔室的趋势；接菌处理下，压实容重对丛枝菌根真菌定殖后的土壤胞外酶活性有较大的影响：1.38g/cm³g 容重下未压实土壤 4 种胞外酶活性呈现 0～5cm 隔室大于 10～15cm 隔室的趋势，与 5～10cm 菌丝隔室差异不显著；1.82g/cm³ 容重下接菌处理 4 种胞酶活性均随距离根系越远而增加，呈现 10～15cm>5～10cm>0～5cm 隔室。对于 10～15cm 隔室土壤胞外酶活性大于 0～5cm 隔室的现象，可能是由于根际"负激发效应"（Kuzyakov and Xu，2013），营养竞争假说认为，植物通过与微生物竞争矿物质营养素来抑制微生物的生长和代谢，从而导致胞外酶活性的降低（Wright，2005；Heijden et al.，2008）。土壤养分含量较低，植物在幼苗生长阶段需要大量养分支撑，且根际微生态系统尚未达到成熟稳定，植物与微生物的营养竞争现象可能更加显著，导致胞外酶活性降低。

表 5.37　不同处理下土壤胞外酶活性　　　　　　　（单位：U/g）

胞外酶	处理	0～5cm	5～10cm	10～15cm
土壤β-1，4-葡萄糖苷酶（BG）	CK-1.38g/cm³	0.2487[Cc]	0.5447[Ba]	0.6171[Aa]
	Fm-1.38g/cm³	0.4936[Aab]	0.5155[Aab]	0.3758[Bb]
	CK-1.82g/cm³	0.5174[Aa]	0.4624[Bb]	0.5722[Aa]
	Fm-1.82g/cm³	0.4289[Cb]	0.4874[Bab]	0.6257[Aa]
β-1，4-N-乙酰葡萄糖苷酶（NAG）	CK-1.38g/cm³	0.0356[Bc]	0.0906[Aa]	0.1010[Aa]
	Fm-1.38g/cm³	0.0851[Aa]	0.0871[Aa]	0.0375[Bb]
	CK-1.82g/cm³	0.0795[Aab]	0.0612[Bb]	0.1010[Aa]
	Fm-1.82g/cm³	0.0606[Bb]	0.0737[Bab]	0.0983[Aa]
亮氨酸氨基肽酶（LAP）	CK-1.38g/cm³	1.7537[Bb]	2.4667[Aa]	2.5681[Aa]
	Fm-1.38g/cm³	2.1547[Ba]	2.4163[Aa]	1.9569[Bb]
	CK-1.82g/cm³	2.2489[Ba]	2.2431[Ba]	2.5612[Aa]
	Fm-1.82g/cm³	2.0489[Ba]	2.2790[ABa]	2.4951[Aa]
土壤碱性磷酸酶（ALP）	CK-1.38g/cm³	0.6262[Bb]	1.0882[Aa]	1.1188[Aa]
	Fm-1.38g/cm³	1.0093[Aa]	1.0230[Aa]	0.7050[Bb]
	CK-1.82g/cm³	0.9351[ABa]	0.8103[Bb]	1.0443[Aa]
	Fm-1.82g/cm³	0.8922[Ba]	0.9950[ABa]	1.0471[Aa]

注：不同大写字母表示同一行在 0.05 水平差异显著，不同小写字母表示同一列在 0.05 水平差异显著。

对同一隔室不同处理间的胞外酶活性进行纵向比较，发现 0～5cm 隔室中接种丛枝菌根真菌显著增加了未压实土壤的 4 种胞外酶活性，而在压实土壤中接菌显著降低了 BG 活性，对其他胞外酶无显著影响，表明不同容重下菌根对胞外酶活性产生的效应不同；接菌显著提高了 5～10cm 隔室压实土壤 ALP 活性，对未压实土壤胞外酶活性无显著影响。接菌显著降低了 10~15cm 隔室未压实土壤胞外酶活性，表明在 1.38g/cm³ 容重下单纯菌丝生长有抑制土壤胞外酶活性的效应，而对 1.82g/cm³ 容重土壤胞外酶活性无显著影响。

为了探讨土壤团聚体对胞外酶活性的影响，将各粒级团聚体含量、$R_{0.25}$、MWD、GMD、土壤有机碳、总球囊霉素相关土壤蛋白和菌丝密度作为环境变量，将 4 种胞外酶活性作为响应变量，进行冗余分析，探讨影响 4 种胞外酶活性的主导因素。根据次决策曲线分析（DCA）分析结果，1.38g/cm³ 和 1.82g/cm³ 容重下 DCA 排序前 4 轴最大值均小于 3，因此选择 RDA 分析土壤理化因子与胞外酶活性间的关系。为了避免土壤理化因子间具有共线性，剔除膨胀因子（VIF）大于 10 的变量，最终保留 7 个土壤理化因子，VIF 计算结果表明，1.38g/cm³ 和 1.82g/cm³ 容重下 7 个变量的最大 VIF 值分别为 4.58 和 9.70，说明各变量间线性关系较弱，可以进行 RDA 分析。RDA 分析结果显示（图 5.23），在 1.38g/cm³ 容重下，第一排序轴和第二排序轴分别解释总变异的 38.1% 和 6.3%。

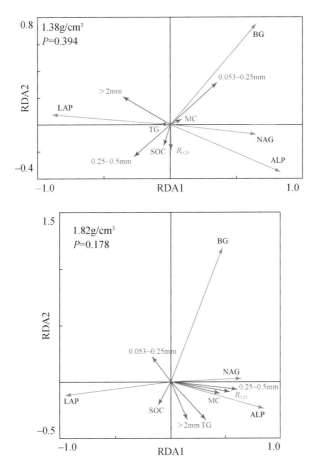

图 5.23　土壤胞外酶活性及其影响因子间的冗余分析

胞外酶活性与土壤理化因子间的相关性关系可以通过两者间夹角的余弦值进行分析。在 1.38g/cm³ 容量下，BG 活性与 0.053~0.25mm 微团聚体含量呈正相关，而与其他土壤因子呈负相关或相关性很弱。NAG 活性和 ALP 活性与大于 2mm 粒级团聚体含量呈负相关。在 1.82g/cm³ 容重下，第一排序轴和第二排序轴分别解释总变异的 41.9% 和 11.8%。ALP 活性与菌丝密度、大于 0.25mm 粒级团聚体含量和 0.25~0.5mm 粒级团聚体含量呈正相关，3 个土壤因子之间也存在强烈相关性，LAP 活性则与这 3 个因子呈负相关，BG 活性与有机碳含量呈负相关。两种容重下，LAP 活性与 NAG 活性、ALP 活性呈负相关，BG 活性与其他三种酶活性的关系较弱。

结合对各个因子影响贡献率（表 5.38）和显著性的分析结果可以看出，导致 1.38g/cm³ 容重下胞外酶活性变化的主要土壤环境因子为大于 2mm 粒级团聚体含量、菌丝密度和 0.053~0.25mm 粒级团聚体含量，三者贡献率相近，但均未达到 0.05 水平的显著性，说明胞外酶活性的变化还受其他复杂因素的作用。随着 0.053~0.25mm 粒级团聚体含量和菌丝密度的增加以及大于 2mm 粒级团聚体含量的降低，1.38g/cm³ 容重下 BG 活性、NAG 活性、ALP 活性有所增加，说明 3 种胞外酶活性对微团聚体具有依赖性。导致 1.82g/cm³ 容重下胞外酶活性变化的主要土壤环境因子为 0.25~0.5mm 粒级团聚体含量，且效应在 0.05 水平上显著。0.053~0.25mm 粒级团聚体含量和有机碳含量对胞外酶活性也有影响但影响程度低于 0.25~0.5mm 粒级团聚体。随着 0.25~0.5mm 粒级团聚体含量的增加，ALP 活性和 NAG 活性有所增加，LAP 活性降低。因此同一粒级团聚体对压实和未压实土壤胞外酶活性的效应不同。

表 5.38　土壤理化因子对胞外酶活性变化的贡献率

土壤理化因子	1.38g/cm³ 容重下贡献率/%	P	1.82g/cm³ 容重下贡献率/%	P
>2mm	12	0.138	1	0.646
0.25~0.5mm	2	0.656	24	0.012*
0.053~0.25mm	10	0.212	8	0.190
$R_{0.25}$	3	0.490	4	0.350
TG	5	0.334	6	0.280
SOC	2	0.754	8	0.186
MC	11	0.114	4	0.478

胞外酶活性受土壤容重的影响，在低容重土壤下酶活性与微团聚体含量有正相关性，在高容重下与 0.25~0.5mm 粒级团聚体含量有正相关性，这可能与土壤孔隙度的表现有关，在孔隙度较大的土壤（1.38g/cm³）中，酶活性水平与较小粒级团聚体紧密相关，而在孔隙度较小的土壤（1.82g/cm³）中，粒级较大的团聚体对酶活性增强有重要作用。

第6章 草原露天矿排土场生态修复模式实践

我国幅员辽阔，草原地区位于欧亚大陆东岸温带地区，地域广阔，在 35°N ~ 50°N，东西经跨度在 20° 以上，处于森林带与荒漠带的中间地带，属典型草原区，其区位生态功能十分重要（孙醒东和祝廷成，1964）。随着我国经济的快速发展，我国对能源的需求日益增长，煤炭作为主要能源开采量越来越大，人为干预和扰动强度大，造成生态系统的严重破坏，存在着煤炭开发占用和破坏土地、地形地貌破坏等诸多问题（陈玉碧等，2014）。而对于草原区不同受损矿区恢复过程，也因地域差异需进行针对性修复。矿区露天排土场的土壤贫瘠，盐碱化程度高。针对上述状况，需要用矿山生态修复的方法解决。矿山生态修复方法主要包括物理、化学和微生物修复方法，微生物修复方法利用生态系统生物自然演替规律，引入适宜生存微生物以帮助植物在逆境下的生长发育，具有环境无害性、安全性和可持续性。一般而言，进行矿区排土场修复时，应首先考虑该区域的修复目标。针对其存在的生态修复问题及其修复可利用的生物资源及外界环境进行适应性优选和组合模式搭配进行修复，从而达到高效、快速、低成本、可持续修复矿区生态环境。针对我国草原不同的草原植被类型的环境条件和修复特点，本章拟针对内蒙古锡林浩特市胜利矿区典型草原矿区和呼伦贝尔市宝日希勒矿区草甸草原矿区两种类型分别展开论述。

6.1 典型草原矿区修复模式及其效应——北电胜利矿区

豆科植物抗性强、根系发达，在矿区植被恢复中对环境的适应力强，具有较强的固氮能力，可有效保持水土、改良土壤性质，增加土壤中碳、氮、磷的含量及微生物的数量等，提升土壤肥力。灌木植物在遭受水分胁迫时表现出更强的可塑性，能够根据土壤水分的可利用性改变对不同土层水分的利用特征。灌木在森林生态系统中虽然占全部生物量的很小部分，但是在生态脆弱地区仍然占有很大比例，对生态系统的稳定与平衡具有十分重要的意义（王凌菲等，2020）。

丛枝菌根真菌是一种能与陆地上 80% 以上的植物产生共生关系的真菌（刘永俊，2008）。它能够调节根系形态发育，丛枝菌根真菌菌丝能够为植物提供一个良好的根际环境，并通过增进营养吸收、提高光合效率等多种途径，在养分贫瘠的土壤中能够增强宿主植物吸收养分的能力，提高植物抗逆性。丛枝菌根真菌在干旱、贫瘠的土壤中能够显著增强宿主植物对干旱或贫瘠的抗逆性（毕银丽等，2007；李少朋等，2013；孔维平等，2014），从而实现植被恢复，提高生态系统稳定性。张鑫等（2016）通过调查紫花苜蓿草地中丛枝菌根真菌与根际土壤性质之间的相关性，结果发现大同地区丛枝菌根真菌与紫花苜蓿可以形成良好的共生关系，丛枝菌根真菌对土壤营养吸收具有重要的作用。在自然条件下接种丛枝菌根真菌，研究其对煤矸石修复的作用，结果表明接种丛枝菌根真菌后植株成活率平均提高30%，重金属含量显著下降，土壤中有机质及速效氮、磷、钾的含量显著提高，说明接种丛枝菌根真菌在煤矸石山中具有较好的土壤修复效应。丛枝菌根真菌与植物组合能改善土壤理化性质、根际微生物群落，具有帮助植物适应和改造土壤环境的潜力（李文彬等，2018b）。

我国草原矿区常见问题主要包括表土稀缺、气候条件恶劣（干旱、酷寒）、土壤贫瘠、植被定植困难等问题。针对区域内表土稀缺可采用就地取材的方法选择采矿伴生表土替代材料进行修复，而对于恶劣环境则可优选当地适生植物和微生物（如丛枝菌根真菌）等组合模式进行修复。本章以我国内蒙古锡林浩特市胜利矿区典型草原区退化草原为主，研究相应的植物-微生物联合修复模式，经过2～3年的人工修复，其表现出较好的生态效应，对类似矿区生态修复具有很好借鉴作用。

有研究发现，通过减少草本植物生物量或减弱草本植物使用土壤表层水分的能力，引起土壤深层含水量增加可以促进木本植物的生长（Gao，2010）。在降雨的长期波动和干旱影响下，灌木增强了作为群落优势种的竞争性，进而延缓了草本植物在生态演替后期作为优势种的出现；灌木植物在遭受水分胁迫时表现出更强的可塑性，可以根据土壤水分的可利用性改变不同土层水分的利用特征（李巧燕等，2019）。

人工建植草灌结合的生态模式，可以完成从草本群落到草灌混生植物群落，再到形成稳定的以灌木为主的草灌多样性混生植物群落的植被群落演替过程，豆科草本植物从大气中固定的氮元素可供灌木生长使用，有利于草灌混生植物群落的生长，以便形成稳定的矿区生态系统，更好地进行生态修复。通过种植豆科植物进行生物固氮，是一条经济、有效的方式，可以达到改良土壤的效果。

草地豆科植物不但可以当作优质牧草（Mortenson et al.，2004），而且可以让豆科-根瘤共生体的生物固氮促使草地土壤进行增肥（Herridge et al.，2008）。豆科植物通过降低自身对土壤氮元素的竞争，使得禾本科植物在竞争中获得大量有利于自身的土壤氮元素，可以维持草地物种多样性（Wu et al.，2016）。豆科植物的混播固氮作用有潜力替代化学肥料用来培肥土壤，提高产量和质量。微生物复垦技术在矿区植被恢复和土壤改良中发挥着重要作用，该技术能改良土壤，提高土壤养分含量，加快复垦速度。矿区排土场植被在形成过程中受到自然因素和人为因素的共同影响，豆禾牧草混播生态位互补能促进豆科牧草的生物固氮作用（Cheng et al.，2007），但学者对微生物复垦下的豆禾牧草混播研究较少。

植物修复是一种新兴的生态良性土壤净化技术（Rajkumar et al.，2010），为了探索在不同种植模式下接菌对土壤理化性质和土壤酶活性的影响，寻找适宜在矿区生态修复的种植模式，以内蒙古锡林浩特市胜利矿区不同植被种植模式为研究对象，基于生态的自修复与人工修复理论基础，对矿区排土场实施不同生态修复处理——草灌结合修复和不同比例草本混播修复，试验小区布设见图6.1。

草灌结合模式为5种，紫花苜蓿单作、柠条锦鸡儿单作、斜茎黄芪单作、紫花苜蓿/斜茎黄芪混作、柠条锦鸡儿+斜茎黄芪混作；不同草本混播模式为4种：豆科：禾本科=1：1（权重比，下同）、豆科：禾本科=1：2、豆科：禾本科=2：1、豆科：禾本科=1：3（表6.1）。接种的丛枝菌根真菌为摩西管柄囊霉。草灌组合区，灌木柠条锦鸡儿栽植时，

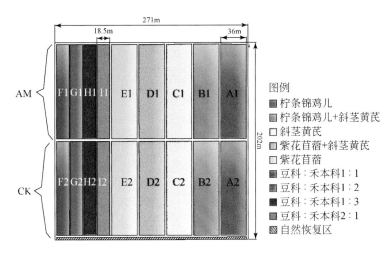

图 6.1　北电胜利矿区试验小区布设图

每穴施入菌剂 50g，紫花苜蓿、斜茎黄芪草种播种时，将菌剂与草种混匀，随草种一同播撒，菌剂平均 $20g/m^2$；草本混播区，接菌时将菌剂与草籽混匀，随草籽一同播撒，按草籽 : 菌剂 =1 : 1 混播。自然恢复区不施入菌剂。

　　分析在不同种植模式下接种丛枝菌根真菌对植物生长及根际土壤的影响，旨在监测样地内植被差异和土壤理化性质，对比分析在不同种植模式下的接菌生态效应。

表 6.1　草本混播区牧草配比方案

植物种	豆科 : 禾本科 1 : 1	豆科 : 禾本科 1 : 2	豆科 : 禾本科 1 : 3	豆科 : 禾本科 2 : 1
	权重 1	权重 2	权重 3	权重 4
无芒雀麦	0.125	0.167	0.1875	0.083
冰草	0.125	0.167	0.1875	0.083
老芒麦	0.125	0.167	0.1875	0.083
羊草	0.125	0.167	0.1875	0.083
斜茎黄芪	0.250	0.167	0.125	0.333
紫花苜蓿	0.250	0.167	0.125	0.333

6.1.1　草本混播模式的生态修复模式

1. 接种丛枝菌根和不同草本配比对植物生长的影响

　　不同配比的草本种植模式和接种丛枝菌根真菌处理对植被生长有显著影响（$P <$ 0.05）。由图 6.2 可知，不同植物在各小区的植被频度差异较大，其中豆科植物的斜茎黄芪和紫花苜蓿及禾本科的老芒麦植被频度远高于其他植物，被认为是该区域环境的优势物种。植被覆盖度和优势植物（斜茎黄芪、紫花苜蓿、老芒麦）的株高在不同处理间差异显

著。植被覆盖度在豆科：禾本科 2∶1 接菌区高于其他；紫花苜蓿和老芒麦株高均在豆科：禾本科 1∶1 接菌区高于其他小区，斜茎黄芪在豆科：禾本科 2∶1 接菌区最高，达到 55.13cm；物种丰度在各处理间差异不显著（表 6.2）。

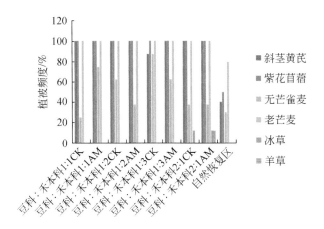

图 6.2　不同接菌处理及不同种植模式下植被频度指标

表 6.2　不同接菌处理和种植模式植物株高、覆盖度和物种丰度

处理	紫花苜蓿株高/cm	斜茎黄芪株高/cm	老芒麦株高/cm	植被覆盖度/%	物种丰度
豆科：禾本科 1∶1CK	36.00±10.74[b]	40.51±15.84[abc]	17.19±3.29[c]	26.38±10.06[cd]	5.50±1.69[a]
豆科：禾本科 1∶1AM	51.23±12.25[a]	51.59±13.50[ab]	46.40±18.11[a]	42.50±13.36[b]	5.25±1.04[a]
豆科：禾本科 1∶2CK	37.20±11.97[b]	43.55±11.24[abc]	18.60±3.61[bc]	24.75±12.30[cd]	6.63±1.60[a]
豆科：禾本科 1∶2AM	35.93±8.66[b]	41.86±12.16[abc]	24.95±5.52[bc]	37.88±9.43[bc]	6.75±1.98[a]
豆科：禾本科 1∶3CK	40.75±11.79[ab]	42.63±13.22[abc]	21.45±5.22[bc]	28.13±12.45[cd]	5.75±1.39[a]
豆科：禾本科 1∶3AM	35.35±4.29[b]	37.51±8.14[bc]	26.85±7.24[b]	51.38±15.34[ab]	5.75±1.17[a]
豆科：禾本科 2∶1CK	41.83±6.65[ab]	46.58±11.31[abc]	18.70±2.66[bc]	38.25±11.41[bc]	6.00±0.76[a]
豆科：禾本科 2∶1AM	45.18±9.23[ab]	55.13±12.12[a]	23.33±8.12[bc]	57.88±17.17[a]	6.63±1.51[a]
自然恢复区	22.85±14.70[c]	30.50±20.51[c]	24.33±5.66[bc]	18.08±11.10[d]	6.20±1.32[a]

注：不同小写字母（同列）表示组间在 $P<0.05$ 水平上差异显著。下同。

植被的地上生物量在 4 种不同比例草本的接菌区均显著高于响应比例对照区和自然恢复区，说明接种丛枝菌根真菌有利于植物干物质的累积。3 种优势植物（斜茎黄芪、紫花苜蓿、老芒麦）叶色值差异显著，斜茎黄芪在豆科：禾本科 1∶2 接菌区显著高于其他小区；紫花苜蓿在豆科：禾本科 1∶1 接菌区高于其他小区；老芒麦在豆科：禾本科 2∶1 接菌区最高（图 6.3）。不同配比的草本区接菌表现出较好的生态效应。

2. 不同草本种植模式对物种多样性的影响

除种植的 6 种草本植物外，调查发现，试验区新生物种共计 23 种，其中草本混播区分属 4 科 9 种，自然恢复区分属 5 科 12 种，其他区域分属 7 科 10 种。小画眉草、虎尾草、狗尾草、油菜 4 种植物为自然恢复区特有物种；沙蒿、栉叶蒿、猪毛菜、草木犀、白花草

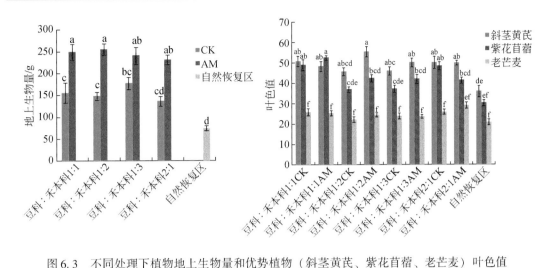

图 6.3 不同处理下植物地上生物量和优势植物（斜茎黄芪、紫花苜蓿、老芒麦）叶色值

木樨、披碱草、鹅观草、贫花偃麦草为草本混播区特有新生物种；胡枝子、狭叶棘豆、地肤、芝麻菜、稗、灰绿藜、蓝刺头、香青兰、马蔺、黑麦草为非试验小区特有新生物种（表 6.3）。由此可见，试验区草本种植增加了植物的物种多样性，有利于矿区植被恢复与生态稳定。

表 6.3 试验区新生植物物种

物种名	拉丁学名	科	特征	生长区域
胡枝子	*Lespedeza bicolor*	豆科	灌木	其他区域
沙蒿	*Artemisia desertorum*	菊科	多年生草本	草本混播区
栉叶蒿	*Neopallasia pectinata*	菊科	一年生草本	草本混播区、自然恢复区
虫实	*Corispermum hyssopifolium*	苋科	一年生草本	草本混播区、自然恢复区
猪毛菜	*Kali collinum*	藜科	一年生草本	草本混播区、自然恢复区
草木樨	*Melilotus officinalis*	豆科	二年生草本	草本混播区
白花草木樨	*Melilotus albus*	豆科	二年生草本	草本混播区
披碱草	*Elymus dahuricus*	禾本科	多年生丛生草本	草本混播区
蓝花棘豆	*Oxytropis coerulea*	豆科	多年生草本	其他区域
地肤	*Bassia scoparia*	苋科	一年生草本	其他区域
虎尾草	*Chloris virgata*	禾本科	一年生草本	自然恢复区
狗尾草	*Setaria viridis*	禾本科	一年生草本	自然恢复区
芝麻菜	*Eruca vesicaria* subsp. *sativa*	十字花科	一年生草本	其他区域
油菜	*Brassica rapa* var. *oleifera*	十字花科	一年或二年生草本	自然恢复区
稗	*Echinochloa crus galli*	禾本科	一年生草本	其他区域
灰绿藜	*Oxybasis glauca*	苋科	一年生草本	其他区域
鹅观草	*Elymus kamoji*	禾本科	多年生草本	草本混播区
偃麦草	*Elytrigia repens*	禾本科	多年生草本	草本混播区、自然恢复区

物种名	拉丁学名	科	特征	生长区域
蓝刺头	*Echinops sphaerocephalus*	菊科	多年生草本	其他区域
小画眉草	*Eragrostis minor*	禾本科	一年生草本	自然恢复区
香青兰	*Dracocephalum moldavica*	唇形科	一年生草本	其他区域
马蔺	*Iris lactea*	鸢尾科	多年生密丛草本	其他区域
黑麦草	*Lolium perenne*	禾本科	多年生草木	其他区域

3. 接种丛枝菌根真菌和不同草本配比对土壤理化性质的影响

接种丛枝菌根真菌和不同草本配比对土壤因子具有显著影响（图6.4）。草本播种提高了土壤 pH，土壤偏弱碱性。土壤电导率在自然恢复区与豆科：禾本科1∶2、1∶3、2∶1 接菌区显著高于其他小区，豆科：禾本科1∶1 接菌区最低。土壤有机碳含量在豆科：禾本科1∶1 对照区最高，豆科：禾本科1∶2 接菌区最低，可能与微生物参与的土壤有机质利用有关。土壤全氮含量在豆科：禾本科1∶3 接菌区显著最高；硝态氮和铵态氮分别在豆科：禾本科1∶2 和豆科：禾本科1∶3 接菌区最高，接菌提高了土壤氮含量。

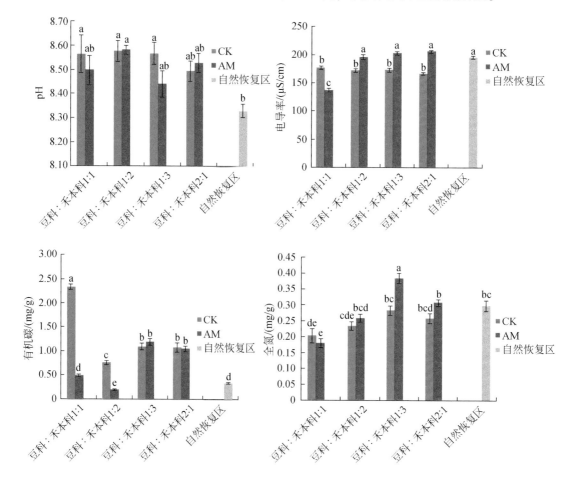

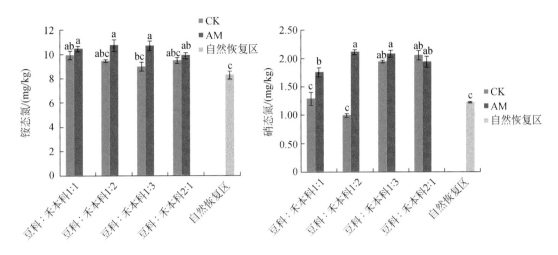

图 6.4　不同处理下土壤理化性质的变化

4. 接种丛枝菌根真菌和不同草本配比下土壤因子与植物生长的相关性

土壤理化性质指标（pH、电导率、有机碳、硝态氮、铵态氮、全氮）和 3 个植被生长指标（植物的地上生物量、植被覆盖度、物种丰度）进行相关性分析。由表 6.4 可知，土壤电导率与植被覆盖度呈显著正相关，相关性系数为 0.31（$P<0.05$）；土壤硝态氮、铵态氮与植物的地上生物量和植被覆盖度均呈极显著正相关，相关性系数均分别为 0.52（$P<0.01$）和 0.54（$P<0.01$）；土壤有机碳与地上生物量、物种丰度呈负相关，相关性系数分别为 -0.10 和 -0.24。

表 6.4　土壤因子与植物生长指标相关性

指标	pH	电导率	有机碳	硝态氮	铵态氮	全氮	地上生物量	植被覆盖度	物种丰度
pH	1.00								
电导率	−0.03	1.00							
有机碳	0.20	0.01	1.00						
硝态氮	0.13	0.17	−0.13	1.00					
铵态氮	0.13	0.17	−0.13	1.00**	1.00				
全氮	−0.27	0.65**	−0.07	0.30*	0.30*	1.00			
地上生物量	0.26	0.01	−0.10	0.52**	0.52**	0.03	1.00		
植被覆盖度	0.10	0.31*	0.12	0.54**	0.54**	0.26	0.57**	1.00	
物种丰度	0.11	0.18	−0.24	0.02	0.02	0.07	0.05	0.02	1.00

＊ 在 $P<0.05$ 水平上显著相关；＊＊ 在 $P<0.01$ 水平上极显著相关。下同。

6.1.2　草本混播模式下接菌对优势植物的促生作用

　　紫花苜蓿常被用于植被恢复的优良先锋植物，具有较好的生态权益、经济效益。在豆科牧草中，紫花苜蓿具有抗寒、抗旱、耐盐碱、高营养价值、强适应性等特点（韩志顺等，2020）。紫花苜蓿产生的根瘤，能把大气中的氮固定到土壤中，最终使土壤质地得以改良，土壤肥力得以提高。紫花苜蓿与根瘤菌形成共生固氮体系，可以提高紫花苜蓿产量，改善紫花苜蓿品质（Schneider et al.，2019；撒多文等，2020）。此外，紫花苜蓿对土壤含水量影响很强，其强大的根系可预防水土流失、改善土壤质地（张敏等，2019）等。以排土场植被恢复的优势物种紫花苜蓿为研究对象，具体分析接种丛枝菌根真菌的改良效果，为植物和微生物联合修复技术的应用提供理论支持。

1. 紫花苜蓿根系丛枝菌根真菌侵染率变化

　　由图 6.5 可以看出，豆科：禾本科 1：1AM 和豆科：禾本科 2：1AM 紫花苜蓿丛枝菌根真菌侵染率均大于相应比例对照区，但不显著，分别比对照区提高了 0.34% 和 0.67%。丛枝菌根真菌能与紫花苜蓿建立良好的共生关系，增强运输水分或养分的能力，增强紫花苜蓿对土壤中养分的吸收利用，促进植物的生长。

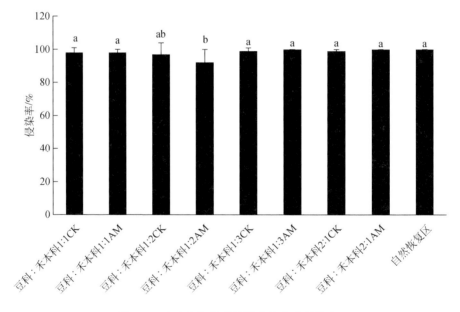

图 6.5　矿区紫花苜蓿丛枝菌根真菌侵染率

2. 接种丛枝菌根真菌对紫花苜蓿生长的影响

　　如表 6.5 所示，豆科：禾本科 1：1AM、豆科：禾本科 1：2AM 和豆科：禾本科 1：3AM 紫花苜蓿株高、SPAD 均大于对照区，表明接种丛枝菌根真菌有助于提高土壤中宿主植物紫花苜蓿的生长量。豆科：禾本科 1：2AM 和豆科：禾本科 2：1AM 紫花苜蓿冠幅均大于对照区，可见接种丛枝菌根真菌显著促进宿主植物紫花苜蓿的生长。植物地上部分鲜重和植物地上部分干重是衡量植物生长状况的重要指标。豆科：禾本科 1：1AM 紫花苜蓿的植物地上部分鲜重和干重均大于对照区，说明在该比例下接种丛枝菌根真菌有利于宿主植物紫花苜蓿的生长。

表 6.5　紫花苜蓿的生长指标

处理	株高/cm	冠幅/cm	SPAD 值	植物地上部分 鲜重/g	植物地上部分 干重/g
豆科：禾本科 1：1CK	48.99±14.16^{abc}	19.77±4.77^{a}	48.99±14.16^{abc}	46.43±38.55^{ab}	31.67±19.73^{ab}
豆科：禾本科 1：1AM	52.53±7.03^{a}	18.60±7.37^{a}	52.53±7.03^{a}	58.10±16.48^{a}	48.70±14.32^{a}
豆科：禾本科 1：2CK	36.81±8.12^{c}	16.84±4.40^{a}	36.81±8.12^{c}	53.09±21.46^{a}	33.86±12.73^{a}
豆科：禾本科 1：2AM	42.44±15.42^{abc}	18.63±6.48^{a}	42.44±15.42^{abc}	37.67±35.51^{a}	27.12±24.66^{a}
豆科：禾本科 1：3CK	40.04±9.58^{abc}	22.69±7.66^{a}	40.04±9.58^{abc}	65.72±25.73^{a}	43.89±15.69^{a}
豆科：禾本科 1：3AM	42.08±9.88^{abc}	21.5±6.99^{a}	42.08±9.88^{abc}	37.95±25.46^{ab}	28.33±18.34^{a}
豆科：禾本科 2：1CK	52.18±8.83^{ab}	18.44±5.93^{a}	52.18±8.83^{ab}	65.17±36.18^{a}	43.93±25.72^{a}
豆科：禾本科 2：1AM	40.10±5.55^{abc}	19.62±4.30^{a}	40.10±5.55^{abc}	44.86±15.12^{ab}	37.51±15.44^{a}
自然恢复区	38.15±20.72^{bc}	21.97±11.90^{a}	38.15±20.72^{bc}	7.18±1.49^{b}	4.08±0.66

3. 接种丛枝菌根真菌对紫花苜蓿营养含量的影响

如图 6.6 所示，紫花苜蓿全磷和全钾含量均在豆科：禾本科 1：3 接菌条件下显著最高（$P<0.05$），豆科：禾本科 1：2 和豆科：禾本科 1：3 全磷、全钾含量在接菌条件下均大于对照区，可见接种丛枝菌根真菌促进紫花苜蓿根际土壤磷和钾的累积。

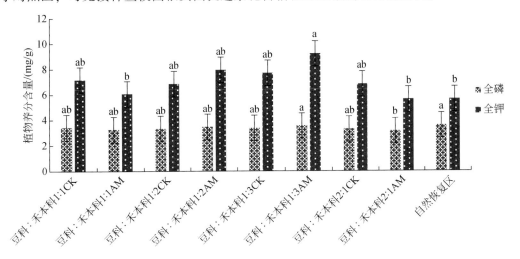

图 6.6　紫花苜蓿植物养分含量的影响

4. 紫花苜蓿根际土壤与其生长指标的相关性分析

如表 6.6 所示，Pearson 相关性分析表明，紫花苜蓿株高和 SPAD 值极显著正相关。植物地上部分鲜重与地上部分干重极显著负相关。植物地上部分鲜重与土壤有机质显著负相关。全磷和速效钾显著负相关。pH 与电导率显著正相关。电导率与土壤容重显著正相关。土壤有机质与速效钾显著正相关。土壤全氮与总提取球囊霉素显著正相关，与碱性磷酸酶、速效钾极显著正相关。总提取球囊霉素与碱性磷酸酶极显著正相关，与速效磷显著正相关。

6.1.3　草本混播模式下优势植物光谱特征分析

植被恢复是矿区生态修复治理的关键问题，豆科和禾本科植物在草原生态系统中具有重要意义，合理地搭配其种植比例可以降低植物间资源竞争，甚至可以改善种间关系。叶绿素是绿色植物体内一种重要的色素，其含量的多少能够直观地体现植物生长状况及其与外界交换能量的能力。传统测量叶绿素的方法费时费力，监测效率不高。随着遥感技术的发展，运用高光谱技术对叶绿素含量进行无损、快速的监测逐渐走入人们的视野。

国内利用高光谱技术实现对叶绿素含量的研究已有很多，通过研究光谱预处理对大豆叶绿素反演的影响，得出微分处理能大幅度提升模型预测精度的结论，建立接菌大豆和对照组的叶绿素光谱反演模型，证明了采用高光谱技术监测并评价菌根效应的影响是可行的。然而，目前国内利用高光谱技术监测混播比例对植物叶绿素的影响却比较少见。本研究以斜茎黄芪为研究对象，采用原始光谱反射率、原始光谱反射率倒数之对数、一阶微分 3 种指标，并运用 BP 神经网络、支持向量机回归、随机森林回归 3 种建模方法，针对豆科和草本科植物不同混播比例和接菌条件下的植物光谱特征曲线建立模型，为实现高光谱技术监测植物生长状况奠定基础。

本研究共采用 6 种草本植物 4 种不同配比，其中草本植物分别为豆科植物：斜茎黄芪、紫花苜蓿；禾本科植物：羊草、冰草、老芒麦、无芒雀麦，4 种不同比例为 1 : 1、1 : 2、1 : 3、2 : 1。本研究选取小区内斜茎黄芪为研究对象，分别在对照区和接菌区的 4 种不同种植比例（共 8 个小区）均匀随机选取 30 株植物，每株分上、中、下 3 个部位各选取 1 片叶子，使用 SVC HR-1024I 型全波段地物光谱仪采集叶片光谱反射率信息，其波长范围为 350 ~ 2500nm。为减弱周围环境对光谱测量的影响，每隔半小时进行一次白板校正。每片叶子采集 3 次光谱数据，取其平均值作为原始数据。使用 SPAD-502 型便携式叶绿素仪测量叶片的叶绿素含量。

光谱样本共采集 240 条，剔除异常值，剩余 238 条。样本按照训练集：测试集为 3 : 1 的比例进行划分（表 6.7）。去除每条光谱样本噪声影响较大的边缘波段 350 ~ 400nm 和 2400 ~ 2500nm，选择 400 ~ 2400nm 波段的光谱进行处理与分析。由于在光谱采集过程中测试环境、仪器本身、测试背景等条件限制的影响，光谱曲线本身仍有噪声存在，需对光谱进行预处理。使用 ENVI 5.3 对光谱曲线进行平滑去噪处理和重采样。

表 6.6　紫花苜蓿生长指标与植物养分含量、土壤理化性质的相关性分析

项目	株高	SPAD值	地上部分鲜重	地上部分干重	植物全磷	pH	电导率	土壤容重	有机质	土壤全氮	易提取球囊霉素	总提取球囊霉素	碱性磷酸酶	速效磷	速效钾
株高	1														
SPAD值	1**	1													
地上部分鲜重	0.295	0.295	1												
地上部分干重	0.307	0.307	0.932**	1											
植物全磷	-0.35	-0.350	0.035	-0.093	1										
pH	0.085	0.085	0.359	0.320	0.131	1									
电导率	-0.173	-0.173	0.047	-0.030	0.07	0.424*	1								
土壤容重	0.220	0.220	0.025	0.182	-0.237	-0.102	0.518*	1							
有机质	0.054	0.054	-0.496*	-0.408	-0.275	0.077	0.343	0.115	1						
土壤全氮	-0.035	-0.035	-0.379	-0.371	-0.245	-0.350	0.174	-0.194	0.398	1					
易提取球囊霉素	0.129	0.129	-0.191	-0.175	-0.332	-0.254	-0.050	0.306	0.392	0.410	1				
总提取球囊霉素	0.263	0.263	0.114	0.092	-0.275	-0.063	0.013	0.095	0.259	0.419*	0.493*	1			
碱性磷酸酶	0.163	0.163	0.093	0.127	-0.265	-0.211	0.282	-0.229	0.352	0.719**	0.310	0.528**	1		
速效磷	0.033	0.033	0.117	0.212	-0.120	-0.303	-0.294	0.189	0.111	0.124	0.252	0.441*	0.227	1	
速效钾	0.185	0.185	-0.181	-0.115	-0.490*	-0.336	0.194	-0057	0.435*	0.536**	0.365	0.288	0.490	0.277	1

在斜茎黄芪原始光谱反射率的基础上，计算其倒数之对数和一阶微分。原始光谱反射率倒数之对数处理可以有效地削减光谱因光照变化而发生的变化，而一阶微分可以消除背景噪声对光谱的影响，提高光谱敏感度。指标原始光谱反射率倒数之对数和一阶微分均使用 ENVI 5.3 得到。

BP 神经网络，又称误差反向传播神经网络，它是一种具有 3 层或 3 层以上的多层神经网络，每一层都由若干神经元组成。BP 神经网络是一种有效的多层神经网络学习方法，能学习和存储大量的输入–输出模式映射关系，能够很好地解释非线性的问题，不需要建立具体的数学模型。将全波段的光谱参数作为输入量，将叶绿素含量作为输出量，利用 Matlab 2014 软件建立 BP 神经网络模型。支持向量机回归通过事先确定的非线性映射将输入向量映射到一个高维特征空间（希尔伯特空间，Hilbert space）中，然后在此高维空间中再进行线性回归，从而取得在原空间非线性回归的效果。支持向量机回归没有使用传统的推导过程，简化了通常的回归问题。支持向量机回归模型同样使用 Matlab 2014 软件建立。随机森林回归模型由多棵回归树构成，且森林中的每棵决策树之间没有关联，模型的最终输出由森林中的每棵决策树共同决定。随机森林回归能够降低数据噪声、特征共线性等结果的扰动作用，以最大程度提高模型的稳定性。使用 Matlab 2014 软件建立随机森林回归模型。

表 6.7　光谱样本划分　　　　　　　　（单位：条）

处理	总样本数量	训练集样本数量	测试集样本数量
CK	118	88	30
AM	120	90	30
豆科：禾本科 1∶1	59	44	15
豆科：禾本科 1∶2	60	45	15
豆科：禾本科 1∶3	60	45	15
豆科：禾本科 2∶1	59	44	15

模型的预测精度选取决定系数（R^2）、均方根误差（RMSE）和相对分析误差（RPD）3 个参数作为衡量标准。R^2 表征模型的稳定性，越接近 1，模型就越稳定；RMSE 用来评估模型的预测效果，越小就表示模型的预测能力越强。RPD 是测试集标准差与 RMSE 的比值，用来判断模型的预测能力，当 RPD<1.4 时，该模型没有很好的预测能力；当 1.4≤RPD<2.0 时，该模型有较好的预测能力；当 RPD≥2.0 时，模型有极好的预测能力。

1. 不同处理下斜茎黄芪叶绿素光谱特征

如表 6.8 所示，接种丛枝菌根真菌后的植物 SPAD 值仍显著高于对照，其中最小值为52.1，最高可达到 79.4。由此可以说明，接种丛枝菌根真菌促进植物叶绿素含量的提升，这一点在斜茎黄芪的光谱特征曲线上也得到了体现。如图 6.7 所示，接菌与对照条件下的斜茎黄芪光谱曲线具有类似的形状及变化规律。在可见光范围内，随着波长的增加，光谱在 540nm 附近形成一个反射峰（绿峰）。此后光谱急剧上升，在中红外波段，受植被中水分含量的影响，在1400nm、1900nm附近形成两个吸收谷。虽然两种不同处理的光谱曲线走势类似，但整体来看，对照的光谱反射率是要高于接菌处理的。这是由于接菌植物的叶绿素含量更高，对光的吸收能力强。

表6.8　接种 AM 菌根对 SPAD 值的影响

处理	最大值	最小值	均值	变异系数/%
CK	65.6	45.2	52.4±5.1[b]	9.7
AM	79.4	52.1	65.1±4.7[a]	7.2

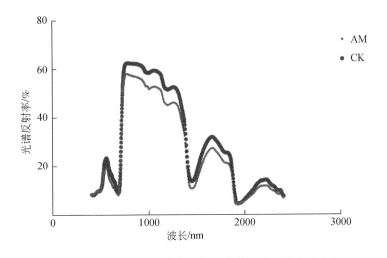

图6.7　接种丛枝菌根真菌后斜茎黄芪原始光谱曲线变化

经过双因素方差分析，不同处理对斜茎黄芪叶绿素的含量虽然并没有显著性的差异，但从表6.9可以看出，豆科：禾本科1:2条件下的SPAD值是最高的，这说明不同的种植比例也会为植物生长带来不一样的促进或抑制作用。如图6.8所示，不同种植比例下斜茎黄芪的原始光谱去向也呈现出和接菌曲线类似的变化规律，分别在540nm、1400nm、1900nm附近有一个反射峰、两个吸收谷。其中，豆科：禾本科1:3的光谱特征曲线曲线最高，豆科：禾本科2:1、豆科：禾本科1:1的曲线其次，豆科：禾本科1:2最低，其原因可能是在豆科：禾本科1:2这种比例下，豆科植物和禾本科植物相互促进作用更大，从而导致斜茎黄芪的发育情况较好，叶绿素含量多，对光的吸收能力强。

表6.9　不同种植比例对 SPAD 的影响

处理	最大值	最小值	均值	变异系数/%
豆科：禾本科1:1	79.4	44.2	59.2±8.7[a]	16.3
豆科：禾本科1:2	75.9	47.4	61.1±9.1[a]	15.0
豆科：禾本科1:3	78.1	46.7	57.7±8.5[a]	14.7
豆科：禾本科2:1	77.9	44.6	58.1±9.5[a]	16.3

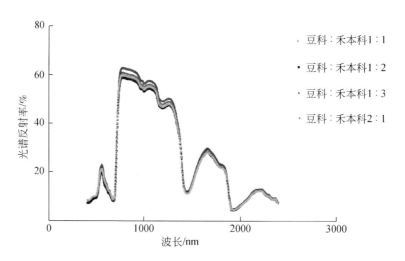

图 6.8　不同种植比例下原始光谱曲线

2. 接菌条件下斜茎黄芪叶绿素的高光谱反演

　　建立对照和接菌两种情况下的叶绿素含量反演模型。由表 6.10 可以得知，CK 处理下建立的反演模型测试集的 R^2 最大达到 0.854，该模型的 RMSE＝0.981，RPD＝2.543，表明模型有极好的预测能力；AM 处理下的 R^2 最大是 0.892，RMSE＝1.071，RPD＝2.911，表明模型同样对叶绿素含量有极好的预测能力。图 6.9 为上述两个模型中得到的叶绿素含量的预测值与实测值的对比。

表 6.10　叶绿素含量反演精度对比

处理	方法	光谱指标	训练集		测试集		
			R^2	RMSE	R^2	RMSE	RPD
CK	BP 神经网络	光谱反射率	0.571	2.124	0.583	1.924	1.412
		倒数之对数	0.705	1.782	0.689	1.609	1.759
		一阶微分	0.817	1.634	0.806	1.167	2.167
	支持向量机回归	光谱反射率	0.606	1.343	0.611	1.778	1.565
		倒数之对数	0.769	1.672	0.764	1.336	2.033
		一阶微分	0.835	1.014	0.822	1.226	2.391
	随机森林回归	光谱反射率	0.698	1.577	0.654	1.641	1.517
		倒数之对数	0.777	1.197	0.784	1.083	2.180
		一阶微分	0.881	0.981	0.854	1.252	2.543

处理	方法	光谱指标	训练集		测试集		
			R^2	RMSE	R^2	RMSE	RPD
AM	BP 神经网络	光谱反射率	0.614	2.835	0.594	2.328	1.504
		倒数之对数	0.745	1.382	0.728	1.816	1.891
		一阶微分	0.814	1.413	0.825	1.305	2.377
	支持向量机回归	光谱反射率	0.678	1.890	0.644	2.200	1.599
		倒数之对数	0.790	1.469	0.770	1.479	2.075
		一阶微分	0.837	1.222	0.831	1.228	2.262
	随机森林回归	光谱反射率	0.698	1.485	0.687	1.891	1.798
		倒数之对数	0.779	1.538	0.786	1.569	2.183
		一阶微分	0.924	1.029	0.892	1.071	2.911

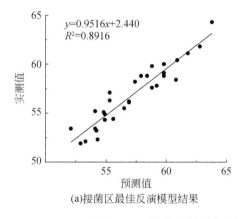
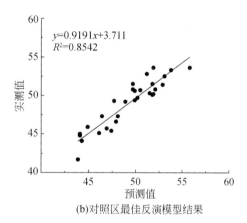

(a)接菌区最佳反演模型结果　　　　　　(b)对照区最佳反演模型结果

图 6.9　两个模型得到的叶绿素含量的预测值与实测值的对比

对于对照区,一共采用了 3 种建模方法、3 种光谱指标、9 个模型。在这 9 个模型当中,同一处理同一种建模方法下,运用原始光谱曲线建立的模型精度都要低于其余两个指标。而针对不同的建模方法相同的光谱指标,随机森林回归的整体建模精度都要高于 BP 神经网络和支持向量机回归。综合比较,使用随机森林回归对一阶微分指标建模精度更高。对于接菌区,建立的 9 个模型也呈现出和对照区类似的规律,使用随机森林回归对一阶微分建模的精度最高。从整体上来说,对照区的建模精度要低于接菌区,这说明接菌处理下的光谱特征曲线反演效果更好一些。

3. 草本不同混播比例下斜茎黄芪叶绿素的高光谱反演

对不同比例下的植物光谱进行建模,得到的反演精度对比结果如表 6.11 所示。豆科:禾本科 1:3 条件下得到的训练集反演精度最高,$R^2 = 0.890$,是使用 BP 神经网络方法对一阶微分建立的模型;其测试集的 $R^2 = 0.899$,RMSE = 1.843,RPD = 2.652,表示该模型对叶绿素含量有很好的预测能力。豆科：禾本科 1∶2 条件下得到的反演精度最好的模型同样是使用 BP 神经网络方法对一阶微分建立的模型，测试集 $R^2 = 0.856$，RMSE = 1.141，RPD = 2.706。而豆科：禾本科 1∶1 和豆科：禾本科 2∶1 条件下建立的反演精度最好的模型则是使用随机森林回归对一阶微分建立的模型，测试集的 R^2、RMSE、RPD 分别为 0.842、2.570、2.189 和 0.850、2.276、2.410。将豆科：禾本科 1∶1、1∶2、1∶3、2∶1 四种处理下的最佳反演模型得到的叶绿素含量的预测值与实测值进行对比，得到的结果如图 6.10 所示。

表 6.11　不同混播比例下叶绿素含量反演精度对比

处理	方法	光谱指标	训练集		测试集		
			R^2	RMSE	R^2	RMSE	RPD
豆科：禾本科 1∶1	BP 神经网络	光谱反射率	0.700	3.851	0.733	4.156	1.545
		倒数之对数	0.779	3.630	0.776	3.505	2.012
		一阶微分	0.832	2.956	0.806	2.491	2.249
	支持向量机回归	光谱反射率	0.784	3.194	0.702	3.082	1.756
		倒数之对数	0.653	3.888	0.674	3.560	1.665
		一阶微分	0.766	2.649	0.703	2.697	1.862
	随机森林回归	光谱反射率	0.797	2.359	0.768	2.564	2.103
		倒数之对数	0.855	3.095	0.837	3.114	1.944
		一阶微分	0.864	2.262	0.842	2.570	2.189
豆科：禾本科 1∶2	BP 神经网络	光谱反射率	0.699	1.882	0.690	2.316	1.839
		倒数之对数	0.777	2.034	0.708	2.227	1.839
		一阶微分	0.862	1.551	0.856	1.141	2.706
	支持向量机回归	光谱反射率	0.681	2.815	0.660	3.057	1.487
		倒数之对数	0.703	2.798	0.689	2.336	1.790
		一阶微分	0.753	1.705	0.727	1.932	1.958
	随机森林回归	光谱反射率	0.738	2.497	0.718	2.136	1.878
		倒数之对数	0.740	2.651	0.719	2.823	1.550
		一阶微分	0.821	1.359	0.847	1.710	2.504
豆科：禾本科 1∶3	BP 神经网络	光谱反射率	0.795	2.149	0.758	2.196	1.897
		倒数之对数	0.805	2.134	0.814	2.475	2.098
		一阶微分	0.890	1.637	0.899	1.843	2.652
	支持向量机回归	光谱反射率	0.625	2.927	0.619	3.273	1.548
		倒数之对数	0.725	2.983	0.734	2.906	1.693
		一阶微分	0.733	3.231	0.716	3.625	1.799
	随机森林回归	光谱反射率	0.871	2.664	0.848	3.004	2.404
		倒数之对数	0.793	3.230	0.745	3.061	1.948
		一阶微分	0.781	2.192	0.786	2.652	1.928

续表

处理	方法	光谱指标	训练集		测试集		
			R^2	RMSE	R^2	RMSE	RPD
豆科∶禾本科 2∶1	BP 神经网络	光谱反射率	0.775	2.659	0.721	3.049	1.924
		倒数之对数	0.832	2.008	0.801	2.200	2.210
		一阶微分	0.848	2.227	0.811	2.007	2.360
	支持向量机回归	光谱反射率	0.717	2.767	0.702	3.077	1.845
		倒数之对数	0.745	2.685	0.747	2.635	1.987
		一阶微分	0.766	2.327	0.747	2.884	1.763
	随机森林回归	光谱反射率	0.797	2.320	0.788	2.646	2.221
		倒数之对数	0.855	2.724	0.832	2.182	2.262
		一阶微分	0.870	1.961	0.850	2.276	2.410

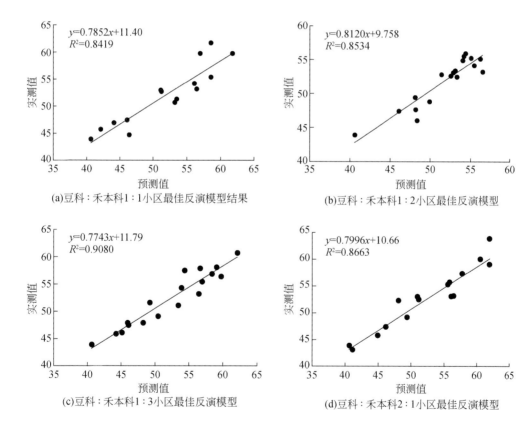

图 6.10　不同混播比例下最佳反演模型得到的叶绿素含量的预测值与实测值的对比

　　一阶微分相比于光谱反射率、倒数之对数有更高的精度。同一处理同一种建模方法下，在测试集中，除豆科∶禾本科 1∶3 处理使用支持向量机回归方法对一阶微分建立的模型精度小于倒数之对数，使用随机森林回归方法对一阶微分建立的模型精度小于光谱反射率，其余模型中使用一阶微分建立的模型精度都更高一些。与随机森林回归、BP 神经网络两种方法相比，使用支持向量机回归建立的反演模型精度要更差一些，R^2 均没有超过 0.750。

已有大量的研究证明接种丛枝菌根真菌能够增加植物叶绿素的含量，促进植物生长。也有试验表明，豆科与禾本科的不同种植比例对植物生长也有影响。目前有学者将微生物复垦作用和高光谱技术结合起来，但不同种植比例对植物光谱的影响却鲜有研究。斜茎黄芪作为常见的牧草植物，其根系十分发达，能够深入地下，是许多学者研究的热点。然而从高光谱技术的角度上，却很少有研究涉及。本研究从估测叶绿素含量入手，探究了微生物复垦及不同种植比例条件对斜茎黄芪光谱曲线的影响。

对光谱进行变换处理，能够减少外界因素对光谱反应信息的影响，目前已有大量学者对植物的光谱特征曲线做了不同的变换处理，得到了比只使用原始光谱曲线进行预测目标变量更好的精度。在对光谱反射率、倒数之对数、一阶微分三种光谱变换指标进行建模分析时，发现一阶微分建立的模型精度要优于其他两种指标，这与前人在对土壤有机质含量进行光谱估算时得到的结论一致。

回归分析旨在估计目标变量与光谱响应之间的特定关系，常用的方法主要有逐步多元线性回归、偏最小二乘回归、BP 神经网络回归、支持向量机回归、随机森林回归等。本研究采用 BP 神经网络回归、支持向量机回归、随机森林回归对斜茎黄芪叶绿素含量进行估算，发现微生物复垦条件下建立的对照区和接菌区的反演模型，使用随机森林回归方法的精度最好。这与前人对玉米进行光谱反演时得到的结论有所不同，分析其原因可能是玉米和斜茎黄芪属两种科目的植物，所得光谱曲线不同，从而在进行叶绿素的反演建模时的表现也不一致。这种想法还需进一步采用其他种类的豆科植物进行验证。而在不同的种植比例条件下，豆科∶禾本科 1∶1 和豆科∶禾本科 2∶1 小区使用随机森林回归方法建模精度最好，豆科∶禾本科 1∶2 和豆科∶禾本科 1∶3 小区中使用 BP 神经网络回归建模精度比较高。

无论是在哪种处理下反演得到的模型，其测试集的 R^2 均小于 0.9，有的模型 R^2 甚至在 0.5～0.6 区间。分析其可能是野外不可控的因素较多，导致光谱采集到的信息不完全，加之在进行不同比例的模型建立时，用到的样本数量不够多，从而出现建模精度不高的情况。因此如何削减野外环境带来的影响，提高模型精度，是未来进一步研究的方向。此外，如何将得到的光谱反演模型推广运用到其他试验中，从而预测叶绿素含量，也需大量的试验数据作为支撑进行深入研究。

因此，接种丛枝菌根真菌提高了叶绿素的含量，使得斜茎黄芪在对照和接菌两种不同处理下的光谱也呈现出差异。不同种植比例虽然对叶绿素含量没有显著性的差异，但豆科∶禾本科 1∶2 对叶绿素含量的提升作用更明显，该比例是否为本地最佳种植比例还需要进一步深入研究。对原始光谱曲线求倒数之对数、对原始光谱曲线求一阶微分是两种常见的光谱变换。与光谱反射率相比，倒数之对数、一阶微分建模时的精度有不同程度的提升，其中一阶微分的建模精度是三种光谱指标中最好的。在微生物复垦条件下，对照区和接菌区均是使用随机森林回归建立的模型精度最高，训练集的 R^2 分别达到了 0.854、0.892。而在不同种植比例的条件下，豆科∶禾本科 1∶2 小区和豆科∶禾本科 1∶3 小区的样本是使用 BP 神经网络回归建立的模型精度高，R^2 分别是 0.856 和 0.899；豆科：禾本科 1:1 小区和豆科：禾本科 2:1 小区的光谱样本则是使用随机森林回归建立的模型精度最好，R^2 分别是 0.842 和 0.850。

6.1.4 草灌种植模式的生态修复作用

1. 接菌对不同种植模式植物根系形态的影响

如表 6.12 所示，不同种植模式下接菌均不同程度地提高了相应植物的根系总根长，柠条锦鸡儿单作、柠条锦鸡儿+斜茎黄芪混作、斜茎黄芪单作、斜茎黄芪+紫花苜蓿混作、紫花苜蓿单作分别显著提高了 16.04%、203.74%、128.76%、83.84%、23.45%。混作种植模式下比单作接菌的促进效果更加明显，说明在混作种植模式下接菌更适应矿区排土场的生长环境，提高了植物根系总根长。斜茎黄芪+紫花苜蓿混作种植模式下对照和接菌植物根系平均直径均高于其他模式，可能是因为斜茎黄芪和紫花苜蓿是豆科植物，其根瘤菌可以从大气中进行生物固氮，在植物生长过程中土壤养分相互被对方吸收、利用，进而促进了植物的生长。在斜茎黄芪+紫花苜蓿混作种植模式下，接菌植物的根系表面积和根系体积的菌根贡献率显著高于其他处理，可见接菌对植物根系生长的贡献在斜茎黄芪+紫花苜蓿混作种植模式下更为突出。

表 6.12 不同处理下植物根系形态统计

处理	根系总根长 /cm	贡献率 /%	根系平均直径 /mm	贡献率 /%	根系表面积 /cm²	贡献率 /%	根系体积 /cm³	贡献率 /%
柠条锦鸡儿 CK	106.00±12.72[ab]	—	9.90±1.71[a]	—	92.00±28.69[bc]	—	55.53±35.67[ab]	—
柠条锦鸡儿 AM	123.00±18.07[a]	13.82	12.44±5.62[a]	20.42	112.20±23.05[abc]	18.00	59.65±13.96[ab]	6.91
柠条锦鸡儿+斜茎黄芪 CK	42.80±27.94[cd]	—	10.55±0.78[a]	—	142.80±17.90[ab]	—	49.16±17.41[b]	—
柠条锦鸡儿+斜茎黄芪 AM	130.00±7.07[a]	67.08	10.88±4.85[a]	3.03	156.50±9.20[a]	8.75	30.50±0.50[b]	-61.18
斜茎黄芪 CK	47.43±27.88[cd]	—	11.87±1.01[a]	—	135.00±17.44[ab]	—	24.67±8.52[b]	—
斜茎黄芪 AM	108.5±16.26[ab]	56.29	10.55±0.63[a]	-12.51	98.00±28.28[abc]	-37.76	111.40±15.40[a]	77.85
斜茎黄芪+紫花苜蓿 CK	33.67±12.34[d]	—	13.70±7.21[a]	—	68.33±12.74[c]	—	14.77±0.84[b]	—
斜茎黄芪+紫花苜蓿 AM	61.9±20.45[bcd]	45.61	13.35±4.17[a]	-2.62	127.75±31.22[abc]	46.51	41.65±4.31[b]	64.54
紫花苜蓿 CK	93.13±19.62[abc]	—	10.00±2.70[a]	—	119.50±31.43[abc]	—	55.33±20.10[ab]	—
紫花苜蓿 AM	114.97±14.82[a]	19.00	12.40±5.86[a]	19.35	65.33±9.84[c]	-82.92	76.85±15.85[ab]	28.00

2. 不同种植模式与接菌对土壤理化性质的影响

如表 6.13 所示，在柠条锦鸡儿单作、柠条锦鸡儿+斜茎黄芪混作、斜茎黄芪单作种植模式下，接菌处理的 pH 均小于对照，说明接菌可以更好地将矿区排土场的碱性土壤改良为适宜植物生长的中性土壤。斜茎黄芪+紫花苜蓿混作种植模式的电导率低于其他处理，表明斜茎黄芪+紫花苜蓿混作种植模式可以使矿区排土场的含盐量显著降低，从而降低土壤的盐碱化。在斜茎黄芪+紫花苜蓿混作种植模式下，接菌植物的电导率低于对照，可见斜茎黄芪+紫花苜蓿混作接菌处理对土壤盐碱化的改良作用逐渐凸显。不同种植模式下土壤有机质大小为柠条锦鸡儿+斜茎黄芪混作>斜茎黄芪单作>斜茎黄芪+紫花苜蓿混作>柠条锦鸡儿单作>紫花苜蓿单作，可见柠条锦鸡儿+斜茎黄芪混作种植模式改善土壤的养分含量，增加土壤中的有机质含量。在柠条锦鸡儿+斜茎黄芪混作种植模式下，接菌处理的有机质含量是对照的 1.90 倍，说明柠条锦鸡儿+斜茎黄芪混作接菌处理促进土壤有机质的积累，有利于矿区排土场土壤的改良和培肥。在柠条锦鸡儿+斜茎黄芪混作、斜茎黄芪+紫花苜蓿混作种植模式下接菌均不同程度地降低土壤全氮水平，这可能是因为在混作种植模式下植物正处于生长状态，促使土壤全氮转化为可供植物直接吸收利用的速效氮。

表 6.13　不同处理下植物根际土土壤理化性质

处理	pH	电导率/(μS/cm)	土壤有机质/(g/kg)	土壤全氮/(g/kg)
柠条锦鸡儿 CK	7.07±0.17[d]	1005.00±62.93[a]	5.93±2.25[bc]	0.041±0.001[bc]
柠条锦鸡儿 AM	6.89±0.06[d]	741.00±326.90[b]	8.37±0.84[bc]	0.055±0.013[abc]
柠条锦鸡儿+斜茎黄芪 CK	7.98±0.05[c]	701.00±110.27[b]	12.09±6.88[bc]	0.055±0.011[abc]
柠条锦鸡儿+斜茎黄芪 AM	7.95±0.21[c]	694.50±347.19[b]	22.92±0.56[a]	0.048±0.013[abc]
斜茎黄芪 CK	8.27+0.11[b]	313.00±79.04[c]	10.42±5.41[bc]	0.040±0.001[c]
斜茎黄芪 AM	8.03±002[c]	477.33±151.28[bc]	12.75±9.37[b]	0.061±0.006[a]
斜茎黄芪+紫花苜蓿 CK	8.49±0.06[ab]	340.00±83.29[c]	8.99±2.63[bc]	0.058±0.005[ab]
斜茎黄芪+紫花苜蓿 AM	8.60±0.21[a]	202.97±54.15[c]	7.46±0.80[bc]	0.043±0.011[bc]
紫花苜蓿 CK	8.44±0.02[ab]	499.33±40.50[bc]	1.83±3.65[c]	0.054±0.009[abc]
紫花苜蓿 AM	8.44±0.04[ab]	451.00±80.88[bc]	7.61±1.55[bc]	0.054±0.003[abc]

3. 不同种植模式与接菌对土壤酶活性的影响

如表 6.14 所示，土壤酶活性是灵敏可靠的土壤生物活性指标和土壤肥力指标，在柠条锦鸡儿+斜茎黄芪混作和斜茎黄芪+紫花苜蓿混作种植模式下，土壤脲酶活性、易提取球囊霉素含量和总球囊霉素含量较其他处理高，说明混作种植模式可以提高土壤脲酶活性、易提取球囊霉素含量和总球囊霉素含量。在斜茎黄芪+紫花苜蓿混作和紫花苜蓿单作种植模式下接菌磷酸酶活性高于对照，可见接菌促进土壤磷酸酶活性，有利于土壤有机磷的转化。

表 6.14　不同处理下植物根际土土壤酶活性

处理	脲酶 /[mg·(g·24h)]	磷酸酶 /[mg/(g·24h)]	易提取球囊霉素 /(mg/g)	总球囊霉素 /(mg/g)
柠条锦鸡儿 CK	3.06±0.66^{ab}	2.60±0.77^c	0.1013±0.002^c	0.6789±0.020^{abc}
柠条锦鸡儿 AM	4.45±0.96^a	1.95±0.15^c	0.1057±0.003^{abc}	0.6812±0.029^{ab}
柠条锦鸡儿+斜茎黄芪 CK	4.20±0.93^{ab}	2.03±0.07^c	0.1091±0.006^a	0.7019±0.042^a
柠条锦鸡儿+斜茎黄芪 AM	4.05±0.97^{ab}	1.93±0.35^c	0.1056±0.002^{abc}	0.6956±0.016^{ab}
斜茎黄芪 CK	3.22±1.07^{ab}	4.60±0.06^a	0.1016±0.002^c	0.6428±0.011^c
斜茎黄芪 AM	4.06±1.15^{ab}	2.04±0.16^c	0.1098±0.001^a	0.6987±0.020^{ab}
斜茎黄芪+紫花苜蓿 CK	4.03±1.26^{ab}	1.94±0.25^c	0.1076±0.002^{ab}	0.6834±0.013^{ab}
斜茎黄芪+紫花苜蓿 AM	3.33±0.29^{ab}	2.19±0.67^c	0.1067±0.001^{ab}	0.6689±0.017^{abc}
紫花苜蓿 CK	3.09±0.28^{ab}	1.91±0.21^c	0.1019±0.003^c	0.6616±0.008^{bc}
紫花苜蓿 AM	2.70±0.40^b	3.66±1.37^b	0.1039±0.0001^{bc}	0.6611±0.007^{bc}

4. 植物根系形态与土壤理化性质、土壤酶活性的相关性分析

Pearson 相关性分析表明，在植物根系形态中，植物总根长与电导率显著正相关（表 6.15）。植物总根长与 pH、易提取球囊霉素极显著负相关；植物总表面积与脲酶极显著正相关，与易提取球囊霉素显著正相关；植物总体积与易提取球囊霉素极显著负相关，与总球囊霉素显著负相关；土壤 pH 与电导率极显著负相关；土壤有机质与易提取球囊霉素极显著正相关，与总球囊霉素显著正相关；土壤全氮与易提取球囊霉素显著正相关；脲酶与易提取球囊霉素极显著正相关；磷酸酶与易提取球囊霉素、总球囊霉素显著负相关；植物根系形态与土壤理化性质、土壤酶活性存在协同反馈效应，丛枝菌根真菌在土壤养分转化上起着至关重要的作用。

表 6.15　植物根系形态与土壤理化性质、土壤酶活性的相关性分析

项目	植物总根长	植物平均直径	植物总表面积	植物总体积	pH	电导率	土壤有机质	土壤全氮	脲酶	磷酸酶	易提取球囊霉素	总球囊霉素
植物总根长	1	−0.302	−0.204	0.339	−0.492^{**}	0.404[*]	−0.210	−0.205	−0.054	−0.008	−0.491^{**}	−0.083
植物平均直径		1	0.016	−0.034	0.205	−0.264	0.020	−0.068	0.068	−0.127	0.074	0.060
植物总表面积			1	−0.174	−0.047	0.124	0.332	0.145	0.492^{**}	−0.151	0.421[*]	0.296

续表

项目	植物总根长	植物平均直径	植物总表面积	植物总体积	pH	电导率	土壤有机质	土壤全氮	脲酶	磷酸酶	易提取球囊霉素	总球囊霉素
植物总体积				1	−0.045	0.062	−0.186	−0.125	−0.266	0.156	−0.549**	−0.396*
pH					1	−0.757**	0.007	0.161	−0.193	0.208	0.089	−0.185
电导率						1	−0.040	−0.119	−0.119	−0.235	−0.151	0.077
土壤有机质							1	0.056	0.238	0.034	0.502**	0.459*
土壤全氮								1	0.292	−0.359	0.459*	0.300
脲酶									1	−0.2822	0.603**	0.357
磷酸酶										1	−0.403*	−0.433*
易提取球囊霉素											1	0.609**
总球囊霉素												1

植被恢复是北电胜利露天矿区排土场生态恢复的关键。植物混作可通过根际对话影响植物的生长，植物混作可以通过增强植物与植物、植物与环境间的相互作用来提高植物对外界胁迫的抗逆性，从而提高植物的质量。菌根技术是土壤肥力恢复的主要技术之一，通过人为接种微生物的方式，利用微生物在植物根际的生命活动，挖掘复垦土壤的潜在肥力，以达到加快植被恢复、改善矿区排土场生态环境的目的。

根系作为植物吸收养分的基础器官，对土壤有强烈的依赖性，根系构型在一定程度上受土壤结构影响。本研究中混作种植模式更适应矿区排土场的生长环境，可能是在混作种植模式下由于豆科牧草为其他植物的生长提供充足的氮源，根系活力增加，光合能力提高，促进混作植物的生长。接种丛枝菌根真菌处理显著地改善植物根系构型参数，如根系总根长、根系平均直径、根系表面积、根系体积。菌根的形态建成以及根系-菌根共生体系的发展有利于植物更好地适应矿区排土场内的土壤环境。

丛枝菌根真菌促进矿区复垦植物的生长，为露天矿区排土场的微生物复垦技术应用提供良好的理论依据，具有重要生态意义。通过研究不同种植模式和接菌处理对土壤植物根系生长、植物生长特性、植物根际土壤理化性质以及相关土壤酶活性的影响，探索矿区排土场在不同种植模式下接种丛枝菌根真菌对矿区生态修复植物的改良效应。

混作种植模式下接菌更适应矿区排土场的生长环境，提高植物根系总根长。接菌植物的根系表面积和根系体积的菌根贡献率显著提高。接菌可以更好地将矿区排土场的碱性土壤改良为适宜植物生长的中性土壤。斜茎黄芪+紫花苜蓿混作接菌处理对土壤盐碱化的改良作用逐渐凸显。柠条锦鸡儿+斜茎黄芪混作接菌处理促进土壤有机质的积累，有利于矿区排土场土壤的改良和培肥。混作种植模式可以提高土壤脲酶活性、易提取球囊霉素含量和总球囊霉素含量。接菌促进土壤磷酸酶活性，有利于土壤有机磷的转化。植物根系形态与土壤理化性质、土壤酶活性存在协同反馈效应，丛枝菌根真菌在土壤养分转化上起着至关重要的作用。野外混作种植模式下接菌可以有效促进植物生长，改善土壤质地，生态效应显著，对维持矿区生态系统稳定的持续性具有重要意义。

6.2 草甸草原矿区修复模式及其效应——宝日希勒矿区

中国草原露天矿区是我国大型能源基地，蕴含丰富的煤炭资源，该区大规模地露天开采，在带动经济发展的同时，造成了地表破坏、植被受损等环境污染和生态问题，严重限制了该区的可持续发展。排土场是在露天煤矿开采过程中形成的巨型特殊地貌，由大量剥离物人工堆垫形成（王晓琳等，2016）。矿区扰动地表生态系统重建和新建排土场新构土体的复垦成为当前矿区生态环境建设中最为紧迫的任务（任志胜等，2015）。现阶段矿区排土场主要存在土壤沙化严重、肥力低下、植被生长难、草原草场退化严重等问题。

宝日希勒露天煤矿位于呼伦贝尔市陈巴尔虎旗宝日希勒镇，东与谢尔塔拉种牛场接壤，南邻海拉尔区，西与巴彦库仁镇相连，北依莫日格勒河。地理坐标为 119°15′E、49°14′N ~ 49°30′N，海拔为 667 ~ 684m。该区属大陆性亚寒带气候，年平均温度较低，年平均温度为 -2.6℃，年平均降水量为 315.0mm，年平均蒸发量为 1344.8mm。春季多东南风，冬季多西北风，风力 3 ~ 5 级（张红静等，2019）。

利用沙棘、柠条锦鸡儿、苜蓿形成 4 种不同的植被类型，即沙棘单种、柠条锦鸡儿单种、沙棘+苜蓿混种、柠条锦鸡儿+苜蓿混种，辅以接种丛枝菌根真菌的措施，对矿区土壤进行改良，分析比较了复垦 1 年后改良土壤与复垦前排土场土壤的养分差异，旨在探究矿区排土场不同复垦模式下的土壤养分效应，为矿区排土场土地复垦与生态恢复的理论和措施积累经验。

6.2.1 不同复垦模式对土壤养分的影响

1. 不同植被类型对土壤养分的影响

1）不同植被类型对土壤磷含量的影响

由图 6.11 可知，在沙棘单种、沙棘+苜蓿混种、柠条锦鸡儿单种、柠条锦鸡儿+苜蓿混种 4 种植被类型下，沙棘单种的土壤全磷含量最高，其次是柠条锦鸡儿单种、柠条锦鸡儿+苜蓿混种、沙棘+苜蓿混种；但 4 种植被类型间土壤全磷含量无显著差异；4 种植被类型土壤全磷含量表现为沙棘单种高于沙棘+苜蓿混种、柠条锦鸡儿单种高于柠条锦鸡儿+苜蓿混种，但沙棘和柠条锦鸡儿分别与苜蓿混种后，土壤全磷含量无显著变化。

由图 6.12 可知，4 种植被类型土壤速效磷含量表现为沙棘+苜蓿混种的土壤速效磷含量最高，其次是沙棘单种、柠条锦鸡儿+苜蓿混种、柠条锦鸡儿单种；其中沙棘单种、沙棘+苜蓿混种的土壤速效磷含量显著高于柠条锦鸡儿单种、柠条锦鸡儿+苜蓿混种；沙棘单种的土壤速效磷含量是柠条锦鸡儿单种的 3.6 倍，沙棘+苜蓿混种的土壤速效磷含量是柠条锦鸡儿+苜蓿混种的3.8倍。4种植被类型土壤速效磷含量表现为沙棘+苜蓿混种高于沙棘单种、柠条锦鸡儿+苜蓿混种高于柠条锦鸡儿单种，但柠条锦鸡儿单种与柠条锦鸡儿+苜蓿混种土壤速效磷含量无显著变化。

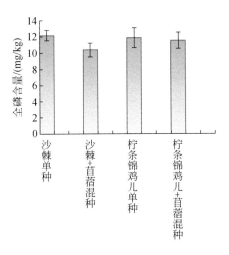

图 6.11　不同植被类型土壤全磷含量

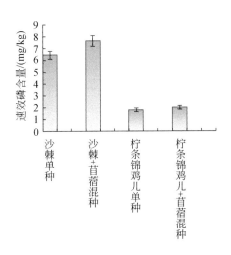

图 6.12　不同植被类型土壤速效磷含量

2) 不同植被类型对土壤钾含量的影响

在沙棘单种、沙棘+苜蓿混种、柠条锦鸡儿单种、柠条锦鸡儿+苜蓿混种4种植被类型下，沙棘+苜蓿混种的土壤全钾含量最高，其次是沙棘单种、柠条锦鸡儿+苜蓿混种、柠条锦鸡儿单种；沙棘和柠条锦鸡儿分别与苜蓿混种后，土壤全钾含量无显著变化（图6.13）。由图6.14可知，4种植被类型土壤速效钾含量表现为沙棘单种的土壤速效钾含量最高，其次是沙棘+苜蓿混种、柠条锦鸡儿+苜蓿混种、柠条锦鸡儿单种。其中，沙棘单种、沙棘+苜蓿混种的土壤速效钾含量显著高于柠条锦鸡儿单种、柠条锦鸡儿+苜蓿混种；沙棘单种的土壤速效钾含量是柠条锦鸡儿单种的2.2倍，沙棘+苜蓿混种的土壤速效钾含量是柠条锦鸡儿+苜蓿混种的 1.9 倍；沙棘和柠条锦鸡儿分别与苜蓿混种后，土壤速效钾含量无显著变化。

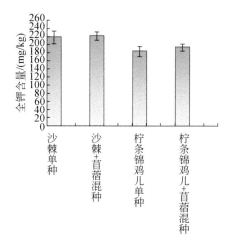

图 6.13　不同植被类型土壤全钾含量

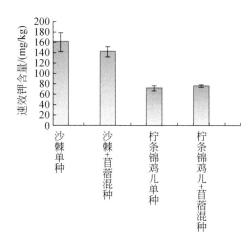

图 6.14　不同植被类型土壤速效钾含量

3）不同植被类型对土壤有机质含量的影响

由图 6.15 可知，4 种植被类型土壤有机质含量表现为沙棘单种的土壤有机含量最高，其次是沙棘+苜蓿混种、柠条锦鸡儿+苜蓿混种、柠条锦鸡儿单种；但 4 种植被类型间土壤有机质含量无显著差异；沙棘和柠条锦鸡儿分别与苜蓿混种后，土壤有机质含量无显著变化。

2. 接种丛枝真菌对土壤养分的影响

1）接种丛枝菌根真菌对土壤磷含量的影响

由图 6.16 可知，对于 4 种植被类型土壤全磷含量，接种丛枝菌根真菌后，土壤全磷

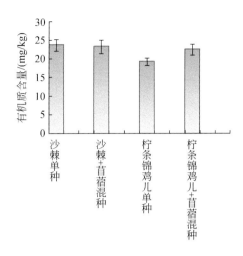

图 6.15　不同植被类型土壤有机质含量

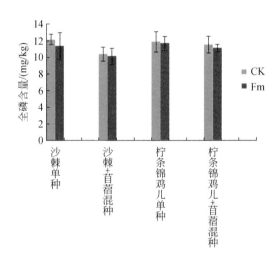

图 6.16　接种丛枝菌根真菌后土壤全磷含量对比

含量均低于接菌前，但接菌后与接菌前的含量无显著差异。

由图 6.17 可知，沙棘单种与沙棘+苜蓿混种在接种丛枝菌根真菌后，土壤速效磷含量明显降低，分别是接菌前的 0.56 倍与 0.63 倍；柠条锦鸡儿单种与柠条锦鸡儿+苜蓿混种在接种丛枝菌根真菌后，土壤速效磷的含量明显升高，分别是接菌前的 2.06 倍与 1.21 倍（刘洋等，2018）。

2）接种丛枝菌根真菌对土壤钾含量的影响

由图 6.18 可知，接种丛枝菌根真菌后，沙棘单种和柠条锦鸡儿+苜蓿混种时土壤全钾含量低于接菌前，分别是接菌前的 0.88 倍和 0.93 倍；而柠条锦鸡儿单种和沙棘+苜蓿混种在接菌后土壤全钾含量分别是未接菌对照的 1.09 倍和 1.05 倍。

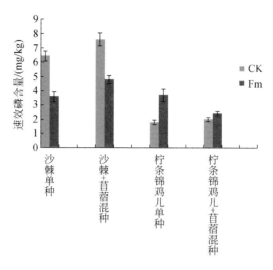

图 6.17　接种丛枝菌根真菌后土壤速效磷含量对比

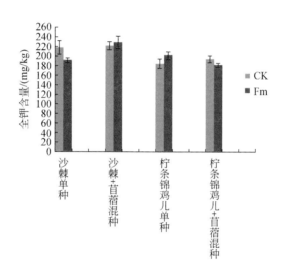

图 6.18　接种丛枝菌根真菌后土壤全钾含量

由图 6.19 可知，接种丛枝菌根真菌后，4 种植被类型土壤速效钾含量显著高于接菌前，分别是接菌前的 1.12 倍、1.62 倍、1.82 倍、1.40 倍，其中以沙棘+苜蓿混种和柠条锦鸡儿单种的变化最明显。

　　3）接种丛枝菌根真菌对有机质含量的影响

　　接种丛枝菌根真菌后，除柠条锦鸡儿单种外，其他 3 种植被类型的土壤有机质含量均低于接菌前（图 6.20），接菌后的土壤有机质含量分别是接菌前的 0.68 倍、0.84 倍、0.97 倍；而柠条锦鸡儿单种接菌后的土壤有机质含量是接菌前的 1.25 倍；柠条锦鸡儿+苜蓿混种接种丛枝菌根真菌后与接菌前土壤有机质含量无明显变化。

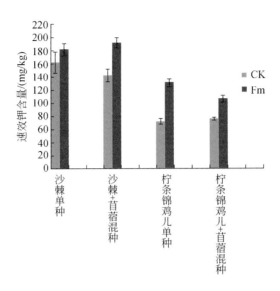

图 6.19　接种丛枝菌根真菌后土壤速效钾含量

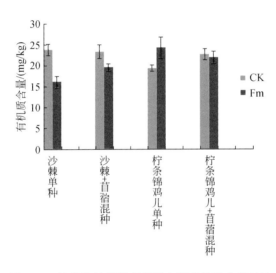

图 6.20　接种丛枝菌根真菌后土壤有机质含量对比

6.2.2　丛枝菌根真菌与植物的联合生态效应

宝日希勒露天矿地处呼伦贝尔草原中部，距离呼伦贝尔市中心海拉尔区 15km。该矿区地处亚寒带大陆性半干旱气候区域，年平均温度为-2.6℃。最低温度为-48℃，最高温度为 37.7℃，冬季寒冷漫长、夏季凉爽干旱。露天开采是主要的方式，对草原生态损伤程度较大，生态退化具有不可逆性。从区域可持续发展的角度出发，加强矿区的生态恢复和环境保护，特别是形成合理的植被复垦技术，对促进区域生态环境与社会经济的可持续发展具有重要的战略意义（赵洋等，2014）。微生物植被复垦是修复损毁土地和防止生态环境进一步恶化的有效途径（Martin et al.，2002）。植被恢复是一个系统工程，良好的生态环境是植物、土壤、微生物相互作用的结果。因此，通过一定手段改善根际土壤微环境就变得尤为重要（李少朋等，2013）。

丛枝菌根真菌是一种土壤微生物，能够与宿主植物的根系形成潜在的共生关系，菌根菌丝网络可增强根系吸收范围，提高植物对外界胁迫的抗性（Pavithra and Yapa，2018；Rao and Tak，2001；Yao et al.，2005），特别是在压力较大的露天矿周围环境中，它们可以促进植物生长和提高矿山复垦区的植被恢复率（Taheri and Bever，2011）。与将丛枝菌根真菌接种到表土中相比，在黏土中接菌可以更好地促进植物的生长，增加养分的有效性（Paola et al.，2016）。丛枝菌根真菌作为一种生物改良剂，可以有效地改善土壤结构，促进植物在正常和胁迫条件下生长（Rabie and Almadini，2005）。丛枝菌根真菌还会对植物的根系形态产生影响，增强植物根系分枝能力，扩大根系的吸收范围，从而增加水分和养分的吸收。丛枝菌根真菌有效地增加植物对矿物养分的吸收和利用。针对宝日希勒露天煤矿排土场土壤贫瘠、植被难以建植等特点，利用丛枝菌根真菌与沙棘植物的共生关系，分析丛枝菌根真菌对沙棘生长的影响，接菌对沙棘根际微环境的影响及其对矿区退化土壤的改良效应，以期为微生物–植物联合修复在露天矿排土场推广应用提供理论基础和技术支撑。

土壤有机质、全氮是土壤质量评价的重要指标，对土壤肥力和退化生态系统的恢复有很好的表征作用。土壤 pH 是表征土壤酸碱度强度的指标，它决定和影响着土壤元素和养分的存在状态、转化与有效性。研究植被复垦下排土场的土壤有机质、全氮、全磷、全钾、速效磷、速效钾、pH 对排土场土壤质量变化特征规律研究具有重要价值。本研究通过接菌与不同植被复垦两种模式比较排土场土壤变化。为今后露天矿区复垦植被选择和土壤肥力恢复提供科学依据。

1. 接种丛枝菌根真菌对沙棘生长的影响

1）接种丛枝菌根真菌对沙棘地上部生长的影响

丛枝菌根真菌显著促进沙棘的生长，接菌处理的沙棘平均株高为 65cm，未接菌处理的沙棘平均株高为 54cm，接菌处理下沙棘株高显著高于未接菌处理。接菌处理的沙棘平均冠幅为 46cm，未接菌的沙棘冠幅为 38cm，冠幅的差异也达显著水平。从 2018 年 10 月至 2019 年 7 月，接菌区域沙棘生长超过 15cm，未接菌区沙棘生长超过 5cm，沙棘生长速度快、耐寒、耐旱，根系发达，可以有效适应排土场的环境，排土场海拔高、植被覆盖度低、风大、土壤结构复杂，无法种植大型乔木，而种草恢复则主要靠经常性的人工干预，为了增强环境的自修复能力，沙棘有潜力成为露天矿排土场生态恢复的重要先锋植物。同时，将沙棘与菌剂相结合，可以有效地促进沙棘的生长，缩短生态恢复时间，降低修复成本，因此在露天矿排土场使用微生物修复技术可在植被恢复时产生较高的价值。

2）接种丛枝菌根真菌对沙棘根系发育的影响

在植物生长的过程中，植物根系在固定植物、吸收养分方面起着决定性的作用。利用 CI-600 根系监测系统对沙棘的根系进行扫描，结果表明接菌处理的沙棘根系在根长、根表面积、根体积、根尖数等指标上均显著高于未接菌处理（表6.16）。由于露天矿所处的位置及排土场的海拔，露天矿排土场常年大风，因此研究植物的根系发育尤为重要，同时，排土场土壤贫瘠，土质结构复杂，也需要植物拥有强大的养分和水分吸收能力。丛枝菌根真菌能够有效地扩大植物吸收养分、水分的范围，促进植物的生长发育，进而增加植物根系的发育，使植物能够更稳固地固定在土壤中。

表 6.16　接菌对沙棘根系发育的影响

处理	根长/cm	投影面积/cm^2	根表面积/cm^2	平均直径/mm	根体积/cm^3	根尖数/个
Fm	244.6704[a]	21.3656[a]	68.3332[a]	3.2967[a]	1.6941[a]	44[a]
CK	167.3223[b]	13.1174[b]	32.1513[b]	2.9185[b]	0.8591[b]	37[b]

3）接种丛枝菌根真菌对沙棘根系侵染率的影响

接菌处理的沙棘侵染率为86.7%，未接菌处理的沙棘侵染率为26.7%，对沙棘进行接菌后，可以显著提高根系的侵染率，而自然状态下土壤中原生丛枝菌根真菌的侵染率显著低于人工接菌。接种丛枝菌根真菌后，沙棘根系的侵染率高也可以说明沙棘和丛枝菌根真菌可以有效地形成共生体，而且侵染率高的同时植物的生长发育得到有效促进，说明沙棘对丛枝菌根真菌的适应性很强。沙棘和丛枝菌根真菌形成良好的共生体可以有效地增加沙棘的抗逆性，在寒冷、干旱、大风条件下依然保持良好的生长状态。因此，微生物菌剂与沙棘联合使用有利于促进露天矿排土场的植被恢复。

2. 接种丛枝菌根真菌对沙棘林土壤性质的影响

1）接种丛枝菌根真菌对沙棘根际球囊霉素和有机质的影响

球囊霉素相关土壤蛋白是丛枝菌根真菌产生的一种含有金属离子的专性糖蛋白，难溶于水，难分解，自然状态下极为稳定（Rilling et al., 2001; Wright et al., 1998）。球囊霉素主要作用是增加土壤有机碳库和改善土壤团聚体（田慧等，2009），它产生于丛枝菌根真菌定植在植物根系内的菌丝和延伸到根系外的菌丝表面，在土壤系统中有较高的含量。接菌处理的总球囊霉素含量为5.27mg/g，未接菌处理总球囊霉素含量为3.63mg/g，接菌处理为未接菌处理的1.45倍，达显著差异（图6.21）。同时，接种丛枝菌根真菌后，沙棘根际的易提取球囊霉素含量也有显著提高。接菌处理的易提取球囊霉素含量为3.22mg/g，未接菌处理为2.16mg/g，也达到显著差异。接种丛枝菌根真菌后，沙棘根际土壤的有机质含量为36.92g/kg，显著高于未接菌处理的30.17g/kg（图6.22）。将菌剂与沙棘联合使用，可以有效地提高土壤质量，改善土壤，促进土壤恢复，在排土场生态治理方面具有重要意义。

2）接种丛枝菌根真菌对沙棘根际土壤速效磷和磷酸酶活性的影响

土壤酶在土壤碳、氮、磷等元素循环中起着重要的生物学催化剂作用，是土壤新陈代谢的重要因素，土壤肥力形成和转化与土壤酶有密切关系（张志丹和赵兰坡，2006；刘美英等，2012；杨清等，2012；孔龙等，2013）。土壤磷酸酶可促进有机磷向无机磷转化，

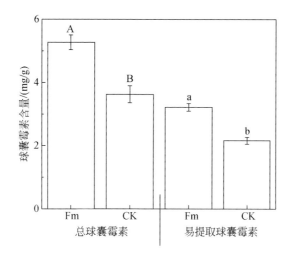

图 6.21 丛枝菌根真菌对根际土壤球囊霉素含量的影响

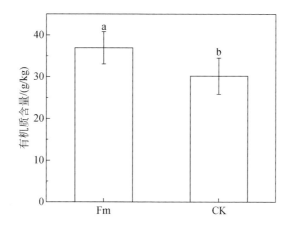

图 6.22 丛枝菌根真菌对根际土壤有机质含量的影响

其活性可以表征土壤肥力状况，特别是磷状况（李少朋等，2013）。接菌处理磷酸酶活性高于未接菌处理，为未接菌处理的 1.76 倍，差异显著（图 6.23）。速效磷是沙棘从土壤获取的主要磷养分资源，接菌处理的沙棘根际土壤速效磷含量为 5.48mg/kg，显著高于未接菌处理的 4.43mg/kg（图 6.24）。不仅接菌处理中植物的生长状态要好于未接菌处理，而且根际土壤中的速效磷含量也高于未接菌处理，这是由于丛枝菌根真菌扩大养分的吸收范围，同时提高土壤微生物的活性，在土壤酶的参与下土壤中更多的养分被释放，进而被植物利用。接菌能够显著提高土壤酸性磷酸酶活性，促进土壤速效磷释放，有利于改善土壤肥力状况。

3）接种丛枝菌根真菌对沙棘根际微生物的影响

宝日希勒露天煤矿排土场土地沙化严重，养分贫瘠，亟须改善土壤微环境。沙棘经过 9 个月的生长后，通过测定沙棘的根际微生物发现（表 6.17），接菌处理的细菌、真菌和

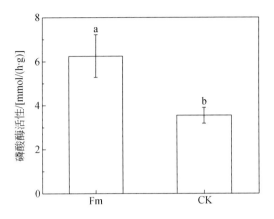

图 6.23　丛枝菌根真菌对根际土壤磷酸酶活性的影响

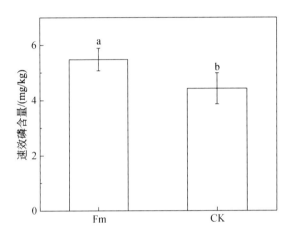

图 6.24　丛枝菌根真菌对根际土壤速效磷含量的影响

放线菌数量都显著高于未接菌处理。土壤微生物是土壤的重要组成部分，是整个生态系统养分和能源循环的关键与动力，对土壤养分的转化吸收和根系生长有其独特影响。接种丛枝菌根真菌显著提高根际微生物数量，这对塌陷区退化土壤生产力的恢复与提高具有重要的推动作用，有利于根际微环境的稳定。

表 6.17　不同处理植物根际微生物数量的变化　　　　　（单位：CFU/g）

处理	细菌	真菌	放线菌
AM	$1.12×10^6$	$7.5×10^3$	$3.2×10^5$
CK	$6.9×10^5$	$2.6×10^3$	$2.67×10^5$

3. 接种丛枝菌根真菌与不同植被复垦模式对土壤因子的影响

1）接种丛枝菌根真菌与不同植被复垦模式对 pH 与电导率的影响

pH 会影响到土壤腐殖质的分解，土壤微生物活动，土壤中氮、磷、钾等矿质营养元素的转化和移动（于法展等，2008），自然恢复区的 pH 为 8.4，从图 6.25 可以看出种植柠条锦鸡儿的区域，接菌区 pH 均高于对照区。在未伴有草原土的单种紫花苜蓿区域，对照区 pH 与自然恢复区相同，接菌区显著降低植物根际的 pH。

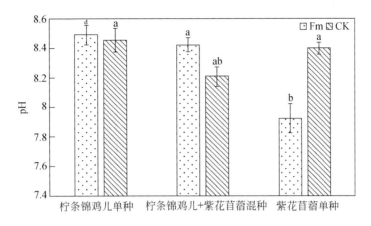

图 6.25 接菌与不同植被复垦模式下 pH

土壤浸出液的电导率能反映土壤含盐量的高低（鲍士旦，1981），自然恢复区的电导率为 173μS/cm。从图 6.26 可以看出，在种植柠条锦鸡儿的区域，不接种丛枝菌根真菌区域电导率高于接种区域，差异不显著。紫花苜蓿单种区域电导率显著低于柠条锦鸡儿+紫花苜蓿混种区域，表明植物组合对电导率的影响大于接种丛枝菌根真菌。

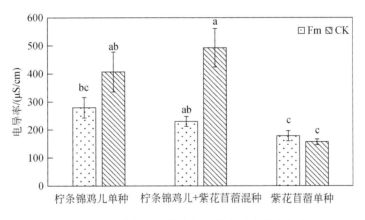

图 6.26 接菌与不同植被复垦模式下电导率变化

2）接种丛枝菌根真菌与不同植被复垦模式对土壤养分含量的影响

从表 6.18 可以看出，种植柠条锦鸡儿的区域有机质、全氮含量显著高于单种紫花苜蓿区域，接种丛枝菌根真菌提高有机质与全氮含量，差异不显著。种植植物有利于提高土壤有机质、全氮、全磷含量，加快土壤自修复。种植柠条锦鸡儿的区域土壤全钾含量显著低于单种紫花苜蓿的区域。柠条锦鸡儿可能促进对钾元素的吸收，接种丛枝菌根真菌促进这一作用。

表 6.18 接种丛枝菌根真菌与不同植被复垦模式下土壤养分含量 （单位：g/kg）

养分	柠条锦鸡儿单种		柠条锦鸡儿+紫花苜蓿		紫花苜蓿单种		自然恢复区
	Fm	CK	Fm	CK	Fm	CK	
有机质	16±1.51ᵃ	14.59±0.54ᵃ	15.35±0.17ᵃ	14.08±0.75ᵃ	9.25±0.86ᵇ	5.51±0.73ᵇᶜ	4.52±0.53ᶜ
全氮	0.95±0.12ᵃ	0.8±0.05ᵃ	0.96±0.02ᵃ	0.83±0.06ᵃ	0.34±0.05ᵇ	0.12±0.03ᵇ	0.12±0.03ᵇ
全磷	0.34±0.01ᵃᵇ	0.33±0ᵃᵇ	0.35±0.01ᵃ	0.35±0.01ᵃ	0.31±0ᵇ	0.31±0ᵇ	0.27±0.01ᶜ
全钾	6.69±0.13ᵇ	7.1±0.11ᵇ	6.87±0.09ᵇ	7.37±0.17ᵇ	11.9±0.35ᵃ	12.35±0.85ᵃ	11.14±0.37ᵃ

注：同列数据后不同小写字母表示差异显著（$P<0.05$），相同小写字母表示差异不显著（$P<0.05$）。

3） 接种丛枝菌根真菌与不同植被复垦模式对土壤速效磷、速效钾的影响

土壤速效养分含量是表征土壤肥力的重要指标，从图 6.27 可以看出，柠条锦鸡儿+紫花苜蓿与紫花苜蓿单种区域的接菌区速效磷含量低于对照区，表明丛枝菌根真菌对紫花苜蓿磷吸收的促进作用强于柠条锦鸡儿。

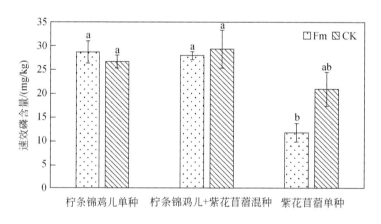

图 6.27 接菌与不同植被复垦模式下速效磷含量变化图

从图 6.28 可以看出，种植柠条锦鸡儿的区域速效钾含量显著低于紫花苜蓿单种区域，可能是由于柠条锦鸡儿对钾元素比较敏感，在紫花苜蓿单种区域，接菌区速效钾含量高于对照区，差异不显著，可能是因为接种丛枝菌根真菌活化土壤的速效钾。

6.2.3 植物-微生物联合修复效应

宝日希勒露天矿是全国第二大露天矿，位于内蒙古呼伦贝尔市，煤炭开采给当地带来巨大的经济效益的同时对当地生态环境造成了严重的影响。排土场由采矿过程中产生的大量排弃物堆积而成，由于黏土黏性较强、孔隙小、通气透水性差，营养元素含量较低而不利于植物生长。因此，排土场土地复垦与生态修复成为可持续发展的必然选择。

作为植被赖以生存和发展的基础，土壤理化特性、酶活性对植被的生长有重要作用。丛枝菌根真菌和植物根系间的相互作用可以对土壤进行改良，不同植被类型对土壤也有不

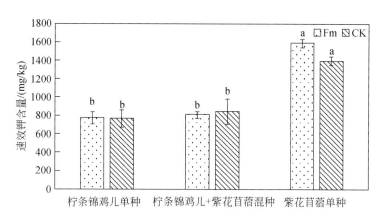

图 6.28 接菌与不同植被复垦模式下速效钾含量变化图

同的改良效果，想要揭示丛枝菌根真菌及不同植被类型下土壤的改良效果，就要对土壤样品进行理化性质及酶活性的测定。本章通过对比不同土壤土质、不同植被类型及不同微生物处理方式下土壤理化性质的差异，分析菌根效应、植被类型与土壤理化性质及酶活性之间的影响关系，评价不同复垦方式下土壤的恢复效果，可以为今后采用植物–微生物联合修复技术进行煤矿区生态治理提供借鉴。

煤矿地处典型的草原生态区，场地海拔 600~720m。宝日希勒露天煤矿设计占地面积 5074hm²，排土场占地面积 820hm² 以上，年均气温低于 0℃，年降水量 290~350mm，无霜期年平均 125d，降水主要发生在 7~9 月，其间降水量占总降水量的 70%~80%，属大陆性季风气候。随着开采方向向东推进，采坑西侧的排土场不断扩大。由于当地表土层稀薄，很难在排土场上形成有效的土层供植物建植，排土场的堆排通常由细粒到粗粒颗粒和岩石碎片的混合物组成，在处置时会引起环境问题，因此不利于植物生长。在进行生态治理时，考虑生态系统的可持续性和稳定性，以沙棘+紫花苜蓿、沙棘、柠条锦鸡儿+紫花苜蓿、柠条锦鸡儿并接种丛枝菌根真菌综合治理的模式应用于露天矿排土场，对采矿伴生黏土采用植物–微生物手段进行改良，将黏土基质作为基础土壤，促进排土场的植被恢复。

近年来，大规模煤炭开采带来了许多环境问题，使矿区植被遭到损毁、生境破碎，导致矿区生态系统稳定性下降，矿区土地复垦与植被恢复是当前众多学者研究的热点。植物–微生物联合修复技术在神东矿区得到了很好的应用（杜善周等，2010），为我国矿区的生态治理提供了良好的示范。为了更深入地了解植物–微生物联合修复技术对表土和黏土的修复效应，本章以宝日希勒露天矿区排土场微生物复垦区的柠条锦鸡儿、沙棘为研究对象，研究不同土质、不同植被类型、不同微生物处理措施对柠条锦鸡儿、沙棘生长的影响，通过对比不同复垦方式下的植物生长状况，为今后矿区生态治理提供借鉴与参考。

1. 植物–微生物联合修复方式对土壤的影响

1）土壤容重及土壤含水量的变化特征

田间自然垒结状态下的单位体积土壤质量称为土壤容重，影响土壤容重大小的因素有土壤质地、有机质含量、自然条件及人为措施。一般来说，沙土的孔隙粗大，但数目较少，孔隙总容积较小，容重较大；黏土的孔隙容积较大，容重较小；壤土的情况，介于两者之间。土壤容重是表征土壤紧实度的重要参数，同时还具有表征土壤质量的重要作用（唐克丽等，1987；范春梅，2006）。土壤容重小，表明孔隙度大，水肥渗透能力和通气状况良好；反之，则表明质地不良，紧实板硬，结构性、透气透水性差（庄恒扬等，1999）。但土壤容重过小或过大都不利于植物的生长，过松的土壤植物根系不易扎稳，过紧的土壤对根系生长穿插的阻碍作用很大。宝日希勒露天矿区排土场种植的柠条锦鸡儿、沙棘均为耐旱植物，其生长主要依靠天然降水，区域土壤主要属于旱作土壤，而对于旱作土壤中适宜直根植物生长的容重为 $1.10 \sim 1.30 \mathrm{g/cm^3}$。土壤水分是陆地生态系统健康发展的重要保证，是土壤生物赖以生存的基础。植物生长需要从土壤中获取水分，同时所需营养物质也是以上土壤水分为媒介被植物吸收利用。土壤水分影响着土壤通气性，对土壤诸多物理性质都有影响作用，如黏结性、结构性、塑性、压缩性等（秦耀东，2003）。

由表 6.19 可以看出，对于表土区土壤容重，其大小在 $1.15 \sim 1.26 \mathrm{g/cm^3}$ 变化；接种丛枝菌根真菌前，灌木单种时的土壤容重大于灌草混种时的土壤容重，但并未达到显著性差异；接种丛枝菌根真菌后，4 种植被类型下土壤容重均有所提高，分别是接菌前的 1.04 倍、1.08 倍、1.05 倍、1.03 倍。对于黏土区土壤容重，其大小在 $0.92 \sim 1.19 \mathrm{g/cm^3}$ 变化；接种丛枝菌根真菌前，同样表现为灌木单种下的土壤容重大于灌草混种下的土壤容重，但并未达到显著性差异；接种丛枝菌根真菌后，4 种植被类型下土壤容重均有所提高，分别是接菌前的 1.16 倍、1.01 倍、1.16 倍、1.21 倍，且除沙棘单种处理外，其余 3 种处理接菌前后的土壤容重均达到显著性差异。以上说明，无论是表土区还是黏土区，接种丛枝菌根真菌对土壤容重均有一定的改良效果，促使土壤容重达到适合植物生长的容重区间。

表 6.19　不同复垦方式下土壤容重及土壤含水量

土壤	处理		编号	容重/（g/cm³）	含水量/%
	植物	丛枝菌根真菌			
表土	沙棘+紫花苜蓿	−	A1	1.15 ± 0.02^{abc}	27.90 ± 0.82^{g}
	沙棘+紫花苜蓿	+	B1	1.20 ± 0.01^{abcde}	24.59 ± 0.69^{hi}
	沙棘	−	A2	1.17 ± 0.08^{a}	31.82 ± 0.74^{ef}
	沙棘	+	B2	1.26 ± 0.02^{abcd}	25.10 ± 0.93^{h}
	柠条锦鸡儿+紫花苜蓿	−	A3	1.16 ± 0.03^{ab}	22.45 ± 0.58^{ij}
	柠条锦鸡儿+紫花苜蓿	+	B3	1.22 ± 0.05^{abcd}	21.83 ± 0.39^{j}
	柠条锦鸡儿	−	A4	1.17 ± 0.04^{abcd}	29.98 ± 0.79^{f}
	柠条锦鸡儿	+	B4	1.20 ± 0.02^{abc}	21.89 ± 0.53^{j}

续表

| 土壤 | 处理 | | 编号 | 容重/(g/cm³) | 含水量/% |
	植物	丛枝菌根真菌			
黏土	沙棘+紫花苜蓿	–	C1	1.03±0.02ef	34.52±0.96de
	沙棘+紫花苜蓿	+	D1	1.19±0.04abcd	32.64±0.78cd
	沙棘	–	C2	1.09±0.08cde	37.64±0.76ab
	沙棘	+	D2	1.10±0.02bcde	34.99±0.60cd
	柠条锦鸡儿+紫花苜蓿	–	C3	0.92±0.02f	38.71±1.05a
	柠条锦鸡儿+紫花苜蓿	+	D3	1.07±0.02de	35.95±1.07bc
	柠条锦鸡儿	–	C4	0.94±0.03f	38.56±1.50a
	柠条锦鸡儿	+	D4	1.14±0.03abcde	34.56±0.91cd
土壤类型				＊＊	＊＊
植被类型				N	＊＊
微生物处理				＊＊	＊＊
土壤类型×植被类型				N	＊＊
土壤类型×微生物处理				N	＊
植被类型×微生物处理				N	＊＊
土壤类型×植被类型×微生物处理				N	＊

注：–表示接菌前，+表示接菌后。＊显著影响。＊＊极显著影响。N 无影响。下同。

对于表土区土壤含水量，其大小在 21.83%～31.82%变化；接种丛枝菌根真菌前，灌草混种的土壤含水量均小于灌草单种的含水量；接种丛枝菌根真菌后，土壤含水量均呈降低趋势，分别降低了 11.86%、21.12%、2.76%、26.98%，且除柠条锦鸡儿+紫花苜蓿处理外，其余三种植被类型下的土壤含水量在接菌前后均达到显著性差异。对于黏土区土壤含水量，其大小在 32.64%～38.71%变化；接种丛枝菌根真菌前，灌草混种的土壤含水量整体上小于灌草单种的土壤含水量；接种丛枝菌根真菌后，土壤含水量均呈降低趋势，相对于接菌前分别降低了 5.45%、7.04%、7.13%、10.37%，且除沙棘+紫花苜蓿处理外，其余三种植被类型下的土壤含水量在接菌前后均达到显著性差异。以上说明，灌草混种比灌木单种可以吸收土壤中更多的水分；接种丛枝菌根真菌后，土壤含水量呈降低趋势，产生这种现象的原因可能有两点：一是接菌促进了植物对土壤中水分的吸收；二是丛枝菌根真菌以沙土为载体，播撒的菌剂实质上是含有丛枝菌根真菌的沙土，而沙土透气性好、孔隙度较大、保水性差，因此接菌后会促进土壤水分蒸发，从而土壤含水量降低。排土场黏土较黏、孔隙度小、透气透水性差、保水性极强，不利于植物生长，所以可以通过采用接种丛枝菌根真菌的方式，增加土壤孔隙度和土壤透气透水性。此外，有大量研究表明丛枝菌根真菌可以促进植物的生长（陈琪等，2020；滕秋梅等，2020；晏梅静等，2020），因此，将丛枝菌根真菌应用于宝日希勒露天矿排土场是一个较好的选择。

此外，土壤类型与微生物处理对土壤容重有极显著影响；土壤类型、植被类型、微生物处理、土壤类型与植被类型的交互效应、植被类型与微生物处理的交互效应对土壤含水量有极显著影响，土壤类型与微生物处理的交互效应对土壤含水量有显著影响。

2）土壤机械组成的特征

土壤颗粒含量及其质地是土壤的重要基本特征，它是决定诸多其他土壤物理化学性质的关键因素。土壤质地对土壤肥力的影响是研究的重点，主要集中在土壤机械组成的研究（Galantini et al.，2004；Zhang et al.，2017d），因为它经常与土壤水盐运动和土壤肥力有关（Brady and Weil，2002），如土壤盐碱度高，黏粒含量高；盐碱度低，砂粒含量高（Galantini et al.，2004）。同时，土壤机械组成不仅影响土壤养分，还对微生物的功能、活性和异质性有重大影响（Wang et al.，2017），因此研究土壤机械组成很有必要。

由表6.20可知，对于表土区土壤机械组成，无论接菌与否，灌草混种处理下土壤黏粒与粉粒含量高于灌草单种处理下土壤黏粒与粉粒含量，砂粒含量与之相反；接种丛枝菌根真菌后，表土区土壤的黏粒含量呈降低趋势，砂粒含量呈增加趋势。对于黏土区土壤机械组成，无论接菌与否，灌草混种处理下土壤黏粒含量高于灌草单种处理下土壤黏粒含量，砂粒含量与之相反；接种丛枝菌根真菌后，土壤黏粒含量显著降低，砂粒含量显著提高。以上说明，灌木与紫花苜蓿混种后对土壤机械组成有一定的影响；接种丛枝菌根真菌会导致植物根系土壤机械组成中黏粒含量降低，砂粒含量增加，原因可能是菌剂本身以沙土为载体，而沙土黏粒含量极低，砂粒含量极高，接菌后菌剂与表土、黏土混合，降低土壤的黏粒含量，增加土壤的砂粒含量，且采集的土壤样品为植物根系土，菌剂与植物根系共同发挥作用对根系周围土壤的机械组成产生一定的影响。

表6.20 不同复垦方式下土壤机械组成 （单位：%）

| 土壤 | 处理 | | 编号 | 黏粒 | 粉粒 | 砂粒 |
	植物	丛枝菌根真菌				
表土	沙棘+紫花苜蓿	−	A1	31.22±0.60[d]	40.16±0.28[a]	28.64±0.77[gh]
	沙棘+紫花苜蓿	+	B1	25.58±0.70[de]	36.01±0.80[b]	38.44±0.90[de]
	沙棘	−	A2	28.84±0.55[de]	35.30±0.84[b]	35.85±1.36[ef]
	沙棘	+	B2	24.09±0.53[e]	30.34±0.57[de]	45.58±0.81[c]
	柠条锦鸡儿+紫花苜蓿	−	A3	27.54±1.14[de]	29.86±0.74[e]	42.58±1.88[cd]
	柠条锦鸡儿+紫花苜蓿	+	B3	15.76±0.52[f]	32.62±1.06[cd]	51.62±1.12[b]
	柠条锦鸡儿	−	A4	27.26±0.80[de]	27.84±0.40f[g]	44.91±1.19[c]
	柠条锦鸡儿	+	B4	12.05±0.31[f]	29.02±0.27[ef]	58.91±0.49[a]

续表

土壤	处理		编号	黏粒	粉粒	砂粒
	植物	丛枝菌根真菌				
黏土	沙棘+紫花苜蓿	−	C1	55.73±2.28^a	26.52±0.79^g	17.76±1.81^{ij}
	沙棘+紫花苜蓿	+	D1	48.88±2.07^{bc}	26.34±0.50^g	24.78±1.81^h
	沙棘	−	C2	46.68±2.91^{bc}	29.94±0.68^e	23.28±2.33^{hi}
	沙棘	+	D2	31.98±4.42^d	32.03±0.86^{cd}	35.98±4.25^{ef}
	柠条锦鸡儿+紫花苜蓿	−	C3	56.47±2.75^a	26.85±0.54^g	16.68±2.39^j
	柠条锦鸡儿+紫花苜蓿	+	D3	44.01±1.49^c	24.19±0.60h	31.83±0.96^{fg}
	柠条锦鸡儿	−	C4	51.29±2.40^{ab}	26.17±0.27^g	22.57±2.46^{hij}
	柠条锦鸡儿	+	D4	27.45±2.87^{de}	35.00±0.44^b	35.53±3.87^{ef}
土壤类型				＊＊	＊＊	＊＊
植被类型				＊＊	＊＊	＊＊
微生物处理				＊＊	N	＊＊
土壤类型×植被类型				＊＊	＊＊	＊＊
土壤类型×微生物处理				＊＊	＊＊	N
植被类型×微生物处理				＊＊	＊＊	N
土壤类型×植被类型×微生物处理				N	＊＊	N

　　此外，土壤类型、植被类型、土壤类型与植被类型的交互效应对土壤机械组成有极显著影响；微生物处理对黏粒含量和砂粒含量有极显著影响；土壤类型与植被类型的交互效应、植被类型和微生物处理的交互效应对黏粒含量和粉粒含量有极显著影响；土壤类型、植被类型、微生物处理三者间的交互效应对粉粒含量有极显著影响。

　　3）土壤 pH、有机质的特征

　　土壤 pH 也称土壤酸碱度，是土壤重要的化学性质之一，影响着土壤腐殖质的分解，土壤微生物活动，土壤中氮、磷、钾等矿质营养元素的转化和移动（于法展等，2008）。土壤有机质可以增强土壤的固肥和供肥能力（张文超，2017），是评价土壤肥力的重要指标之一。

　　由表6.21可知，对于表土区土壤 pH，其大小在8.20～8.47变化，呈碱性；且无论接菌与否，不同植被类型下的土壤 pH 无显著性差异；接种丛枝菌根真菌后，土壤 pH 均呈降低趋势，且在柠条锦鸡儿+紫花苜蓿混种处理下达到显著性差异。对于黏土区土壤 pH，其大小在8.51～8.73变化，且无论接菌与否，不同植被类型下的土壤 pH 无显著性差异；接种丛枝菌根真菌后，各处理下的土壤 pH 呈下降趋势，这与王瑾等（2014b）的研究结果相符。以上说明，不同植被类型对土壤 pH 影响较小；接种丛枝菌根真菌可以改善矿区土壤碱性环境，减缓 pH 升高的速度（杜善周等，2018）。

　　对于表土区土壤有机质，其含量在27.67～38.53g/kg 变化；无论接菌与否，均表现为柠条锦鸡儿单种处理下的土壤有机质含量最高，且在接菌前与其他3种处理达到显著性差异；种植柠条锦鸡儿区域的土壤有机质含量整体高于种植沙棘区域的土壤有机质含量；接种丛枝菌根真菌后，土壤有机质含量呈上升趋势，且在柠条锦鸡儿+紫花苜蓿处理下与接菌前达到显著性差异，是接菌前的 1.23 倍。对于黏土区的土壤有机质，其含量在14.30 ~ 23.00g/kg 变化；无论接菌与否，均表现为沙棘单种处理下土壤有机质含量高于沙棘+紫花苜蓿混种处理下土壤有机质含量，而柠条锦鸡儿的灌草混种与灌木单种处理之间土壤有机质含量无明显差异；接种丛枝菌根真菌后，土壤有机质含量呈小幅度增加趋势，且在柠条锦鸡儿紫花苜蓿处理下与接菌前达到显著性差异，是接菌前的 1.26 倍。以上说明，不同植被类型对土壤有机质含量有一定的影响；接种丛枝菌根真菌小幅度提高土壤有机质含量，在柠条锦鸡儿+紫花苜蓿处理下达到显著性差异。

表 6.21　不同复垦方式下土壤 pH 及有机质含量

土壤	处理		编号	pH	有机质/(g/kg)
	植物	丛枝菌根真菌			
表土	沙棘+紫花苜蓿	−	A1	8.30±0.09^{def}	27.67±0.75^b
	沙棘+紫花苜蓿	+	B1	8.25±0.16^{ef}	30.60±1.05^b
	沙棘	−	A2	8.29±0.05^{def}	29.02±0.34^b
	沙棘	+	B2	8.21±0.12^f	29.87±0.60^b
	柠条锦鸡儿+紫花苜蓿	−	A3	8.47±0.0^{bcde}	29.72±1.04^b
	柠条锦鸡儿+紫花苜蓿	+	B3	8.20±0.07^f	36.50±0.99^a
	柠条锦鸡儿	−	A4	8.40±0.10c^{def}	37.02±2.89^a
	柠条锦鸡儿	+	B4	8.29±0.04^{def}	38.53±0.77^a
黏土	沙棘+紫花苜蓿	−	C1	8.73±0.08^a	14.30±1.53^f
	沙棘+紫花苜蓿	+	D1	8.51±0.02^{abcd}	15.07±0.98^{ef}
	沙棘	−	C2	8.68±0.02^{ab}	18.91±0.72^{de}
	沙棘	+	D2	8.55±0.07^{abc}	19.21±0.59^{cd}
	柠条锦鸡儿+紫花苜蓿	−	C3	8.59±0.07^{abc}	18.32±1.47^{de}
	柠条锦鸡儿+紫花苜蓿	+	D3	8.58±0.05^{abc}	23.00±0.68^c
	柠条锦鸡儿	−	C4	8.66±0.02^{ab}	18.53±2.09^{de}
	柠条锦鸡儿	+	D4	8.56±0.05^{abc}	21.08±1.66^{cd}
土壤类型				＊＊	＊＊
植被类型				N	＊＊
微生物处理				＊＊	＊＊
土壤类型×植被类型				N	＊＊
土壤类型×微生物处理				N	N
植被类型×微生物处理				N	＊
土壤类型×植被类型×微生物处理				N	N

此外，土壤类型、微生物处理对土壤 pH 有极显著影响；土壤类型、植被类型、微生

物处理、土壤类型与植被类型的交互效应对土壤有机质含量有极显著影响，植被类型与微生物处理的交互效应对土壤有机质含量有显著影响。

4）土壤速效磷、速效钾、全氮含量的特征

速效磷是指土壤中较容易被植物吸收利用的磷。除土壤溶液中的磷酸根离子外，土壤中的一些易溶的无机磷化合物、吸附态的磷均属速效磷。这是由于它们溶解度较大，或者解吸快、交换快，当溶液中磷酸根离子浓度下降时，它们可成为速效磷的给源。土壤速效磷是评价土壤供磷水平的重要指标之一（周健民和沈仁芳，2013）。速效钾是指土壤中易被植物吸收利用的钾，速效钾含量是表征土壤钾素供应状况的重要指标之一。土壤全氮是指土壤中各种形态氮素含量之和，代表土壤氮素的总储量和供氮潜力，包括有机态氮和无机态氮。

由表 6.22 可以得出，对于表土中速效磷，其含量在 9.23～21.40mg/kg 变化；接种丛枝菌根真菌前，沙棘+紫花苜蓿混种处理下土壤速效磷含量与沙棘单种处理下土壤速效磷含量无显著差异，柠条锦鸡儿单种处理下土壤速效磷含量显著高于柠条锦鸡儿+紫花苜蓿混种处理；接种丛枝菌根真菌后，除柠条锦鸡儿+紫花苜蓿处理外，其余 3 种处理下土壤速效磷含量较接菌前显著降低，分别降低了 19.94%、20.22%、37.48%；柠条锦鸡儿+紫花苜蓿处理下接种丛枝菌根真菌后土壤速效磷含量增加的这种现象，考虑如下：野外调查发现柠条锦鸡儿+紫花苜蓿处理下，由于当地人工管护，该区域柠条锦鸡儿长势较差，降低植物对土壤中速效磷的吸收，而丛枝菌根真菌可以促进土壤中其他形态的磷转化为速效磷，因此土壤接菌后中速效磷含量显著增加。对于黏土中的速效磷，其含量在 4.88～8.50mg/kg 变化；灌草混种与灌木单种处理下土壤速效磷含量无显著差异；接种丛枝菌根真菌后，黏土中速效磷含量呈降低现象，但接菌前后并无显著性差异。以上说明，对于表土区，接种丛枝菌根真菌可以促进植物对土壤中磷元素的吸收，但对于黏土区，接种丛枝菌根真菌对土壤速效磷含量的影响较小；接菌后土壤速效磷含量降低这种现象，考虑如下：接种丛枝菌根真菌促进植物对土壤中速效磷的吸收，植物吸收磷元素的速度大于土壤中其他形态的磷转化为速效磷的速度，因此土壤速效磷含量降低，这与王瑾等（2014b）的研究结果相符。

对于表土中速效钾，其含量在 122.29～267.54mg/kg 变化；接种丛枝菌根真菌前，4 种植被类型下土壤速效钾含量规律与土壤速效磷含量类似；接种丛枝菌根真菌后，除柠条锦鸡儿+紫花苜蓿处理外，其余 3 种处理下土壤速效钾含量较接菌前呈降低现象，其中柠条锦鸡儿单种处理下接菌后根际土壤速效钾含量显著减小，降低了 29.04%；造成柠条锦鸡儿+紫花苜蓿处理下接种丛枝菌根真菌后土壤速效钾含量增加的这种现象可能是由于该区柠条锦鸡儿长势较差，对土壤中钾元素吸收量较少，丛枝菌根真菌促进土壤中其他形态的钾向速效钾转化，因此接菌后呈现出土壤中速效钾含量增加的现象。对于黏土中速效钾，其含量在 159.59～233.89mg/kg 变化；接种丛枝菌根真菌前，灌草混种处理下土壤速效钾含量高于灌草单种处理下土壤速效钾含量，但并未达到显著性差异；接种丛枝菌根真菌后，土壤速效钾含量呈降低趋势，且在柠条锦鸡儿+紫花苜蓿处理下达到显著性差异，降低了 31.77%。以上说明，接种丛枝菌根真菌后，土壤速效钾含量降低，且在表土区更明显，考虑这种现象是由于接种丛枝菌根真菌在促进土壤中其他形态的钾向速效钾转化的同时促进了植物对土壤中钾元素的吸收，植物吸收速度大于土壤中其他形态的钾向速效钾转化的速度，因此土壤中速效钾含量呈现降低现象。

表 6.22　不同复垦方式下土壤速效磷、速效钾及全氮含量

土壤	处理		编号	速效磷/(mg/kg)	速效钾/(mg/kg)	全氮/(g/kg)
	植物	丛枝菌根真菌				
表土	沙棘+紫花苜蓿	−	A1	13.04±1.02^c	192.23±27.07^{bcde}	0.92±0.03^{bc}
	沙棘+紫花苜蓿	+	B1	10.44±0.79^{de}	135.73±15.76^{ef}	0.97±0.03^{bc}
	沙棘	−	A2	11.57±1.24^{cd}	157.24±18.44^{def}	0.82±0.03^c
	沙棘	+	B2	9.23±0.36^{defg}	122.29±4.70^f	0.91±0.02^{bc}
	柠条锦鸡儿+紫花苜蓿	−	A3	9.37±0.67^{def}	125.27±16.05^f	0.91±0.05^{bc}
	柠条锦鸡儿+紫花苜蓿	+	B3	18.78±1.29^b	244.61±21.22^{ab}	1.29±0.05^a
	柠条锦鸡儿	−	A4	21.40±1.39^a	267.54±23.38^a	0.88±0.03^{bc}
	柠条锦鸡儿	+	B4	13.38±1.22^c	189.84±13.62^{bcde}	1.17±0.10^{ab}
黏土	沙棘+紫花苜蓿	−	C1	6.30±0.70^{ij}	226.13±11.36^{bcd}	0.57±0.05^c
	沙棘+紫花苜蓿	+	D1	6.26±0.45^{ij}	195.63±20.08^{abc}	0.70±0.03^c
	沙棘	−	C2	5.70±0.47^{ij}	189.33±18.36^{bcde}	0.91±0.05^{bc}
	沙棘	+	D2	4.88±0.58^j	176.55±24.97^{cdef}	0.98±0.04^{bc}
	柠条锦鸡儿+紫花苜蓿	−	C3	7.42±0.60^{fghi}	233.89±9.76^{abc}	0.77±0.08^c
	柠条锦鸡儿+紫花苜蓿	+	D3	6.78±0.92^{hij}	159.59±20.23^{def}	0.86±0.04^{bc}
	柠条锦鸡儿	−	C4	8.50±0.49^{ghi}	230.95±8.88^{abc}	0.69±0.10^{bc}
	柠条锦鸡儿	+	D4	7.22±0.63^{efgh}	208.39±27.09^{bcd}	0.82±0.11^c
土壤类型				**	**	**
植被类型				**	**	N
微生物处理				N	N	*
土壤类型×植被类型				**	**	N
土壤类型×微生物处理				N	N	N
植被类型×微生物处理				**	*	N
土壤类型×植被类型×微生物处理				**	N	N

　　对于表土中全氮，其含量在 0.82~1.29g/kg 变化；灌草混种处理下土壤全氮含量高于灌木单种处理下土壤全氮含量，但并未达到显著性差异；接种丛枝菌根真菌后，土壤中全氮含量增加，且在柠条锦鸡儿+紫花苜蓿混种处理下达到显著性差异，是接菌前的 1.42 倍，考虑在该处理下出现显著性差异是由于该区域灌木生长较差，植物对土壤中氮元素的需求较少，接种丛枝菌根真菌增加土壤中全氮含量，因此在该区接菌前后土壤全氮含量出现显著性提高。对于黏土中全氮，其含量在 0.57~0.98g/kg 变化；无论接菌与否，4 种植被类型下土壤中全氮含量无显著性差异，说明植被类型对土壤全氮含量影响较小；接种丛枝菌根真菌后，土壤全氮含量呈上升趋势，但并未达到显著性差异。以上说明，植被类型

对土壤全氮含量无显著影响；接种丛枝菌根真菌可以促进土壤中全氮含量的增加，但除了表土区柠条锦鸡儿+紫花苜蓿混种处理，其他区域并未达到显著性差异，这种现象可能是由于接种丛枝菌根真菌在提高土壤中全氮含量的同时促进了植物对土壤中氮元素的吸收，植物吸收氮元素的速度与土壤中全氮含量增加的速度相当，因此接菌前后土壤中全氮含量未达到显著性差异。

此外，土壤类型、植被类型、土壤类型与植被类型的交互效应、植被类型与微生物处理的交互效应、土壤类型与植被类型及微生物处理三者的交互效应对土壤中速效磷含量有极显著影响；土壤类型、植被类型、土壤类型与植被类型的交互效应对土壤中速效钾含量有极显著影响，植被类型与微生物处理的交互效应对速效钾含量有显著影响；土壤类型对土壤中全氮含量有极显著影响，微生物处理对土壤中全氮含量有显著影响，植被类型对土壤中全氮含量无显著影响。

5）土壤酶活性的特征

土壤酶是存在于土壤中各种酶类的总称，是土壤的组成成分之一。土壤酶是具有催化活性的蛋白质，在参与土壤碳、氮循环过程中发挥着重要作用，能够调节土壤有机质的分解，其活性的高低直接反映土壤内物质代谢的旺盛程度，是评价土壤质量的重要指标之一（姜勇等，2004）。土壤脲酶能够催化土壤中尿素水解为氨，形成 NH_4^+ 以利于植物吸收利用，其活性可用来表征土壤的氮素情况（贾伟等，2008）。土壤有机磷转化受多种因子的制约，尤其是磷酸酶的参与可以加速有机磷的脱磷速度。土壤磷酸酶活性是评价土壤磷素生物转化方向与强度的指标，对提高土壤磷素利用率、促进土壤磷元素循环具有重要作用。土壤蔗糖酶能够将蔗糖水解成供烟株和土壤微生物吸收利用的葡萄糖与果糖，为土壤生物体提供能源，改善土壤碳营养状况，其活性高低可以反映土壤中碳的转化和呼吸强度（张昱等，2007；贾健等，2016；王德俊等，2019）。

由表 6.23 可知，对于表土区土壤脲酶活性，其大小在 22.63 ~ 40.52μg/（g·min）变化；接种丛枝菌根真菌前，灌草混种处理下土壤脲酶活性高于灌木单种处理，柠条锦鸡儿+紫花苜蓿与柠条锦鸡儿区土壤脲酶活性分别高于沙棘+紫花苜蓿与沙棘区，达到显著性差异；接种丛枝菌根真菌后，土壤中脲酶活性显著提高，分别是接菌前的 1.19 倍、1.30 倍、1.21 倍、1.22 倍。对于黏土区土壤脲酶活性，其大小在 18.32 ~ 27.51μg/（g·min）变化；接种丛枝菌根真菌前，4 种植被类型下土壤脲酶活性无显著性差异；接种丛枝菌根真菌后，土壤脲酶活性均高于接菌前，且除沙棘+紫花苜蓿处理外，其余 3 种处理下土壤脲酶活性在接菌前后均显著提高，沙棘、柠条锦鸡儿+紫花苜蓿、柠条锦鸡儿 3 种处理下接菌后土壤脲酶活性分别是接菌前的 1.22 倍、1.28 倍、1.32 倍。以上说明，不同植被类型对表土区土壤脲酶活性影响较大；接种丛枝菌根真菌对植物根际土壤脲酶活性有促进作用，这与贾红梅等（2020）的研究相符。

对于表土区土壤碱性磷酸酶活性，其大小在 2.34 ~ 8.04μg/（g·min）变化；接种丛枝菌根真菌前，沙棘+紫花苜蓿混种与沙棘单种处理下的土壤碱性磷酸酶活性分别高于柠条锦鸡儿+紫花苜蓿混种和柠条锦鸡儿单种处理，且沙棘+紫花苜蓿混种与柠条锦鸡儿+紫花苜蓿混种处理下土壤碱性磷酸酶活性达到显著性差异；接种丛枝菌根真菌后，土壤碱性磷酸酶活性均呈上升趋势，且在沙棘+紫花苜蓿、柠条锦鸡儿+紫花苜蓿、柠条锦鸡儿 3 种处理下达到显著性差异，分别是接菌前的 1.45 倍、3.44 倍、2.31 倍。对于黏土区土壤碱性磷酸酶活性，其大小在 1.13～3.90μg/(g·min) 变化；接种丛枝菌根真菌前，沙棘＋紫花苜蓿处理下的土壤碱性磷酸酶活性高于其他 3 种植被类型；接种丛枝菌根真菌后，土壤碱性磷酸酶活性呈增加现象，且在柠条锦鸡儿＋紫花苜蓿混种、柠条锦鸡儿单种处理下达到显著性差异，分别是接菌前的 1.93 倍、2.01 倍。以上说明，植被类型对土壤碱性磷酸酶活性有一定的影响；接种丛枝菌根真菌可以促进土壤中碱性磷酸酶活性增加，这与雷卉等（2019）的研究结果相符。

表6.23　不同复垦方式下土壤酶活性　　　　[单位：μg/(g·min)]

土壤	处理		编号	脲酶	碱性磷酸酶	蔗糖酶
	植物	丛枝菌根真菌				
表土	沙棘＋紫花苜蓿	－	A1	25.80±1.05^{efg}	4.05±0.25^{cd}	42.07±4.03^{ef}
	沙棘＋紫花苜蓿	＋	B1	30.62±0.36^{bcd}	5.88±0.53^{b}	61.46±5.93^{c}
	沙棘	－	A2	22.63±1.10^{ghi}	3.44±0.19^{cdefg}	47.87±1.06^{de}
	沙棘	＋	B2	29.38±1.08^{cde}	4.44±0.30^{c}	57.57±2.47^{cd}
	柠条锦鸡儿＋紫花苜蓿	－	A3	33.47±1.38^{b}	2.34±0.08^{ghi}	49.53±0.15^{de}
	柠条锦鸡儿紫花苜蓿	＋	B3	40.52±1.45^{a}	8.04±0.66^{a}	90.01±5.63^{a}
	柠条锦鸡儿		A4	31.59±1.31^{bc}	2.81±0.27^{efgh}	50.21±4.95^{de}
	柠条锦鸡儿	＋	B4	38.47±1.55^{a}	6.48±0.56^{b}	76.96±5.14^{b}
黏土	沙棘＋紫花苜蓿	－	C1	18.32±0.84^{j}	2.61±0.18^{fghi}	12.28±0.39^{j}
	沙棘＋紫花苜蓿	＋	D1	22.38±1.19^{ghij}	3.51±0.08^{cdefg}	15.85±1.70^{ij}
	沙棘	－	C2	19.66±0.81^{ij}	1.13±0.34^{j}	12.47±0.50^{j}
	沙棘	＋	D2	24.05±1.41^{fgh}	1.84±0.14^{hij}	20.70±2.31^{hij}
	柠条锦鸡儿＋紫花苜蓿	－	C3	21.48±0.77^{hij}	1.66±0.06^{ij}	13.41±0.15^{j}
	柠条锦鸡儿＋紫花苜蓿	＋	D3	27.51±0.96^{def}	3.20±0.38^{defg}	29.71±1.22^{gh}
	柠条锦鸡儿	－	C4	19.35±0.18^{ij}	1.94±0.33^{hij}	23.91±2.67^{hi}
	柠条锦鸡儿	＋	D4	25.58±2.87^{efg}	3.90±0.48^{cdefg}	36.47±3.69^{fg}
土壤类型				＊＊	＊＊	＊＊
植被类型				＊＊	＊＊	＊＊
微生物处理				＊＊	＊＊	＊＊
土壤类型×植被类型				＊＊	N	＊＊
土壤类型×微生物处理				N	＊＊	＊＊
植被类型×微生物处理				N	＊＊	＊＊
土壤类型×植被类型×微生物处理				N	＊＊	N

对于表土区蔗糖酶活性，其大小在 42.07～90.01μg/(g·min) 变化；接种丛枝菌根真菌前，4 种植被类型下土壤蔗糖酶活性无显著性差异；接种丛枝菌根真菌后，土壤蔗糖酶活性均呈上升趋势，且除沙棘单种处理外，其余处理下土壤蔗糖酶活性接菌前后均达到

显著性差异，沙棘+紫花苜蓿、柠条锦鸡儿+紫花苜蓿、柠条锦鸡儿 3 种处理下土壤蔗糖酶活性分别是接菌前的 1.46 倍、1.82 倍、1.53 倍。

对于黏土区土壤蔗糖酶活性，其大小在 12.28~36.47μg/(g·min) 变化；接种丛枝菌根真菌前，柠条锦鸡儿单种处理下土壤蔗糖酶活性最高，与其他 3 种处理之间呈显著性差异；接种丛枝菌根真菌后，土壤蔗糖酶活性呈增加现象，且在柠条锦鸡儿+紫花苜蓿混种、柠条锦鸡儿单种处理下达到显著性差异，分别是接菌前的 2.22 倍、1.53 倍。以上说明，植被类型对黏土区土壤蔗糖酶活性有一定影响；接种丛枝菌根真菌可以促进土壤中蔗糖酶活性的提高，这与雷卉等（2019）的研究结果相符。

此外，土壤类型、植被类型、微生物处理、土壤类型与植被类型的交互效应对脲酶活性有极显著影响；土壤类型、植被类型、微生物处理、土壤类型与微生物处理的交互效应、植被类型与微生物处理的交互效应、土壤类型与植被类型及微生物处理三者的交互效应对碱性磷酸酶活性有极显著影响；土壤类型、植被类型、微生物处理、土壤类型与植被类型的交互效应、土壤类型与微生物处理的交互效应、植被类型与微生物处理的交互效应对蔗糖酶活性有极显著影响。

2. 植物-微生物联合修复对植物生长的影响

1) 植物-微生物联合修复下植物形态特征

植物的株高、冠幅、地径是描述植物形态的基本指标，能够直观表现植物的生长状态。株高是指植株根颈部到顶部之间的距离；冠幅是指植物的南北和东西方向宽度的平均值；地径是指植物距地面一定距离处树干的直径。植物的株高、冠幅、地径越大，说明植物生长状态越好，反之，说明植物生长状态较差。

由图 6.29 可知，对于表土区，整体看来，沙棘单种的长势优于沙棘+紫花苜蓿混种的长势，柠条单种的长势优于柠条锦鸡儿+紫花苜蓿混种的长势；接种丛枝菌根真菌后，植物的株高、冠幅、地径均高于接菌前，其中植物株高除沙棘+紫花苜蓿混种外，其余 3 种处理均达到差异显著性，沙棘、柠条锦鸡儿+紫花苜蓿、柠条锦鸡儿 3 种处理下灌木的株高分别是接菌前的 1.19 倍、1.36 倍、1.50 倍；植物的冠幅在柠条锦鸡儿单种处理下达到显著性差异，是接菌前的 1.54 倍；植物的地径在沙棘单种、柠条锦鸡儿单种处理下达到显著性差异，分别是接菌前的 1.70 倍、1.50 倍。对于黏土区，整体看来，沙棘的长势显著优于柠条锦鸡儿的长势；接菌前，沙棘单种处理下沙棘的地径显著大于沙棘+紫花苜蓿混种处理，株高、冠幅无显著差异，柠条锦鸡儿单种处理下柠条锦鸡儿的株高显著大于柠条锦鸡儿+紫花苜蓿混种处理，冠幅与地径无显著性差异；接种丛枝菌根真菌后，植物的株高、冠幅、地径均高于接菌前，且除柠条锦鸡儿+紫花苜蓿混种下的地径外，其余均达到显著性差异；接种丛枝菌根真菌后，4 种植被类型下灌木的株高分别是接菌前的 1.35 倍、1.36 倍、3.71 倍、1.93 倍，冠幅分别是接菌前的 1.26 倍、1.30 倍、1.86 倍、1.60 倍，地径分别是接菌前的 1.43 倍、1.28 倍、1.30 倍、1.56 倍。以上说明，在表土区，灌木单种比灌草混种更利于灌木本身的生长，可能是因为灌草之间存在对土壤养分吸收的竞争关系；丛枝菌根真菌对灌木的生长有促进作用，在柠条锦鸡儿单种区能发挥更大的促进作用，柠条锦鸡儿的株高、冠幅、地径分别是接菌前的 1.50 倍、1.54 倍、1.50 倍，均大

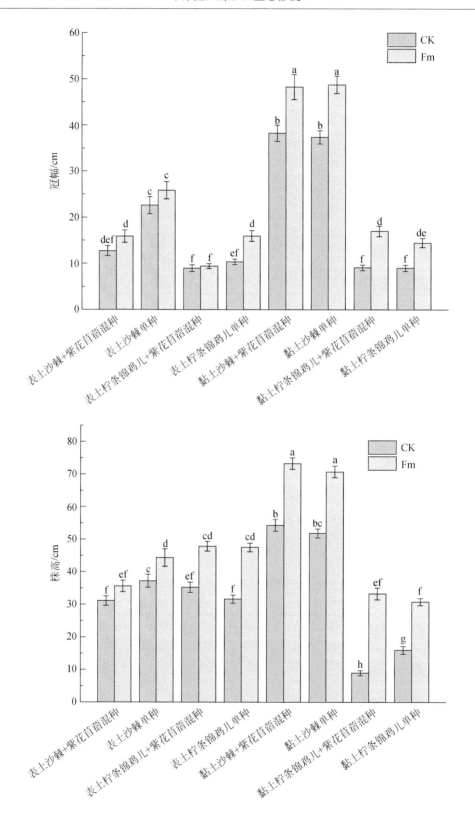

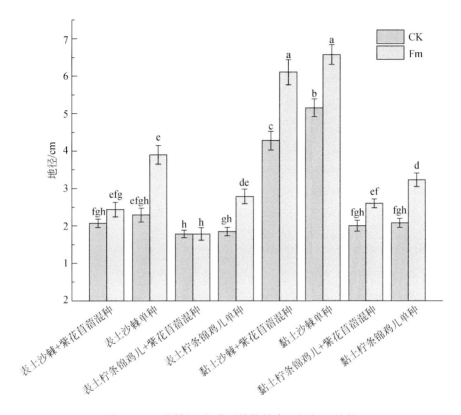

图 6.29　不同复垦方式下植物株高、冠幅、地径

于其他 3 种处理；对于黏土区，灌草混种对灌木的生长影响较小；接种<u>丛枝菌根真菌</u>对植物的生长有促进作用。

由表 6.24 可知，土壤类型、植被类型、微生物处理、土壤类型与植被类型的交互效应、土壤类型与微生物处理的交互效应均对植物的株高、冠幅、地径有极显著影响；而植被类型与微生物处理的交互效应以及土壤类型、植被类型、微生物处理三者的交互效应对植物的株高、地径有极显著影响，对植物的冠幅无显著影响。

表 6.24　不同处理方式对植物形态的影响

影响因子	株高	冠幅	地径
土壤类型	＊＊	＊＊	＊＊
植被类型	＊＊	＊＊	＊＊
微生物处理	＊＊	＊＊	＊＊
土壤类型×植被类型	＊＊	＊＊	＊＊
土壤类型×微生物处理	＊＊	＊＊	＊＊
植被类型×微生物处理	＊＊	N	＊＊
土壤类型×植被类型×微生物处理	＊＊	N	＊＊

　　净光合速率体现了植物光合作用积累的有机物，净光合速率越高，表明植物在单位时间内积累的有机物的数量越多。植物气孔是控制叶片水蒸气和 CO_2 扩散的通道，植物的光合作用过程直接受到气孔的影响。蒸腾作用是植物体内的水分以气体形式从植物体内散失到外界大气的过程，是促进水分在植物体内输送的主要动力。叶片的 SPAD 值与叶片的叶绿素含量显著相关，是叶绿素含量的一种表达形式。

　　2）植物–微生物联合修复下植物光合及叶色值特征

　　由表6.25可知，对于表土区，柠条锦鸡儿的净光合速率、气孔导度、蒸腾速率、叶色值整体高于沙棘；接种丛枝菌根真菌后，除人工管护导致的柠条锦鸡儿+紫花苜蓿区柠条锦鸡儿长势较差，净光合速率、气孔导度、蒸腾速率、叶色值下降外，其余3种处理净光合速率、气孔导度、蒸腾速率、叶色值均提高；对于沙棘，灌草混种与单种之间，植物的净光合速率、气孔导度、蒸腾速率、叶色值无显著性变化。以上说明，接种丛枝菌根真菌可以增强植物的光合作用，提高植物的净光合速率、气孔导度、蒸腾速率等光合特征参数。对于黏土区，沙棘的净光合速率、气孔导度、蒸腾速率、叶色值均显著高于柠条锦鸡儿；柠条锦鸡儿单种的光合特征参数均高于柠条锦鸡儿+紫花苜蓿混种；接种丛枝菌根真菌后，植物的净光合速率、气孔导度、蒸腾速率、叶色值均高于接菌前，除沙棘单种处理下的蒸腾速率及叶色值外，其余处理下的光合特征参数均达到显著性差异；接菌后，沙棘+紫花苜蓿混种处理下，植物净光合速率、气孔导度、蒸腾速率较接菌前增加量最大，分别是接菌前的1.86倍、1.96倍、1.51倍。以上说明，丛枝菌根真菌能够增强植物的净光合速率、气孔导度、蒸腾速率、叶色值等光合特性，提高植物对光能的吸收利用效率；提高沙棘+紫花苜蓿混种处理下植物的光合作用。

表 6.25　不同处理方式对植物光合及叶色值影响

| 土壤 | 处理 | | 编号 | 净光合速率(P_n) /[μmol/(m²·s)] | 气孔导度(G_s) /[mol/(m²·s)] | 蒸腾速率(T_r) /[mmol/(m²·s)] | 叶色值 |
	植物	丛枝菌根真菌					
表土	沙棘+紫花苜蓿	–	A1	2.28±0.28[gh]	0.15±0.02[gh]	3.13±0.32[hij]	43.43±2.03[gh]
	沙棘+紫花苜蓿	+	B1	3.6±0.24[def]	0.26±0.02[cdef]	4.27±0.24[defg]	52.02±0.86[de]
	沙棘	–	A2	2.17±0.38[gh]	0.14±0.01[h]	2.96±0.29[ij]	38.45±1.81[hi]
	沙棘	+	B2	3.33±0.43[ef]	0.23±0.02[def]	3.92±0.24[efghi]	50.05±1.64[ef]
	柠条锦鸡儿+紫花苜蓿	–	A3	5.85±0.27[ab]	0.39±0.02[b]	5.36±0.39[abc]	61.78±0.78[ab]
	柠条锦鸡儿+紫花苜蓿	+	B3	3.97±0.22[de]	0.29±0.02[cd]	4.65±0.29[bcde]	56.47±1.26[bcd]
	柠条锦鸡儿	–	A4	3.12±0.38[efg]	0.23±0[ef]	3.58±0.32[fghi]	49.57±2.16[ef]
	柠条锦鸡儿	+	B4	5.32±0.3[bc]	0.32±0.03[c]	5.07±0.28[bcd]	58.45±1.40[bc]

续表

土壤	处理		编号	净光合速率(P_n) /[μmol/(m²·s)]	气孔导度(G_s) /[mol/(m²·s)]	蒸腾速率(T_r) /[mmol/(m²·s)]	叶色值
	植物	丛枝菌根真菌					
黏土	沙棘+紫花苜蓿	−	C1	3.47±0.39^{ef}	0.25±0.03^{def}	4.08±0.22^{defgh}	50.27±2.40^{ef}
	沙棘+紫花苜蓿	+	D1	6.44±0.29^{a}	0.49±0.01^{a}	6.15±0.28^{a}	65.03±0.65^{a}
	沙棘	−	C2	4.47±0.37^{cd}	0.29±0.02^{cd}	4.76±0.2^{bcde}	57.29±1.46^{bcd}
	沙棘	+	D2	6.25±0.29^{a}	0.4±0.02^{b}	5.61±0.48^{ab}	61.79±1.76^{ab}
	柠条锦鸡儿+紫花苜蓿	−	C3	1.86±0.22^{h}	0.11±0.01^{h}	2.42±0.37^{j}	33.61±0.88^{i}
	柠条锦鸡儿+紫花苜蓿	+	D3	3.03±0.24^{efg}	0.21±0.02^{fg}	3.58±0.37^{fghi}	48.23±2.84^{efg}
	柠条锦鸡儿	−	C4	2.64±0.22^{fgh}	0.16±0.02^{gh}	3.45±0.34^{ghi}	45.65±1.64^{fg}
	柠条锦鸡儿	+	D4	3.94±0.33^{de}	0.27±0.02^{cde}	4.5±0.36^{cdef}	53.48±3.08^{cde}
土壤类型				**	**	**	N
植被类型				**	**	**	N
微生物处理				**	**	**	**
土壤类型×植被类型				**	**	**	**
土壤类型×微生物处理				*	N	**	*
植被类型×微生物处理				**	**	**	N
土壤类型×植被类型×微生物处理				**	**	N	**

此外，土壤类型、植被类型、微生物处理、土壤类型与植被类型的交互效应、植被类型与微生物处理的交互效应对植物的净光合速率、气孔导度、蒸腾速率有极显著的影响；土壤类型与微生物处理的交互效应对净光合速率有显著影响，对蒸腾速率有极显著影响；微生物处理、土壤类型与植被类型的交互效应对叶色值有极显著影响，土壤类型与微生物处理的交互效应对叶色值有显著影响；土壤类型、植被类型、微生物处理三者的交互效应对植物的净光合速率、气孔导度、叶色值有极显著影响。

3）植物-微生物联合修复下植物氮磷钾含量特征

氮、磷、钾是植物生长必需的营养元素。氮是植物体内核酸、蛋白质、维生素、酶及生物碱等的重要组分，也是植物生长发育、品质、产量的重要影响因素，更是植物的生命基础，氮素可以促进植物生长，提高光合作用。磷是形成原生质和细胞核的主要元素，是植物生长发育过程中必需的营养元素之一，可以促进根系生长，提高植物适应外界条件的能力。钾是植物的主要营养元素之一，在植物代谢活跃的器官和组织中分布量较高，具有保证各种代谢过程的顺利进行、促进植物生长、增强抗病虫害和抗倒伏能力等功能。

由图 6.30 可知，对于表土区，柠条锦鸡儿的氮、磷、钾含量整体高于沙棘的氮、磷、钾含量；对于表土不接菌处理下，灌草混种的氮、磷、钾含量均高于灌木单种的氮、磷、钾含量；接种丛枝菌根真菌后，除人工管护导致的柠条锦鸡儿+紫花苜蓿混种接菌区灌木生长状态较差，植物体内的氮、磷、钾含量较低外，其余 3 种植被类型均表现为氮、磷、

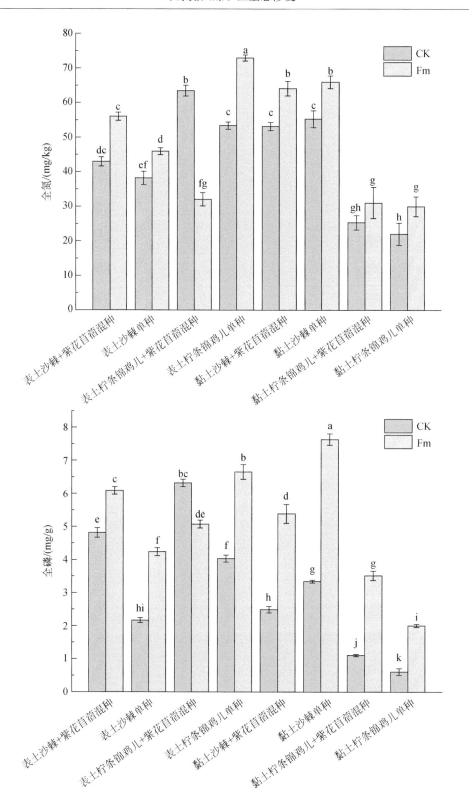

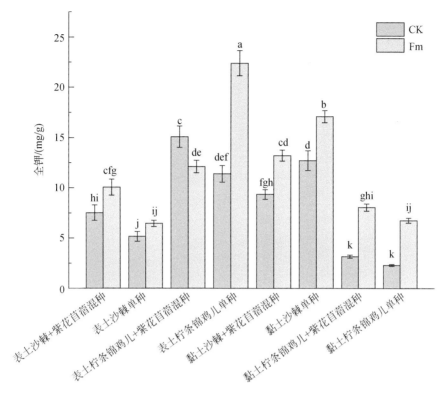

图 6.30　不同复垦方式下植物养分含量

钾元素含量升高，除沙棘单种处理下的钾含量差异不明显外，其余均达到显著性差异。丛枝菌根真菌可以促进植物对氮、磷、钾元素的吸收，从而促进植物的生长，增强植物适应外界条件的能力。对于黏土区，沙棘的氮、磷、钾含量显著高于柠条锦鸡儿；对于沙棘，灌木单种下植物体内的氮、磷、钾含量高于灌草混种，对于柠条锦鸡儿，灌草混种下植物体内的氮、磷、钾含量高于灌木单种；接种丛枝菌根真菌后，植物体内的氮、磷、钾含量均高于接菌前，且除柠条锦鸡儿+紫花苜蓿混种处理下的氮含量未达到显著性差异外，其余处理接菌前后均呈显著性差异；接种丛枝菌根真菌后，柠条锦鸡儿单种处理下植物体内的氮、磷、钾含量增长量最大，分别是接菌前的 1.36 倍、3.28 倍、2.91 倍。以上说明，接种丛枝菌根真菌可以促进植物对氮、磷、钾元素的吸收；灌草混种对灌木生长有影响；丛枝菌根真菌在柠条锦鸡儿单种处理下更能促进植物对氮、磷、钾元素的吸收。

由表 6.26 可知，土壤类型、植被类型、微生物处理、土壤类型与植被类型的交互效应、植被类型与微生物处理的交互效应、土壤类型与微生物处理的交互效应以及三者间共同的交互效应对植物体内全氮和全磷的含量均有极显著影响；而除植被类型对植物全钾含量无显著影响以及土壤类型与微生物处理的交互效应对全钾含量有显著影响外，其余因子对植物全钾含量均有极显著影响。

表 6.26 不同处理方式对植物养分含量影响

影响因子	全氮	全磷	全钾
土壤类型	＊＊	＊＊	＊＊
植被类型	＊＊	＊＊	N
微生物处理	＊＊	＊＊	＊＊
土壤类型×植被类型	＊＊	＊＊	＊＊
土壤类型×微生物处理	＊＊	＊＊	＊＊
植被类型×微生物处理	＊＊	＊＊	＊＊
土壤类型×植被类型×微生物处理	＊＊	＊＊	＊＊

3. 植物-微生物联合修复下土壤恢复质量评价

在矿区生态环境恢复过程中，土地复垦是一种具有显著效果的措施，对于土壤质量改善、提高土壤肥力等都具有显著的效果（Raab，2012；Mukhopadhyay et al.，2016；Masto et al.，2015）。土壤理化性质及土壤酶活性是衡量矿区土壤质量的主要指标，近年来关于土壤理化性质及土壤酶活性的研究受到了国内外专家的普遍关注。以往学者主要就矿区土地复垦规划理论和方法、矿区生态工程复垦、矿山废弃地复垦与绿化等方面进行了深入探讨，而对复垦区土壤的养分分布状况、变化趋势、土壤恢复状况和土壤肥力质量变化规律等研究较少（邓利，2008）。本章对不同复垦方式下土壤性质进行相关性分析，并引入土壤恢复指数定量描述露天矿排土场不同复垦方式下土壤质量恢复状况。

1) 土壤性质之间的关系

土壤性质之间的关系，包括物理、化学及酶活性相互作用、相互关联。土壤性质之间的关系会随环境条件的改变而发生变化。分析不同复垦方式下土壤理化性质及酶活性之间的关系可以揭示土壤性质之间的密切程度。用相关分析法分析土壤性质之间的关系，是筛选土壤质量评价指标的重要参考依据。

对宝日希勒露天矿区排土场不同复垦方式下土壤性质进行相关性分析，结果见表6.27。土壤容重与含水量、黏粒、pH 呈极显著负相关，与砂粒、有机质、脲酶、碱性磷酸酶、蔗糖酶呈极显著正相关，与速效磷呈显著正相关；含水量与砂粒、有机质、速效磷、脲酶、碱性磷酸酶、蔗糖酶呈极显著负相关，与黏粒、pH 呈极显著正相关；黏粒与砂粒、有机质、速效磷、全氮呈极显著负相关，与粉粒呈显著负相关，与 pH 呈极显著正相关；砂粒与 pH、速效磷呈极显著负相关，与有机质呈极显著正相关，与全氮呈显著正相关；pH 与有机质、速效磷呈极显著负相关，与全氮呈显著负相关；有机质、速效磷、全氮三者之间呈极显著正相关；全氮与脲酶呈极显著正相关；含水量、黏粒 pH 与土壤酶活性呈极显著负相关；容重、砂粒、有机质、速效磷与土壤酶活性呈极显著正相关，脲酶、碱性磷酸酶、蔗糖酶三者之间呈极显著正相关；粉粒除与 pH 呈显著负相关外，与其他指标之间均无显著相关性；速效钾与各指标之间均无显著相关关系。

表 6.27 土壤性质之间的相关关系

指标	容重	含水量	黏粒	粉粒	砂粒	pH	有机质	速效磷	速效钾	全氮	脲酶	碱性磷酸酶	蔗糖酶
容重	1.000	-0.673**	-0.809**	0.454	0.762**	-0.791**	0.653**	0.517*	-0.283	0.493	0.660**	0.673**	0.711**
含水率		1.000	0.746**	-0.297	-0.763**	0.774**	-0.799**	-0.659**	0.247	-0.441	-0.813**	-0.712**	-0.857**
黏粒			1.000	-0.534*	-0.948**	0.829**	-0.874**	-0.725**	0.16	-0.651**	-0.851**	-0.731**	-0.904**
粉粒				1.000	0.239	-0.561*	0.326	0.358	-0.268	0.358	0.181	0.364	0.386
砂粒					1.000	-0.755**	0.891**	-0.707**	-0.091	0.622*	0.913**	0.705**	0.899**
pH						1.000	-0.828**	-0.740**	0.194	-0.576*	-0.727**	-0.780**	-0.872**
有机质							1.000	0.890**	0	0.735**	0.880**	0.678**	0.925**
速效磷								1.000	0.336	0.674**	0.731**	0.673**	0.819**
速效钾									1.000	0.182	0.005	0.031	-0.063
全氮										1.000	0.679**	0.457	0.657**
脲酶											1.000	0.779**	0.914**
碱性磷酸酶												1.000	0.871**
蔗糖酶													1.000

2）土壤恢复质量综合评价

土壤质量是土壤在保持性和退化性相持平衡的一个结果，它不仅综合了土壤的多种功能，而且还具有一定的复杂性。土壤质量的评价对防止土壤的退化、维持土地的可持续利用有着重大而深远的意义。本研究利用土壤容重、有机质、全氮、脲酶活性、碱性磷酸酶活性、蔗糖酶活性6项指标的测定数据，黏土区土壤基准值以自然生长黏土区为基准，表土区土壤基准值以自然生长表土区为基准，基准值见表 6.28，引入土壤恢复指数，定量描述宝日希勒露天矿排土场微生物复垦区16种复垦方式下土壤质量恢复状况，根据土壤恢复指数的计算公式，得到各土地复垦方式下的土壤恢复指数，如表 6.29 所示。

表 6.28 土壤基准值

处理	容重 /(g/cm³)	有机质 /(g/kg)	全氮 /(g/kg)	脲酶活性 /[μg/(g·min)]	碱性磷酸酶活性 /[μg/(g·min)]	蔗糖酶活性 /[μg/(g·min)]
自然生长黏土区	0.85±0.05	8.60±0.39	0.38±0.02	13.62±1.08	0.94±0.16	8.73±0.13
自然生长表土区	0.94±0.06	17.90±1.23	0.86±0.05	23.76±1.20	3.41±0.31	21.79±0.91

表 6.29　不同复垦方式下土壤恢复指数

土壤	处理		编号	土壤恢复指数
	植物	丛枝菌根真菌		
表土	沙棘+紫花苜蓿	−	A1	0.32
	沙棘+紫花苜蓿	+	B1	0.64
	沙棘	−	A2	0.33
	沙棘	+	B2	0.50
	柠条锦鸡儿+紫花苜蓿	−	A3	0.37
	柠条锦鸡儿+紫花苜蓿	+	B3	1.15
	柠条锦鸡儿	−	A4	0.50
	柠条锦鸡儿	+	B4	0.90
黏土	沙棘+紫花苜蓿	−	C1	0.65
	沙棘+紫花苜蓿	+	D1	1.03
	沙棘	−	C2	0.69
	沙棘	+	D2	1.00
	柠条锦鸡儿+紫花苜蓿	−	C3	0.69
	柠条锦鸡儿+紫花苜蓿	+	D3	1.50
	柠条锦鸡儿	−	C4	0.88
	柠条锦鸡儿	+	D4	1.69

　　由表 6.29 可知，不同复垦方式下土壤恢复指数均为正值；对于表土，接菌区土壤恢复指数均高于对照区土壤恢复指数；对照区土壤恢复指数由高到低为：柠条锦鸡儿>柠条锦鸡儿+紫花苜蓿>沙棘>沙棘+紫花苜蓿，结果发现植被类型为柠条锦鸡儿单种时，土壤恢复指数最高，为 0.50，恢复效果相对于其他 3 种植被类型较好；接菌区土壤恢复指数由高到低为：柠条锦鸡儿+紫花苜蓿>柠条锦鸡儿>沙棘+紫花苜蓿>沙棘，结果发现柠条锦鸡儿+紫花苜蓿混种时，土壤恢复指数最高，恢复效果较好，其恢复指数为 1.15，但由于该区域受人工管护影响，植物生长状况较差，可能对土壤理化指标产生影响，从而影响该区域的土壤恢复指数。对于黏土，接菌区土壤恢复指数均高于对照区土壤恢复指数；对照区土壤恢复指数由高到低为：柠条锦鸡儿>柠条锦鸡儿+紫花苜蓿=沙棘>沙棘+紫花苜蓿；接菌区土壤恢复指数由高到低为：柠条锦鸡儿>柠条锦鸡儿+紫花苜蓿>沙棘+紫花苜蓿>沙棘。对于复垦两年后的排土场，不同复垦方式下土壤恢复指数均为正值，说明所有复垦措施对矿区排土场土壤均有改善作用；接种丛枝菌根真菌后，所有处理方式下土壤恢复指数均大于接菌前，说明丛枝菌根真菌可以促进土壤质量的恢复，加速土壤的改良；接菌后，表土区土壤恢复指数每种处理方式平均增加了 0.42，黏土区土壤恢复指数每种处理方式平均增加了 0.58，说明丛枝菌根真菌在黏土区可以发挥更大的作用。但该地区复垦年限较短，且在植物生长的初期需要从土壤中吸收大量的养分，可能会对土壤恢复指数造成一定的影响，因此出现了某区域植物长势较好而对应的土壤恢复指数较低的情况，土壤的恢复是一个长期的过程，若想更精确地评价该地区土壤恢复质量，建议对该区域土壤质量与植

物生长状态进行长期的监测。

　　通过对研究区土壤理化性质、酶活性的相关分析，得出土壤理化性质、酶活性之间有显著相关性，土壤酶活性除与黏粒、速效钾无显著相关性之外，与其他指标之间均呈极显著的相关关系，土壤容重与土壤有机质、全氮及酶活性有极显著相关性，土壤全氮与脲酶、蔗糖酶活性也有较强的相关关系。因此选择土壤容重、有机质、全氮、脲酶活性、碱性磷酸酶活性、蔗糖酶活性对土壤恢复质量进行综合评价。通过引入土壤恢复指数的计算公式，将不采取任何复垦措施的自然生长表土区与自然生长黏土区分别作为表土区与黏土区的基准值，计算每种复垦措施下的土壤恢复指数，得出不同复垦方式下土壤恢复指数均为正值，说明所有复垦措施对矿区排土场土壤均有改善作用；接种丛枝菌根真菌后，所有处理方式下土壤恢复指数均大于接菌前，说明丛枝菌根真菌可以促进土壤质量的恢复，加速土壤的改良。

第7章 主要结论与展望

本书以草原矿区大型煤电基地草原生态系统植被、土壤、微生物为研究对象，针对草原矿区脆弱生态环境（酷寒、干旱、土壤贫瘠、矿区扰动）等特点，采用遥感监测、野外调查、室内模拟分析测试相结合，研究草原矿区生态监测方法、露天矿开采对环境扰动的影响规律、煤电基地生态系统修复与保护关键技术。培养和优选当地微生物菌剂并揭示微生物提高植物抗逆（酷寒、干旱、压实）的机理，提出草原区黏土资源开发与利用关键技术和方法，并以宝日希勒矿区和北电胜利矿区示范区为例形成草原矿区生态修复典型示范区，形成草原煤矿区地表生态修复模式。

7.1 结　　论

（1）草原矿区生态退化，采矿对矿区周边生态的影响程度与范围成为关注的热点，采用同心圆不同方向的布点与采样，揭示露天开采对矿区植被种群多样性的影响范围 2km 以内，其中北电胜利矿区 1.9km，宝日希勒矿区 2.0km。采用高通量分子生物学方法，揭示露天开采对土壤微生物多样性影响范围不超过 1km，（北电胜利矿区 0.90km，宝日希勒矿 0.95km）

（2）通过对不同物理改良工艺进行水分入渗和养分淋溶的试验及不同配比的机械组成试验发现，物理改良工艺为沙土和黏土充分混合，黏土与沙土质量比 1:1 为最佳配比。

（3）通过吸附热力学研究发现，黏土及黏土沙土混合基质都能较好地拟合等温吸附线，其中，黏土与沙土质量比 1:1 固定磷元素最多。通过解吸率和解吸量的等温解吸曲线发现，黏土:沙土 1:1 混合具有最接近表土的解吸率，同时解吸量最大，黏土与沙土质量比 1:1 混合可以作为宝日希勒露天矿排土场表土的替代材料。

（4）黏土中丛枝菌根真菌相较于解磷细菌对植物具有更好的促生作用。接种丛枝菌根真菌能够显著增加根系的侵染率和土壤中的菌丝密度，促进植物生长。接种丛枝菌根真菌能够显著促进植株对磷元素的吸收。

（5）通过对我国露天矿区排土场改良的模拟研究，表明黏土与表土 1:2 配比效果最优，三叶草生物量，氮、磷和钾吸收量，根形态参数和根尖数最大；基质理化、酶活性及微生物数量最佳；指标间具有显著正相关性，证实添加表土和沙土对黏土具有积极效果。

（6）以玉米为宿主植物进行盆栽培养，研究不同基质和菌种组合对菌根真菌的侵染程度、产孢量、菌丝密度和玉米的生长状况的影响。研究发现摩西管柄囊霉、根内球囊霉联合接菌与风化煤+砂+蛭石+珍珠岩组合是扩繁适应于矿区的菌剂的最佳选择，为丛枝菌根真菌在采煤沉陷地的应用奠定良好的基础，接种丛枝菌根真菌菌剂对植物生长的影响还需进一步探究。

（7）应用地物光谱仪测定了不同配比黏土基质下接种丛枝菌根真菌的玉米高光谱数

据，根据前人经验选取了 13 个光谱特征参数，提取了相关性较高的 10 个特征参数作为因变量建立叶绿素含量的估测模型，评价了配比一定质量比例的沙土联合接种丛枝菌根真菌对黑黏土改良的效果，结果表明黑黏土与沙土以质量比 1∶1 混合后接种丛枝菌根真菌时对玉米叶片叶绿素含量的提高作用最为显著，植物生长最好，为草原矿区微生物修复作用的动态监测提供参考。

（8）接菌增强土壤酶活性，改善土壤理化性质，降低 pH，提高土壤中的有机质含量和全磷含量。不同的丛枝菌根真菌与植物互作，产生的效果不尽相同，其中地表球囊霉与扁蓿豆的亲缘程度较高，与植物相互作用，对土壤因子的促进效果最佳。摩西管柄霉对土壤速效钾影响较大，根内球囊霉对土壤理化性质的影响较小。

（9）菌根与风化煤联合促进了土壤改良。风化煤与黏土质量比为 1∶1 时接种丛枝菌根真菌对玉米生长和土壤改良具有明显的促进作用，风化煤与菌根的联合施用对改善作物生长、改良退化土壤具有重要意义。

（10）接菌具有抵抗低温酷寒和干旱的潜力，增加植株对低温和干旱的抗性，增加植株对低温的忍耐程度，低温 8d 接菌的抗逆性表现突出。接菌促进植物在低温和干旱时生长，其生理生化特性表现出对逆境的缓解能力。

（11）与无压实相比，轻度压实更有利于柠条锦鸡儿生长，重度压实后柠条锦鸡儿生物量、株高、根系发育均下降。重度压实土壤中，接种丛枝菌根真菌可以改善柠条锦鸡儿根系构型，促进内源激素 IAA、CTK、GA 分泌，减少 ABA 分泌，压实程度越大，IAA、CTK、GA 激素分泌水平越高，接菌柠条锦鸡儿总根长、根系平均直径、表面积和体积均显著大于对照。

（12）接菌能在一定程度上缓解压实对柠条锦鸡儿养分吸收的不利影响，能通过改善植物根系构型促进地上部分 N、P、Fe、Mn、Zn 养分的吸收。重度压实土壤中接菌柠条锦鸡儿地上部 N、P 养分含量显著增加，且柠条锦鸡儿地上部分 N、P、Zn 养分吸收与根系 IAA、CTK、GA 分泌显著正相关。煤矿区频繁的地表机械作业造成排土场部分区域土壤高度紧实，丛枝菌根真菌具有修复压实土壤功能特性的作用。

（13）土壤压实会导致柠条锦鸡儿叶片细胞抗氧化酶活性降低，渗透调节失衡，引发膜脂过氧化，进而降低植物的生长活力影响叶片光合作用强度在矿区压实区进行植被恢复时，压实是导致植被恢复质量下降的重要因素。

（14）接种丛枝菌根真菌可以与植物形成互利共生的关系，通过提高植物细胞的抗氧化酶活性、改善渗透调节过程、平衡激素物质分泌等提高植物的抗压实胁迫能力。植物净光合速率和蒸腾速率显著提高，在发生土壤压实的矿区，接种丛枝菌根真菌可作为一种改良方式提高植物的抗逆能力。

（15）在 1.82g/cm³ 高度紧实土壤中，植物根系生长受阻，丛枝菌根真菌菌丝生长量增加，且至少能伸展至距根系 10～15cm 的边室。1.82g/cm³ 容重下菌丝容重下菌丝在土壤中的侵染率与 1.38g/cm³ 容重土壤无显著差异。

（16）丛枝菌根真菌主要提高大于 2mm 粒级团聚体的含量，而对其他粒级团聚体的作用不甚显著。接种丛枝菌根真菌后土壤团聚体稳定性有增加趋势，在 1.82g/cm³ 容重土壤中，5～10cm 菌丝室团聚体稳定性显著增加，1.82g/cm³ 容重土壤中，5～10cm 菌丝室土壤 MWD、GMD 高于 0~5cm 菌根室土壤，距离根系 5~10cm 菌丝在团聚体形成与稳定的作用有大于根系和菌根的趋势，距离根系 10~15cm 的菌丝对团聚体的效应小于 5~10cm 的菌丝。

（17）菌丝侵染影响土壤总球囊霉素相关土壤蛋白含量和有机碳含量，在菌丝生长5~10cm 的边室中，与对照相比土壤有机碳含量和总球囊霉素相关土壤蛋白含量有增加的趋势。土壤有机碳含量和总球囊霉素相关土壤蛋白含量均与团聚体稳定性显著正相关。土壤胞外酶活性受接菌和土壤结构变化的影响，影响 1.38g/cm³ 容重下胞外酶活性变化的主要因子为>2mm 粒级团聚体含量、菌丝密度和 0.053~0.25mm 粒级团聚体含量，影响 1.82g/cm³ 容重下胞外酶活性变化的主要因子为 0.25~0.5mm 粒级团聚体、0.053~0.25mm 粒级团聚体含量和有机碳含量。

（18）接菌处理的沙棘人工林成活率和菌根侵染率最高，具有最高的物种丰度，是适宜在新成压实排土场进行植被重建的先锋植物。接种丛枝菌根真菌提高了沙棘和紫穗槐林下草本植被丰度、多样性与均匀度。

（19）新成排土场演替 1 年后植被群落以猪毛菜、灰绿藜、雾冰藜、小画眉草等一年生草本植物为优势种。接菌样地植被覆盖度降低，多年生草本和灌木显著大于对照区。优势种的建立与土壤电导率、磷酸酶活性和速效磷变化以及人工林成活率息息相关。

（20）对于宝日希勒露天矿区外围，随着草原退化程度的增加，土壤养分含量下降，pH 增加，酶活性下降，不利于草原生态系统的功能发挥。星毛委陵菜根际细菌多样性受到的影响较小，而丛枝菌根真菌则表现为先下降后增加的趋势，中度退化时主要是受土壤因子的影响，而在重度退化时则主要受植物群落的影响。

（21）宝日希勒露天矿区周围草场，糙隐子草根际土壤丛枝菌根真菌的优势属为 *Glomus*，但放牧区物种丰度低于未放牧区，在矿区周围草场放牧会降低丛枝菌根真菌物种的丰度与多样性。土壤全磷是影响整个宝日希勒矿区周围草场丛枝菌根真菌物种组成的主要因子。影响放牧区不同距离丛枝菌根真菌物种组成的主要因素为土壤速效钾。

（22）胜利露天煤矿长期采矿扰动羊草根际土壤中丛枝菌根真菌群落组成和多样性水平分布。尤其是在干扰增加了距矿坑最近区域的 *Glomus* 的丰度；丛枝菌根真菌群落的多样性在一定范围内随着与矿井距离的增加而下降。此外，SOM、速效磷、蔗糖酶、pH 是影响丛枝菌根真菌群落组成和多样性的主要土壤因素。

（23）北电胜利露天煤矿开采显著影响针茅根际土壤中真菌群落组成和土壤理化性质，而真菌群落多样性又受土壤因子的显著影响。放牧和采矿的相互作用可改变土壤理化特性，间接影响土壤真菌群落；煤炭开采和放牧对土壤 pH、氨氮含量、碱性磷酸酶活性有显著影响；适度放牧可以增加针茅根际土壤真菌群落的多样性。

（24）草原露天矿区周边草地受干扰影响因素不同，群落相似性变化主要由受干扰大小引起，受干扰较大区域与其他区域相比群落相似性较低。北电胜利矿区周边草地随着与矿区距离的增加，群落相似性逐渐升高，距离矿区较近位置植物多样性指数相对降低，较远位置植物多样性指数逐渐接近未干扰区。

（25）草原矿区周边草地植被群落受干扰程度差异动态演化明显，总体来看，随着干扰程度的增加，植被群落逐渐呈现退化趋势，且受土地利用方式影响，北电胜利研究区植被群落在与采矿区距离梯度上差异明显，宝日希勒研究区植被群落则沿矿区由西到东演替差异显著。

（26）北电胜利露天矿区排土场植被修复模式中，不同草本种植比例对植物生长有显著影响，综合植物生物量和土壤养分状况，豆科：禾本科 1：2 和 1：3 种植模式为最佳草本种植比例。接种丛枝菌根真菌可提高植物地上生物量和土壤氮含量，对植物具有良好的促生效果。

（27）沙棘、柠条锦鸡儿分别与苜蓿混种后的土壤中速效磷含量均高于单种，其中沙棘与苜蓿混种、柠条锦鸡儿与苜蓿混种后土壤中速效磷含量分别比混种前提高 18.16%、11.71%；接种丛枝菌根真菌后，4 种不同植被类型土壤中速效钾含量显著提高，分别比接菌前提高 11.88%、35.10%、82.07%、40.32%；接种丛枝菌根真菌后沙棘单种、沙棘苜蓿混种土壤中有机质含量明显降低，分别比接菌前降低 32.34%、16.08%。

（28）丛枝菌根真菌显著促进沙棘地上部分和地下部分的生长。丛枝菌根真菌可以有效地对沙棘根系进行定植，侵染率为 86.7%，显著高于对照处理，在露天矿排土场有很强的推广价值。接菌处理下土壤中的总球囊霉素含量、易提取球囊霉素含量及有机质含量都显著提高，有效地改善排土场的土壤质量。接种菌根显著提高根际土壤微生物含量，改善宿主植物根际微环境，这对于土壤生产力的恢复与提高、生态重建都具有重要的现实意义。

（29）柠条锦鸡儿+紫花苜蓿的种植模式优于其他两种种植模式，提高土壤肥力，适合在基质为黑黏土的宝日希勒露天矿区种植。接种丛枝菌根真菌有利于提高土壤养分，与柠条锦鸡儿和紫花苜蓿有较好的共生关系。

（30）不同复垦方式下土壤的理化性质及酶活性对比分析，不同土壤类型对土壤理化性质、酶活性有极显著影响，不同土壤类型下，土壤理化性质及酶活性的差异较大。接菌改良土壤物理性质，提高了土壤有机质含量、全氮含量，增加了土壤的酶活性，对土壤有明显的改良效果。

（31）不同土壤类型、植被类型、微生物处理对植物的生长均有影响；接种丛枝菌根真菌可以促进植物的生长发育，促进植物的光合作用，增加植物对土壤中氮、磷、钾元素的吸收。丛枝菌根真菌既对土壤有改良作用，又对植物的生长有促进作用，将丛枝菌根真菌广泛应用于矿区，加速矿区土壤的改良，促进矿区植被的生长。

7.2　展　　望

草原作为陆地生态系统的重要组成部分，其在维持生态平衡、稳定性等方面具有非常重要作用。人类活动等如露天煤矿的开发等对生态系统造成了一系列的干扰和破坏。随着社会发展和人类对生态重要性与环保意识增强，矿区生态修复工作得到了较大的推进，也取得了较为显著的成效。而在未来，矿区生态修复工作仍有较大的提升空间。

在露天矿开采影响机理方面，目前学者已开展了一些研究，但是在未来应加强对该区域土壤、植被、微生物等进行进一步的跟踪研究和长期监测，进一步充分明确其影响程度、影响范围，同时应综合考虑特殊时间、气候条件及微地形等的影响。在方法学上，应对监测体系进行加密加强，从时间和空间上对采矿影响区范围进行定点定位跟踪长期监测，同时应综合考虑异常气候等条件下生态系统要素变化，加强对健康体系评价系统的建设，以求达到精准长期持续跟踪监测，以便能更好揭示露天煤矿开采生态环境影响机理。在监测手段上应增加更多自动定位监测设备，如对其土壤水分、温度、碳呼吸等进行长期定位跟踪监测，同时结合室内测试分析数据及遥感空间数据，综合评价其生态系统要素演变。草原退化对微生物群落造成一定影响，但对微生物群落在退化演替中的作用机制仍不清楚，应加强对后续退化草原修复关键物种筛选及资源化利用工作。

　　未来应当加强对受损矿区生态系统的管理，开展相关研究。对于矿区中其他生态压力的影响也不容忽视（如放牧等其他生产利用方式），应该区分出相应的影响压力和影响程度，同时对草原保护提出针对性的政策和措施，以利于矿区草原生态系统的保护和恢复。煤炭开采给矿区生态环境造成一定干扰和破坏，而受损矿区生态系统具有一定自我修复能力，依靠自然的能力，结合人工引导生物修复措施，可以快速、高效、可持续改善矿区受损环境，是未来矿区生态修复切实可行的途径。对于已受损区域尽量采用自修复手段和方法，充分利用自然规律，辅以必要的人工修复方法，使其低成本高效可持续运行。粉尘污染是矿业开采过程中不容忽视的一个因素，其对矿区周围的植物生长、土壤及微生物等均可能会产生一系列影响，未来应加强此方面的研究。对于粉尘污染严重的区域可采用一系列物理手段结合抗粉尘植物和粉尘吸附性较强的植物，形成植物隔离带。

　　生态系统是一个复杂的体系，在自然状态下可以维持自身的结构和功能的相对稳定性，而在受到外界干扰和扰动时产生一系列的变化。矿业活动尤其是露天矿开采，由于对表土的强烈扰动及土层的搬运堆积，排土场生态系统遭到完全的扰动，需要进行生态重建。在而重建过程中，则需要对其立地条件等进行重新评估，同时针对不同的微地形进行植被的配置和系统构建。体系的构建过程中应当充分考虑后续环境修复的方向和用途，考虑其生态规划相协调，进行精准修复。同时，在此过程中其对植被和土壤中微生物体系产生重要的影响，结合矿区自身的气候（酷寒、严寒）等条件，应进一步加强对矿区当地植物和微生物资源的利用。充分利用区域生物资源，针对受损生态系统困难立地条件开展生态修复工作，优选当地更加耐旱、耐寒植物和微生物资源，建立并优化适合区域微生物复垦的最佳条件及最优微生物-植物最优模式组合，实现微生物在退化受损生态系统高效、低成本大规模应用。

　　矿区影响范围较广，应充分考虑其经济性，尽可能选择更加便捷、经济、环保的材料和手段，提升修复的效率，降低修复成本，达到高效、经济、可持续。要加强和重视对矿业开发过程中的伴生矿物的综合充分利用，如采矿伴生黏土等，可结合当地草畜副产品、不同土壤类型重构进行改土培肥，同时充分利用微生物资源激发其活性和养分水平，促进植被快速恢复，开发更加高效、低成本的修复技术和方法。在进行矿区植被恢复过程中，应当加强与采矿活动等的结合，如结合采矿活动，合理布设样地，结合生产工艺和工序进行土壤重构，为植被恢复创造良好的时间和空间条件（土壤条件和地形条件），有利于降低复垦修复成本，同时可以大大提高修复效率。

　　在微生物修复过程中，野外接种菌根对植物生长、土壤改良方面取得了一些进展，可有效促进矿区生态环境修复速度，但是缺少更深入的研究，应针对性开展微生物复垦条件下微生物群落演替规律及其与植物、土壤的相互作用关系研究,发现生态修复过程中起关键作用的物种,并通过人工干预等手段使其向正向演替方向发展,加速受损矿区生态修复。针对不同植被配置类型,应加强对植物间养分竞争利用及微生物作用机制及合理空间配置进行深入研究,以利于系统的可持续性。同时,针对干旱半干旱煤矿区干旱缺水状态,应开展复垦植物节水及耗水研究,结合微生物修复技术,建立适合干旱半干旱矿区的节水抗旱高效生物复垦技术。结合分子生物学手段基因遗传等方面开展相关研究,进一步揭示植物-微生物体系对逆境环境的反应机制等,为后续微生物修复技术的开发提供理论和技术支持。应加强长期持续跟踪监测,做好相应评价工作,以利于为后续生态修复提供实践指导,确定更好的修复时间节点和修复周期,实现矿区环境健康发展。

参 考 文 献

敖敦高娃, 宝音陶格涛. 2015. 不同时期放牧对典型草原群落地上生产力的影响 [J]. 中国草地学报, 37 (2)：28-34.

白一杰, 蒙仲举, 吕新丰. 2011. 人类活动干扰下希拉穆仁草原景观格局的演变 [J/OL]. 内蒙古农业大学学报 (自然科学版), 1-11.

白中科, 赵景逵, 李晋川, 等. 1999. 大型露天煤矿生态系统受损研究——以平朔露天煤矿为例 [J]. 生态学报, 19 (6)：870-875.

鲍士旦. 1981. 土壤农化分析 (第 2 版) [M]. 北京：中国农业出版社.

毕娜, 郭伟, 郭江源, 等. 2016. 丛枝菌根真菌 (*Rhizophagus intraradices*) 对玉米在 3 种煤矸石中生长的影响 [J]. 安全与环境学报, 16 (2)：194-199.

毕银丽. 2018. 西湾露天煤矿绿色循环产业方案研究 [R]. 中国矿业大学 (北京)、北京合生元生态环境工程技术有限公司、陕西神延煤炭有限责任公司研究报告.

毕银丽. 2020. 准能露天矿排土场生物综合修复技术研究及其示范基地建设 [R]. 中国矿业大学 (北京), 神华准格尔能源有限责任公司研究报告.

毕银丽, 申慧慧. 2019. 西部采煤沉陷地微生物复垦植被种群自我演变规律 [J]. 煤炭学报, 44 (1)：307-315.

毕银丽, 吴福勇, 武玉坤. 2005. 丛枝菌根在煤矿区生态重建中的应用 [J]. 生态学报, 25 (8)：2068-2072.

毕银丽, 吴王燕, 刘银平. 2007. 丛枝菌根在煤矸石山土地复垦中的应用 [J]. 生态学报, 27 (9)：3738-3743.

毕银丽, 冯广达, 刘榕榕, 等. 2009. 微生物对煤系固体废弃物淋滤液污染性影响 [J]. 环境科学与技术, 32 (9)：17-21.

毕银丽, 王瑾, 冯颜博, 等. 2014. 菌根对干旱区采煤沉陷地紫穗槐根系修复的影响 [J]. 煤炭学报, 39 (8)：1758-1764.

毕银丽, 孙金华, 张健, 等. 2017. 接种菌根真菌对模拟开采伤根植物的修复效应 [J]. 煤炭学报, 42 (4)：1013-1020.

毕银丽, 张延旭, 江彬, 等. 2019. 水分胁迫下 AM 真菌与解磷细菌协同对玉米生长及土壤肥力的影响 [J]. 煤炭学报, 44 (12)：3655-3661.

毕银丽, 李向磊, 彭苏萍, 等. 2020. 煤矿区周边植物多样性的空间变异性及其土壤养分相关性特征 [J]. 煤炭科学技术, 48 (12)：205-213.

毕银丽, 彭苏萍, 杜善周. 2021. 西部干旱半干旱露天煤矿生态重构技术难点及发展方向 [J]. 煤炭学报, 46 (5)：1355-1364.

蔡利平, 李钢, 史文中. 2013. 增地节地型露天矿排土场优化设计 [J]. 煤炭学报, 38 (12)：2208-2214.

蔡晓布, 钱成, 张元, 等. 2004. 西藏中部地区退化土壤秸秆还田的微生物变化特征及其影响 [J]. 应用生态学报, 3：463-468.

曹成有, 邵建飞, 蒋德明, 等. 2011. 围栏封育对重度退化草地土壤养分和生物活性的影响 [J]. 东北大学学报, 32 (3)：427-430.

曹立为.2015.耕层深度及土壤容重对大豆生长发育和产量的影响 [D].哈尔滨：东北农业大学.

曹勇，毕银丽，宋子恒，等.2021.物理改良对采矿伴生黏土水分和养分保持能力的影响 [J].矿业研究
　　与开发，41（1）：116-121.

柴旭荣，黄元仿，苑小勇.2007.用高程辅助提高土壤属性的空间预测精度 [J].中国农业科学，（12）：
　　2766-2773.

陈波浪，盛建东，蒋平安，等.2010.不同质地棉，田土壤对磷吸附与解吸研究 [J].土壤通报，41
　　（2）：303-307.

陈洪祥，张树礼，马建军.2007.煤矿复垦地不同恢复模式下土壤特性研究——以黑岱沟露天煤矿为例
　　[J].内蒙古环境科学，（4）：63-67.

陈婕，谢靖，唐明.2014.水分胁迫下丛枝菌根真菌对紫穗槐生长和抗旱性的影响 [J].北京林业大学学
　　报，6：146-152.

陈琪，程浩，李琴，等.2020.丛枝菌根真菌促进南美蟛蜞菊在低磷环境下的生长 [J].江苏农业科学，
　　48（8）：103-107.

陈谦，张新雄，赵海，等.2010.生物有机肥中几种功能微生物的研究及应用概况 [J].应用与环境生物
　　学报，16（2）：294-300.

陈涛，柳小妮，辛晓平，等.2008.呼伦贝尔羊草草甸草原植物多样性与退化程度关系 [J].甘肃农业大
　　学学报，5：135-141.

陈笑莹，宋凤斌，朱先灿，等.2014.低温胁迫下丛枝菌根真菌对玉米幼苗形态、生长和光合的影响
　　[J].华北农学报，29（S1）：155-161.

陈玉碧，黄锦楼，徐华清，等.2014.内蒙古半干旱生态脆弱矿区生态修复耦合机理与产业模式 [J].生
　　态学报，34（1）：149-153.

褚建民，北京，卢琦，等.2007.人工林林下植被多样性研究进展 [J].世界林业研究，20（3）：9-13.

春风，赵萌莉，张继权，等.2016.内蒙古巴音华煤矿区自然定居植物群落物种多样性变化分析 [J].生
　　态环境学报，25（7）：1211-1216.

崔波，程邵丽，袁秀云，等.2019.低温胁迫对白及光合作用及叶绿素荧光参数的影响 [J].热带作物学
　　报，40（5）：891-897.

达林太.2003.内蒙古土地荒漠成因研究 [D].呼和浩特：内蒙古大学.

邓利.2008.杉木、马尾松人工林土壤肥力质量指标与评价 [D].南京：南京林业大学.

邓姝杰.2009.锡林郭勒草原退化现状及生态恢复研究 [D].济南：山东师范大学.

董庆洁，邵仕香，李乃瑄.2006.凹凸棒土交合吸附剂对磷酸根吸附行为的研究 [J].硅酸盐通报，
　　2（5）：19-22.

杜善周，毕银丽，吴王燕，等.2008.丛枝菌根对矿区环境修复的生态效应 [J].农业工程学报，
　　24（4）：113-116.

杜善周，毕银丽，王义，等.2010.丛枝菌根对神东煤矿区塌陷地的修复作用与生态效应 [J].科技导
　　报，28（7）：41-44.

杜善周，郭楠，刘慧辉，等.2018.接种丛枝菌根真菌对枯枝落叶腐解物养分利用影响 [J].环境工程，
　　36（9）：161-164.

杜守宇，田恩平，温敏，等.1994.秸秆覆盖还田的整体功能效应与系列化技术研究 [J].干旱地区农业
　　研究，（2）：88-94.

段学军，闵航，陆欣.2003.风化煤玉米秸配施熟化土壤的生物学效应研究 [J].土壤通报，34（6）：
　　517-520.

范春梅.2006.黄土高原丘陵沟壑区放牧对林草地土壤性质的影响 [D].杨凌：西北农林科技大学.

方精云，朱江玲，郭兆迪，等．2009．植物群落清查的主要内容、方法和技术规范［J］．生物多样性，6：533-548.

冯晨，郑家明，冯良山，等．2015．辽西北风沙半干旱区垄膜沟播处理对土壤氮、磷吸附/解吸特性的影响研究［J］．土壤通报，46（6）：1365-1372.

冯固，杨茂秋．1997．VA 菌根真菌对石灰性土壤不同形态磷酸盐有效性的影响［J］．植物营养与肥料学报，3（1）：43-48.

冯固，张玉凤，李晓林．2001．丛枝菌根真菌的外生菌丝对土壤水稳性团聚体形成的影响［J］．水土保持学报，15（4）：99-102.

逄焕成．1999．秸秆覆盖对土壤环境及冬小麦产量状况的影响［J］．土壤通报，30（4）：174-175.

付淑清，屈庆秋，唐明，等．2011．施氮和接种 AM 真菌对刺槐生长及营养代谢的影响［J］．林业科学，47（1）：95-100.

盖京苹，冯固，李晓林．2005．丛枝菌根真菌在田间的分布特征、代谢活性及其对甘薯生长的影响［J］．应用生态学报，16（1）：147-150.

高凤杰，马泉来，韩文文，等．2016．黑土丘陵区小流域土壤有机质空间变异及分布格局［J］．环境科学，37（5）：1915-1922.

高盛香．1995．柠条带间补播优良牧草是黄土高原丘陵山地及沙地自然植被恢复的有效途径——内蒙古自治区东胜市灌草结合型人工草地建设的考察报告［J］．内蒙古教育学院学报，Z1：198-200，193.

郜春花，王岗，董云中，等．2003．解磷菌剂盆栽及大田施用效果［J］．山西农业科学，31（3）：40-43.

荀存珑．2016．草原虫害的生物及生态治理［J］．中国畜牧兽医文摘，32（1）：51.

郭二果，李现华，祁瑜，等．2021．国家北方重要生态安全屏障保护与建设［J］．中国环境管理，13（2）：80-85.

郭辉娟，贺学礼．2010．水分胁迫下 AM 真菌对沙打旺生长和抗旱性的影响［J］．生态学报，30（21）：5933-5940.

郭绍霞，马颖，李敏．2009．丛枝菌根真菌对彩叶草耐寒性的影响［J］．青岛农业大学学报（自然科学版），26（3）：174-176，180.

郭绍霞，张玉刚，尹新路．2010．AM 真菌对牡丹实生苗矿质营养和生长的影响［J］．青岛农业大学学报（自然科学版），27（3）：182-185.

郭道宇，张金屯，宫辉力，等．2005．安太堡矿区复垦地植被恢复过程多样性变化［J］．生态学报，4：763-770.

郭亚飞．2018．保护性耕作下蚯蚓在土壤结构形成和有机碳周转过程中的作用［D］．长春：中国科学院东北地理与农业生态研究所．

韩冰，贺超兴，闫妍，等．2011．AMF 对低温胁迫下黄瓜幼苗生长和叶片抗氧化系统的影响［J］．中国农业科学，44（8）：1646-1653.

韩霁昌，刘彦随，罗林涛．2012．毛乌素沙地砒砂岩与沙快速复配成土核心技术研究［J］．中国土地科学，26（8）：87-94.

韩新忠，朱利群，杨敏芳，等．2012．不同小麦秸秆还田量对水稻生长、土壤微生物生物量及酶活性的影响［J］．农业环境科学学报，31（11）：2192-2199.

韩煜，赵伟，张淇翔，等．2018．不同植被恢复模式下矿山废弃地的恢复效果研究［J］．水土保持研究，1：120-125.

韩煜，王琦，赵伟，等．2019．草原区露天煤矿开采对土壤性质和植物群落的影响［J］．生态学杂志，38（11）：3425-3433.

韩志顺，郑敏娜，梁秀芝，等．2020．干旱胁迫对不同紫花苜蓿品种形态特征和生理特性的影响［J］．中国草地学报，42（3）：37-43.

郝志远，李素清.2018. 阳泉矿区煤矸石山复垦地不同植被下草本植物群落生态关系［J］. 应用与环境生物学报，24（5）：1158-1164.

何芳兰，金红喜，郭春秀，等.2017. 民勤绿洲边缘人工梭梭（*Haloxylon ammodendron*）林衰败过程中植被组成动态及群落相似性［J］. 中国沙漠，37（6）：1135-1141.

何新华，段英华，陈应龙，等.2012. 中国菌根研究60年：过去、现在和将来［J］. 中国科学：生命科学，42（6）：431-454.

贺学礼，赵丽莉，李英鹏.2005. NaCl胁迫下AM真菌对棉花生长和叶片保护酶系统的影响［J］. 生态学报，25（1）：188-193.

贺学礼，刘媞，赵丽莉.2009. 接种丛枝菌根对不同施氮水平下黄芪生理特性和营养成分的影响［J］. 应用生态学报，20（9）：2118-2122.

贺学礼，高露，赵丽莉.2011. 水分胁迫下丛枝菌根AM真菌对民勤绢蒿生长与抗旱性的影响［J］. 生态学报，31（4）：1029-1037.

贺学礼，郭辉娟，王银银.2013. 土壤水分和AM真菌对沙打旺根际土壤理化性质的影响［J］. 河北大学学报（自然科学版），33（5）：508-519.

贺学礼，张亚娟，赵丽莉，等.2018. 塞北梁地沙蒿根围AM真菌和球囊霉素空间分布特征［J］. 河北大学学报（自然科学版），38（3）：268-277.

黑安，杨联安，杜挺，等.2014. 基于主成分分析的土壤养分综合评价［J］. 干旱区研究，31（5）：819-825.

侯福林.2009. 植物生理学实验教程［M］. 北京：科学出版社.

侯湖平，王琛，李金融，等.2017. 煤矸石充填不同复垦年限土壤细菌群落结构及其酶活性［J］. 中国环境科学，37（11）：4230-4240.

侯贤清，李荣.2020. 秋耕覆盖对土壤水热肥与马铃薯生长的影响分析［J］. 农业机械学报，51（12）：262-275.

胡振琪.2009. 中国土地复垦与生态重建20年：回顾与展望［J］. 科技导报，27（17）：25-29.

胡振琪，康惊涛，魏秀菊，等.2007. 煤基混合物对复垦土壤的改良及苜蓿增产效果［J］. 农业工程学报，11：120-124.

胡振琪，纪晶晶，王幼珊，等.2009. AM真菌对复垦土壤中苜蓿养分吸收的影响［J］. 中国矿业大学学报，38（3）：428-432.

胡振通，柳荻，靳乐山.2017. 草原超载过牧的牧户异质性研究［J］. 中国农业大学学报，22（6）：158-167.

黄安，谢贤健，周贵尧，等.2012. 内江市微地形条件影响下土壤团聚体稳定性及分形特征［J］. 水土保持研究，6：81-85.

黄昌勇.2000. 土壤学［M］. 北京：中国农业出版社.

黄京华，刘青，李晓辉，等.2013. 丛枝菌根真菌诱导玉米根系形态变化及其机理［J］. 玉米科学，21（3）：131-135，139.

黄晶，凌婉婷，孙艳娣，等.2012. 丛枝菌根真菌对紫花苜蓿吸收土壤中镉和锌的影响［J］. 农业环境科学学报，31（1）：99-105.

黄雨晗，况欣宇，曹银贵，等.2019. 草原露天矿区复垦地与未损毁地土壤物理性质对比［J］. 生态与农村环境学报，35（7）：940-946.

黄志.2010. 丛枝菌根真菌对甜瓜抗旱性的生理效应及分子机制的研究［D］. 杨凌：西北农林科技大学.

姬秀云，李玉华.2018. 黄土高原植被恢复对不同粒径土壤团聚体中酶活性的影响［J］. 水土保持通报，

38（1）：24-28，35.

贾红梅，方千，张林华，等.2020. AM 真菌对丹参生长及根际土壤酶活性的影响 [J]. 草业学报，29（6）：83-92.

贾健，朱金峰，杜修智，等.2016. 不同种植模式对土壤酶、烤烟生长及烟叶致香成分的影响 [J]. 中国农业科技导报，18（3）：141-149.

贾伟，周怀平，解文艳，等.2008. 长期秸秆还田秋施肥对褐土微生物碳、氮量和酶活性的影响 [J]. 华北农学报，23（2）：138-142.

姜勇，梁文举，闻大中.2004. 免耕对农田土壤生物学特性的影响 [J]. 土壤通报，35（3）：347-351.

金可默.2015. 作物根系对土壤异质性养分和机械阻力的响应及其调控机制研究 [D]. 北京：中国农业大学.

金樑，孙莉，王强，等.2016. AM 真菌在草原生态系统中的功能 [J]. 生态学报，36（3）：873-882.

景航，史君怡，王国梁，等.2017. 皆伐油松林不同恢复措施下团聚体与球囊霉素分布特征 [J]. 中国环境科学，（8）：258-265.

康萨如拉，牛建明，张庆，等.2014. 草原区矿产开发对景观格局和初级生产力的影响——以黑岱沟露天煤矿为例 [J]. 生态学报，34（11）：2855-2867.

孔龙，谭向平，和文祥，等.2013. 黄土高原沟壑区宅基地复垦土壤酶动力学研究 [J]. 西北农林科技大学学报（自然科学版），41（2）：123-129.

孔维平，毕银丽，李少朋，等.2014. 利用高光谱估测干旱胁迫下接菌根菌大豆叶绿素含量 [J]. 农业工程学报，30（12）：123-131.

况欣宇，曹银贵，罗古拜，等.2019. 基于不同重构土壤材料配比的草木樨生物量差异分析 [J]. 农业资源与环境学报，36（4）：453-461.

雷卉，王久照，谭嫣，等.2019. 减量施肥和接种 AMF 对盆栽柑桔生长及土壤酶活性的影响 [J]. 中国南方果树，48（2）：11-14，17.

李北罡，乔亚斌，马钦.2009. 黄河表层沉积物对磷的吸附与释放研究 [J]. 内蒙古师范大学学报，39（1）：50-58.

李博.1997. 中国北方草地退化及其防治对策 [J]. 中国农业科学，（6）：2-10.

李德生，孟丽，李海茹.2013. 重金属污染对土壤酶活性的影响研究进展 [J]. 天津理工大学学报，29（2）：60-64.

李福生，斯日古楞，柴亚莲.2000. 牧草返青期禁牧试验研究 [C]. 草原牧区游牧文明论集.

李合生.2004. 植物生理生化实验原理和技术 [M]. 北京：高等教育出版社.

李合生.2006. 现代植物生理学 [M]. 北京：高等教育出版社.

李华，李永青，沈成斌.2008. 风化煤施用对黄土高原露天煤矿区复垦土壤理化性质的影响研究 [J]. 农业环境科学学报，27（5）：1752-1756.

李继伟，悦飞雪，王艳芳，等.2018. 施用生物炭和 AM 真菌对镉胁迫下玉米生长和生理生化指标的影响 [J]. 草业学报，27（5）：120-129.

李姣清，刘德良，杨期和，等.2013. 煤矸石土壤修复中丛枝菌根的接种效应 [J]. 广东农业科学，40（24）：4.

李金芳.2017. 古浪县草原鼠虫害防治现状及对策 [J]. 甘肃畜牧兽医，47（3）：113.

李金花，李镇清.2002. 放牧对星毛委陵菜（Potentilla acaulis）种群生殖对策的影响 [J]. 草业学报，（3）：92-96.

李金亚.2014. 科尔沁沙地草原沙化时空变化特征遥感监测及驱动力分析 [D]. 北京：中国农业科学院.

李景，吴会军，武雪萍，等.2015.15 年保护性耕作对黄土坡耕地区土壤及团聚体固碳效应的影响 [J].

中国农业科学，48（23）：93-100.

李娟，吴林川，李玲．2018. 砒砂岩与沙复配土的水土保持效应研究 [J]. 土地开发工程研究，3（6）：35-40.

李莲华，高海英．2009. 矿山开采的环境问题及生态恢复研究 [J]. 现代矿业，25（2）：28-30.

李龙，姚云峰，秦富仓．2014. 内蒙古赤峰梯田土壤有机碳含量分布特征及其影响因素 [J]. 生态学杂志，33（11）：2930-2935.

李娜娜，梁改梅，池宝亮．2021. 旱地玉米休闲期秸秆覆盖对农田土壤水肥的调控效应 [J]. 山西农业科学，49（2）：185-188.

李巧燕，来利明，周继华，等．2019. 鄂尔多斯高原草地灌丛化不同阶段主要植物水分 利用特征 [J]. 生态学杂志，38（1）：89-96.

李青丰，曹江营，张树礼．1997. 准格尔煤田露天矿植被恢复的研究——排土场植被自然恢复的观察研究 [J]. 中国草地，2：24-26，67.

李全生．2016. 东部草原区煤电基地开发生态修复技术研究 [J]. 生态学报，36（22）：7049-7053.

李瑞波．2004. 生物腐植酸（BFA）–有机肥高效发酵剂. 第四届全国绿色环保肥料新技术 [C]. 新产品交流会论文集.

李善祥，窦诱云．1998. 我国风化煤利用现状与展望. 腐植酸，16（1）：16-20.

李少朋，毕银丽，孔维平，等．2013. 丛枝菌根真菌在矿区生态环境修复中应用及其作用效果 [J]. 环境科学，11（34），4455-4459.

李涛，杜娟，郝志鹏，等．2012. 丛枝菌根提高宿主植物抗旱性分子机制研究进展 [J]. 生态学报，32（22）：7169-7176.

李通，崔丽珍，朱佳佩，等．2021. 草地生态系统多功能性与可持续发展目标的实现 [J]. 自然杂志，43（2）：149-156.

李文彬，宁楚涵，郭绍霞．2018a. AM 真菌对百合调节激素平衡与细胞渗透性以及改善耐盐性的研究 [J]. 西北植物学报，38（8）：1498-1506.

李文彬，宁楚涵，徐孟，等．2018b. 丛枝菌根真菌和高羊茅对压实土壤的改良效应 [J]. 草业学报，27（11）：134-144.

李侠，张俊伶．2009. 丛枝菌根根外菌丝对铵态氮和硝态氮吸收能力的比较 [J]. 植物营养与肥料学报，3：195-201.

李想．2006. 细胞分裂素抑制拟南芥侧根起始及调控根系发育的分子机理研究 [D]. 杭州：浙江大学.

李晓林，周文龙，曹一平．1994. VA 菌根菌丝对紧实土壤中磷的吸收 [J]. 植物营养与肥料学报，1：55-60.

李新举，张志国，刘勋岭，等．2000. 秸秆覆盖对土壤水盐运动的影响 [J]. 山东农业大学学报（自然科学版），（1）：41-43.

李玉婷，曹银贵，王舒菲，等．2020. 黄土露天矿区排土场重构土壤典型物理性质空间差异分析 [J]. 生态环境学报，29（3）：615-623.

李裕元，邵明安．2005. 黄土高原北部紫花苜蓿草地退化过程与植物多样性研究 [J]. 应用生态学报，（12）：2321-2327.

李媛媛，张怡康．2014. 徐州采煤塌陷区复垦土壤的细菌群落多样性 [J]. 江苏农业科学，42（9）：312-315.

李媛媛，王晓娟，豆存艳，等．2013. 四种宿主植物及其不同栽培密度对 AM 真菌扩繁的影响 [J]. 草业学报，22（5）：128-135.

李子川．2016. 不同管理下稻田土壤有机碳及土壤胞外酶活性变化研究 [D]. 南京：南京农业大学.

李梓正, 朱立博, 林叶春, 等 . 2010. 呼伦贝尔草原不同退化梯度土壤细菌多样性季节变化 [J]. 生态学报, 30 (11): 2883-2889.

林璐, 乌云娜, 田村宪司, 等 . 2013. 呼伦贝尔典型退化草原土壤理化与微生物性状 [J]. 应用生态学报, 24 (12): 3407-3414.

刘爱荣, 陈双臣, 刘燕英, 等 . 2011. 丛枝菌根真菌对低温下黄瓜幼苗光合生理和抗氧化酶活性的影响 [J]. 生态学报, 31 (12): 3497-3503.

刘秉儒, 牛宋芳, 张文文 . 2019. 荒漠草原区土壤粒径组成对柠条根际土壤微生物数量及酶活性的影响 [J]. 生态学报, 39 (24): 9171-9178.

刘东霞, 卢欣石, 李文红 . 2008. 呼伦贝尔退化草地植被演替特征研究 [J]. 干旱区资源与环境, 22 (8): 103-110.

刘芳, 景成旋, 胡健, 等 . 2017. 镉污染和接种丛枝菌根真菌对紫花苜蓿生长和氮吸收的影响 [J]. 草业学报, 26 (2): 69-77.

刘辉, 吴小芹, 陈丹 . 2010. 4 种外生菌根真菌对难溶性磷酸盐的溶解能力 [J]. 西北植物学报, 30 (1): 143-149.

刘娇, 付晓莉, 李学章, 等 . 2018. 黄土高原北部生长季土壤氮素矿化对植被和地形的响应 [J]. 中国生态农业学报, 26 (2): 231-241.

刘峻杉, 徐霞, 张勇, 等 . 2010. 长期降雨波动对半干旱灌木群落生物量和土壤水分动态的效应 [J]. 中国科学 (生命科学), 40 (2): 166-174.

刘琳, 安树青, 智颖飙, 等 . 2016. 不同土壤质地和淤积深度对大米草生长繁殖的影响 [J]. 生物多样性, 24 (11): 1279-1287.

刘玲利, 卫迎, 刘洋, 等 . 2017. 不同解磷菌群对复垦土壤磷素形态及油菜产量的影响 [J]. 华北农学报, 32 (6): 229-234.

刘美英, 高永, 李强, 等 . 2012. 神东矿区复垦地土壤酶活性变化和分布特征 [J]. 干旱区资源与环境, 26 (1): 164-168.

刘涛, 王金满, 秦倩, 等 . 2016. 矿区机械压实对土壤孔隙特性影响的研究进展 [J]. 土壤通报, 47 (1): 233-238.

刘晚苟, 山仑 . 2003. 不同土壤水分条件下容重对玉米生长的影响 [J]. 应用生态学报, 14 (11): 1906-1910.

刘晓辉, 张显, 郑俊骞, 等 . 2014. 激素预处理对低温胁迫下西瓜幼苗活性氧含量和抗氧化酶活性的影响 [J]. 西北植物学报, 34 (4): 746-752.

刘晓媛 . 2013. 放牧方式对草地植被多样性与稳定性关系的影响 [D]. 长春: 东北师范大学 .

刘孝阳, 周伟, 白中科, 等 . 2016. 平朔矿区露天煤矿排土场复垦类型及微地形对土壤养分的影响 [J]. 水土保持研究, 23 (3): 6-12.

刘秀梅, 张夫道, 冯兆滨 . 2005. 风化煤腐殖酸对氮、磷、钾的吸附和解吸特性 [J]. 植物营养与肥料学报, 11 (5): 641-646.

刘雪冉, 胡振琪, 许涛, 等 . 2017. 露天煤矿表土替代材料研究综述 [J]. 中国矿业, 26 (3): 81-85.

刘艳萍, 荣浩, 邢恩德 . 2007. 不同措施对退化草地土壤和植被的影响 [J]. 水土保持研究, 14 (6): 364-366.

刘洋, 洪坚平, 卫迎 . 2018. 接种 AM 真菌与解磷细菌对矿区复垦土壤磷形态及油菜产量的影响 [J]. 山西农业科学, 387 (5): 117-122, 193.

刘永俊 . 2008. 丛枝菌根的生理生态功能 [J]. 西北民族大学学报 (自然科学版), 29 (1): 57-62.

刘育红, 魏卫东, 杨元武, 等 . 2018. 高寒草甸退化草地植被与土壤因子关系冗余分析 [J]. 西北农业学报，27（4）：480-490.

卢怡，龙健，廖洪凯，等.2017.喀斯特地区不同土地利用方式下土壤团聚体中养分和酶活性的研究——
以花江为例［J］.环境化学，36（4）：821-829.

芦满济，杜福成，杨志爱.1994.冷温半干旱黄土丘陵区荒坡地沙打旺系统生态效能的调查研究［J］.草
业科学，11（2）：50-51.

陆琪，马红彬，俞鸿千，等.2019.轮牧方式对荒漠草原土壤团聚体及有机碳特征的影响［J］.应用生态
学报，30（9）：3028-3038.

吕春花，郑粉莉.2004.冰草根系生长发育对土壤团聚体形成和稳定性的影响［J］.水土保持研究，
11（4）：97-100.

吕凯，吴伯志.2020.秸秆覆盖对坡地红壤养分流失及烤烟质量的影响［J］.土壤，52（2）：320-326.

吕珊兰，杨熙仁，康新茸.1995.土壤对磷的吸附与解吸及需磷量探讨［J］.植物营养与肥料学报，1（3-
4）：29-35.

栾庆书.1992.几种外生菌根菌对土传病原菌的拮抗作用［J］.辽宁林业科技，6：45-49.

罗敏，邓才富，陈家宙，等.2018.红壤区夏玉米生长对土壤穿透阻力的响应［J］.干旱地区农业研究，
36（1）：56-60.

罗姗，张昆，彭涛，等.2008.旅游活动对高原湿地纳帕海土壤理化性质的影响研究［J］.安徽农业科
学，36（6）：2391-2393.

马从安，才庆祥，王启瑞，等.2008.露天煤矿排土场土壤质地和肥力的分析与评价［J］.煤炭工程，5：
77-79.

马俊.2016.丛枝菌根真菌对黄瓜幼苗低温胁迫的缓解效应及其调控机理［D］.杨凌：西北农林科技大
学.

马涛，郑江华，温阿敏，等.2018.基于UAV低空遥感的荒漠林大沙鼠洞群覆盖率及分布特征研究——
以新疆古尔班通古特沙漠南缘局部为例［J］.生态学报，38（3）：953-963.

马周文，秘一先，鲁学思，等.2016.低温胁迫对紫花苜蓿生理指标的影响［J］.草原与草坪，36（6）：
60-67.

孟祥坤，于新，朱超，等.2018.解磷微生物研究与应用进展［J］.华北农学报，33（S1）：208-214.

闵祥宇，李新举，李奇超.2017.机械压实对复垦土壤粒径分布多重分形特征的影响［J］.农业工程学
报，33（20）：274-283.

莫莉.2019.露天煤矿开采对典型草原土壤环境及生态系统稳定性的影响［D］.呼和浩特：内蒙古大学.

聂莹莹，王国庆，彭芳华，等.2016.围栏封育对呼伦贝尔草甸草原群落特征的影响［J］.中国草地学
报，38（1）：87-91.

宁倩.2013.IAA对水稻苗期生理特性和N、P养分吸收利用的影响［D］.西安：西安建筑科技大学.

牛文静，李恋卿，潘根兴，等.2009.太湖地区水稻土不同粒级团聚体中酶活性对长期施肥的响应［J］.
应用生态学报，20（9）：2181-2186.

牛星，蒙仲举，高永，等.2011.伊敏露天煤矿排土场自然恢复植被群落特征研究［J］.水土保持通报，
31（1）：215-221.

彭思利.2011.丛枝菌根真菌对土壤结构特征的影响［D］.重庆：西南大学.

彭苏萍.2020.黄河流域高质量发展亟须重视煤矿区生态修复［N］.中国科学报.

彭苏萍，毕银丽.2020.黄河流域煤矿区生态环境修复关键技术与战略思考［J］.煤炭学报，45（4）：
1211-1221.

彭苏萍，等.2018.煤炭资源强国战略研究［M］.北京：科学出版社.

钱鸣高.2008.煤炭的科学开采及有关问题的讨论［J］.中国煤炭，34（8）：5-10.

秦芳玲, 田中民. 2009. 同时接种解磷细菌与丛枝菌根真菌对低磷土壤红三叶草养分利用的影响 [J]. 西北农林科技大学 (自然科学版), 37 (6): 151-157.

秦芳玲, 王敬国. 2000. VA 菌根真菌和解磷细菌对红三叶草生长和氮磷营养的影响 [J]. 草业学报, 9 (1): 9-14.

秦耀东. 2003. 土壤物理学 [M]. 北京: 高等教育出版社.

邱仁辉, 周新年, 杨玉盛. 2003. 森林采伐作业的环境影响及其保护对策 [J]. 中国生态农业学报, 11 (1): 130-132.

任秀珍, 郭宏儒, 葛耀, 等. 2010. 星毛委陵菜茎叶和根系水浸提液化感作用的研究 [J]. 中国草地学报, 32 (5): 51-56.

任旭琴, 潘国庆, 陈伯清, 等. 2016. 丛枝菌根真菌对淮安红椒连作土壤养分和酶活的影响 [J]. 湖北农业科学, 55 (17): 4565-4568.

任志胜, 齐瑞鹏, 王彤彤, 等. 2015. 风化煤对晋陕蒙矿区排土场新构土体土壤呼吸的影响 [J]. 农业工程学报, 275 (23): 238-245.

撒多文, 贾玉山, 格根图, 等. 2020. 不同苜蓿品种根瘤菌接种对其蛋白含量的影响 [J]. 中国草地学报, 42 (2): 124-129.

珊丹, 邢恩德, 荣浩, 等. 2019. 草原矿区排土场不同植被配置类型生态恢复 [J]. 生态学杂志, 38 (2): 30-36.

尚庆文, 孔祥波, 王玉霞, 等. 2008. 土壤压实度对生姜植株衰老的影响 [J]. 应用生态学报, 19 (4): 782-786.

摄晓燕, 张兴昌, 魏孝荣. 2014. 适量砒砂岩改良风沙土的吸水和保水特性 [J]. 农业工程学报, 30 (14): 115-123.

沈国舫. 2000. 中国林业可持续发展及其关键科学问题 [J]. 地球科学进展, 15 (1): 11-19.

盛瑞艳, 李鹏民, 薛国希, 等. 2006. 氯化胆碱对低温弱光下黄瓜幼苗叶片细胞膜和光合机构的保护作用 [J]. 植物生理与分子生物学学报, 32 (1): 87-93.

石如意, 王腾飞, 李军, 等. 2018. 低温胁迫下外源 ABA 对玉米幼苗抗低温胁迫能力的影响 [J]. 华北农学报. 33 (3): 136-143.

石伟琦. 2010. 丛枝菌根真菌对内蒙古草原大针茅群落的影响 [J]. 生态环境学报, 19 (2): 344-349.

石占飞. 2011. 神木矿区土壤理化性质与植被状况研究 [D]. 咸阳: 西北农林科技大学.

宋吉轩, 李金还, 刘美茹, 等. 2015. 油菜素内酯对干旱胁迫下羊草渗透调节及抗氧化酶的影响研究 [J]. 草业学报, 24 (8): 93-102.

宋轩, 曾德慧, 林鹤鸣. 2001. 草炭和风化煤对水稻根系活力和养分吸收的影响 [J]. 应用生态学报, 12 (6): 867-870.

宋子恒. 2020. 东部草原露天矿伴生粘土生物物理改良作用及其生态效应 [D]. 北京: 中国矿业大学 (北京).

宋子恒, 毕银丽, 张健. 2021. 丛枝菌根与覆草对矿区玉米生长及土壤水分的影响 [J]. 矿业科学学报, 6 (1): 21-29.

苏淑兰, 李洋, 王立亚. 2014. 围封与放牧对青藏高原草地生物量与功能群结构的影响 [J]. 西北植物学报, 34 (8): 1652-1657.

苏友波, 王贺, 张俊伶, 等. 1998. 丛枝菌根对三叶草根际磷酸酶活性的影响 [J]. 植物营养与肥料学报, 3: 264-270.

孙纪杰. 2014. 不同复垦机械压实对土壤物理特性影响的模拟研究 [D]. 泰安: 山东农业大学.

孙金华. 2017. AM 真菌对模拟采煤沉陷根系损伤生理生化影响及修复效应 [D]. 北京: 中国矿业大学

（北京）.

孙涛，赵景学，田莉华，等 .2010. 草地蝗虫发生原因及可持续管理对策 ［J］. 草业学报，19（3）：
　　220-227.

孙醒东，祝廷成 .1964. 我国东部四大草原的建设问题 ［J］. 河北农业大学学报，（1）：17-42.

孙曰波，赵兰勇，张玲 .2011. 土壤压实度对玫瑰幼苗生长及根系氮代谢的影响 ［J］. 园艺学报，
　　38（9）：1775-1780.

唐克丽，张仲子，孔晓玲，等 .1987. 黄土高原水土流失与土壤退化的研究 ［J］. 水土保持通报，6：
　　12-18.

滕秋梅，张中峰，李红艳，等 .2020. 丛枝菌根真菌对镉胁迫下芦竹生长、光合特性和矿质营养的影响
　　［J］. 土壤，52（6）：1212-1221.

田慧，刘晓蕾，盖京苹，等 .2009. 球囊霉素及其作用研究进展 ［J］. 土壤通报，40（5）：1215-1220.

田明璐，班松涛，常庆瑞，等 .2017. 高光谱影像的苹果花叶病叶片花青素定量反演 ［J］. 光谱学与光
　　谱分析，37（10）：3187-3192.

田树飞，刘兆娜，邹晓霞，等 .2018. 土壤压实度对花生光合与衰老特性和产量的影响 ［J］. 花生学报，
　　47（3）：40-46.

万华伟，高帅，刘玉平，等 .2016. 呼伦贝尔生态功能区草地退化的时空特征 ［J］. 资源科学，38（8）：
　　1443-1451.

王昶，吕晓翠，贾青竹，等 .2010. 土壤对磷的吸附效果研究 ［J］. 天津科技大学学报，25（3）：34-38.

王楚含，徐海量，徐福军，等 .2017. 放牧对草地生态经济价值的影响——以新疆阿尔泰山两河源自然保
　　护区为例 ［J］. 草地学报，25（1）：42-48.

王德俊，刀靖东，刘浩，等 .2019. 覆盖模式对烤烟根系活力及根际土壤理化性状的影响 ［J］. 山地农业
　　生物学报，38（4）：19-23.

王芳，王淇，赵曦阳 .2019. 低温胁迫下植物的表型及生理响应机制研究进展 ［J］. 分子植物育种，17：
　　5144-5153.

王浩，方燕，刘润进，等 .2018. 丛枝菌根中养分转运、代谢、利用与调控研究的最新进展 ［J］. 植物生
　　理学报，54（11）：1645-1658.

王怀玉，罗英 .2003. 基质对 VA 菌根真菌的侵染及孢子产量的影响 ［J］. 四川师范大学学报（自然科学
　　版），（3）：302-305.

王金满，郭凌俐，白中科，等 .2013. 黄土区露天煤矿排土场复垦后土壤与植被的演变规律 ［J］. 农业工
　　程学报，21：223-232.

王金满，张萌，白中科，等 .2014. 黄土区露天煤矿排土场重构土壤颗粒组成的多重分形特征 ［J］. 农业
　　工程学报，30（4）：230-238.

王金满，郭凌俐，白中科，等 .2016. 基于 CT 分析露天煤矿复垦年限对土壤有效孔隙数量和孔隙度的影
　　响 ［J］. 农业工程学报，32（12）：229-236.

王瑾，毕银丽，邓穆彪，等 .2014a. 丛枝菌根对采煤沉陷区紫穗槐生长及土壤改良的影响 ［J］. 科技导
　　报，32（11）：26-32.

王瑾，毕银丽，张延旭，等 .2014b. 接种丛枝菌根对矿区扰动土壤微生物群落及酶活性的影响 ［J］. 南
　　方农业学报，45（8）：1417-1423.

王军，李红涛，郭义强，等 .2016. 煤矿复垦生物多样性保护与恢复研究进展 ［J］. 地球科学进展，
　　31（2）：126-136.

王丽丽，甄庆，王颖，等 .2018. 晋陕蒙矿区排土场不同改良模式下土壤养分效应研究 ［J］. 土壤学报，
　　55（6）：231-239.

王凌菲，徐霞，江红蕾，等．2020．内蒙古温带典型草原围封十年草灌景观格 局动态［J］．生态学报，40（7）：2234-2241．

王宁，秦艳．2012．AM 真菌对宿主植物三叶鬼针草根系形态的影响［J］．安徽农业科学，1：13-14．

王琦，全占军，韩煜，等．2014．采煤塌陷区不同地貌类型植物群落多样性变化及其与土壤理化性质的关系［J］．西北植物学报，34（8）：1642-1651．

王琦，叶瑶，韩煜，等．2016．半干旱采煤塌陷区植被土壤碳循环与源、汇功能转换特征［J］．水土保持学报，30（4）：166-172，205．

王群，张学林，李全忠，等．2010．压实胁迫对不同土壤类型玉米养分吸收、分配及产量的影响［J］．中国农业科学，43（21）：4356-4366．

王三根．2013．植物生理学［M］．北京：科学出版社．

王双明，杜华栋，王生全．2017．神木北部采煤塌陷区土壤与植被损害过程及机理分析［J］．煤炭学报，42（1）：17-26．

王同智，包玉英．2014．AM 真菌对濒危物种四合木及近缘种霸王抗旱性的影响［J］．华北农学报，29（3）：170-175．

王晓琳，王丽梅，张晓媛，等．2016．不同植被对晋陕蒙矿区排土场土壤养分 16a 恢复程度的影响［J］．农业工程学报，286（9）：206-211．

王兴，于晶，杨阳，等．2009．低温条件下不同抗寒性冬小麦内源激素的变化［J］．麦类作物学报，29（5）：827-831．

王亚艺．2014．使用解磷细菌对小油菜产量及土壤磷含量的影响［J］．北方园艺，（5）：155-158．

王月玲，蔡进军，许浩，等．2019．宁南黄土区典型人工林下草本植物群落多样性特征［J］．江苏农业科学，47（16）：136-141．

王云峰．2013．统计学原理——理论与方法［M］．上海：复旦大学出版社．

王志刚，郭洋楠，毕银丽，等．2016．接种 AM 真菌对采煤沉陷区复垦植物生长及土壤化学生物性状的影响［J］．北方园艺，24：171-178．

王志刚，毕银丽，李强，等．2017．接种 AM 真菌对采煤沉陷地复垦植物光合作用和抗逆性的影响［J］．南方农业学报，48（5）：800-805．

韦惠兰，宗鑫．2016．禁牧草地补偿标准问题研究——基于最小数据方法在玛曲县的运用［J］．自然资源学报，31（1）：28-38．

韦竹立．2018．丛枝菌根真菌对玉米（Zea mays L.）根的形态结构的影响及生理机制［D］．南宁：广西大学．

魏忠义，胡振琪，白中科．2001．露天煤矿排土场平台"堆状地面"土壤重构方法［J］．煤炭学报，1：18-21．

温莉莉，梁淑娟，宋鸽．2009．丛枝菌根（AM）真菌扩繁方法的研究进展［J］．东北林业大学学报，37（6）：92-96．

乌仁其其格，张德平，雷霆，等．2016．呼伦贝尔草原采煤塌陷区植物群落变化分析——以内蒙古宝日希勒煤矿区为例［J］．干旱区资源与环境，30（12）：141-145．

吴富勤，陶晶，华朝朗，等．2019．箐花甸国家湿地公园植物多样性调查研究［J］．林业调查规划，44（1）：138-142．

吴建国．2018．2018 年新疆草原鼠虫害发生趋势分析及防治对策［J］．新疆畜牧业，（5）：42-45．

吴历勇．2012．煤矿区生态恢复理论与技术研究进展［J］．矿产保护与利用，（4）：54-58．

吴强盛，袁芳英，费永俊，等．2014．丛枝菌根真菌对白三叶根系构型和糖含量的影响［J］．草业学报，23（1）：199-204．

吴永波, 刘爽.2010. 土壤压实对土壤性质及植物生长的影响 [J]. 林业工程学报, 24 (1): 15-17.

武瑞平, 李华, 曹鹏.2009. 风化煤施用对复垦土壤理化性质酶活性及植被恢复的影响研究 [J]. 农业环境科学学报, 28 (9): 1855-1861.

邢礼军, 王幼珊, 张美庆.1998. VA 真菌与解磷细菌双接种促进植物对磷素吸收作用 [J]. 北京农业科学, 16 (3): 33 - 34.

徐冰, 张全国, 卢函姝, 等.2015. 内蒙古草地土壤细菌生物多样性与生产力的相关关系分析 [J]. 北京师范大学学报 (自然科学版), 51 (3): 255-260.

徐洪文, 卢妍, 朱先灿.2016. 丛枝菌根对玉米叶片 SPAD 值及光合作用光响应特征的影响 [J]. 江苏农业科学, 44 (11): 119-121.

徐孟, 郭绍霞.2018.AMF 对土壤压实胁迫下高羊茅生理的影响 [J]. 草业科学, 35 (6): 1378-1384.

徐永刚, 马强, 周桦, 等. 2015. 秸秆还田与深松对土壤理化性状和玉米产量的影响 [J]. 土壤通报, 46 (2): 428-432.

闫玉春, 唐海萍, 辛晓平, 等.2009. 围封对草地的影响研究进展 [J]. 生态学报, 29 (9): 5039-5046.

闫志坚, 杨持.2005. 中国西北半干旱区弃耕地植被恢复技术的研究——Ⅰ. 弃耕地补播技术研究 [J]. 内蒙古大学学报, 36 (4): 467-474.

晏梅静, 补春兰, 黄盖群, 等.2020. 丛枝菌根真菌对桑树 (Morus alba) 地上部分的促进作用 [J]. 植物生理学报, 56 (12): 2647-2654.

杨金玲, 张甘霖, 赵玉国, 等.2006. 城市土壤压实对土壤水分特征的影响——以南京市为例 [J]. 土壤学报, 43 (1): 33-38.

杨勤学, 赵冰清, 郭东罡.2015. 中国北方露天煤矿区植被恢复研究进展 [J]. 生态学杂志, 34 (4): 1152-1157.

杨清, 姚多喜, 张治国, 等.2012. 煤矿复垦区重金属与土壤酶活性的研究 [J]. 煤炭技术, 31 (2): 6-8.

杨蓉, 郑钦玉, 薛华清, 等.2009.AM 真菌对沙田柚组培苗炼苗期水分生理及生长效应的研究 [J]. 重庆师范大学学报 (自然科学版), 26 (2): 115-119.

杨晓娟, 李春俭.2008. 机械压实对土壤质量、作物生长、土壤生物及环境的影响 [J]. 中国农业科学, 41 (7): 2008-2015.

杨玉海, 陈亚宁, 李卫红. 2008. 新疆塔里木河下游土壤特性及其对物种多样性的影响 [J]. 生态学报, (2): 602-611.

姚虹, 马建军, 张树礼.2012. 煤矿复垦地不同恢复阶段植物群落功能群结构与生物多样性变化 [J]. 西北植物学报, 32 (5): 1013-1020.

姚敏娟, 张树礼, 李青丰, 等.2011. 黑岱沟露天矿排土场不同植被配置土壤水分研究——土壤水分垂直动态研究 [J]. 北方环境, 23 (Z1): 29-32.

叶丽娜, 袁帅, 付和平, 等.2017. 不同放牧方式对大针茅草原啮齿动物群落多样性的影响 [J]. 内蒙古大学学报 (自然科学版), (3): 312-319.

尹娜.2014. 中国北方主要草地类型土壤细菌群落结构和多样性变化 [D]. 长春: 东北师范大学.

于法展, 李保杰, 单勇兵, 等.2008. 连云港云台山自然保护区森林土壤健康评价研究 [J]. 苏州科技学院学报 (自然科学版), 123 (3): 61-68.

于运华, 郑飞, 何钟佩.1998. 苗期低温胁迫对冬小麦根系内源激素系统的影响及其调控 [J]. 中国农业大学学报, (S4): 24-27.

郁纪东, 祝琨, 郁东宁.2014. 丛枝菌根真菌在大同矸石山绿化中的应用研究 [J]. 环境工程, S1: 1073-1075.

袁芳英, 黄咏明, 李莉, 等. 2014. 菌根真菌对白三叶根系形态的影响及相关机理研究 [J]. 长江大学学报 (自然科学版), 11 (4): 39-42.

袁磊. 2017. 农机荷载作用下土壤压实研究进展 [J]. 乡村科技, 6: 72.

袁新田, 张春丽, 孙倩, 等. 2011. 宿州市煤矿区农田土壤重金属含量特征 [J]. 环境化学, 30 (8): 1451-1455.

曾富兰. 2014. 丛枝菌根真菌诱导黄花蒿 (*Artemisia annua* L.) 根系形态变化及变化的生理机制 [D]. 南宁: 广西大学.

战秀梅, 彭靖, 李秀龙, 等. 2014. 耕作及秸秆还田方式春玉米产量及土壤理化性状的影响 [J]. 华北农学报, 29 (3): 204-209.

张成梁, Li B L. 2011. 美国煤矿废弃地的生态修复 [J]. 生态学报, 31 (1): 276-285.

张春平, 周慧, 何平, 等. 2014. 外源 5-氨基乙酰丙酸对盐胁迫下黄连幼苗光合参数及其叶绿素荧光特性的影响 [J]. 西北植物学报, 34 (12): 2515-2524.

张桂莲, 张金屯, 郭逍宇. 2005. 安太堡矿区人工植被在恢复过程中的生态关系 [J]. 应用生态学报, (1): 151-155.

张海涛, 刘建玲, 廖文华, 等. 2008. 磷肥和有机肥对不同磷水平土壤磷吸附-解吸的影响 [J]. 植物营养与肥料学报, 14 (2): 284-290.

张红静, 赵金花, 贺晓. 2019. 宝日希勒露天矿开采对天然草地土壤理化性质的梯度影响分析 [J]. 内蒙古煤炭经济, (7): 29-32.

张鸿龄, 孙丽娜, 孙铁珩, 等. 2012. 矿山废弃地生态修复过程中基质改良与植被重建研究进展 [J]. 生态学杂志, 31 (2): 460-467.

张建军, 马明生, 樊廷录, 等. 2018. 留膜留茬免耕栽培对旱地春玉米耗水特性、产量及品质的影响 [J]. 中国农业科技导报, 12: 113-120.

张金屯. 2004. 数量生态学 [M]. 北京: 科学出版社.

张俊英, 许永利, 刘小艳. 2018. 丛枝菌根真菌对大棚番茄连作土壤的改良效果 [J]. 北方园艺, 3: 119-124.

张立平, 张世文, 叶回春, 等. 2014. 露天煤矿区土地损毁与复垦景观指数分析 [J]. 资源科学, 36 (1): 55-64.

张敏, 刘爽, 刘勇, 张红. 2019. 黄土丘陵缓坡风沙区不同土地利用类型土壤水分变化特征 [J]. 水土保持学报, 33 (3): 115-120.

张淑彬, 王红菊, 王幼珊, 等. 2011. 不同育苗基质对黄瓜生长及丛枝菌根真菌侵染的影响 [J]. 中国农学通报, 27 (10): 275-279.

张维俊, 李双异, 徐英德, 等. 2019. 土壤孔隙结构与土壤微环境和有机碳周转关系的研究进展 [J]. 水土保持学报, 33 (4): 1-9.

张伟涛, 赵成章, 宋清华, 等. 2017. 高寒退化草地星毛委陵菜根系分叉数和连接长度的关系 [J]. 生态学报, 37 (24): 8518-8525.

张伟珍, 古丽君, 段廷玉. 2018. AM 真菌提高植物抗逆性的机制 [J]. 草业科学, 35 (3): 491-507.

张文超. 2017. 耕作方式对土壤主要理化性状及玉米产量形成的影响 [D]. 大庆: 黑龙江八一农垦大学.

张向东, 华智锐, 邓寒霜. 2014. 土壤压实胁迫对黄芩生长、产量及品质的影响 [J]. 中国土壤与肥料, 3: 7-11.

张晓薇. 2006. 半干旱地区矿区废弃地土壤与植被演化规律研究 [D]. 阜新: 辽宁工程技术大学.

张鑫, 裴宗平, 孙干, 等. 2016. 紫花苜蓿根际丛枝菌根真菌与土壤理化性质的相关性研究 [J]. 北方园艺, 13: 172-177.

张兴义, 隋跃宇. 2005. 农田土壤机械压实研究进展 [J]. 农业机械学报, 36 (6): 122-125.

张永超, 牛得草, 韩潼, 等. 2012. 补播对高寒草甸生产力和植物多样性的影响 [J]. 草业科学, 21 (2): 305-309.

张昱, 程智慧, 徐强, 等. 2007. 玉米/蒜苗套作系统中土壤微生物和土壤酶状况分析 [J]. 土壤通报, 38 (6): 1136-1140.

张云, 武高林, 任国华, 等. 2009. 封育后补播 "高寒 1 号" 生态草对玛曲退化高寒草甸生产力的影响 [J]. 草业科学, 26 (7): 99-104.

张泽志, 吴强盛, 李国怀. 2014. 丛枝菌根真菌对再植毛桃生长和根际土壤结构的影 [J]. 中国南方果树, 43 (6): 14-17.

张兆彤, 王金满, 张佳瑞. 2018. 矿区复垦土壤与植被交互影响的研究进展 [J]. 土壤, 50 (2): 239-247.

张志丹, 赵兰坡. 2006. 土壤酶在土壤有机培肥研究中的意义 [J]. 土壤通报, (2): 2362-2368.

张周爱, 金磊, 包孟和, 等. 2013. 宝日希勒露天煤矿冻土处理技术 [J]. 露天采矿技术, (9): 41-43.

赵磊, 周俗, 严东海, 等. 2015. 2015 年四川省草原鼠虫害发生趋势分析及防治对策 [J]. 草业与畜牧, (3): 49-53.

赵敏, 赵锐锋, 张丽华, 等. 2019. 基于盐分梯度的黑河中游湿地植物多样性及其与土壤因子的关系 [J]. 生态学报, 39 (11): 4116-4126.

赵青华, 孙立涛, 王玉, 等. 2014. 丛枝菌根真菌和施氮量对茶树生长、矿质元素吸收与茶叶品质的影响 [J]. 植物生理学报, 50 (2): 164-170.

赵水霞, 王文君, 吴英杰, 等. 2021. 近 59a 锡林郭勒草原旱灾驱动气候因子分析 [J/OL]. 干旱区研究, 1-10.

赵万羽, 李建龙, 维纳汗, 等. 2004. 哈萨克斯坦草业发展现状及其科学研究动态 [J]. 中国草原, 26 (5): 59-63.

赵艳玲, 刘慧芳, 王鑫, 等. 2018. 基于无人机影像的复垦排土场地形因子与土壤物理性质的关系研究 [J]. 中国煤炭, 44 (9): 117-122.

赵洋, 张鹏, 胡宜刚, 等. 2014. 黑岱沟露天煤矿排土场不同植被配置对生物土壤结皮拓殖和发育的影响 [J]. 生态学杂志, 33 (2): 269-275.

赵韵美, 樊金拴, 苏锐, 等. 2014. 阜新矿区不同植被恢复模式下煤矿废弃地土壤养分特征 [J]. 西北农业学报, 23 (8): 210-216.

郑群英, 泽柏, 米昌平. 2005. 新西兰畜牧业发展思路和放牧管理交流中的饲养策略 [J]. 草业科学, 22 (12): 70-73.

钟思远, 张静, 褚国伟, 等. 2017. 沿海侵蚀台地不同恢复阶段土壤团聚体组成及其与丛枝菌根真菌的关系 [J]. 生态环境学报, 26 (2): 219-226.

钟晓兰, 李江涛, 李小嘉, 等. 2015. 模拟氮沉降增加条件下土壤团聚体对酶活性的影响 [J]. 生态学报, 35 (5): 1422-1433.

周广胜, 张新时. 1995. 自然植被净第一性生产力模型初探 [J]. 植物生态学报, (3): 193-200.

周健民, 沈仁芳. 2013. 土壤学大辞典 [M]. 北京: 科学出版社.

周礼恺. 1987. 土壤酶学 [M]. 北京: 科学出版社.

周艳丽, 卢秉福. 2018. 农田机械压实对土壤物理特性的影响 [J]. 中国农机化学报, 39 (9): 70-74.

周艳松, 王立群. 2011. 星毛委陵菜根系构型对草原退化的生态适应 [J]. 植物生态学报, 35 (5): 490-499.

朱显灵. 1994. 澳大利亚的持续农业政策和战略措施 [J]. 世界农业, (9): 14-16.

朱玉高 . 2014. 陕北煤矿区农田土壤重金属污染现状及修复研究［J］. 洁净煤技术, 20 (5): 105-108.

庄恒扬, 刘世平, 沈新平, 等. 1999. 长期少免耕对稻麦产量及土壤有机质与容重的影响［J］. 中国农业科学, 19 (4): 39.

邹贵武 . 2017. 庐山日本柳杉林地下菌根真菌群落对毛竹扩张和林窗形成的响应［D］. 南昌: 江西农业大学 .

邹晓霞, 张晓军, 王铭伦, 等 . 2018. 土壤容重对花生根系生长性状和内源激素含量的影响［J］. 植物生理学报, 6: 1130-1136.

Abbott L K, Robson A D. 1977. Growth stimulation of subterranean clover with vesicular arbuscular mycorrhizas ［J］. Australian Journal of Agricultural Research, 28 (4): 639-649.

Abdalla M, Hastings A, Chadwick D R, et al. 2018. Critical review of the impacts of grazing intensity on soil organic carbon storage and other soil quality indicators in extensively managed grasslands ［J］. Agriculture Ecosystems and Environment, 253: 62-81.

Abu-Hamdeh N H. 2003. Compaction and Subsoiling Effects on Corn Growth and Soil Bulk Density ［J］. Soil Science Society of America Journal, 67 (4): 1213-1219.

Acosta-Martinez V, Cano A, Johnson J. 2018. Simultaneous determination of multiple soil enzyme activities for soil health-biogeochemical indices ［J］. Applied Soil Ecology, 126: 121-128.

Ahirwal J, Maiti S K. 2016. Assessment of soil properties of different land uses generated due to surface coal mining activities in tropical Sal (Shorea robusta) forest, India ［J］. Catena, 140: 155-163.

Alguacil M M, Torrecillas E, García-Orenes F, et al. 2014. Changes in the composition and diversity of AMF communities mediated by management practices in a Mediterranean soil are related with increases in soil biological activity ［J］. Soil Biology and Biochemistry, 76: 34-44.

Aliche E B, Prusova-Bourke A, Ruiz-Sanchez M, et al. 2020. Morphological and physiological responses of the potato stem transport tissues to dehydration stress ［J］. Planta, 251 (45) .

Allen B L, Mallarino A P. 2006. Relationships between extractable soil phosphorus and phosphorus saturation after long-term fertilizer or manure application ［J］. Soil Science Society of America Journal, 70 (2): 454-463.

Ampoorter E, Goris R, Cornelis W M, et al. 2007. Impact of mechanized logging on compaction status of sandy forest soils ［J］. Forest Ecology and Management, 241 (3): 162-174.

Animesh S, Takashi A, Wang Q Y, et al. 2015. Arbuscular mycorrhizal influences on growth, nutrient uptake, and use efficiency of Miscanthussacchariflorus growing on nutrient-deficient river bank soil ［J］. Flora, 212: 46-54.

Arvidsson J, HaKansson I. 2014. Response of different crops to soil compaction—short-term effects in Swedish field experiments ［J］. Soil and Tillage Research, 138: 56-63.

Augé R M. 2001. Water relations, drought and vesicular-arbuscular mycorrhizal symbiosis ［J］. Mycorrhiza, 11: 3-42.

Baldrian, P, Trögl, J, Frouz, J, et al. 2008. Enzyme activities and microbial biomass in topsoil layer during spontaneous succession in spoil heaps after brown coal mining ［J］. Soil Biology and Biochemistry, 40: 2107-2115.

Bardgett R, Wardle D A. 2013. Aboveground-belowground linkages: biotic interactions, ecosystem processes, and global change ［J］. Eos Transactions American Geophysical Union, 92 (26): 222.

Batey T T. 2010. Soil compaction and soil management-a review ［J］. Soil Use and Management, 25 (4): 335-345.

Bearden B N, Petersen L. 2000. Influence of arbuscular mycorrhizal fungi on soil structure and aggregate stability of a vertisol [J]. Plant and Soil, 218: 173-183.

Bender S F, Plantenga F, Neftel A, et al. 2014. Symbiotic relationships between soil fungi and plants reduce N_2O emissions from soil [J]. Isme Journal, 8 (6): 1336.

Bengough A G. 2012. Root elongation is restricted by axial but not by radial pressures: so what happens in field soil? [J]. Plant and Soil, 360 (1-2): 15-18.

Bengough A G, Young I M. 1993. Root elongation of seedling peas through layered soil of different penetration resistances [J]. Plant and Soil, 149 (1): 129-139.

Berg B, McClaugherty C. 2008. Plant litter: decomposition, humus formation, carbon sequestration [M]. Berlin: Springer.

Berg B, Mcclaugherty C. 2014. Plant Litter: Decomposition, Humus Formation, Carbon Sequestration [M]. Switzerland: Springer Nature.

Bi X, Li B, Fu Q, et al. 2018. Effects of grazing exclusion on the grassland ecosystems of mountain meadows and temperate typical steppe in a mountain-basin system in Central Asia's arid regions, China [J]. Science of the Total Environment, 630: 254-263.

Bi Y L, Xie L L, Wang J, et al. 2019a. Impact of host plants, slope position and subsidence on arbuscular mycorrhizal fungal communities in the coal mining area of north-central China [J]. Journal of Arid Environments, 163: 68-76.

Bi Y L, Zhang J, Song Z H, et al. 2019b. Arbuscular mycorrhizal fungi alleviate root damage stress induced by simulated coal mining subsidence ground fissures [J]. Science of the Total Environment, 652: 398-405.

Bi Y L, Wang K, Du S Z, et al. 2021. Shifts in arbuscular mycorrhizal fungal community composition and edaphic variables during reclamation chronosequence of an open-cast coal mining dump [J]. Catena, 203: 105301.

Botta G F, Jorajuria D, Draghi L M. 2002. Influence of the axle load, tyre size and configuration on the compaction of a freshly tilled clayey soil [J]. Journal of Terramechanics, 39 (1): 47-54.

Brady N C, Weil R R. 2002. The nature and properties of soils [J]. Journal of Range Management, 5 (6): 333.

Bronick C J, Lal R. 2005. Soil structure and management: a review [J]. Geoderma, 124 (1-2): 3-22.

Burns R G, Wallenstein M D, Gilkes R J, et al. 2010. Microbial extracellular enzymes and natural and synthetic polymer degradation in soil: current research and future prospects [C]. World Congress of Soil Science: Soil Solutions for a Changing World.

Burton C M, Burton P J, Hebda R, et al. 2010. Determining the optimal sowing density for a mixture of native plants used to revegetate degraded ecosystems [J]. Restoration Ecology, 14 (3): 379-390.

Cambi M, Mariotti B, Fabiano F, et al. 2018. Early response of *Quercus robur* seedlings to soil compaction following germination [J]. Land Degradation & Development, 29 (4): 916-925.

Cavagnaro T R, Dickson S, Smith F A. 2010. Arbuscular mycorrhizas modify plant responses to soil zinc addition [J]. Plant and Soil, 329 (s1-2): 307-313.

Cavagnaro R A, Pero E, Dudinszky N, et al. 2019. Under pressure from above: overgrazing decreases mycorrhizal colonization of both preferred and unpreferred grasses in the Patagonian steppe [J]. Fungal Ecology, 40: 92-97.

Chen L, Michalk D L, Millar G D. 2002. The ecology and growth patterns of cleistogenes species in degraded grasslands of eastern Inner Mongolia, China [J]. Journal of Applied Ecology, 39: 584-594.

Chen E C H, Mathieu S, Hoffrichter A, et al. 2018. Single nucleus sequencing reveals evidence of inter-nucleus recombination in arbuscular mycorrhizal fungi [J]. Elife, 7: e39813.

Cheng X B, Shan L, Min L F. 2007. Comparison of ecophysiological characteristics of seven plant species in semiarid loess hilly-gully region [J]. Chinese Journal of Applied Ecology, 18 (5): 990-996.

Chu X T, Fu J J, Sun Y F, et al. 2016. Effect of arbuscular mycorrhizal fungi inoculation on cold stress-induced oxidative damage in leaves of Elymus nutans Griseb [J]. South African Journal of Botany, 104: 21-29.

Collins S L, Knapp A K, Briggs J M, et al. 1998. Modulation of diversity by grazing and mowing in native tallgrass prairie [J]. Science, 280: 745-747.

Colombi T, Keller T. 2019. Developing strategies to recover crop productivity after soil compaction—a plant ecophysiological perspective [J]. Soil and Tillage Research, 191: 156-161.

Cosme M, Wurst S. 2013. Interactions between arbuscular mycorrhizal fungi, rhizobacteria, soil phosphorus and plant cytokinin deficiency change the root morphology, yield and quality of tobacco [J]. Soil Biology and Biochemistry, 57: 436-443.

Darina H, Prach K. 2003. Spoil Heaps from brown coal mining: technical reclamation versus spontaneous revegetation [J]. Restoration Ecology, 11 (3): 385-391.

David W, Schipper L A, Jack P, et al. 2018. Management practices to reduce losses or increase soil carbon stocks in temperate grazed grasslands: New Zealand as a case study [J]. Agriculture, Ecosystems and Environment, 265: 432-443.

Declercq I, Cappuyns V, Duclos Y. 2012. Monitored natural attenuation (MNA) of contaminated soils: state of the art in Europe-a critical evaluation [J]. Science of the Total Environment, 426 (2): 393-405.

Dimitriu P A, Prescott C E, Quideau S A, et al. 2010. Impact of reclamation of surface-mined boreal forest soils on microbial community composition and function [J]. Soil Biology and Biochemistry, 42: 2289-2297.

Dinelli E, Lucchini F, Fabbri M, et al. 2001. Metal distribution and environmental problems related to sulfide oxidation in the Libiola copper mine area (Ligurian Apennines, Italy) [J]. Journal of Geochemical Exploration, 74 (1-3): 141-152.

Domínguez-Haydar Y, Velásquez E, Carmona J, et al. 2019. Evaluation of reclamation success in an open-pit coal mine using integrated soil physical, chemical and biological quality indicators [J]. Ecological Indicators, 103: 182-193.

Eastburn D J, Roche L M, Doran M P, et al. 2018. Seeding plants for long-term multiple ecosystem service goals [J]. Journal of Environmental Management, 211: 191-197.

Fang A, Bao M, Chen W, et al. 2021. Assessment of surface ecological quality of grassland mining area and identification of its impact range [J]. Natural Resources Research, 1-19.

Feng Y, Wang J, Bai Z, et al. 2019. Effects of surface coal mining and land reclamation on soil properties: a review [J]. Earth-Science Reviews, 191: 12-25.

Finkelman R B, Gross P M K. 1999. The types of data needed for assessing the environmental and human health impacts of coal [J]. International Journal of Coal Geology, 40: 91-101.

Freitas J, Banerjee M R, Germida J J. 1997. Phosphate-solubilizing rhizobacteria enhance the growth and yield but not phosphorus uptake of canola (Brassica napus L.) [J]. Biology and Fertility of Soils, 24 (4): 358-364.

Gaggini L, Rusterholz H P, Baur B. 2018. The invasive plant impatiens glandulifera affects soil fungal diversity and the bacterial community in forests [J]. Applied Soil Ecology, 124: 335-343.

Galantini J A, Senesi N, Brunetti G, et al. 2004. Influence of texture on organic matter distribution and quality and nitrogen and sulphur status in semiarid Pampean grassland soils of Argentina [J]. Geoderma, 123: 143-152.

Gale W J, Cambardella C A, Bailey T B. 2000. Root-derived carbon and the formation and stabilization of aggregates [J]. Soil Science Society of America Journal, 64 (1): 201-207.

Gao Q R. 2010. Historical shrub-grass transitions in the northern Chihuahuan Desert: modeling the effects of shifting rainfall seasonality and event size over a landscape gradient [J]. Global Change Biology, 9: 1475-1493.

Garcia-Ruiz R, Ochoa V, Hinojosa M B, et al. 2008. Suitability of enzyme activities for the monitoring of soil quality improvement in organic agricultural systems [J]. Soil Biology and Biochemistry, 40: 2137-2145.

Gholamhoseini M, Ghalavand A, Dolatabadian A, et al. 2013. Effects of arbuscular mycorrhizal inoculation on growth, yield, nutrient uptake and irrigation water productivity of sunflowers grown under drought stress [J]. Agricultural Water Management, 117 (1): 106-114.

Greene R, Chartres C J, Hodgkinson K C. 1990. The effects of fire on the soil in a degraded semi-arid woodland. 1. Cryptogam cover and physical and micromorphological properties [J]. Soil Research, 28 (5): 755-777.

Haigh M J, Gentcheva-Kostadinova S. 2002. Ecological erosion control on coal-spoil banks: an evaluation [J]. Ecological Engineering, 18 (3): 371-377.

Harris J A, Birch P, Short K C. 1993. The impact of storage of soils during opencast mining on the microbial community: a strategist theory interpretation [J]. Restoration Ecology, 1: 88-100.

He Y, Cheng W, Zhou L, et al. 2020. Soil DOC release and aggregate disruption mediate rhizosphere priming effect on soil C decomposition [J]. Soil Biology and Biochemistry, 144: 107787.

Heijden M G, Bardgett R D, Straalen N M. 2008. The unseen majority: soil microbes as drivers of plant diversity and productivity in terrestrial ecosystems [J]. Ecology letters, 11 (3): 296-310.

Heijden M G, Bruin S, Luckerhoff L, et al. 2016. A widespread plantfungal-bacterial symbiosis promotes plant biodiversity, plant nutrition and seedling recruitment [J]. The ISME Journal, 10 (2): 389-399.

Hempel S, Renker C, Buscot F. 2007. Differences in the species composition of arbuscular mycorrhizal fungi in spore, root and soil communities in a grassland ecosystem [J]. Environmental Microbiology, 9: 1930-1938.

Herridge D F, Peoples M B, Boddey R M. 2008. Global inputs of biological nitrogen fixation in agricultural systems [J]. Plant & Soil, 311 (1-2): 1-18.

Hou H, Wang C, Ding Z, et al. 2018. Variation in the soil microbial community of reclaimed land over different reclamation periods [J]. Sustainability, 10 (7): 2286.

Hou X, Liu S, Cheng F, et al. 2019. Variability of environmental factors and the effects on vegetation diversity with different restoration years in a large open-pit phosphorite mine [J]. Ecological Engineering, 127: 245-253.

Huang L, Fang H, He G, et al. 2016. Phosphorus adsorption on natural sediments with different pH incorporating surface morphology characterization [J]. Environmental Science and Pollution Research, 23 (18): 18883-18891.

Håkansson I, Lipiec J. 2000. A review of the usefulness of relative bulk density values in studies of soil structure and compaction [J]. Soil and Tillage Research, 53 (2): 71-85.

Ibijbijen J, Urquiaga S, Ismaili M, et al. 2010. Effect of arbuscular mycorrhizas on uptake of nitrogen by *Brachiaria arrecta* and *Sorghum vulgare* from soils labelled for several years with 15N [J]. New Phytologist, 133 (3): 487-494.

Janeczko, Anna, Ewa, et al. 2019. Changes in content of steroid regulators during cold hardening of winter wheat-steroid physiological/biochemical activity and impact on frost tolerance [J]. Plant physiology and biochemistry, 139: 215-228.

Jin K, Shen J, Ashton R W, et al. 2013. How do roots elongate in a structured soil？ [J]. Journal of Experi-mental Botany, 64 (15)：4761.

Jing Z, Cheng J, Chen A. 2013. Assessment of vegetative ecological characteristics and the succession process during three decades of grazing exclusion in a continental steppe grassland [J]. Ecological Engineering, 57：162-169.

Jing Z, Wang J, Zhu Y, et al. 2018. Effects of land subsidence resulted from coal mining on soil nutrient distributions in a loess area of China [J]. Journal of Cleaner Production, 177：350-361.

Johnson N C. 2010. Resource stoichiometry elucidates the structure and function of arbuscular mycorrhizas across scales [J]. New Phytologist, 185：631-647.

Johnson D, Martin F, Cairney J, et al. 2012. The importance of individuals：intraspecific diversity of mycorrhizal plants and fungi in ecosystems [J]. New Phytologist, 194 (3)：614-628.

Kaldorf M, Ludwig-Müller J. 2000. AM fungi might affect the root morphology of maize by increasing indole-3-butyric acid biosynthesis [J]. Physiologia Plantarum, 109 (1)：58-67.

Khalloufi M, Martínez-Andújar C, Lachaal M, et al. 2017. The interaction between foliar GA3 application and ar-buscular mycorrhizal fungi inoculation improves growth in salinized tomato (Solanum lycopersicum L.) plants by modifying the hormonal balance [J]. Journal of Plant Physiology, 214：134-144.

Kohler J, Roldán A, Campoy M, et al. 2017. Unraveling the role of hyphal networks from arbuscular mycorrhizal fungi in aggregate stabilization of semiarid soils with different textures and carbonate contents [J]. Plant and Soil, 410：273-281.

Kuzyakov Y, Xu X. 2013. Competition between roots and microorganisms for nitrogen：mechanisms and ecological relevance [J]. New Phytologist, 198 (3)：656-669.

Lei C, Hu S. 2012. Arbuscular mycorrhizal fungi increase organic carbon decomposition under elevated CO_2 [J]. Science, 337：1084.

Lenoir I, Fontaine J, Sahraoui A L H. 2016. Arbuscular mycorrhizal fungal responses to abiotic stresses：a review [J]. Phytochemistry, 123：4-15.

Leyval C, Turnau K, Haselwandter K. 1997. Effect of heavy metal pollution on mycorrhizal colonization and function：physiological, ecological and applied aspects [J]. Mycorrhiza, 7：139-153.

Li J, Li Z. 2002. Effect of grazing on reproduction in potentilla acaulis population [J]. Acta Prataculturae Sinica, 11 (3)：92-96.

Li X L, George E, Marschner H. 1991. Extension of the phosphorus depletion zone in VA-mycorrhizal white clover in a calcareous soil [J]. Plant and Soil, 136 (1)：41-48.

Li J H, Li Z Q, Ren J Z. 2005. Effect of grazing intensity on clonal morphological plasticity and biomass allocation patterns of Artemisia frigida and Potentilla acaulis in the Inner Mongolia steppe [J]. New Zealand Journal of Agricultural Research, 48 (1)：57-61.

Li Q, Yu P J, Li G D, Zhou, et al. 2016. Grass-legume ratio can change soil carbon and nitrogen storage in a temperate steppe grassland [J]. Soil & Tillage Research, 157：23-31.

Li F, Li X, Hou L, et al. 2020. A long-term study on the soil reconstruction process of reclaimed land by coal gangue filling [J]. Catena, 195：104874.

Lipiec J, Simota C. 1994. Chapter 16- Role of soil and climate factors in influencing crop responses to soil compaction in Central and Eastern Europe [J]. Developments in Agricultural Engineering, 11 (6)：365-390.

Liu R J, Min L I, Meng X X, et al. 2000. Effects of AM fungi on endogenous hormones in corn and cotton plants [J]. Mycosystema, 26：91-96.

Liu Z, Li Z, Dong M, et al. 2007. Small-scale spatial associations between Artemisia frigida and *Potentilla acaulis* at different intensities of sheep grazing [J]. Applied Vegetation Science, 10 (1): 139-148.

Liu A, Chen S, Chang R, et al. 2014. Arbuscular mycorrhizae improve low temperature tolerance in cucumber via alterations in H_2O_2 accumulation and ATPase activity [J]. Journal of Plant Research, 127 (6): 775-785.

Magurran A E. 1988. Ecological Diversity and Its Measurement [M]. Princeton: Princeton University Press.

Mariotte P, Meugnier C, Johnson D, et al. 2013. Arbuscular mycorrhizal fungi reduce the differences in competitiveness between dominant and subordinate plant species [J]. Mycorrhiza, 23: 267-277.

Martínez I. 2016. Two decades of no-till in the Oberacker long-term field experiment: Part II. Soil porosity and gas transport parameters [J]. Soil and Tillage Research, 163: 130-140.

Marx M C, Wood M, Jarvis S C. 2001. A microplate fluorimetric assay for the study of enzyme diversity in soils [J]. Soil biology and Biochemistry, 33: 1633-1640.

Masto R E, Sheik S, Nehru G, et al. 2015. Assessment of environmental soil quality around Sonepur Bazari mine of Raniganj coalfield, India [J]. Solid Earth, 6 (3): 811-821.

McCain K N S, Wilson G W T, Blair J M. 2011. Mycorrhizal suppression alters plant productivity and forb establishment in a grass-dominated prairie restoration [J]. Plant Ecology, 212 (10): 1675-1685.

Meissner R A, Facelli J M. 1999. Effects of sheep exclusion on the soil seed bank and annual vegetation in chenopod scrublands of South Australia [J]. Journal of Arid Environments, 42: 117-128.

Mendes R, Kruijt M, Bruijn I D, et al. 2011. Deciphering the rhizosphere microbiome for disease-suppressive bacteria [J]. Science, 332: 1097-1100.

Meng J, Yao Q Z, Yu Z G. 2014. Particulate phosphorus speciation and phosphate adsorption characteristics associated with sediment grain size [J]. Ecological Engineering, 70: 140-145.

Mi J, Zheng S, Xu M, et al. 2011. Genetic structure of *Potentilla acaulis* (Rosaceae) populations based on randomly amplified polymorphic DNA (RAPD) in habitat fragmented grassland of northern China [J]. African Journal of Biotechnology, 10 (36): 6838-6845.

Miller R M, Jastrow J D. 1990. Hierarchy of root and mycorrhizal fungal interactions with soil aggregation [J]. Soil Biology and Biochemistry, 22 (5): 579-584.

Miransari M. 2010. Contribution of arbuscular mycorrhizal symbiosis to plant growth under different types of soil stress [J]. Plant Biology, 12 (4): 563-569.

Mitchell D A, Krieger N, Meien O F, et al. 2010. Environmental solid-state cultivation processes and bioreactors [C] //Environmental Biotechnology. Totowa: Humana Press, 287-342.

Moorhead D L, Sinsabaugh R L. 2002. Simulated patterns of litter decay predict patterns of extracellular enzyme activities [J]. Applied Soil Ecology, 14 (1): 71-79.

Moraes M, Debiasi H, Carlesso R, et al. 2015. Critical limits of soil penetration resistance in a rhodic Eutrudox [J]. Revista Brasileira De Ciência Do Solo, 38 (1): 288-298.

Moraes M, Debiasi H, Franchini J C, et al. 2020. Soil compaction impacts soybean root growth in an Oxisol from subtropical Brazil [J]. Soil and Tillage Research, 200: 104611.

Morandi D, Gollotte A, Camporota P. 2002. Influence of an arbuscular mycorrhizal fungus on the interaction of a binucleate Rhizoctonia species with Myc+ and Myc-pea roots [J]. Mycorrhiza, 12: 97-102.

Mortenson M C, Schuman G E, Ingram L J. 2004. Carbon sequestration in rangelands interseeded with yellow-flowering alfalfa (*Medicago sativa* ssp. *falcata*) [J]. Environmental Management, 33 (1 Supplement): S475-S481.

Mudrák O, Doležal J, Frouz J. 2016. Initial species composition predicts the progress in the spontaneous succession on post-mining sites [J]. Ecological Engineering, 95: 665-670.

Mukhopadhyay S, Masto R E, Yadav A, et al. 2016. Soil quality index for evaluation of reclaimed coal mine spoil [J]. Science of the Total Environment, 542: 540-550.

Mummey D L, Stahl P D, Buyer J S. 2002. Soil microbiological properties 20 years after surface mine reclamation: spatial analysis of reclaimed and undisturbed sites [J]. Soil Biology and Biochemistry, 34: 1717-1725.

Naylor D, DeGraaf S, Purdom E, et al. 2017. Drought and host selection influence bacterial community dynamics in the grass root microbiome [J]. The ISME Journal, 11: 2691.

Newsham K K, Fitter A H, Watkinson A R. 1995. Multifunctionality and biodiversity in arbuscular mycorrhizas [J]. Trends in Ecology and Evolution, 10 (10): 407-411.

Ngugi M R, Neldner V J, Doley D, et al. 2015. Soil moisture dynamics and restoration of self-sustaining native vegetation ecosystem on an open-cut coal mine [J]. Restoration Ecology, 23: 615-624.

Noumi Z. 2015. Effects of exotic and endogenous shrubs on understory vegetation and soil nutrients in the south of Tunisia [J]. Journal of Arid Land, 7 (4): 481-487.

Ordoñez Y M, Fernandez B R, Lara L S, et al. 2016. Bacteria with phosphate solubilizing capacity alter mycorrhizal fungal growth both inside and outside the root and in the presence of native microbial communities [J]. PLoS One, 11 (6): e0154438.

Ouphael Y, Franken P, Schneider C, et al. 2015. Arbuscular mycorrhizal fungi act as biostimulants in horticultural crops [J]. Scientia Horticulturae, 196: 91-108.

Paola A, Pierre B, Vincenza C, et al. 2016. Short term clay mineral release and re-capture of potassium in a *Zea mays* field experiment [J]. Geoderma, 264: 54-60.

Pausch J, Zhu B, Kuzyakov Y, et al. 2013. Plant inter-species effects on rhizosphere priming of soil organic matter decomposition [J]. Soil Biology and Biochemistry, 57: 91-99.

Pavithra D, Yapa N. 2018. Arbuscular mycorrhizal fungi inoculation enhances drought stress tolerance of plants [J]. Groundwater for Sustainable Development, 7: 490-494.

Peng S L, Guo T, Liu G. 2013. The effects of arbuscular mycorrhizal hyphal networks on soil aggregations of purple soil in southwest China [J]. Soil Biology and Biochemistry, 57: 411-417.

Pengthamkeerati P, Motavalli P P, Kremer R J, et al. 2005. Soil carbon dioxide efflux from a claypan soil affected by surface compaction and applications of poultry litter [J]. Agriculture Ecosystems and Environment, 109 (1): 75-86.

Philippot L, Raaijmakers J M, Lemanceau P, et al. 2013. Going back to the roots: the microbial ecology of the rhizosphere [J]. Nature Reviews Microbiology, 11: 789-799.

Porcel R, Aroca R, Ruiz-Lozano J M. 2012. Salinity stress alleviation using arbuscular mycorrhizal fungi: a review [J]. Agronomy for Sustainable Development, 32 (1): 181-200.

Qian K, Wang L, Yin N. 2012. Effects of AMF on soil enzyme activity and carbon sequestration capacity in reclaimed mine soil [J]. International Journal of Mining Science and Technology, 22 (4): 553-557.

Qiao Y, Bai Y, Zhang Y, et al. 2019. Arbuscular mycorrhizal fungi shape the adaptive strategy of plants by mediating nutrient acquisition in a shrub-dominated community in the Mu Us Desert [J]. Plant and Soil, 443: 549-564.

Qin L, Kang W H, Qi Y L, et al. 2012. Effects of salt stress on mesophyll cell structures and photosynthetic characteristics in leaves of wine grape (*Vitis* spp.). Scientia Agricultura Sinica, 45 (20): 4233-4241.

Qin M, Zhang Q, Pan J, et al. 2020. Effect of arbuscular mycorrhizal fungi on soil enzyme activity is coupled with increased plant biomass [J]. European Journal of Soil Science, 71: 84-92.

Raab J K. 2012. Development of soil physical parameters in agricultural reclamation after brown coal mining within the first four years [J]. Soil and Tillage Research, 125: 109-115.

Rabie G H, Almadini A M. 2005. Role of bioinoculants in development of salt-tolerance of *Vicia faba* plants under salinity stress [J]. African Journal of Biotechnology, 4: 210-222.

Rajkumar M, Ae N, Prasad M, et al. 2010. Potential of siderophore-producing bacteria for improving heavy metal phytoextraction [J]. Trends in Biotechnology, 28 (3): 142-149.

Ramani R V. 2012. Surface mining technology: progress and prospects [J]. Procedia Engineering, 46: 9-21.

Rao A V, Tak R. 2001. Influence of mycorrhizal fungi on the growth of different tree species and their nutrient uptake in gypsum mine spoil in India [J]. Applied Soil Ecology, 17 (3): 279-284.

Raudaskoski M, Kothe E J M. 2015. Novel findings on the role of signal exchange in arbuscular and ectomycorrhizal symbioses [J]. Mycorrhiza, 25 (4): 243-252.

Rebetzke G J, Kirkegaard J A, Watt M, et al. 2014. Genetically vigorous wheat genotypes maintain superior early growth in no-till soils [J]. Plant and Soil, 377 (1-2): 127-144.

Rillig M C. 2004. Arbuscular mycorrhizae and terrestrial ecosystem processes [J]. Ecology Letters, 7 (8): 740-754.

Rilling M C, Wright S F, Nichols K A, et al. 2001. Large contribution of arbuscular mycorrhizal fungi to soil carbon pools in tropical forest soils [J]. Plant and Soil, 233 (2): 167-177.

Rillig M C, Wright S F, Eviner V T. 2002. The role of arbuscular mycorrhizal fungi and glomalin in soil aggregation: comparing effects of five plant species [J]. Plant and Soil, 238 (2): 325-333.

Rosolem C A, Foloni J S S, Tiritan C S. 2002. Root growth and nutrient accumulation in cover crops as affected by soil compaction [J]. Soil and Tillage Research, 65 (1): 109-115.

Ruiz Lozano J M, Porcel R, Aroca R. 2006. Does the enhanced tolerance of arbuscular mycorrhizal plants to water deficit involve modulation of drought-induced plant genes? [J]. New Phytologist, 171: 693-698.

Sara F. Wright, Abha U. 1996. Extraction of an abundant and unusual protein from soil and comparison with hyphal protein of arbuscular mycorrhizal fungi [J]. Soil Science, 161 (9): 575-586.

Schneider M, Keiblinger K M, Paumann M, et al. 2019. Fungicide application increased copper-bioavailability and impaired nitrogen fixation through reduced root nodule formation on alfalfa [J]. Ecotoxicology (London, England), 28 (6): 599-611.

Schroeder P D, Daniels W L, Alley M M. 2010. Chemical and physical properties of reconstructed mineral sand mine soils in southeastern virginia [J]. Soil Science, 175 (1): 2-9.

Setala H, McLean M A. 2004. Decomposition rate of organic substrates in relation to the species diversity of soil saprophytic fungi [J]. Oecologia, 139: 98-107.

Shah A N, Tanveer M, Shahzad B, et al. 2017. Soil compaction effects on soil health and cropproductivity: an overview [J]. Environmental Science and Pollution Research International, 24 (11): 1-12.

Shang Z H, Cao J J, Guo R Y, et al. 2014. The response of soil organic carbon and nitrogen 10 years after returning cultivated alpine steppe to grassland by abandonment or reseeding [J]. Catena, 119 (1): 28-35.

Sharma S K, Ramesh A, Sharma M P, et al. 2010. Microbial community structure and diversity as indicators for evaluating soil quality [C]. Lichtfouse E. Biodiversity, Biofuels, Agroforestry and Conservation Agriculture. Sustainable Agriculture Reviews, vol 5. Springer, Dordrecht.

Shi P L, Zhang Y X, Hu Z Q, et al. 2017. The response of soil bacteria communities to mining subsidence in the west China aeolian sand area [J]. Applied Soil Ecology, 121: 1-10.

Shrestha R K, Lal R. 2008. Land use impacts on physical properties of 28 years old reclaimed mine soils in Ohio

［J］. Plant and soil, 306（1）: 249-260.

Shrestha R K, Lal R. 2011. Changes in physical and chemical properties of soil after surface mining and reclamation［J］. Geoderma, 161（3-4）: 168-176.

Silva R D, Mello C M A D, Neto R A F, et al. 2014. Diversity of arbuscular mycorrhizal fungi along an environmental gradient in the Brazilian semiarid［J］. Applied Soil Ecology, 84: 166-175.

Smith S E, Read D J. 2010. Mycorrhizal Symbiosis［M］. Cambridge: Academic Press.

Smith M D, Hartnett D G, Wilson G W T. 1999. Interacting influence of mycorrhizal symbiosis and competition on plant diversity in tallgrass prairie［J］. Oecologia, 121（4）: 574-582.

Smith S E, Jakobsen I, Gronlund M, et al. 2011. Roles of arbuscular mycorrhizas in plant phosphorus nutrition: interactions between pathways of phosphorus uptake in arbuscular mycorrhizal roots have important implications for understanding and manipulating plant phosphorus acquisition［J］. Plant Physiology, 156（3）: 1050-1057.

Song X, Yuan H, Kimberley M O, et al. 2013. Soil CO_2 flux dynamics in the two main plantation forest types in subtropical China［J］. Science of the Total Environment, 444: 363-368.

Spohn M, Giani L. 2010. Water- stable aggregates, glomalin- related soil protein, and carbohydrates in a chronosequence of sandy hydromorphic soils［J］. Soil Biology and Biochemistry, 42（9）: 1505-1511.

Sun X G, Ming T. 2013. Effect of arbuscular mycorrhizal fungi inoculation on root traits and root volatile organic compound emissions of Sorghum bicolor［J］. South African Journal of Botany, 88（9）: 373-379.

Taheri W I, Bever J D. 2011. Adaptation of Liquidambar styraciflua to coal tailings is mediated by arbuscular mycorrhizal fungi［J］. Applied Soil Ecology, 48: 251-255.

Tan X, Chang S X, Kabzems R. 2005. Effects of soil compaction and forest floor removal on soil microbial properties and N transformations in a boreal forest long- term soil productivity study［J］. Forest Ecology and Management, 217（2-3）: 158-170.

Teixeira E, Ortiz L, Alves M, et al. 2001. Distribution of selected heavy metals in fluvial sediments of the coal mining region of Baixo Jacuí, RS, Brazil［J］. Environmental Geology, 41: 145-154.

Tian H, Yuan X, Duan J, et al. 2017. Influence of nutrient signals and carbon allocation on the expression of phosphate and nitrogen transporter genes in winter wheat（Triticum aestivum L.）roots colonized by arbuscular mycorrhizal fungi［J］. PLoS One, 12: e172154.

Tisdall J M, Oades J M. 1980. The effect of crop rotation on aggregation in a Red- brown earth［J］. Australian Journal of Soil Research, 18（4）: 423-433.

Tolk J A, Howell T A, Evett S R. 1999. Effect of mulch, irrigation, and soil type on water use and yield of maize［J］. Soil and Tillage Research, 50（2）: 137-147.

van Der Heijden M G, Bardgett R D, van Straalen N M. 2008. The unseen majority: soil microbes as drivers of plant diversity and productivity in terrestrial ecosystems［J］. Ecology Letter, 11: 296-310.

Verslues P E, Agarwal M, Katiyar- Agarwal S, et al. 2006. Methods and concepts in quantifying resistance to drought, salt and freezing, abiotic stresses that affect plant water status［J］. The Plant Journal, 45（4）: 523-539.

Voříšková J, Baldrian P. 2013. Fungal community on decomposing leaf litter undergoes rapid successional changes［J］. ISME Journal, 7: 477-486.

Wang S P, Chen Z Z. 2003. Effect of climate change and grazing on populations of Cleistogenes squarrosa in Inner Mongolia Steppe［J］Acta Phytoecologica Sinica, 27: 337-343.

Wang W, Hao W, Bian Z, et al. 2014. Effect of coal mining activities on the environment of Tetraena mongolica in Wuhai, Inner Mongolia, China—a geochemical perspective [J]. International Journal of Coal Geology, 132: 94-102.

Wang Y, Hu N, Ge T, et al. 2017. Soil aggregation regulates distributions of carbon, microbial community and enzyme activities after 23-year manure amendment [J]. Applied Soil Ecology, 111: 65-72.

Wang X Z, Sui X L, Liu Y Y, et al. 2018. N-P fertilization did not reduce AMF abundance or diversity but alter AMF composition in an alpine grassland infested by a root hemiparasitic plant [J]. Plant Divers, 40: 117-126.

Wang J, Hayes F, Turner R, et al. 2019a. Effects of four years of elevated ozone on microbial biomass and extracellular enzyme activities in a semi-natural grassland [J]. Science of The Total Environment, 660 (10): 260-268.

Wang J, Wang G G, Zhang B, et al. 2019b. Arbuscular mycorrhizal fungi associated with tree species in a planted forest of Eastern China [J]. Forests, 10: 424.

Wang K, Bi Y L, Cao Y, et al. 2021. Shifts in composition and function of soil fungal communities and edaphic variables during reclamation Chronosequence of an open-cast coal mining dump [J]. Science of the Total Environment, 767: 144465.

Wardlaw I F, Moncur L. 1976. Source, sink and hormonal control of translocation in wheat [J]. Planta, 128 (2): 93-100.

Wei Z, Han Y, Lu H, et al. 2017. Grassland degradation remote sensing monitoring and driving factors quantitative assessment in China from 1982 to 2010 [J]. Ecological Indicators, 83: 303-313.

Wilson G, Hartnett D C. 1997. Effects of mycorrhizae on plant growth and dynamics in experimental tall grass prairie microcosms [J]. American Journal of Botany, 84 (4): 478-482.

Wilson G W T, Rice C W, Rillig M C, et al. 2009. Soil aggregation and carbon sequestration are tightly correlated with the abundance of arbuscular mycorrhizal fungi: results from long - term field experiments [J]. Ecology Letters, 12 (5): 452-461.

Wright S F. 2005. Roots and Soil Management: Interactions between Roots and the Soil [M]. Madison: American Society of Agronomy-Crop Science Society of America-Soil Science Society of America.

Wright S F, Upadhyaya A. 1998. A survey of soils for aggregate stability and glomalin, a glycoprotein produced by hyphae of arbuscular mycorrhizal fungi [J]. Plant and Soil, (1): 97-107.

Wright S F, Upadhyaya A, Buyer J S. 1998. Comparison of N-linked oligosaccharides of glomalin from arbuscular mycorrhizal fungi and soils by capillary electrophoresis [J]. Soil Biology and Biochemistry, 30 (13): 1853-1857.

Wu Q S, Zou Y N, He X H. 2010. Contributions of arbuscular mycorrhizal fungi to growth, photosynthesis, root morphology and ionic balance of citrus seedlings under salt stress [J]. Acta Physiologiae Plantarum, 32 (2): 297-304.

Wu G L, Li W, Zhao L P, et al. 2011a. Artificial Management Improves Soil Moisture, C, N and P in an Alpine Sandy Meadow of Western China [J]. Pedosphere, 21 (3): 407-412.

Wu Q S, Zou Y N, He X H, et al. 2011b. Arbuscular mycorrhizal fungi can alter some root characters and physiological status in trifoliate orange (Poncirus trifoliata L. Raf.) seedlings [J]. Plant Growth Regulation, 65 (2): 273-278.

Wu Q S, Cao M Q, Zou Y N, et al. 2014. Direct and indirect effects of glomalin, mycorrhizal hyphae, and roots on aggregate stability in rhizosphere of trifoliate orange [J]. Scientific Reports, 4: 5823.

Wu G L, Liu Y, Tian F P, et al. 2016. Legumes functional group promotes soil organic carbon and nitrogen storage by increasing plant diversity [J]. Land Degradation & Development, 28 (4): 1336-1344.

Xu J, Liu S, Song S, et al. 2018. Arbuscular mycorrhizal fungi influence decomposition and the associated soil microbial community under different soil phosphorus availability [J]. Soil Biologyand Biochemistry, 120: 181-190.

Yabe H, Shiomi H. 2016. Fabrication of phosphorus adsorbent by waste gypsum board [J]. Journal of the Society of Materials Science Japan, 65 (6): 411-415.

Yao Q, Zhu H, Chen J. 2005. Growth responses and endogenous IAA and iPAs changes of litchi (Litchi chinensis, Sonn.) seedlings induced by arbuscular mycorrhizal fungal inoculation [J]. Scientia Horticulturae, 105 (1): 145-151.

Ye S, Yang Y, Xin G, et al. 2015. Studies of the Italian ryegrass- rice rotation system in southern China: arbuscular mycorrhizal symbiosis affects soil microorganisms and enzyme activities in the *Lolium mutiflorum* L. rhizosphere [J]. Appliedof Soil Ecology, 90: 26-34.

Zhang H, Chu L M. 2011. Plant community structure, soil properties and microbial characteristics in revegetated quarries [J]. Ecological Engineering, 37 (8): 1104-1111.

Zhang B, Chang S X, Anyia A O. 2016. Mycorrhizal inoculation and nitrogen fertilization affect the physiology and growth of spring wheat under two contrasting water regimes [J]. Plantand Soil, 398: 47-57.

Zhang W, Chen X, Liu Y, et al. 2017a. Zinc uptake by roots and accumulation in maize plants as affected by phosphorus application and arbuscular mycorrhizal colonization [J]. Plantand Soil, 413: 59-71.

Zhang Y, He X, Zhao L, et al. 2017b. Dynamics of arbuscular mycorrhizal fungi and glomalin under Psammochloa villosa along a typical dune in desert, North China [J]. Symbiosis, 73: 145-153.

Zhang Y C, Wang P, Wu Q H, et al. 2017c. Arbuscular mycorrhizas improve plant growth and soil structure in trifoliate orange under salt stress [J]. Archives of Agronomy and Soil Science, 63 (4): 491-500.

Zhang Z Y, Huang L, Liu F, et al. 2017d. The Properties of Clay Minerals in Soil Particles from Two Ultisols, China [J]. Claysand Clay Minerals, 65 (3-4): 273-285.

Zhao L, Versaw W K, Liu J, et al. 2010. A phosphate transporter from Medicago truncatula is expressed in the photosynthetic tissues of the plant and located in the chloroplast envelope [J]. New Phytologist, 157 (2): 291-302.

Zhao R, Wei G, Na B, et al. 2015. Arbuscular mycorrhizal fungi affect the growth, nutrient uptake and water status of maize (*Zea mays* L.) grown in two types of coal mine spoils under drought stress [J]. Applied Soil Ecology, 88: 41-49.

Zhou M F, Li Y C. 2011. Phosphorus- sorption characteristics of calcareous soils and limestone from the southern everglades and adjacent farmlands [J]. Soil Science Society of America Journal, 65 (5): 1404-1412.

Zhou J, Zhang Y, Wilson G W T, et al. 2017. Small vegetation gaps increase reseeded yellow- flowered alfalfa performance and production in native grasslands [J]. Basic and Applied Ecology, 24: 41-52.

Zhu H W, Wang D Z, Cheng P D, et al. 2015. Effects of sediment physical properties on the phosphorus release in aquatic environment [J]. Science China Physics, Mechanics & Astronomy, 58 (2): 1-8.

Zitka O, Merlos M A, Adam V, et al. 2012. Electrochemistry of copper (II) induced complexes in mycorrhizal maize plant tissues [J]. Journal of Hazardous Materials, 203 (4): 257-263.

Zouhaier B, Najla T, Abdallah A, et al. 2015. Salt stress response in the halophyte Limoniastrum guyonianum Boiss [J]. Flora- Morphology, Distribution, Functional Ecology of Plants, 217: 1-9.